Ein Buch für
einen Pferdeliebhaber!

Für Miriam
von Ihrer Tante Renate

Weihnachten 1986

Daphne Machin Goodall

Weltgeschichte des Pferdes

nymphenburger

Titel der englischen Originalausgabe: A History of Horse Breeding
Übertragen aus dem Englischen von Ingrid Döring

Meinen besten Dank sage ich Frau Ingrid Döring, die dieses außerordentlich schwierige Buch übersetzt hat, sowie Herrn Diplomlandwirt Christian Georgi, dem Inhaber des Verlages Paul Parey, für seine freundliche Hilfsbereitschaft bei Korrektur- und Redaktionsarbeiten.

D.M.G.

Umschlaggestaltung: Werner Rebhuhn, Cuxhaven
Satz: Fotosatz Service Weihrauch, Würzburg
Druck: Jos. C. Huber KG, Dießen
Printed in Germany 1984
ISBN: 3-485-01784-1

Als der Mensch das wilde Pferd entdeckte,
zähmte er es, sehr oft mißhandelte er es, manchmal verehrte und gelegentlich liebte er es …
Aber das Pferd, weise, lernte des Menschen Sprache.
Hinter den Augen, die den fernen Horizont suchen,
verbirgt sich das Verlangen, zu dienen ohne Lohn,
zu arbeiten ohne Gewinn
und zu geben, um Freude zu bereiten.
Ist diese Kreatur geringer als der Mensch?

D.M.G.

Inhalt

Einleitung

Soweit ich weiß, ist bisher noch kein Versuch unternommen worden, eine Geschichte der Pferdezucht zu schreiben. Viele Pferdebesitzer unserer Tage sind sich über die Bedeutung der Blutlinien in den Pedigrees ihrer Tiere gar nicht im klaren, und noch mehr Menschen, seien sie nun Pferdeliebhaber und -bewunderer, Reiter oder Trainer, haben wahrscheinlich nur ganz vage Vorstellungen von der großen Vergangenheit unserer Pferde und Ponys und von der Sorgfalt, mit der deren Ahnen einst gezüchtet wurden. Engagierte Züchter befassen sich natürlich mit der modernen Genetik. Sie studieren die von ihnen bevorzugte Rasse – das Vollblut oder den Hannoveraner, den Anglo-Normänner oder den Standardbred-Traber – genau. In meinem Buch *Pferde der Welt* habe ich versucht, in kurzer Form darzustellen, wie die heutigen Pferde- und Ponyrassen entstanden sind und wie sie sich über die Kontinente hinweg gegenseitig beeinflußt haben. In diesem Buch will ich nun versuchen, die Anfänge der Pferdezucht vor rund 5000 Jahren zu beschreiben und ihre Entwicklung bis zu den wichtigsten Pferderassen der Gegenwart zu verfolgen. Im Vergleich zu meiner Arbeit *Pferde der Welt* beschreite ich also den entgegengesetzten Weg. Der Grund dafür, daß nie zuvor ein solcher Versuch unternommen worden ist, liegt vermutlich darin, daß wir bis zu einem gewissen Grade nur auf Mutmaßungen angewiesen sind. Wir können zwar dem Lauf der Geschichte mit dem Eindringen fremder Völker, der Unterwerfung von Staaten, den wechselseitigen Einflüssen der Völker auf ihre Entwicklung und ihre Verschmelzung, dem Austausch wertvoller Hengste zwischen Potentaten ferner Länder und der Entwicklung einiger Pferderassen folgen. Aber es ist oft schwierig, mit Bestimmtheit zu sagen, ob eine Rasse vor – sagen wir – 3500 Jahren ausstarb, ob sie sich mit einer anderen Rasse vermischte oder in welcher Weise sie als »neue« Rasse fortbestand. Soweit es mir möglich ist, werde ich bemüht sein, mich nur an die Tatsachen, wie sie bis heute bekannt sind, zu halten. Meine Vorstellungen und Vermutungen werden als solche deutlich kenntlich gemacht.

Eine Fülle von Bildmaterial steht zur Verfügung. Im allgemeinen stellten die Künstler des Altertums das Geschehen ihrer Zeit recht wirklichkeitsgetreu dar. Viele Ereignisse waren oft nur möglich, weil es Pferde gab, und die Pferde wurden gerade so, wie man sie nutzte, abgebildet. Daher wissen wir heute, *wo* und *zu welchen Zwecken* sie Verwendung fanden. Der nächste Schritt muß die Feststellung sein, *wo* und *wie* sie gezüchtet wurden. Es ist kein großes Problem, 500 Jahre in der Geschichte zurückzugehen, aber es ist ein großes Problem, mit den Anfängen zu beginnen, da die Frage, in welche Epoche diese Anfänge einzuordnen sind, noch ziemlich strittig ist. Nur ganz wenige Archäologen scheinen bisher die Verbindung zwischen dem Pferd und der Geschichte und Kultur der Völker erkannt zu haben. Professor Hančar ist einer von ihnen. Deutsche und russische Autoren haben zu verschiedenen Zeiten Pferderassen erforscht und darüber geschrieben, und ein beträchtlicher Teil des russischen Materials ist ins Deutsche übersetzt worden. Dieses Material ist wichtig, wenn auch häufig Widersprüche auftreten.

Seit die ersten Pferdeherden als Rassen ihre Namen erhielten, wurden sie meist nach dem Gebiet oder Ort (Gestüt), in dem man sie züchtete, benannt. Weit seltener erhält die Rasse ihren Namen nach dem Pferdetyp, den sie repräsentiert, nach einem einzelnen Tier oder einem durchschlagenden Hengst. Einige Rassen sind im Laufe der Geschichte nach Völkerstämmen benannt worden, und hier ist es wichtig, zu wissen, daß möglicherweise Volk *x* und Volk *y* Pferde derselben Herkunft verwenden. Ein typisches Beispiel ist der einst in Ostpreußen berühmte Name Trakehner (jetzt in der Bundesrepublik Deutschland und anderen Ländern). Die polnische Bezeichnung für den Trakehner ist Masure – ein ostpreußisches Pferd, das heute von den Polen in Masuren gezüchtet wird. Herkunft und Pedigree beider Pferde sind identisch.

Die Sprache ist ein wesentlicher Bestandteil der Evolution des Menschen und seiner geistigen Entwicklung, und seit er mit der Spezies *Equus* in Berührung kam, hat es nach meiner eigenen Berechnung und Kenntnis von solchen Völkern, die *geschichtlich* mit *Equus* in Verbindung zu bringen sind, allein in Europa und Asien nicht weniger als 119 Sprachen gegeben. Aber es gab natürlich noch sehr viel mehr, denn ich habe ja alle nord- und südamerikanisch-indianischen Sprachen außer acht gelassen. Wir wissen sehr wohl, daß es in vielen dieser Sprachen Namen für das Pferd und Begriffe aus der Pferdezucht gab. Einige der 119 Sprachen sind »tote« Sprachen, aber bevor sie ausstarben, wurden Berichte über Pferde, ihre Zucht und Ausbildung in Stein und auf Tafeln gemeißelt. Eines der ersten uns heute bekannten »Bücher«, von dem noch mehrere Exemplare erhalten sind, wurde etwa 1400 v.Chr. von einem Pferdetrainer namens Kikkuli verfaßt, der als ein Indogermane aus dem Reich der Mitanni bezeichnet wird. Da allerdings die sakischen Stämme die westliche Region des heutigen Indien offensichtlich nicht vor etwa 500 v.Chr.

erreicht haben, dürfte es sich hierbei um einen Irrtum in der Nomenklatur handeln. Es scheint, als sei Kikkuli ein Mitglied eines Saken-Stammes gewesen und fiele damit unter die griechische Sammelbezeichnung »Skythe«. Kikkuli war ein Trainer ersten Ranges und beschrieb die Ausbildung von rund 30 000 Pferden über einen Zeitraum von 170 Tagen in minutiösen Einzelheiten. Der Kikkuli-Text ist von Professor Kammenhuber mit größter Sorgfalt ins Deutsche übersetzt worden (s. Literatur).

Die Berichte über Pferde kursierten zunächst in den heute »toten« Sprachen und später bei nachfolgenden Generationen in »neuen« Sprachen, die manchmal auf die alten folgten oder sich auch vollständig wandelten, wenn ein Land oder ein Volk überrannt worden war oder wenn die Ureinwohner aus dem einen oder anderen Grunde fortzogen. Es ist ganz verständlich, daß es bei der Übernahme von fremden Kulturinhalten zu vielen fehlerhaften Darstellungen kam. Alles in allem ist es jedoch bewundernswert, wieviel Wissen dennoch überliefert wurde!

Die Abweichungen bei der Übersetzung oder Schreibweise des Namens einer Pferderasse oder eines Gebietes, in dem Pferde gezüchtet werden, sollten nicht außer acht gelassen werden. So kennen wir das Gebiet um Corduène in der Nähe des Van-Sees, einst im Zentrum des Hethiterreiches gelegen und später niedergeworfen und aufgesogen von fremden Reichen, bis es schließlich ein Teil der heutigen Türkei wurde. Aus Corduène wurde im Laufe der Jahrhunderte Gordyene, und vor zweihundert Jahren kamen auf dem Wege über Aleppo Pferde der »Gordeen Breed« (wie ihre englischen Importeure sie nannten), die den Grundstock für die heute weltberühmte Vollblutzucht legen halfen, auf die Britischen Inseln (s. Kapitel 8).

Ein anderes Beispiel ist das babylonische Wort *anse* für Pferd, das in sehr früher Zeit auch »Gebirgspferd« oder »Wildesel von jenseits der Berge«, d.h. Onager, bedeutete; später war *An-si* die chinesische Bezeichnung für das Land Parthien. Wir kennen auch den rätselhaften Ausdruck »Himmels-Pferde« (s. Kapitel 3), der sich auf die in Ferghana gezüchteten Pferde bezog. Die Chinesen nannten sie *Han-Hüe*, was aus dem Chinesischen übersetzt »blutschwitzend« bedeutete und einer edlen Rasse galt, aber nach Hirth möglicherweise nur die Übertragung irgendeines fremdländischen Klangbildes ist. Für mein Ohr hätte *an se* den chinesischen Sendboten durchaus wie *(H)an-(H)üe* klingen können. *Anse* hatte für die Völker Innerasiens im dritten und zweiten Jahrtausend vor Christus sicherlich ganz besondere Bedeutung, denn die ihnen allen besonders vertrauten Tiere waren das Rind und der Onager. Die Definition »blutschwitzend« könnte also eine völlige Fehlinterpretation sein. Tatsache ist jedenfalls, daß ich trotz der beträchtlichen Materialfülle, die ich durchgearbeitet habe, auf »blutschwitzende« Pferde nur im Zusammenhang mit dieser Interpretation gestoßen bin. Es gibt zwar eine Hautkrankheit, die bei Pferden ein Blutschwitzen hervorrufen kann, aber es ist

doch sehr unwahrscheinlich, daß die edlen Ferghana-Pferde darunter litten. In Übersetzungen aus anderen asiatischen Sprachen konnte ich keine Hinweise mehr auf solche »blutschwitzenden« Pferde finden, obgleich doch immer wieder auf die edlen Pferde von Ferghana verwiesen wird, auf die ich später noch eingehen werde.
Durch die Lektüre einer Ausgabe eines spanischen Magazins aus dem Jahre 1968 bin ich auf die Möglichkeit einer Fehlinterpretation aufmerksam geworden. Vor einen ganz normalen vierrädrigen Dogcart waren offensichtlich reinrassige spanische Pferde gespannt. Der Titel des Bildes lautete: »Un ›Dox-hut‹«. Das Wort Dogcart ist für spanische Ohren also zum »Dox-hut« geworden!
Für das Mongolische Wildpferd hat sich in den meisten europäischen Sprachen der Name Przewalski-Pferd nach seinem Entdecker Oberst N. M. Przewalskij eingebürgert, die Schreibweise jedoch ist entsprechend den einzelnen Sprachen unterschiedlich. Die Mongolen, in deren Land dieses Wildpferd heute vielleicht noch zu finden ist, haben ihm einen ganz anderen Namen gegeben. Bei ihnen heißt es »Statur« oder »Dscherlikadu« oder auch »Take«. Die Kirgisen und Tataren nennen es »Kertag«, und im Gebiet von Turfan lautet der Name »Takky« oder »Jarwat«.
Baktrien war unter Darius für seine Pferde berühmt, und die Stadt Wazirabad – das Zentrum des Zuchtgebietes – ist abwechselnd Bakus, Balch, Balkh usw. genannt worden, so daß einem Laien nachgesehen werden sollte, wenn er die Ansicht vertritt, das »Bakus«-Pferd und das Pferd aus Baktrien seien nicht identisch.
Als ein weiteres Beispiel – mit dem wir uns im Text noch ausführlich befassen werden – haben wir das Wort »Skythe« (oder »Massagete«), den griechischen Sammelbegriff für alle Stämme der Saken, die seit dem zweiten Jahrtausend vor Christus bis in unsere Zeit ein Gebiet bewohnten, das sich vom Tien-Schan im Osten bis zu den Karpaten im Westen über Tausende von Kilometern erstreckt. Von den »Skythen« spricht man zwar heute nicht mehr, doch leben in der Don- und Dnjepr-Region noch immer die Kosaken.
Die Bezeichnung »Araber« wiederum ist ein Sammelbegriff für die Nomaden der arabischen Halbinsel. Ihre Sprache hat sich aus dem Semitischen entwickelt. Heute ist »Araber« ein politischer Begriff und umfaßt mehrere afrikanische und asiatische Staaten. Daraus wird ersichtlich, wie bedenklich es ist, das Wort »Araber« auf eine eigene Pferderasse anwenden zu wollen.
Bei dem Namen »Arier« handelt es sich um die wissenschaftliche Bezeichnung für das Mitglied einer bestimmten Sprachgruppe; er hat weder rassischen noch nationalen Charakter. Der Begriff wird auf die frühen iranischen und indischen Sprachgruppen angewendet. Der Bezeichnung »Indogermane« hat man sich zum erstenmal im Jahre 1813 bedient. Das »Indoeuropäisch« umfaßt als Sprachgruppe die Sprachen vieler Völker, angefangen vom »Proto-Indo-Hethitisch« der Frühgeschichte bis zu den

modernen Sprachen Asiens und Europas. Von den Tataren, einem Volk gemischter ethnischer, sprachlicher und kultureller Herkunft, werden heute die Turksprachen gesprochen.
Wie wir daraus ersehen, können wir den Sinn der Worte völlig entstellen, wenn wir, wie viele Autoren es getan haben, von »arischen« Völkern oder »skythischen« Pferden sprechen. Im gleichen Maße ist – oder war zumindest ursprünglich – die Anwendung des Begriffes »Araber« anstelle der Bezeichnung »Orientalisch« auf eine *Pferderasse* völlig fehl am Platze. Es gab hunderte von verschiedenen Linien und lokalen Typen des Orientalischen Pferdes. Noch vor 100 Jahren hat man 100 Rassen registriert (s. Abidin und Beltz). Heutzutage denkt natürlich jeder durchschnittliche amerikanische oder europäische Pferdekenner bei dem Wort »Araber« an einen bestimmten Typ des einst in der Wüste gezogenen reinrassigen Tieres, und zwar normalerweise an den Siglavy. So kann man wohl sagen, daß es sich bei der heutigen Konzeption eines arabischen Pferdes um eine spezialisierte moderne Rasse handelt. Zu behaupten, *diese* Rasse habe viele andere Rassen entscheidend beeinflußt, wäre ganz bestimmt ein Fehler. Sicher ist ihr Einfluß in einigen wenigen Rassen unverkennbar, und auch ihre Vorfahren werden gewiß die eine oder andere Rasse beeinflußt haben, aber unter welchem *Typ* oder welcher *Rasse* müssen denn diese orientalischen Vorfahren betrachtet werden?
Sogar die berühmteste aller modernen Rassen, das »English Thoroughbred«, ist heute in Frankreich unter dem Namen *Pur-sang* und in Deutschland als *Englisches Vollblut* bekannt – um nur zwei Länder mit ihren eigenen Bezeichnungen bzw. den wörtlichen Übersetzungen ihrer Interpretation eines englischen Namens zu nennen, eines Namens, in dem der Begriff »blood« (»Blut«, frz. »sang«) ja überhaupt nicht auftaucht! Werden Pferdeliebhaber in tausend Jahren – vorausgesetzt, es gibt sie dann noch – wohl wissen, daß sich alle drei Bezeichnungen aus drei verschiedenen Sprachen auf ein und dieselbe Pferderasse bezogen haben?
Der Leser mag also die in der Tat gewaltigen Schwierigkeiten bedenken, die ein solches Buch, das der Geschichte der Pferdezucht gewidmet ist, mit sich bringt. Wir alle haben zwar ein Recht auf persönliche Anschauungen, doch zu meiner Rechtfertigung möchte ich betonen, daß ich bemüht war, nicht nur eigene Anschauungen darzulegen (diese Stellen habe ich als Meinungsäußerungen kenntlich gemacht), sondern aus der Fülle vorhandenen Tatsachenmaterials einen »durchgehenden Faden«, eingewoben in die bunte Tapisserie der historischen Entwicklung der Pferdezucht, herauszulösen und dem Leser offenzulegen.

Henny, 1984

Daphne Machin Goodall

1. Nomaden und die Anfänge der Domestikation

Der Mensch der Frühgeschichte kann in seinen Wanderungen am besten als der Proto-Nomade bezeichnet werden, der Vorläufer des echten Nomaden unserer Geschichte, der Pferde, Rinder und Schafe züchtete und mit seinen Herden zu den Sommer- und Winterplätzen zog. Aber daneben waren auch bereits seßhafte Bauern zu finden, die ebenfalls Pferd und Rind – und in Mesopotamien den Onager – domestizierten. Den nomadisierenden Hirten und Züchter gibt es ebenso wie den viehzüchtenden Landmann heute noch, während der spezialisierte Züchter erst in jüngerer Zeit in Erscheinung trat. Mit Hilfe des wenigen, was wir heute wissen, wollen wir nun eine Reise in das Dunkel der Geschichte wagen, um etwas mehr darüber zu erfahren, wie die »Pferdeindustrie« ihren Anfang nahm.

Wahrscheinlich werden wir niemals genau herausfinden können, wann die auf Erwerb ausgerichtete Natur des Menschen ihn dazu bewog, sich die in seiner Umgebung lebenden Tiere untertan zu machen. Gewiß fing und tötete er zunächst nur die kleinsten, arglosen Tiere, und seine Jagdmethoden waren ganz auf Überraschungseffekte ausgerichtet. Mit der Zeit wurden jedoch Jagdwaffen entwickelt. Zuerst bediente er sich schwerer Steine oder keulenähnlicher Stöcke. Der Mensch der Steinzeit formte dann bereits Pfeil- und Speerspitzen aus Stein, die in Holz eingelegt werden konnten, und Steinäxte, die mit Riemen an Holzstielen befestigt wurden. So konnten nun größere Tiere erjagt werden, deren Knochen wiederum für Waffen Verwendung fanden. Sie waren auch die Motive für die ersten Formen primitiver Kunst. Es besteht keine Möglichkeit festzustellen, wann und wo auf einem Waldpfad, von dem bekannt war, daß das gejagte Tier ihn benutzte, die erste Fallgrube gebaut wurde. Aber es besteht kaum ein Zweifel daran, daß nicht nur Rehe und Hirsche, Schafe, Ziegen und Wildschweine in diese Gruben stürzten, sondern auch Pferde und Mammute. Bei Solutré in Frankreich wurden Pferde über die Klippen getrieben, und ihre Knochen blieben der Nachwelt erhalten. Ob die Pferde in der Tat nur von hungrigen Menschen in den

Abgrund getrieben wurden oder manchmal auch in Panik vor Wolfsrudeln oder einem Waldbrand flüchteten, werden wir niemals erfahren. Die Anzahl der Knochen, die auf Zehntausende von herabgestürzten Pferden schließen lassen, macht allerdings wahrscheinlich, daß der Mensch für dieses Massaker verantwortlich war. Man jagte die Tiere auch mit Pfeil und Bogen oder der *Boleadora*, einer Art Lasso mit einem Gewicht am Ende, das sich beim Wurf um die Beine des gejagten Tieres schlingt und es zu Fall bringt.

Wahrscheinlich schon in sehr früher Zeit betrachtete der Mensch mit seiner Familie oder seinem Stamm bestimmte, begrenzte Gebiete als sein Eigentum. Derartige Revieransprüche sind auch bei den meisten Tierarten durchaus üblich. Von den großen Eiszeiten, insbesondere der letzten Glazialzeit etwa 10 000 v.Chr. wurden Mensch und Tier südwärts abgedrängt, und ihre Nachkommen kehrten erst in die früheren Lebensräume zurück, als die klimatischen Verhältnisse dies wieder zuließen. Verschiedene Spezies sind auf diese Weise völlig verstreut worden und breiteten sich nun über weitere Gebiet aus. In einigen Regionen wird das Schmelzwasser riesige Gewässer gebildet haben, wenn sich auch der Vorgang der Eisschmelze, ebenso wie die vorangegangenen Vereisungen, über einen Zeitraum von vielen tausend Jahren erstreckte – möglicherweise über die gleiche Anzahl von Jahren, wie unser heutiges Wissen von der Geschichte und den alten Kulturen zurückreicht.

Irgendwann in der Frühgeschichte muß es dem Menschen in den Sinn gekommen sein, die Herrschaft über die ihm unterlegenen Tiere an sich zu reißen. Vielleicht begann es damit, daß er Schafe und Ziegen, die in seiner direkten Nachbarschaft zu finden waren, zu Herden zusammentrieb. Die jüngsten Hordenmitglieder und vielleicht einige der Frauen mögen dann beauftragt worden sein, die Herden in Sichtweite zu halten. So brauchte der Jäger bei seiner Nahrungssuche nicht so weit zu wandern. Als man Bisons, Wildrinder und Pferde zu Herden zusammentrieb, war dies Männerarbeit, und man benötigte hierzu die stärksten und flinksten jungen Männer.

Zweifellos wurden aber nie mehr Tiere gehalten, als an »Lebend-Fleisch« für den voraussehbaren Verzehr erforderlich war. Doch schon diese primitive Form der Domestikation hatte zur Folge, daß die Weidemöglichkeiten in der näheren Umgebung rar wurden. So war Gruppe oder Stamm gezwungen, zu frischen Weidegründen zu ziehen – und der Proto-Nomade und Hirte war geboren.

Es hieße, eine äußerst komplexe Entwicklung allzu vereinfacht zu sehen, würde man vermuten, daß eine solche Entwicklung allenthalben zum gleichen Zeitpunkt stattgefunden habe. In vielen Teilen Europas, Asiens und Amerikas sind Spuren früher Zivilisationen gefunden worden, und wir wissen von Kulturen Europas und Asiens aus der Zeit um 600 000 v.Chr. bis 10 000 v.Chr., dem Zeitraum der letzten Eiszeit.

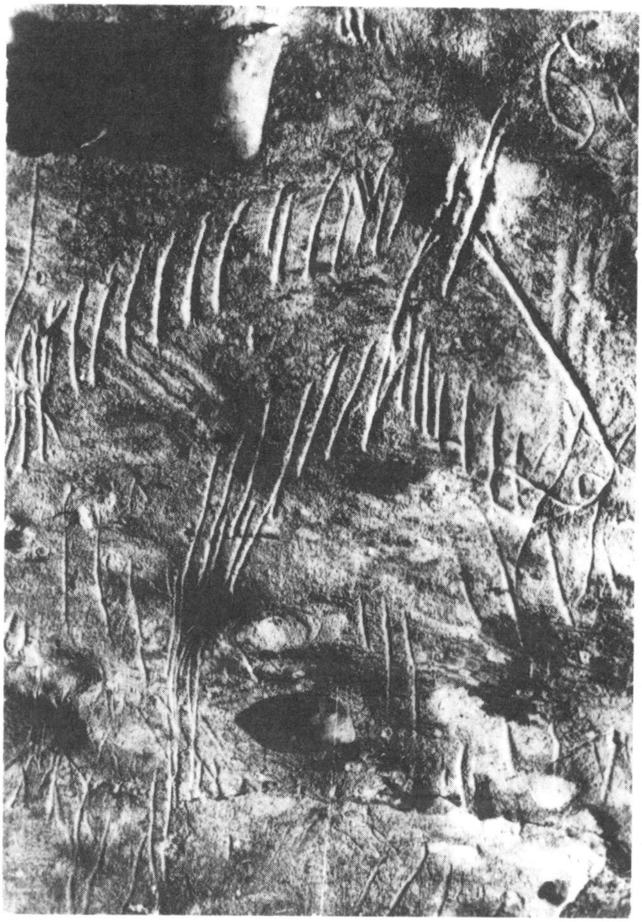

1 Eine Wandgravierung aus der Grotte de Rouffignac, Dordogne, Frankreich, etwa 30000–20000 v. Chr.

Natürlich entwickelten sich die nomadisierenden Hirten und Ackerbauern nicht zu einer bestimmten Zeit oder an einem bestimmten Ort, und viele von ihnen wußten gar nichts von Pferden, sondern waren statt dessen mit dem Ren oder Onager vertraut. Die späteren Entwicklungsstufen, Steinzeit, Bronzezeit und Eisenzeit, liefen nicht überall in Europa und Asien zu ein und derselben Zeit ab. Noch heute leben Steinzeitmenschen in Teilen Neuguineas, und Bronzezeitmenschen am Ufer des Orinoco in Venezuela.

Zur Erhellung der Entwicklungsgeschichte des nomadisierenden Hirten und Züchters wird, wie ich glaube, der folgende Auszug von Interesse sein. Er behandelt die Gebräuche und Lebensgewohnheiten des modernen Lappen, dessen Leben sich im Laufe von vielen tausend Jahren nicht wesentlich verändert hat. Ich kann nichts besseres tun, als aus einem Buch[1], das vor rund 170 Jahren verfaßt wurde, zu zitieren. Der Autor beschreibt, wie das Land zum Teil von einem nahezu schneeweißen Moos überzogen ist, während eine andere Moosart alle Bäume schwarz färbt:

»Dieses Moos aber, welches das Land entstellt, ist das Einzige, was seiner Erhaltung dient, denn allein dadurch kann das Ren existieren. Die Einwohner, die im Sommer in den Bergen leben, treiben ihre Herden im Winter herunter und bevölkern die Ebenen und Wälder in den Tälern. Diejenigen unter ihnen, die die Wälder und Ebenen während des ganzen Jahres bewohnen, leben weit voneinander entfernt; sie sind an die Einsamkeit gewöhnt und von schwermütigem, ungebildetem und hilflosem Wesen. Sie sind auch sehr viel ärmer als die Bergbewohner; denn während einer von diesen gar tausend Rentiere sein eigen nennt, ist unter ihnen nicht ein einziger bekannt, der auch nur den zehnten Teil dieser Zahl besitzt. Das Ren macht den Reichtum dieses Volkes aus. Das weibliche Tier bringt Mitte Mai das Junge zur Welt und gibt bis etwa Okober Milch. Während des Sommers kehrt der Hirte jeden Morgen und jeden Abend mit seinem Tier zum Melken zur Hütte zurück, wo die Frauen ein qualmendes Feuer entzündet haben, um die Mücken zu vertreiben, damit das Ren während des Melkens ruhig bleibt. Das Tier gibt ungefähr 1/2 Liter, und die Milch ist, obgleich dünner als die der Kuh, süßer und nahrhafter. Bei Einbruch des Winters, wenn Mücken und Fliegen nicht länger zu fürchten sind, steigt der Lappe herab in die tiefer liegenden Ebenen; und da es nur wenige sind, die sich um den Besitz dieses verlassenen Landes streiten könnten, hat er weiten Raum, in dem seine Tiere Nahrung finden.

Deren hauptsächliche und beinahe einzige Nahrung ist das Rentiermoos, welches deshalb *lichen rangiferinus* genannt wird. Es gibt zwei Arten, die flaumweiche Flechte, welche fast alle öden Teile des Landes (die Tundra) wie Schnee bedeckt, und ein schwarzes Moos, das dick auf den Zweigen der Bäume liegt. Warm eingepackt in seine Kleider aus Fell und keinen anderen Wohlstand kennend als den, der ihm durch die Milch und das rauchgetrocknete Fleisch seiner Tiere zuteil wird, treibt der Lappe furchtlos und gelassen seine Herde durch das Land. Manchmal, wenn auch nur selten, kann es geschehen, daß der Winter mit Regen und anschließendem Frost, der das ganze Land mit einer gläsernen Eisschicht überzieht, seinen Einzug hält. Dann sind Ren und Lappe in Gefahr. Sie haben keine Vorräte für unvorhergesehene Fälle angelegt, und als einziger Ausweg bleibt ihnen das Fällen der riesigen, mit Moos bewachsenen Kiefern, aber das bringt nur wenig ein, so daß ein großer Teil der Herde ohne jede Möglickeit einer Hilfe zugrunde gehen muß. Manchmal kommt es auch vor, daß sogar diese kärgliche Nahrung fehlt; denn oft

[1] The Natural History of Quadrupeds, Band 2 (1811)

brennt der Lappe seine Wälder nieder, um einen besseren, fruchtbareren Boden zu gewinnen, auf dem das Moos gedeihen kann, von dem sich seine Tiere ernähren.

Das ist das Leben des Hirten nahe der Arktis; weder die Kälte des Winters noch die Länge der Nächte, weder die Wildnis der Wälder noch der Wandertrieb seiner Herde können etwas an der Eintönigkeit des Lappen-Lebens ändern. Tag und Nacht verbringt er bei seiner Herde. Er belastet sich nicht mit dem Bau von Stallungen oder dem Anlegen von Wintervorräten für seine Herden; weder das Düngen eines Ackers noch das Einbringen der Ernte bereiten ihm Sorgen; er dient nicht zugunsten des Wohllebens anderer; er tut nicht mehr, als seine eigene Situation unbedingt erfordert. Wenn wir also den Lappen mit Menschen in wärmeren Regionen vergleichen, brauchen wir ihn nicht zu bedauern; er führt ein freies, unbelastetes Leben im Überfluß. Das Ren allein versorgt ihn mit allem, was er zum Leben benötigt, und dazu mit manchem, was das Leben angenehmer macht; ein Beispiel, aus dem ersichtlich wird, wie die Natur Bedürfnisse zu befriedigen vermag. Der arme, kleine, hilflose Mensch, der ursprünglich vielleicht einmal aus Furcht oder vor Hunger in dieses unwirtliche Klima getrieben worden ist, scheint auf den ersten Blick der bedauernswerteste aller Menschen zu sein – aber weit gefehlt; er blickte sich um unter den wenigen wilden Tieren, die dieses öde Land ernähren kann, und wählte eines aus, das aus seinem Naturzustand herauszureißen niemand sonst für wert erachtet hatte. Dieses Tier domestizierte und züchtete er, und ihm allein verdankt er jede Annehmlichkeit, die die Härte seines Lebens zu lindern vermag.«

Aus diesem Text können wir erfahren, wie der Mensch der Vorgeschichte die Eiszeit überlebte und wie der nomadisierende Hirte und mit ihm die halb-domestizierten Herden der verschiedenen Tierarten sich entwickelten. Einige hielten lange, bevor es auch andere taten, Pferdeherden, und die Beziehungen der Stämme untereinander bedeuteten für so manchen die Verbreitung neuen Wissens und somit Fortschritt. Mit diesem neuen Wissen und in Erkenntnis des Umstands, daß die Herden von einer Weide zur anderen ziehen mußten, kam dem Menschen der Frühgeschichte der Gedanke, nicht nur für seine eigene Familie oder Gruppe zu sorgen, sondern sich auch noch einer anderen Art anzunehmen. So mag ein Wildrind mit einem schwächlichen Kalb in die Höhle oder das Erdloch gebracht worden sein – vielleicht war es aber auch ein Fohlen, das seine Mutter verloren hatte.

Wir zitieren weiter aus dem Text, der so genau beschreibt, was vor vielen tausend Jahren geschehen sein muß, als der Proto-Nomade und danach der nomadisierende Hirte begannen, Pferdeherden zu halten.

»Es gibt in diesem Land eine wilde und eine zahme Rentierart. Das wilde Ren ist größer und kräftiger (s. nächstes Kapitel), aber auch bösartiger. Es wird gegenüber dem zahmen Ren jedoch für die Zucht

bevorzugt; oft wird eine zahme Rentierkuh in die Wälder getrieben, aus denen sie nach der Paarung mit einem wilden Rentierbullen trächtig zurückkehrt. Die aus solchen Paarungen hervorgehenden Tiere sind zum Schlittenziehen besser geeignet. An den Schlitten gewöhnt man sie schon frühzeitig. Sie werden mit einem Gurt vorgespannt, der um den Hals des Tieres und zwischen seinen Beinen abwärts verläuft.
Der Schlitten ist außerordentlich leicht und gleitet auf dem Fell eines jungen Tieres, mit dem die Kufen umspannt sind, über den gefrorenen Schnee. Der auf dem Schlitten sitzende Fahrer lenkt das Tier mit einem um das Geweih gewundenen Strick, feuert es mit lauter Stimme an, schneller zu laufen, und treibt es dazu noch mit dem Stachelstock vorwärts. Im allgemeinen können diese Tiere ungefähr 30 Meilen weit laufen, ohne anzuhalten, und das, ohne sich dabei wesentlich zu verausgaben.«
Das Vorangegangene liefert eine recht anschauliche Beschreibung der Domestikation einer ursprünglich wilden Spezies, der Zähmung eines Zugtieres und des daraus folgenden Nutzens für den nomadisierenden Hirten. Das Ren ist, soweit wir wissen, das erste domestizierte Tier; seine Domestikation fand etwa um 5000 v.Chr. statt. Bei dem beschriebenen Schlitten handelt es sich darüber hinaus um das früheste uns bekannte Transportmittel. Die nächsten in der Reihe der domestizierten Arten waren der Onager und das Rind; im mongolischen Sajan-Gebirge folgten auf das Ren der Hund und später das Pferd. In einigen Gegenden – oder auch Kulturen – »erbte« das Pferd das Geschirr des Rentieres, in anderen den Kappzaum des Onagers oder das Joch des Ochsen. So wird uns klar, wie sich der nomadisierende Hirte und Züchter und mit ihm aus der Vielfalt der ihn umgebenden Tierwelt auch seine Herden entwickelten. Einige Stämme besaßen schon ganze Pferdeherden, bevor andere überhaupt jemals ein Pferd gesehen hatten. So, wie der Ureinwohner Lapplands sich des Rens zu bedienen verstand, um zu überleben, wird der frühgeschichtliche Mensch auch sein Rind, den Onager, den Wildesel und das Pferd zu nutzen gewußt haben. Und möglicherweise erfolgte die erste Domestikation aus dem Wunsch heraus, ein Packtier zu besitzen, das auf den Wanderungen von einem Weideplatz zum anderen die Vorräte an Fellen und getrocknetem Fleisch trug.
Dann trat irgendwann ein Ereignis ein, das den Nomaden veranlaßte, sich, zumindest vorübergehend, an einem festen Ort niederzulassen. Vielleicht waren durch klimatische Veränderungen bessere Weidemöglichkeiten entstanden, so daß es nun das ganze Jahr über genug Nahrung für die Herden gab. Luzerne – Alfalfa – und Klee waren in Asien im Überfluß vorhanden, und in anderen Regionen wuchsen primitive Hirse, Roggen und Hafer. So nahm die Lebensform mancher Stämme seßhaften Charakter an, und die ersten Ackerbauern waren geboren.
Schon unter den Cromagnon-Jägern hatte es Künstler gegeben. Das Ergebnis

ihrer Arbeit können wir in den Höhlen in Südfrankreich und Nordspanien bewundern. Diese frühen Künstler zeichneten und malten mit Holzkohle und Ockerfarbe alle Tiere, die in ihrer Umgebung lebten, an die Höhlenwände. Oft stellten ihre Werke eine trächtige Stute oder Kuh dar. In wenigstens zwei Fällen kennen wir die Darstellung des frühzeitlichen Pferdezüchters, der seine Pferde führt. Er wird von seinem Hund begleitet, gerade so, wie es auch heute sein könnte. Bei diesen frühen Kunstwerken handelt es sich um Felsgravierungen, die so weit voneinander entfernt liegen wie Spanien und China.

Meist hielten solche Künstler ihre eigenen Tätigkeiten wie beispielsweise die Jagd, den Fischfang usw. im Bilde fest. Wir dürfen als sicher annehmen, daß der größte Teil der Höhlenkunst halb-magische Bedeutung hatte und Bestandteil von Fruchtbarkeitsriten war, Riten, die vollzogen wurden, damit es dem Jäger niemals an Wild mangele und die Fruchtbarkeit des Wildes nie ende. Sie schnitzten sogar aus Elfenbein trächtige Stuten oder modellierten sie in Ton.

2 Ein Wildpferd, etwa 20 000–10 000 v. Chr., Höhlenmalerei aus Niaux, Südfrankreich

Wenn ein Volk seßhaft geworden ist und nicht jedermann auf die Jagd oder zum Fischen gehen, Schafe und Rinder hüten oder das Korn aussäen und einbringen muß, können Kunst und Handwerk eins werden; der Künstler kann dann sowohl aus Ton Töpfe aller Art formen als auch Kult-Knochen – und später Bronzen – mit Symbolgestalten, im allgemeinen Tier- und häufig Pferdedarstellungen, verzieren. Die ersten »Architekten« bauten Megalithgräber, in deren Kammern nicht nur die Toten, sondern auch die Pferde, die die Verstorbenen ins nächste Leben begleiten sollten, beigesetzt wurden.

England ist wahrscheinlich von Menschen aus dem Solutréen und Magdalénien, die aus der Gegend des heutigen Aurignac kamen, besetzt worden, als die Insel noch fest mit dem Kontinent verbunden war. Auf diese Einwanderer ist die Galley Hill-Kultur zurückzuführen, die der Windmill Hill-Kultur im südlichen England vorausging. Pferde und Menschen konnten damals, etwa 10 000 v. Chr., von Frankreich und Holland aus das Tal von Dover zu Fuß durchqueren. Die Mündung der Themse lag zu jener Zeit nördlich der Doggerbank, die sich möglicherweise selbst durch Ablagerungen gebildet hat.

Auf die Menschen des Solutréen und Magdalénien folgten die Menschen des Tardenois und anderer Kulturen, und mit Unterstützung der höherentwickelten Kultur Mesopotamiens breiteten sich über Griechenland hinweg gen Norden die Methoden des Ackerbaus in ganz Europa bis nach England aus. Das ist wichtig, denn niemand kann erfolgreich Tierzucht betreiben, solange er nicht gelernt hat, Wintervorräte für seinen Viehbestand zu schaffen.

In Asien und Afrika waren schon Ackerbauern zu finden, bevor noch die Bewohner Britanniens das Töpferhandwerk entwickelt hatten. Ungefähr 8000 v. Chr. wurden während der Natuf-Kultur in Syrien – die Menschen der Natuf-Kultur waren die Vorfahren der Semiten – die Steinsichel erfunden und der Hund domestiziert. So konnten die Herden bewacht und die Wildgetreidearten geschnitten, abgeerntet und zur Aussaat in bearbeiteten Boden gebracht werden. Als diese einfachen Formen des Ackerbaus erst einmal überall bekannt waren und die Bevölkerung zunahm, schritt die kulturelle Entwicklung sehr zügig voran. Tausende von Jahren hatte der Mensch gebraucht, um dieses Stadium zu erreichen; das Erklimmen weiterer Entwicklungsstufen war dagegen nur eine Frage weniger Jahrhunderte.

Neben den ständigen Wanderungen – denn für die wachsende Bevölkerung mußte immer neues, unverbrauchtes Land gefunden werden – hatte die Landwirtschaft auch die Entwicklung eines Systems zur Zucht und Domestikation von Rind und Pferd zur Folge. Es muß für diese Zuwanderer recht schwierig gewesen sein, ihre Lebensform den Bedingungen einer Agrarwirtschaft anzupassen. Das feuchte atlantische Klima mit seinen regnerischen Sommern und kalten Wintern unterschied sich doch erheblich von den klimatischen Verhältnissen Asiens und des Mittelmeerraumes.

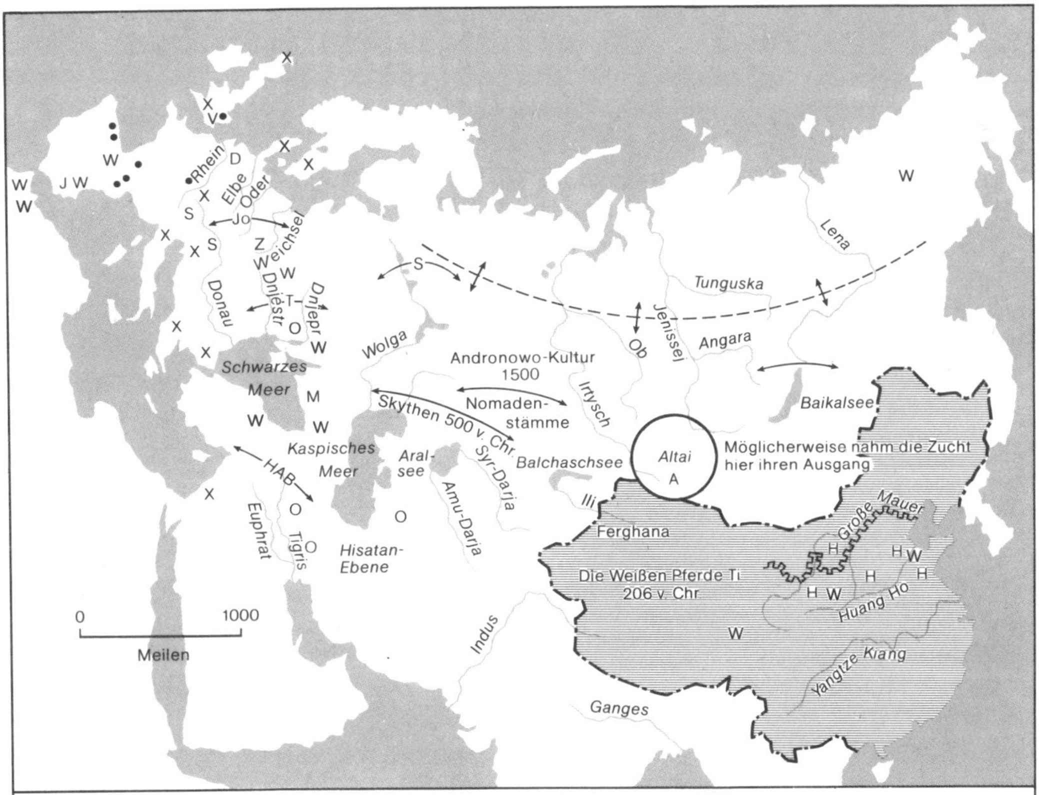

Frühe Kulturen mit Perdezucht

HAB Hethiter, Assyrer, Babylonier usw. (1800 v. Chr.)

H China (750 v. Chr.)

S Sejma (etwa 1200 v. Chr.)

X Hauspferde
3000 v. Chr. Orkney, Ripac, Vardar, Veselmova, Woodhenge und Tenemara-Kulturen

VOR 3000 V. CHR.

A Mongolische Wildpferde

D Dümmersee (Deutschland)

J Jaén (Spanien)

Jo Jordansmühl (Beginn 2. Jahrtausend v. Chr.)

M Majkop (4000–3500 v. Chr.)

O Onagergestüt (etwa 5000 v. Chr.) Anau, Qualat Jarmo

T Tripolje, 3 Perioden, die sich über ca. 2000 Jahre ausdehnen

S Föllik, Bodzáspart

W Wildpferde

Z Zlote

• Solutré Lascaux, Mas d'Azil, Allanina usw.

V Windmill Hill

—‡— Rentier-Halter (5000 v. Chr.)

—·— Grenzen von CHINA

In den Downs allerdings, dem Kreidekalkhügelland Südenglands, wo jedermann Anbaugebiete und Weidemöglichkeiten finden konnte, war nur ein Minimum an Aufwand erforderlich, um den Boden urbar zu machen.
Von der eigenen Familie und nicht von der Stammesordnung war es abhängig, ob man sich niederlassen und eine ertragreiche Landwirtschaft betreiben konnte. Jäger können, ja müssen in Gruppen umherstreifen, bei den nomadisierenden Hirten hatte man wahrscheinlich zu einer gewissen Form der Koexistenz der einzelnen Stämme untereinander gefunden, aber ein kleines Stück Land kann eben nur eine kleine Gruppe von Menschen, wie beispielsweise eine einzelne Familie, ernähren. Schweine, Rinder, Schafe und Ziegen konnten am Tage auf die Weide getrieben und gehütet und des nachts zur Sicherheit, zum Schutze vor Wölfen und Räubern aller Art, in umzäunte Gehege zurückgebracht werden.
In den Sumpf- und Waldgebieten der britischen Inseln und des europäischen Festlandes hatten die Vorfahren des Exmoor-Ponys, der *Schweiken* aus Ostdeutschland und aus Polen, der *Konik* usw., einen Lebensraum gefunden.
Die ersten seßhaften Bauern Englands, die Menschen der Windmill Hill-Kultur aus der Zeit um 2000 v.Chr., lebten in Dorfgemeinschaften, und das Dorf selbst, eine Ansammlung einfacher Hütten aus Baumstämmen, war vermutlich von hölzernen Barrikaden umschlossen. So jedenfalls wurden die Dörfer auf dem Festland erbaut. Auch zum Bau der Straßen dienten Baumstämme, die Seite an Seite lagen wie Eisenbahnschienen. Eine solche Straße verlief offensichtlich durch Norddeutschland, unmittelbar südlich des Dümmersees, wo einige der ersten europäischen Pferdezüchter Spuren hinterließen. Die alten Landstraßen Englands sind der Harroway, der von Westen nach Osten durch Südengland führt, der Icknield Way quer durch East Anglia und der Peddars Way.
Zweifellos gab es einen »Dorfältesten«, der nicht nur für die Sicherheit des Dorfes verantwortlich war, sondern wohl auch für Recht und Ordnung zu sorgen hatte. Vielleicht wachte er über die Verteilung des Landes außerhalb des Dorfes und entschied ferner darüber, welche Tiere geschlachtet werden und welche zur Zucht dienen sollten. Ohne Zweifel wurde seine Zustimmung eingeholt, wenn »Ehen« geschlossen oder zur Bekräftigung eines Abkommens Rinder getauscht wurden.
Da in unserer heutigen Gesellschaft der Mann dominiert, wird allgemein angenommen, daß der Chef eines Dorfes stets ein Mann gewesen sein muß. In den frühen Gesellschaften und Kulturen Asiens und Europas spielte das Geschlecht allerdings keine so wesentliche Rolle, auch hielt man die Frau nicht für unterlegen. Die Geschlechter waren weit gleichberechtigter, und matriarchalische Gesellschaften keineswegs ungewöhnlich. Dafür gibt es viele Beispiele.
Mit der Ankunft landhungriger Bauern der Urnenfelder- und Hallstatt-Kulturen, die zum Teil durch die kalte, subatlantische Klima-Periode aus Mittel- und

Nordosteuropa vertrieben worden waren, fand eine landwirtschaftliche Umwälzung statt. Der richtige Gebrauch des Pfluges gestattete eine wohlausgewogene Mischkultur und ermöglichte die ausreichende Versorgung einer ständig wechselnden Bevölkerung mit Nahrungsmitteln.

Von Sibirien bis Norwegen sind Spuren der Kammkeramik-Kultur gefunden worden, auch in Jütland, Schlesien, am Niederrhein und in Ostengland, wo sich die Peterborough-Gruppe entwickelte. Diese Völker brauchten Lebensraum, und ihr Wanderdrang entsprach ihrem auf die Jagd und das Hüten der Herden ausgerichteten Nomadendasein. In ihrer späteren Entwicklung fanden sie zur fortschrittlichen Rinder- und Pferdezucht.

Um und nach 2300 v.Chr. war der Vordere Orient in ständigem Wandel begriffen. Die beiden Reiche Mesopotamien und Ägypten wurden von asiatischen Barbaren zerstört, die aus fernen Wüsten- und Gebirgsregionen kamen. Auch Städte in Anatolien wurden vernichtet, und die alte, große sumerische Kultur ging zugrunde. Bei den einbrechenden Barbaren handelte es sich um berittene Nomaden.

Einige Jahrhunderte später, als Menschen der Marne-Kultur nach England kamen, begann das Eisen an die Stelle von Bronze zu treten. Handwerk sowie Metall- und Textilindustrien wurden innerhalb einer Burg, wie beispielsweise Maiden Castle, ebenso wie in Dörfern und auf Gehöften betrieben. Sicheln, Hippen, Äxte und Pflugscharen wurden von Schmieden gefertigt, die ihr Handwerk erlernt hatten. In entlegeneren Gebieten wurde jedoch noch mit Steinwerkzeug gearbeitet. Man züchtete Schafe, Ziegen und Schweine; die Rinder waren größer und hatten längere Hörner als das spätere keltische Shorthorn *(Bos longifrons)*, waren aber offensichtlich kleiner als das einheimische Wildrind *(Bos primigens)*. Überall können wir feststellen, daß die domestizierten Spezies kleiner waren als ihre wilden Artgenossen. Vielleicht ist die Kreuzung der Rassen gezielt vorgenommen worden – gerade so, wie der Lappe sein zahmes mit dem wilden Ren kreuzte.

Die Rentier-Kultur hatte sich nach Westen und Süden ausgebreitet, und die Kenntnisse und Erfahrungen in der Tierhaltung, beim Ackerbau und beim Anspannen von Tieren zur Befriedigung des menschlichen Bedarfs an Zugkraft breiteten sich nach Norden und Westen aus. Der erste Schritt muß das Aufladen von Lasten gewesen sein. Den ersten hölzernen Pflug, der aus dem Haken entwickelt worden war, zog der Mensch wohl selbst, indem er sich mit Hilfe lederner Riemen davor spannte. Der Übergang von menschlicher Zugkraft auf die Zugkraft von Tieren könnte sich sehr rasch vollzogen haben. Die Zivilisation, die lange Zeit benötigte, um ihren Weg über Vorderasien hinaus fortzusetzen, kam über Südeuropa schließlich auch nach England. Von England, speziell East Anglia, dehnte sie sich über Belgien, Nordwestdeutschland, Skandinavien und Polen bis tief in die Ukraine und nach Rußland aus.

Es gab nun eine Anzahl von Rassen, die viele verschiedene Sprachen und Dialekte gehabt haben müssen, und doch ist kein geschriebenes Wort in England gefunden worden. Im Südosten des Iran entdeckte erst 1970 ein Archäologenteam unter der Leitung von Professor C. C. Lamberg-Karlovsky vom Harvard's Peabody Museum die ältesten uns bekannten Schrifttafeln. Von diesen Tafeln heißt es, daß ihre Texte in einer früheren Form der elamischen Sprache niedergeschrieben sind und eine Zivilisation enthüllen, die rund 1000 Jahre vor allen bisher bekannten Kulturen existierte. Die Tafeln werden auf etwa 3500 v.Chr. datiert.

Als die einzelnen Völker immer größer wurden, einige noch auf einer primitiveren Entwicklungsstufe standen, andere dagegen bereits höherentwickelt waren, berührten sich die verschiedenen Kulturen und wirkten aufeinander ein, überschnitten sich und gingen in neuen Zivilisationen auf. Die einen nutzten das Ren als Reit-, Pack- und Zugtier; die anderen züchteten und nutzten zunächst den Onager oder das Rind und schließlich das Pferd. Die einen bauten Roggen, Hirse und Hafer an, die anderen Weizen, Gerste oder Luzerne. Von erheblichem Einfluß auf die Entwicklung aller domestizierten Tiere waren das Futter, das sie bekamen, und die Bedingungen, unter denen sie in Herden gehalten und gezüchtet wurden. Häute und Felle, Feuersteine, Bernstein, Erze, Rinder und Schafe konnten getauscht werden. Brautraub oder Eheschließungen zwischen Angehörigen verschiedener Stämme oder Völker bildeten den Keim für neue Kulturen. Der eine brachte das Wissen darüber mit, wie mit Nadeln aus Knochen genäht wurde, der andere hatte eine verbesserte Methode des Hausbaus oder der Viehzucht. Ihre oder seine Geschenke an die Familie, waren möglicherweise Rinder einer verbesserten Rasse, die mit der einheimischen Rasse gekreuzt werden konnte, und in gleichem Maße, wie sich die klimatischen Verhältnisse günstiger gestalteten und das Getreide wuchs und abgeerntet wurde, ging man auch sorgfältiger mit dem Weideland um, und das Ergebnis war eine Verbesserung in der Haustierproduktion.

Aus dem Dunkel der Vergangenheit tauchen einige Völker mit einer natürlichen Begabung für die Domestikation zunächst des Onagers und später des Pferdes auf. Als Saken bekannt, lebten sie südlich des Aralsees in dem großen Land der Pferdezucht zwischen Oxus und Jaxartes. Sie gehörten, wie es scheint, zu den ersten Pferdezüchtern des Altertums.

Eine ganze Reihe von Fachleuten scheint zu glauben, daß das Pferd zunächst als religiöses Symbol »domestiziert« worden sei, aber das hieße die Folge vor die Ursache stellen – »den Karren vor das Pferd spannen«! Wahrscheinlich waren beide Funktionen des Pferdes von Anfang an gleichzeitig vorhanden.

Zu Anfang hielt man Tiere einfach nur deshalb in Koppeln, um sie besser vor Räubern schützen zu können. Das Ereignis, daß benachbarte Stämme aufeinandertrafen, war offensichtlich stets ein Anlaß für Feierlichkeiten, und man bediente sich dann der Tiere in den Koppeln, ganz gleich, ob es nun Schafe, Rinder oder Pferde waren, zum Festschmaus. Mittelpunkt der ersten Religionen, oder besser gesagt Mystizismen, war die Sonne, diese strahlende Lichtscheibe am Himmel, die im Frühling heraufzog und sowohl Geburt als auch Wachstum symbolisierte und dann – zumindest kurzzeitig – in der Dunkelheit des Winters versank. So kamen die Stämme möglicherweise absichtlich zusammen, um das Emporsteigen der Sonne zu feiern, und Stonehenge und andere, gleichartige Monumente stützen diese Vermutung. Sowohl in England als auch auf dem europäischen Festland wurden Versammlungsplätze – zunächst aus Holz, später aus Stein – errichtet. Die besten Tiere pflegte man wahrscheinlich für das Frühlingsfest in den Koppeln zu halten. Damit hätte dann auch die Zucht innerhalb der Umzäunungen stattgefunden, so daß es sich nicht länger um eine wilde Art handelte, obgleich die Pferde ihren Vorfahren noch sehr nahestanden. Allerdings bewirkte die Gefangenschaft, daß sich die Tiere in bezug auf ihre Größe zurückentwickelten. Die Frühlingsfeste hatten zunächst mystische und später religiöse Bedeutung.

Es darf nun nicht angenommen werden, daß sich eine primitive Gesellschaftsform in erster Linie mystisch-magischen oder religiösen Feierlichkeiten widmet oder gewidmet hat. Da war der tägliche Kampf ums Dasein, und die Pferde, die in der Gefangenschaft gezüchtet wurden, konnten anderen Zwecken dienen als einfach nur dem, den Festschmaus für irgendwelche kultischen Handlungen abzugeben. Ein außergewöhnliches Tier, beispielsweise ein weißes Pferd, welches das Licht symbolisierte, konnte zum Stammeszeichen, gewissermaßen zu einer Art Maskottchen, werden. Vom Anführer einer Sippe ging Licht oder Weisheit aus, so daß ein weißes Pferd durchaus ein Symbol der Macht hätte sein können – wie es ja, in späterer Zeit, auch tatsächlich der Fall war. Wenn mit dem Tode des Anführers der Glanz dieser Macht erloschen war – was wäre natürlicher gewesen, als das weiße Pferd zu opfern? Die genießbaren Teile sind möglicherweise verspeist, die übrigen mit dem verstorbenen Häuptling oder König beigesetzt worden. In Uppland, Schweden, ist eine Opferstätte entdeckt worden. Hier ist der Opferaltar von Norden nach Süden gerichtet, und auf ihm fand man den Schädel eines Pferdes. Das Pferd war mit einem Schlag auf den Kopf getötet worden. Außerdem fand man noch die unteren Teile zweier an den Knien abgetrennter Vorderbeine und einige Schwanzwirbel. »Es scheint«, sagt Lundholm, »als wären nur die ungenießbaren Teile des Tieres geopfert worden.« Es hat außerdem den Anschein, daß Pferde nicht gerade etwas Alltägliches waren.

Ganz zweifellos dürften diese wie Schätze in Umzäunungen gehüteten Tiere auch als Geschenke gedient haben – ein Pferd wäre sicherlich geeignet gewesen, einen mächtigen Nachbarn günstig zu stimmen. Aber in allen Fällen müßte es sich bei den fraglichen Pferden um domestizierte Tiere gehandelt haben, sie hätten gehalftert und bewegt werden müssen, und niemand hätte das tun können, wenn das Pferd auch nur halbwild gewesen wäre. Vermutungen darüber, wann in unserer Geschichte dies zum erstenmal geschehen ist, mögen jedem einzelnen überlassen bleiben. Ich selbst bin der Ansicht, daß es sehr viel früher gewesen ist, als wir glauben oder als die Zeitperioden, für die wir echte Beweise haben. Wenn man nach der wunderhübschen kleinen Elfenbeinschnitzerei einer trächtigen Tarpan-Stute, einem aus dem Geweih eines Rentieres geschnitzten springenden Pferd oder der unglaublichen Kombination einer in einen echten Pferdeschädel geritzten Zeichnung eines Wildpferdes – sie alle sind uns aus dem frühen Paläolithikum erhalten geblieben – gehen darf, dann ist es *nicht* unmöglich, daß schon damals, vereinzelt und weit entfernt von unseren heutigen Vorstellungen vielleicht, Pferde »gezähmt« worden sind. Die zur Zeit anerkannte Meinung ist jedoch die, daß das Pferd im Paläolithikum, also in der älteren Steinzeit, noch nicht domestiziert wurde. Falls jene Menschen in der Tat wunderbar geschnitzte Pferdeköpfe als Amulette trugen, so haben diese Tiere ihnen viel bedeutet. Vielleicht bewunderten sie ihre Schnelligkeit und Behendigkeit, vielleicht erkannten und würdigten sie aber auch etwas von dem Charakter dieser Spezies, die dem Menschen helfen sollte, sich über das Tier zu erheben.

Wenn wir auch dazu neigen, die frühgeschichtlichen, unbekannten menschlichen Gesellschaften für primitiv oder unentwickelt zu halten, so waren es doch *ehrfurchtgebietende* Primitivkulturen und nicht die im Zerfall begriffenen Gesellschaften von heute, aus denen das Pferd mehr und mehr verschwindet. Alles in der damals bekannten Welt mußte erst erlernt werden, und was diese Welt anzubieten hatte, mußte erst entdeckt werden – Geschichte wird gelebt, nicht ausgegraben.

Das also waren die ersten Schritte des Menschen im Umgang mit dem Pferd, und beide setzten von nun an ihren Weg gemeinsam fort.

2. Die ersten Stammformen der Pferde

3 Ein Wildpferd vor ca. 20 000 Jahren – Equus przewalskii

Heute glauben wir zu wissen, wie die Domestikation des Pferdes begann. Wir müssen jetzt herausfinden, welche Stammformen zu jener Zeit in Asien und Europa gelebt haben. Es ist noch zu früh, schon von Rassen zu sprechen, aber aus den Fossilienfunden, die vielerorts gemacht worden sind, geht eindeutig hervor, daß es bereits unterschiedliche Wildpferd- oder Wildpony-Formen gegeben hat. Trotz der durch die Eiszeiten und die dazwischen liegenden Warm-

4 Domestizierte Tarpane auf einem polnischen Gut. Der Tarpan ist ein Vorfahre von Equus europaeus, *dem europäischen Allzweck-Pony*

zeiten verursachten Veränderungen boten Europa, Asien und Nordamerika der Art geeignete Bedingungen zum Überleben und damit zur Weiterentwicklung bis hin zu dem Tier, das wir heute kennen. In Indien, Südafrika und Südamerika jedoch hatten echte Pferde offensichtlich auf Dauer keinen angemessenen Lebensraum finden können.

Im indischen Siwalikgebirge sind einige der ältesten Knochen fossiler *Equidae* entdeckt worden, während in Südafrika drei Unterarten der Pferdefamilie, und zwar das Zebra, der Wildesel und das heute ausgestorbene Quagga, das ebenso wie Chapmans Zebra[1] mehrere pferdeähnliche Merkmale besessen zu haben scheint, existierten und sich fortentwikkelten. Südamerika bot offensichtlich nicht nur dem vor kurzem ausgestorbenen Proto-Pferd, sondern auch zwei anderen bemerkenswerten *Equidae* Lebensraum: *Hippidium neogaeum* und *Onohippidium munizi*. Ein nahezu vollständig erhaltenes Skelett des ersteren ist in der Abteilung für Naturgeschichte des British Museum zu sehen. Das Skelett hat eine Widerristhöhe von 124,5 cm, der Schädel ist jedoch im Vergleich zum übrigen Körper unverhältnismäßig groß. Außerdem weisen die Nasenpartien von *neogaeum* und *munizi* markante Struktur-Unterschiede auf.

In einer Höhle in der Nähe von Eggenburg in Österreich wurden Pferdeknochen und -zähne in großer Zahl gefunden, deren Alter auf rund 50 000 Jahre geschätzt wird. Einer der Schädel läßt auf ein Pferd von kräftigem Körperbau schließen. Gleichartige Tiere sind aus Remagen, Phöben, Nußdorf und Türmitz bekannt. Otto Antonius gab diesen Pferden den Namen *Equus caballus germanicus* Nehring.

Der Eggenburger Schädel wird beschrieben als ein Schädel mit deutlich empor-

---

[1] Equus burchelli

gewölbter Stirn und kurzem Maul, der sich von den vorher erwähnten Skeletten unterscheidet, hingegen dem postglazialen Schädel von Schussenried stark ähnelt, wenngleich dieser auch sehr viel kleiner ist. Der russische Tarpan begann, sich zu entwickeln, und Antonius wirft die Frage auf, ob hier nicht eine Verbindung besteht. Eggenburg = Schussenried = Tarpan – was bedeuten würde, daß sich »der Tarpanstamm schon in der Eiszeit von den übrigen echten Pferden getrennt hat«.

Im Gegensatz sowohl zum Eggenburger als auch zum Schussenrieder Pferd hatte der russische Tarpan eine flache oder geradezu vertiefte Stirn, und Antonius bemerkt, daß dieses Schädel-Merkmal auch beim Onager des Vorderen Orients, insbesondere bei den in Syrien-Mesopotamien und im Iran heimischen Rassen, festgestellt werden konnte, und eben dieses Merkmal unterschied sie von ihren fernöstlichen Verwandten.

»Jeder vorderasiatische Halbesel, den ich kennengelernt habe, besaß diese Stirn, aber kein tibetanischer Kiang ... Es folgt daraus für mich mit zwingender Sicherheit, daß diese Abflachung und Vertiefung der Stirn beim Tarpan mit irgendwelchen Zähmungs- oder Entartungserscheinungen durchaus nichts zu tun hat, sondern einfach ein bezeichnendes Merkmal dieser Wildpferdform und ihrer gezähmten Nachkommen darstellt. Auch die zweite, gern als Zähmungsmerkmal angesehene Eigentümlichkeit des Tarpans, die Kurzschnauzigkeit, hat in Wirklichkeit mit der Haustierwerdung nichts zu schaffen. Ganz abgesehen davon, daß sie beim Tarpan – etwa im Vergleich zum Przewalski-Pferd – zwar vorhanden, aber keineswegs besonders stark entwickelt ist, darf bei der Beurteilung dieser Eigenschaft nicht übersehen werden, daß sie sehr viele ausgestorbene Wildpferde auszeichnet. So waren gerade das Eggenbur-

5 *Europäische Wildpferde – Tarpan* Equus przewalskii gmelini *Antonius im Forst von Popiellen, Polen*

ger wie auch das Schussenrieder Pferd eher kurzschnauziger als die russischen Tarpane. Auch die meisten nordamerikanischen Quartärpferde waren ausgesprochen kurzschnauzig, manche wie das kalifornische »Erdölpferd« *Equus occidentalis* sogar in außerordentlich hohem Grade – und die waren doch gewiß nicht gezähmt! Andererseits zeigten Zebraschädel, die Tieren entstammten, welche zweifellos schon in mehreren Geschlechtsfolgen in Gefangenschaft gezüchtet waren, nicht die Spur jener Schnauzenverkürzung, wie sie als erste Zähmungserscheinung z.B. schon bei wildgeborenen, aber im Käfig aufgewachsenen Wölfen, Füchsen, Wildschweinen bekannt ist.«

An dieser Stelle möchte ich auf die fortwährend begangenen Irrtümer hinweisen, daß, da das verkürzte Maul für in der Gefangenschaft gezogene Füchse typisch ist, demzufolge ein verkürztes Maul auch bei einem Wildpferd bedeutet, daß es zwar wildlebend, aber nicht tatsächlich wild ist; und daß, weil der wilde Büffel oder das Karibu von einem Platz zum anderen ziehen, folglich auch Wildpferde wanderten. Solche Behauptungen sind nicht nur falsch und irreführend, sondern leider auch nur allzu oft von einem Autor zum nächsten weitergegeben worden. Natürlich – um Antonius weiter zu zitieren – soll damit »nicht gesagt sein, daß eine ›Domestikationsverkürzung‹ bei den Einhufern ausgeschlossen sei, sondern nur, daß sie bisher nicht nachgewiesen werden konnte. Daß die letzten Tarpanherden vielfach mit entführten Hauspferden vermischt waren, soll keineswegs bestritten werden. Die Tatsache einer sehr starken ›wildblütigen Komponente‹ bleibt trotzdem bestehen, zumindest für alle jene Fälle, in denen die Stehmähne bezeugt ist.«

Viele Abbildungen russischer Tarpane stützen sich mehr auf die Phantasie als auf Tatsachen. Hier muß der niemals endenwollende Disput unter europäischen Wissenschaftlern, einschließlich der russischen, über die tatsächliche Existenz des »Waldtarpans« erwähnt werden. Da es offensichtlich Abweichungen in der Form der Schädel gibt, unterscheidet T. Vetulani ihn – wie ich meine, ganz zu recht – vom Steppentarpan, während E. Skorkowski zu beweisen versuchte, daß es sich um ein und dasselbe Tier handelt. Skorkowski und Schwarz erklärten, daß es niemals Waldpferde[2] gegeben habe; doch dies, sagt Antonius, sei anhand paläontologischer Erkenntnisse leicht zu widerlegen. Diese Tiere lebten in Wäldern, sie waren Tarpane im zoologischen Sinne und können somit Waldtarpane genannt werden. Fast bis zum ausgehenden Mittelalter bewohnten diese Tarpane die Wälder Europas, insbesondere den Reinhardswald und die Wälder Ostpreußens. Sie waren offensichtlich die Vorfahren einer Reihe bodenbeständiger osteuropäischer Pony-Rassen. Natürlich bevorzugten sowohl der Tarpan als auch das Przewalski-Pferd die offene Steppe, aber, wie Antonius sagt, kleine Herden wurden »in den Wald geschickt« – oder, besser ausgedrückt, fan-

[2] s. Haiti-Pferde, S. 265, 267 und Abbildung 88.

1 Wildpferd, Höhlenmalerei aus den Höhlen bei Niaux, Süd-Frankreich

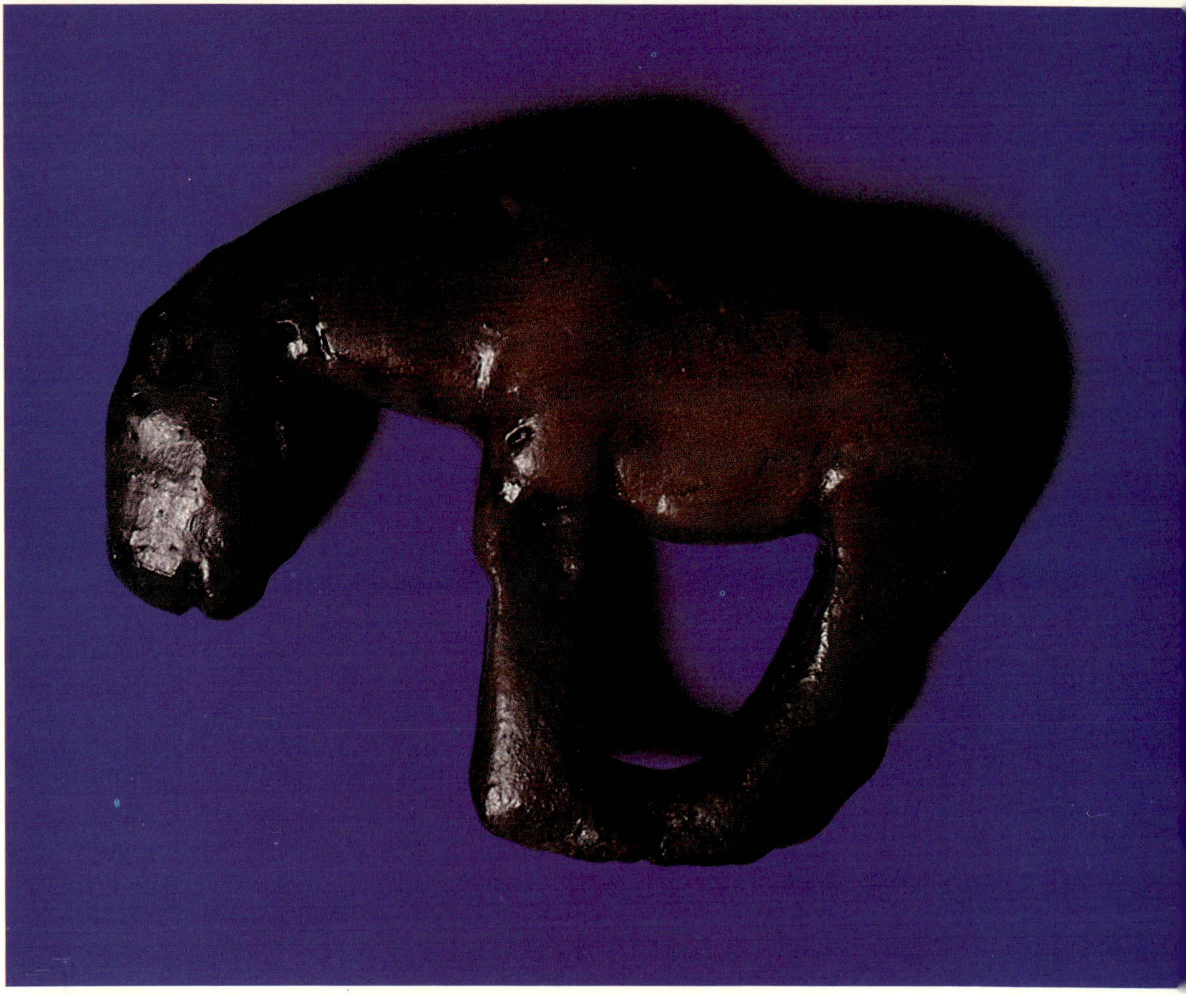

2 Equus robustus, *wahrscheinlich die von Nehring* germanicus *benannte Art. Kopie des aus Bernstein gearbeiteten Wildpferdes aus Woldenburg, früher Kreis Friedberg, 3. Jahrtausend vor Christus*
3 Zwei Wildpferde, in Rentiergeweih geritzt, aus Schaffhausen, Schweiz (Magdalénien – frühe Steinzeit – 100 000–50 000 v. Chr.)

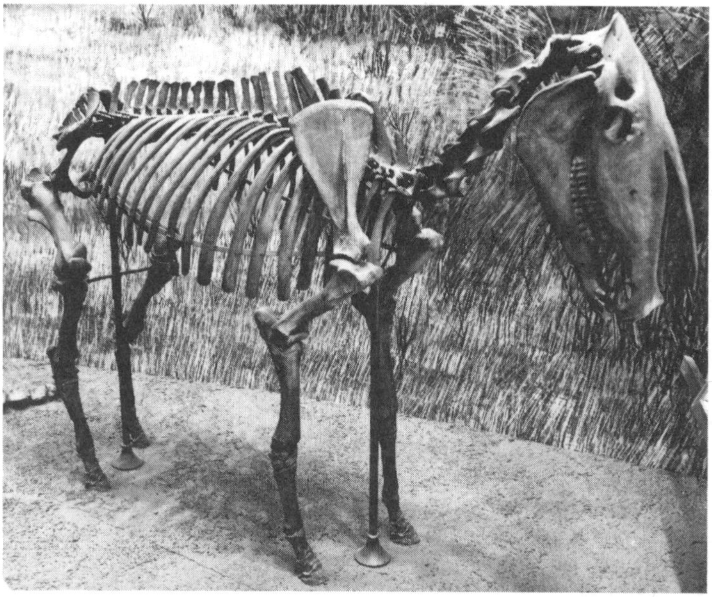

6 Onohippidium.
Unlängst sind Funde gemacht worden, aus denen zu schließen ist, daß dieses Pferd zur Zeit der spanischen Konquistadoren noch in Südamerika existiert hat

den aus dem einen oder anderen Grunde ihren Weg in Waldgebiete, welche sich alles in allem über nicht unbeträchtliche Teile des Festlandes von Osteuropa bis zum Pazifischen Ozean erstreckten.

Die Pferde wurden durch das Eindringen des Menschen in ihr Territorium aus der Steppe vertrieben. Sie zogen in Wüstengebiete, falls dort Wasser zu finden war, in die Heide und die Wälder – eine Ausbreitung und Verteilung, die ihnen durch die Übergriffe des Menschen aufgezwungen wurde. Pfizenmayer schrieb, daß es noch kurz vor Ausbruch des I. Weltkrieges nördlich der Waldgrenze im Nordosten Sibiriens und sogar in der Tundra Wildpferde gegeben hat. Möglicherweise sind einige dort sogar noch heute zu finden – niemand weiß es, denn niemand hat dort gesucht![3]

[3] s. S. 49

Antonius kommt zu dem Schluß, daß der Tarpan einschließlich Vetulanis Wald-Typ als die Hauptstammform des domestizierten Pferdes der Indogermanen betrachtet werden darf. Der Tarpan-Typ ist in den ältesten Pferden der Bronzezeit ebenso unverkennbar wie in jenen, die die Kelten benutzten (von Marek beschrieben). Er ist augenfällig in dem alten, von Duerst beschriebenen germanischen Pferd und dem vergleichbaren niederrheinischen Pferd aus den holländischen Terpen, und das alte griechische Pferd ist ebenfalls eng verwandt. »Alle diese Schläge«, sagt Antonius, »erweisen sich offensichtlich als Tarpanabkömmlinge, wenn sie auch vielleicht durch schon seit Urzeiten vorgekommene Einkreuzungen fremden Blutes, *durch Höherzüchtung auf der einen, Entartung und Vernachlässigung auf der anderen Seite, wie auch durch den ›Einfluß der Scholle‹ im allgemeinen,*

vielfache Formveränderungen erlitten haben.« Die Kursivschrift stammt von mir, denn hier haben wir das große ABC der Rassen-Unterschiede, die später noch behandelt werden sollen. Antonius sagt außerdem:
»Daß die Pferde jener türkischen und finnisch-ugrischen Reitervölker, die jahrhundertelang in engster Nachbarschaft und kultureller Berührung mit den indogermanischen Skythen die pontisch-kaspischen Steppen bewohnt haben, zum Teil auf Tarpanblut zurückgehen, darf von vornherein mit Sicherheit angenommen werden, welches Blut sonst noch in ihnen vorhanden war, ist wohl noch nicht endgültig festgestellt. Aus türkischen Polowzergräbern sind breitstirnige und kurzschnauzige Schädel durch Amschler festgestellt worden, daneben auch solche mit längerer Schnauze, die offenbar auf das mongolische Wildpferd als Stammform hinweisen. Einen ganz ähnlichen Befund veröffentlichte vor kurzem B. Hankó aus altmagyarischen Gräbern, die der Zeit unmittelbar nach der Landnahme der Magyaren angehören. Auch das Avarenpferd dürfte nach Hankó der gleichen Form angehören.«
Obgleich die Domestikation eine Verringerung der Gehirngröße verursachen kann, ist das noch nicht die Lösung des Problems der eindeutigen Feststellung, ob Domestikation vorliegt oder nicht. Lundholm[4] betont, daß frühe domestizierte Pferde eine viel geringere Hirn*masse* als Wildpferde hatten, während die Pferde des Mittelalters die gleiche Hirnmasse wie Wildpferde ähnlicher Größe aufwiesen, und es gibt Ponys wie das Veglia-Pony, die einen rundum kleineren Schädel und ein größeres Gehirn als Wildpferde besitzen. Diese Tatsachen zeigen, daß die Transformation bei den Hauspferden nicht einheitlich ist.
Bei nahezu allen Tierspezies, die domestiziert wurden, sind allerdings Maul und Schädel gegenüber denen der entsprechenden wilden Arten verkürzt. Das Maul ist kurz, da der Mensch das Futter für das Tier vorbereitet, wodurch die Beanspruchung von Zähnen und Kiefern geringer wird, was schließlich dazu führt, daß sowohl Zähne als auch Kiefer weniger wachsen. Der Schädel ist kürzer, weil der Mensch, indem er das Tier vor seinen natürlichen Feinden ebenso wie vor hartem Klima schützt, die volle Entwicklung aller Sinnesorgane überflüssig gemacht hat; denn diejenigen Teile des Gehirns, in denen die von den Augen, Ohren und Nüstern ausgesandten Informationen aufgefangen werden, liegen längsseits des Schädelraums. Die mangelnde Ausnutzung hemmt die volle Entfaltung, und daher sind sowohl das Gehirn als auch der es umschließende Schädel verkürzt.
Bei Betrachtung der bisher gefundenen Fossilschädel ist es aber unmöglich, im Hinblick auf irgendeine besondere Rasse ein Urteil zu fällen. Beim Przewalski-Pferd waren und sind sowohl das gerade als auch das konkave Schädel-Profil zu finden. Lundholm erklärt, daß Wild-

[4] Bengt Lundholm: »Abstammung u. Domestikation des Hauspferdes«, Uppsala, 1947

7 Equus europaeus: *Ewart's Plateaupferd in Gestalt dieser Exmoorpony-Stute mit Fohlen*

und Hausesel aufgrund der *Wahrscheinlichkeit*, daß sie monophyletischen Ursprungs sind, die gleiche oder eine ähnliche Hirnmasse haben, was die Dinge weit weniger kompliziert macht.

Die ersten domestizierten Pferde waren kleiner als ihre wilden Artgenossen, und diese Tatsache wird am besten anhand der Zähne deutlich. Man kommt gezwungenermaßen zu dem Schluß, daß sich die Wildpferde auf den endlosen Weiden, die ihnen ihr Lebensraum bot, optimal entwickeln konnten, während es um die Ernähung der Hauspferde, ob sie nun als Fohlen eingefangen – nachdem man die Stute getötet hatte – oder in Gefangenschaft gezogen worden waren, sehr viel schlechter bestellt war. Die landwirtschaftlichen Kenntnisse und Tätigkeiten der frühen Ackerbauern waren natürlich noch sehr begrenzt, und es sollte lange dauern, bis eine Methode zum Anlegen eines ausreichenden Futtervorrats für den Winter ersonnen und auch praktiziert wurde. Man kann sich gut vorstellen, daß Fohlen ganz einfach mangels Futter – beziehungsweise mangels geeigneten Futters – eingingen. Nahezu 5000 Jahre waren erforderlich, um herauszufinden, welche Minerale und Vitamine z.B. Jungtiere, trächtige Stuten, Rennpferde oder Mastvieh brauchen.

Als Nobis seine 1955 aufgestellte These noch einmal zusammenfaßte, stellte er fest: »Im Meso- und Neolithikum ist nur noch eine Wildform, *Equus caballus przewalskii*, nachzuweisen, deren autochthone Domestikation in Mitteleuropa wahrscheinlich ist.« Weiter sagt er, daß eine zweite Wildform, als »Tarpan« bekannt, nicht nachzuweisen sei. Mich selbst kann diese Behauptung von Dr. Nobis, dem ich 1957 begegnet bin, als er mir persönlich eine Tafel übergab, die dazu im Widerspruch zu stehen scheint, nicht recht überzeugen. Seine sich auf Fossilien stützende Arbeit »Beiträge zur Abstammung und Domestikation des Hauspferdes« ist außerordentlich gewissenhaft, aber wenn man auch alle jemals gemachten Funde berücksichtigt, so ist doch ihre Zahl – wie kaum anders zu erwarten – immer noch begrenzt und verteilt sich immerhin über einen beträchtlichen Zeitraum. Diese Fossilien sind auf Nord- und Mitteleuropa einschließlich und hauptsächlich Vorkriegsdeutschland konzentriert. Die Fossilfunde der *Equidae* auf den Britischen Inseln, in Frankreich, Spanien, Italien usw. sind dabei nicht berücksichtigt.

Wie ich bereits in meiner Übersetzung des Buches *The Asiatic Wild Horse* (von Dr. Erna Mohr) angemerkt habe, ist die Entschlossenheit, mit der man sich weigert, die tatsächliche Existenz des Tarpans als echten Wildpferds auch nur in Betracht zu ziehen oder gar Interesse an der Arbeit polnischer Zoologen zu zeigen, geradezu obstinat. Die hartnäckig vertretene Auffassung ist die, daß der Tarpan eine verwilderte Haustierrasse darstellt, jedoch kein echtes Wildpferd. Der *Beweis* für die Richtigkeit dieser Auffassung konnte bisher allerdings nicht erbracht werden.

Falls das Mongolische Wildpferd, bekannt als *Equus przewalskii Poljakoff* – oder, nach Nobis, *Equus cab. przewalskii* – in seiner Heimat, der Mongolei, aussterben und Exemplare seiner Art, die in der Gefangenschaft aufgezogen wurden, dort oder anderswo wieder in ihren wilden Zustand zurückversetzt werden sollten, wie es die erklärte Absicht der Zoologen ist: dürfen wir dann sagen, daß es nicht länger Wild-, sondern lediglich wildlebende Pferde sind? Offensichtlich sind einige der Nachfahren des in prähistorischer Zeit wilden Tarpans domestiziert worden, aber das hinderte die nach wie vor wilden Herden nicht, weiterzubestehen und sich getrennt von der domestizierten Form ihrer Nachkommen zu entwickeln. Diese getrennte Evolution kann – ja muß sogar – im Ablauf der vergangenen sieben Jahrtausende, vielleicht auch noch früher, vermutet werden.

Das früheste große Wildpferd, das bisher entdeckt wurde, ist das Mosbacher Pferd in Europa *(Equus mosbachensis)*, das auf die Zeit vor rund 100 000 Jahren datiert wird und von dem mehrere vollständig erhaltene Skelette und Schädel gefunden worden sind. In Heiligenstadt (im früheren Ostpreußen) fand man Mittelfußknochen und einige Zähne einer anderen Art, *Equus abeli*. Antonius betont jedoch, daß diese mächtigen Pferde schon im Mittelquartär den wesentlich kleineren Eggenburger, Steinheimer und anderen Pferden wichen.

8 Wildponys auf dem Mildenhall-Teller, römisch-britische Zeit

Ich möchte hier noch einmal darauf hinweisen, daß man die spätere Existenz großer Pferde nicht einfach ausschließen darf, nur weil noch keine entsprechenden Fossilknochen gefunden worden sind.

Aus La Combarelles, Dordogne, stammt die kaum bekannte – oder nur selten gezeigte – Gravierung eines Pferdekopfes. Es ist der Kopf eines schweren, ramsnasigen Pferdes mit etwas, das wie ein Halfter aussieht. Die Datierung ist ziemlich schwierig, aber es ist anzunehmen, daß diese Gravierung während des Magdalénien vor rund 10 000 Jahren entstand. Falls dies ein Hauspferd war, so beweist das die Domestikation mehrere tausend Jahre vor der Entstehung der Malerei aus dem Mesolithikum in Canforos de Peñarubia, Spanien, die nicht weniger als sechs geführte Pferde zeigt.

Es kann auch auf das prachtvolle, aus Bernstein gearbeitete Pferd, das auf das Ende des 3. Jahrtausends v. Chr. datiert wird, verwiesen werden, das östlich der Oder in der Nähe von Friedeberg, Neumark, gefunden wurde. Mit dieser Pferdefigur aus Bernstein liegt uns nicht nur der Typ eines Kaltblüters vor, sondern auch ein Tier mit deutlich konkavem Gesicht. Deshalb ist es wohl möglich, daß doch ein schwererer, jedoch nicht

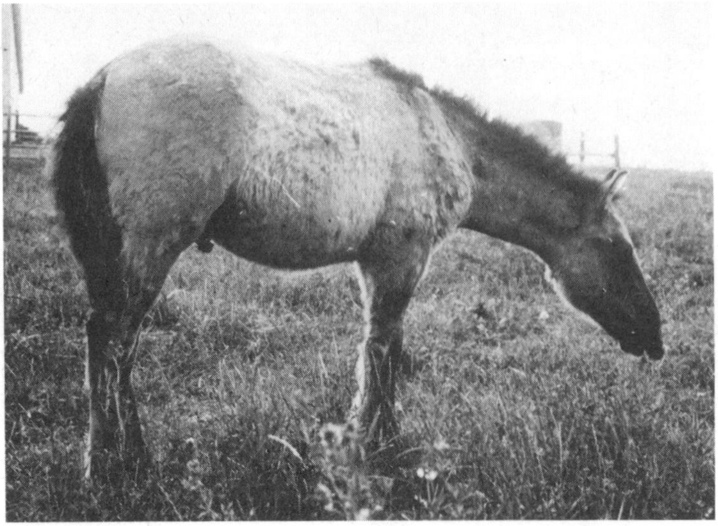

9 Einjähriger Tarpan, fotografiert in Popiellen, Masuren, Polen

notwendigerweise *schwerer*, Wildpferdtyp in Nordosteuropa existierte, und es ist wichtig, uns dessen zu erinnern, wenn wir auf den Ursprung der Kaltblüter zu sprechen kommen, die die Vorfahren des viel späteren Kriegspferdes und wahrscheinlich auch des überall verbreiteten Cobs waren.

Es gibt die vieldiskutierte Frage, ob der Mensch das Pferd zuerst zum Reiten oder zum Fahren benutzte. Wenn man Europa und Asien – sowohl den Nahen als auch den Fernen Osten – als Ganzes betrachtet, dann dürfte die Antwort lauten, daß keine dieser Künste oder Formen des Transports den Anspruch erheben kann, die »erste« gewesen zu sein.

Wie wir schon festgestellt haben, war die erste Domestikation des Pferdes auf sein Fleisch und seine Milch ausgerichtet; das war eine Konsequenz prähistorischer Jagd. Die sehr frühen Rentier-Jäger, die dieses Tier etwa um 5000 v.Chr. domestizierten, richteten es zum Ziehen eines primitiven Schlittens und zum Reiten ab. Die Stämme, die das Ren domestiziert hatten, lebten in den Wäldern und Tundren von Finnland bis Sibirien, und im Laufe ihrer jahreszeitlich bedingten Wanderungen müssen sie mit den Stämmen in der Tundra, die Pferdeherden besaßen, in Berührung gekommen sein. Nach der letzten Eiszeit war der größte Teil Wald, Tundra und Steppe, und die Osteuropäer bekamen auch mit den Rentierzüchtern Kontakt. Wenn eine Stute erst einmal soweit gebändigt worden ist, daß sie sich melken läßt, kann sie auch leicht gezähmt werden, um eine Last und, falls ihr Rücken kräftig genug ist, sogar einen Menschen zu tragen. Man darf nicht vergessen, daß es zu jener Zeit keine Straßen, sondern nur primitivste Feld- und Waldwege gab. Ein sehr alter Weg, genannt Harroway, wand sich durch die ganze südliche Hälfte Englands, führte von den Bleiminen von Charterhouse im Westen nach

Dover und setzte sich von Le Châtelet in Frankreich bis hinunter zum Mittelmeer fort. Ein weiterer Pfad ist der Icknield Way. Dieser Weg durchschnitt England ebenfalls von Westen aus und setzte sich über Dunstable und Icklingham nach Osten fort, wahrscheinlich mit einer Abzweigung nach Dunwich und von dort aus über die damalige Landfläche zur Doggerbank (wo unter der Wasseroberfläche Bäume entdeckt wurden und sogar heute noch Jachten auf Grund laufen) und weiter bis zum heutigen europäischen Festland. Irgendwo vereinigten sich diese Pfade mit dem einen, der von Westen nach Osten nahe dem Dümmersee in Norddeutschland verlief, und kreuzten die »Bernsteinstraßen«, die von der Westküste Dänemarks ausgingen und auf welchen der frühe Mensch den Bernstein von der Nordsee hinunter zur Adria brachte. Ein anderer Weg zog sich von der Ostsee aus über die Weichsel nach Biskupin und verlief südwärts bis zu einem Adriahafen oder gar bis zum Schwarzen Meer (wo man Bernstein aus dem Norden entdeckt hat). Auch Steinwerkzeuge sind in Südeuropa gefunden worden, und es klingt nicht sehr glaubhaft, daß der Mensch diese auf seinem eigenen Rücken transportiert haben soll. Eine Handelsstraße führte durch Tuwa nördlich der Mongolei von Ost nach West. In Tuwa gab es das Ren, Wildpferde, möglicherweise den Onager, das wilde Yak und Wildkamele, und sehr wahrscheinlich stammen die ersten Rinderzüchter aus diesem Teil der Erde. Es gibt einen weiteren alten Weg von Ephesus nach Susa und noch einen anderen, die chinesische Seidenstraße, welche von den Karawanen im Mittelalter ausgiebig benutzt wurde, aber ganz zweifellos auch schon in viel früherer Zeit begangen worden ist. Sie führte vom Fluß Ili über mehr als 3200 Kilometer nach Ansi und Yümen, und dann folgte sie wahrscheinlich dem Lauf des Wei-Ho weitere 4800 Kilometer bis zum Gelben Meer.

10 Elfenbeinschnitzerei einer tragenden Stute, datiert etwa 30 000 v. Chr., höchstwahrscheinlich modelliert nach dem Tarpan, Equus przewalskii gmelini *Antonius*

Klimatische Einwirkungen haben zu allen Zeiten bis in die Gegenwart hinein Veränderungen innerhalb der Tierwelt zur Folge gehabt, vor allem jedoch *damals* in solchen Gebieten, die ganz mit Eis bedeckt waren, als ein großer Teil der Tiere ausstarb oder Arten isoliert wurden, was dann zur Entwicklung lokaler Formen führte. Als das Eis zurückwich, dürften diese Gebiete wieder bevölkert worden und die Tiergruppen aus dem Osten und Westen aufeinandergetroffen sein. Auf diese Weise können Pferdepopulationen sich vermischt haben und Kreuzungen entstanden sein, während alte Formen möglicherweise ganz verschwanden. Es ist übrigens ganz interessant, festzustellen, daß Spuren einiger dieser Formen, besonders von *Equus caballus plicidens*, in Gesellschaft des Neandertalers gefunden worden sind!

Schwarz schreibt:

»*Equus caballus caballus* Linnaeus ist in Europa noch in historischer Zeit heimisch gewesen; es reicht, wenn auch nicht reinblütig[5], als russischer Tarpan bis in den Anfang des 19. Jahrhunderts und lebt noch heute als eine der Komponenten, aus denen unsere Hauspferde aufgebaut sind, fort. Osteologisch ist es von dem rezenten mongolischen Wildpferd (*E. c. przewalskii* Poljakoff) nicht zu trennen, sondern nur durch die falbe bis mausgraue Farbe von der hellbraunen asiatischen Form unterschieden.«

Mit der Bezeichnung »Diluvium«, oder heute auch »Pleistozän«, ist in der Geologie normalerweise der letzte, der Frühgeschichte unmittelbar vorangehende und direkt auf das Neogen folgende Zeitabschnitt gemeint. Das ist ungefähr der Zeitpunkt, an dem wir ansetzen können, um etwas über die verschiedenen Pferdelinien zu erfahren, und wenn wir das verfügbare Material durchsehen, bekommen wir auch eine Vorstellung davon, welcher Art die Pferde gewesen sein müssen, die der prähistorische Mensch, der Proto-Nomade und schließlich der nomadisierende Hirte und Bauer domestiziert und gezüchtet haben könnten.

Während der letzten Eiszeit nahm die Wildpferdpopulation stark ab, und große und kleine Pferde lebten nur kurze Zeit Seite an Seite. Die Pferde sowohl des Mesolithikums als auch des Neolithikums waren dem Przewalski-Pferd sehr ähnlich, mit einer Widerristhöhe von etwa 135 cm, so daß das Przewalski-Pferd möglicherweise das erste war, das domestiziert wurde. (Wenn wir die wahrscheinlichere Domestikation des Tarpans einmal ausklammern.) E. Schwarz hat ganz klare Vorstellungen von der Pferdeform, die bei unseren frühesten Vorfahren Verwendung fand. Er sagt[6], daß sich die europäischen Pferde der *Equus caballus*-Gruppe nur in einem Merkmal unterscheiden, und zwar in

---

[5] Der Leser ist sich bereits darüber im klaren, daß die Meinung von Schwarz hinsichtlich des Tarpans von der vieler anderer Experten abweicht und daß sich die Kopfform natürlich erheblich von der des Mongolischen Wildpferdes unterscheidet.

[6] Jahrbuch der Preuß. Geol. Landesanstalt, *48*, 1927

ihrer Größe. Nach der Größe lassen sie sich »in drei Gruppen bringen, eine kleine, spätglaziale bis rezente Form, die als der westliche Vertreter des mongolischen Tarpans zu gelten hat, dem sie an durchschnittlicher Größe gleichkommt, eine mittelgroße Form, die während des größten Teils der Eiszeit auftritt und sich in allen Horizonten glazialer oder interglazialer Herkunft von Cannstatt und Vieselbach bis Rixdorf findet; schließlich die prä- und frühglaziale große Form, die zuerst im Red Crag von Bawdsey in Suffolk, England, gefunden wurde, an verschiedenen Fundorten vorkommt und am besten als das Pferd von Mosbach bekannt ist.«

Europa allein bot den Tieren bereits unermeßlichen Raum. Zweifellos gab es, wie von Lundholm belegt, innerhalb der Pferdegruppen mehrere Arten. Möglicherweise begründeten sie neue Rassen, und Gruppen zweierlei Typs könnten durchaus, wie beispielsweise Zebras, innerhalb eines Gebietes nebeneinander gegrast haben, ohne sich zu vermischen. Das Land erstreckte sich über Hunderttausende von Quadratkilometern, und ein einzelner Abschnitt in der Entwicklungsgeschichte umfaßte viele tausend Jahre. Die Pferde lebten inmitten einer vielfältigen Fauna und Flora, da die Tier- und Pflanzenwelt durch das An- und Abschwellen der Eiszeiten und die dazwischen liegenden langandauernden Warmzeiten in stetem Wandel begriffen war. Es ist klar, daß die Größe der Pferde über Tausende von Generationen hinweg variiert hat. In Nordeuropa scheinen die Tiere verhältnismäßig groß gewesen zu sein. In Mitteleuropa, wo die einzelnen Fundorte recht weit verstreut liegen, scheint es zumindest zwei Typen gegeben zu haben – einen etwas kleineren als den nördlichen Nachbarn, von Nehring *Equus germanicus* genannt, und einen Pony-Typ. Lydekker hält *Equus stenonis*, den südlichen Pferdetyp, für den Urahn sowohl des Vollbluts als auch des Trabers. Diese modernen Rassen besitzen Berber- und Araberblut, und beide sind orientalische Pferde.

Zusammenfassend sei festgehalten, daß die Ursache und die Auswirkungen der Veränderungen in der Natur niemals außer acht gelassen werden dürfen. Die Pferde der eiszeitlichen Mosbach-Periode waren groß, wie beispielsweise *Equus cab. robustus* Pomel 1858 (165 cm Widerristhöhe) und *Equus cab. ger.* Nehring 1888, der sich später zurückentwickelte. Diese größeren Pferde scheinen im Paläolithikum verschwunden zu sein. Große und kleine Pferde lebten nur kurze Zeit nebeneinander, und die Pferde des Mesolithikums und des Neolithikums in Europa waren *Equus przewalskii* Poljakoff 1881 (135 cm Widerristhöhe) ähnlich, der (wenn überhaupt) wild nur noch in der Mongolei zu finden ist.

Lundholm nimmt an, daß *Equus cab. przewalskii* in Europa niemals domestiziert worden ist, und Runjancev meint, daß es keinerlei Verbindung zwischen *Equus przewalskii* und den mongolischen Hauspferden gäbe. Die Funde prähistorischer Pferde, die in diesem Gebiet gemacht wurden, bestätigen die Richtigkeit dieser Auffassung.

Bengt Lundholm behandelt in seiner exzellenten Arbeit[7] in der Hauptsache die Herkunft europäischer Pferde. Stegmann (1924), eine Kapazität hinsichtlich der Bedingungen in Südrußland, vermutet, daß alle Pferde auf fünf verschiedene Wildtypen, die an unterschiedlichen Plätzen der Welt domestiziert wurden, zurückgeführt werden können. Die von ihm bezeichneten Typen sind:

1. das nordeuropäische Bergpferd, *Equus europaeus*, welches etwa Ewarts Plateaupferd entspricht.
2. Das europäische Waldpferd, *Equus robustus*. Dieser Typus ist westeuropäisch, und aus ihm sind die kaltblütigen Pferde hervorgegangen.
3. Der Tarpan, *Equus gmelini*. Die letzten Reste dieser Form sind die russischen Tarpane. Stegmann sagt, er habe Mitteilungen erhalten, daß dieses Pferd noch (1924) wild im südlichen Ural zu finden sei[8]. Die osteuropäischen domestizierten Pferde sind direkte Nachkommen dieses Typs.
4. Das iranische Bergpferd, *Equus orientalis*. Diese Form entspricht etwa Duersts Wüstenpferd. Aus ihr haben sich die Pferde des Vorderen Orients entwickelt.
5. Das mongolische Steppenpferd, *Equus przewalskii*. Diese Form hat das Material zu den Hauspferden der Mongolen geliefert[9].

Es gab jedoch noch einen sechsten Typ, der häufig übersehen wird:

6. *Equus stenonis*, heute vertreten durch das Sorraia-Pony, von dessen Urahnen möglicherweise auch das Spanische Pferd abstammt und von dem man wegen seines charakteristischen konvexen Profils ferner annehmen darf, daß es die Vorfahren des Berbers aus Nordafrika hervorgebracht hat.

Manche Experten vertreten die Ansicht, daß das iranische Bergpferd vom Tarpan abstammen könne, und hinsichtlich der Abstammung des mongolischen Hauspferdes steht Stegmanns Behauptung im Widerspruch zu der von Lundholm unterstützten Auffassung Runjancevs.

Nehring und von Reichenau stellen ein Pferd vor, das sie *Equus germanicus* nannten und von dem versteinerte Überreste hauptsächlich – jedoch nicht ausschließlich – in der Rheingegend gefunden wurden. *Equus germanicus* und *Equus robustus* scheinen gleichen Typs zu sein. Lundholm sagt:

»Zu derselben Gruppe müssen auch gewisse Schweizer Eiszeitpferde gerechnet werden ... Hierher gehören ferner die neolithischen Schweizer Pferde. Diese Pferdeform war also in hochglazialer Zeit (v. Reichenaus Lößfunde) vorhanden und lebte bis in das Neolithikum hinein. Die wenigen zugänglichen Maßangaben für Pferde, die an dem bekannten französischen Fundort Solutré angetroffen wurden, zeigen, daß auch diese Pferde zur ›Germanicus‹-Gruppe gehören. Es gab also in Europa wenig-

[7] s. Literatur

[8] obgleich »offiziell« festgestellt worden ist, daß sie im Laufe des letzten Jahrhundert ausgestorben sind.

[9] Eine Meinung, die im Widerspruch steht zu der von Runjancev vertretenen und im Abschnitt über Rassen behandelten Auffassung.

Beispiele von Equus orientalis:

11 Kaspisches Pony (100 cm)

12 Der Grosvenor Arabian (121 cm)

stens zwei Formen, die der westlichen Gruppe angehörten ...
Ein Pferd zeigt Anknüpfung an die östliche Gruppe, nämlich das Auvernierpferd. Die Zahnform erinnert an die des Tarpans, aber die absoluten Maße sind etwas kleiner... In der Schweiz trat während der Bronzezeit ein kleines Pferd von östlichem Ursprung auf (Marek 1898).«
Hier noch einmal zusammengefaßt die Pferdelinien, die in Teilen Europas und Asiens existierten:
Equus przewalskii: das Mongolische Wildpferd, 120–140 cm Widerristhöhe;
Equus gmelini: der Tarpan, 130 cm Widerristhöhe;
Equus europaeus: das sogenannte Plateau-Horse, Ewart, 110–120 cm Widerristhöhe; Exmoorpony usw.;
Equus robustus: Klepper, Døle, Cob, 145 cm Widerristhöhe; Welsh-Cob usw.;
Equus orientalis: Tochar. Der arabische Typ. Caspian;
Equus stenonis: das Pferd Südspaniens und Nordafrikas. Berber, Sorraia-Pony usw.;
Equus europaeus und *Equus celticus* sind meiner Meinung nach identisch.
Die Größenangaben sind lediglich geschätzt. Es ist gut möglich, daß *Equus przewalskii,* bevor er in Europa ausstarb, zur Entwicklung von *Equus robustus* beigetragen hat, wie auch *Equus gmelini* zur Entwicklung von *Equus europaeus, Equus orientalis* und vielleicht gleichfalls zur Entwicklung von *Equus robustus* beitrug.
Bevor wir unsere Aufmerksamkeit der Entwicklung des Pferdes unter der Hand des Menschen zuwenden, sollten wir einiges von dem Material, das den Fernen Osten und den Nordosten betrifft, untersuchen. Es hat eine Anzahl Expeditionen in die Wüsten der Inneren und Äußeren Mongolei gegeben, und eine

13 Bronze-Statuette aus galloromanischer Zeit (Châlon-sur-Marne-Typ, gefunden bei Bourne, Lincolnshire). Vgl. Abb. 14

davon wurde 1928 von R. Chapman Andrews geleitet, der folgendes schrieb[10]:

»Wir fanden Schädel eines eigenartigen Tieres, des sogenannten Chalicotheriums, einer rechten Seltsamkeit. Der Name bedeutet ›Krallenhufer‹. Kopf und Nacken sind die eines Pferdes, die Zähne ähneln denen des Nashorns, und die Füße lassen sich überhaupt nicht mit denen eines anderen Tieres vergleichen. Statt der Hufe besaß das Tier Krallen. Warum sich eine solche Regelwidrigkeit entwickelte, kann niemand sagen. Ein Grund muß freilich dagewesen sein, denn die Natur bildet solche außergewöhnliche Anhängsel nicht aufs Geratewohl aus. Indessen tappen wir über die Erklärung noch im Dunkeln.

... Bis jetzt haben wir keine Spur von Pferden in den älteren Schichten gefunden. Das ist eigentlich überraschend, denn der fünfzehige Ahne der Pferde ist eine der Formen, die wir bestimmt zu finden gehofft hatten. Vierzehige Pferde kommen im Eozän sowohl Europas wie Amerikas vor, und wir sind davon überzeugt, daß sich die Stammform in Asien entwickelte, aber bis jetzt sind wir noch nicht auf sie gestoßen. Sie muß indessen vorhanden sein; wir hoffen zuversichtlich, sie später zu finden.«

Bei seinen Ausgrabungen in der Mongolei fand J.G. Andersson[11] in Ertemte (in der Nähe von Hallong Osso) in den Schichten, die aus dem Pilozän bzw. dem späten Miozän stammen, Fossilien von *Hipparion*, die durchweg der *Hipparion*-Population im eigentlichen China ähneln. Die Hallong Osso-Region ist heute ein typisches Steppengebiet. Andersson kam anhand der Ergebnisse seiner Untersuchungen zu dem Schluß, daß es sich bei den Knochenablagerungen von Ertemte um Fluß- oder Binnenseeablagerungen handeln könnte. Das hieße, »daß sich die klimatischen Bedingungen seit jener Zeit in ungeheurem

[10] Natural History of Central Asia.

[11] Essays on the Cenozoic of Northern China, Mem. Geol. Survey of China, 1923, Series A, No. 3.

Maße verändert haben müssen, denn heute ist dieses Gebiet durch baumlose Vegetation und kleine, noch verbliebene Salzseen gekennzeichnet«. Die Mongolei umfaßt ein Gebiet von mehr als eineinhalb Millionen Quadratkilometern und besteht aus einem riesigen Plateau in Form eines Beckens. Die Gobi, eine Felswüste, wird von einem etwa 240 Kilometer breiten Graslandgürtel umschlossen, der bis an den Fuß der Berge reicht. Er bildet den Lebensraum für die Wildtiere und liefert zugleich das Weideland für die Herden der Mongolen. Die klimatischen Bedingungen waren häufigen Veränderungen unterworfen. Heute herrschen in diesem Land klare, kalte Winter, auf die heiße Sommer folgen. Professor H.F. Osborn bemerkt: »Über Millionen von Jahren hinweg bot dieses Land Gobi extrem günstige Bedingungen für die Entwicklung von Reptilien, Säugetieren, Insekten und Pflanzen, ja vielleicht auch von Vögeln.« Bemerkenswert ist das nahezu völlige Fehlen der Equiden, wenn man einmal absieht von *Hipparion* und *Equus*, die an der Südgrenze der mongolischen Hochebene im Überfluß zu finden waren.

Kommen wir noch einmal zurück auf R. Chapman Andrews' Expedition im Jahre 1928. Über das Gebiet im Arza Bogdo berichtet er:

»Auf einigen Basaltblöcken fanden wir eine verblüffende Sammlung frühgeschichtlicher Zeichnungen. Eine Bildergruppe, die wir auf einem großen, flachen Felsstück entdeckten, zeigt folgendes: zwei Männer, davon einer mit Pfeil und Bogen, verschiedene Tiere, von denen eines wahrscheinlich ein Pferd darstellen sollte, ein anderes ein Ren, möglicherweise einen Elch und einen Fuchs. Keines dieser Tiere, ausgenommen Fuchs und Pferd, ist heute noch dort im

14 *Sorraia-Pony (ein Beispiel für* Equus stenosis). *Dieses Pony stammt aus der einzigen existierenden Herde ihrer Art, die im Besitz der Familie d'Andrade ist. Zu beachten sind die Ähnlichkeit mit dem Tarpan und das – nicht für den Tarpan charakteristische – konkave Gesicht*

Umkreis von mehreren hundert Meilen zu finden, der Künstler muß jedoch mit ihnen vertraut gewesen sein. Entweder gehörte er einem Stamm an, der aus einem Land kam, in dem diese Tiere lebten, oder aber diese Region war einst von solchen Tieren bewohnt. Es ist ganz sicher nicht falsch, sich für die zweite Lösung zu entscheiden und anzunehmen, daß der Künstler Tiere gemalt hat, die in seiner nächsten Umgebung heimisch waren. Das würde bedeuten, daß das Volk, von dem diese Zeichnungen stammen, nicht zur mongolischen Rasse gehört hätte und daß zudem das Klima anders als heute gewesen wäre[12].«

Der Entdecker E. W. Pfizenmayer[13] unternahm auf der Suche nach Mammutskeletten mehrere Reisen nach Ost- und Nordsibirien, und er berichtete von Fossilienfunden von Wildpferden und Mammutleichen an der Berezowka sowie von dem gefrorenen Kadaver eines Pferdes mit sehr langem weißen Fell, von dem er in Werchojansk gehört hatte. Er schreibt: »Das fossile Wildpferd, mit dem das vom russischen Asienreisenden Przewalski in den siebziger Jahren des vorigen Jahrhunderts entdeckte und nach ihm benannte Wildpferd wohl verwandt ist, hat überall in Mittel- und Nordsibirien seine Reste hinterlassen. Es gibt im Jakutskgebiet fast keine Fundstelle fossiler Tierreste an Flußterrassen oder Seen, wo nicht Skelettreste von ihm vorkämen.« In der Tundra im nördlichen Teil Jakutiens fand man in der gefrorenen Erde eines Seeufers den Kadaver eines Pferdes. Diejenigen Teile des Kadavers, die aus dem Boden hervorragten, waren mit langem grauweißen Fell bedeckt. Es handelt sich um ein Gebiet in der Größe Frankreichs mit einer Bevölkerungsdichte von nur einem Einwohner auf 16 Quadratkilometer, und die Schädel fossiler Pferde sind fast niemals wirklich gründlich untersucht worden – so kann man nur *vermuten*, daß es ein prähistorisches Pferd war.

In demselben Buch erzählt Pfizenmayer zuvor von den Lamuten von Omolon: »Da zählte uns der alte Taitschin zu unserem größten Staunen auch ›dikii loschadi‹, also wilde Pferde, auf. Da die zoologische Wissenschaft nur von Wildpferden in den zentralasiatischen Steppen etwas weiß, so nahmen wir von dieser Mitteilung des alten Lamuten nur mit großem Mißtrauen Notiz, obgleich sie auch der junge Amuksan unter virtuoser Nachahmung des Pferdewieherns bestätigte. Bei der Wahrheitsliebe und Zuverlässigkeit dieser Urwaldmenschen ist nicht zu fürchten, daß sie Jägerlatein erzählten, wenn sie uns über ein Wildpferd berichteten, das in den Tundren entlang der Waldgrenze dieses weiten Gebietes vorkommt. Beschrieben sie doch eingehend, die Größe des Tieres entspreche der des Jakutenpferdes, die lange Behaarung sei weißlich-grau, das Fleisch wohlschmeckend und sehr fett.

[12] s. auch C. P. Berkey und F. K. Norris, Geology of Mongolia, 1927, Nat. His. of Cent. Asia., Amer. Mus. Nat. History.

[13] E. W. Pfizenmayer, Mammutleichen und Urwaldmenschen in Nordost-Sibirien, Leipzig, 1926.

15 Der Berber Nordafrikas
(Equus stenonis)

Sollte es sich etwa um verwilderte Pferde handeln, so wäre rätselhaft, wie und wann deren zahme Vorfahren in jenes absolut unbewohnte polare Gebiet gekommen sein sollten. Gibt es aber tatsächlich ein Wildpferd in dem Gebiet zwischen den beiden größten nordöstlichen Zuflüssen der Kolyma, dem Omolon und Anjui, das bisher noch von keinem Wissenschaftler besucht worden ist, so wäre das eine hochinteressante Sache für die Wissenschaft, der nachzugehen sich wohl lohnen würde.«

Ich habe Professor Dr. J. Barmintsev für den folgenden Bericht zu danken: »Ich schicke hiermit Daten über die Yakut-Pferde und auch über die weißen Pferde der Steppe. Yakut-Pferde werden in den Tälern der Flüsse Lena, Aldan, Yana, Indigirka und Kolyma gefunden. Die Zahl der Exemplare der lokalen Rasse, die nicht mit anderen Rassen gekreuzt worden sind, ist circa 100–120 Tausend. Yakut-Pferde werden als Arbeitspferde im Geschirr, unter dem Sattel, als Tragtiere und als Fleischtiere verwendet.

16 Equus hemionus, *Onager, im Zoo von Hagenbeck, Hamburg*

Hengste, Stuten und Fohlen werden zusammen auf Weiden gehalten, und zwar Jahre hindurch, auch im Winter. Die Pferde haben sehr gut entwickelte Behaarung (10–15 cm lang) und eine gute Schicht Fett. Dadurch können sie Kälte von 50–60° Celsius minus leicht durchhalten. Sie graben unter einer Schneeschicht von 50–70 cm Dicke Gras hervor. Größe der Stuten Stm: 134,3 cm, Hengste Stm: 138,4 cm.

Die Farbe des Yakut-Pferdes ist meistens rot-braun, grau-braun oder weiß, manchmal schimmel-rot oder mausgrau. Viele Pferde haben einen Aal-Strich auf dem Rücken, die Zebrierungen der Vorderbeine sind merkwürdig. Oft haben sie Schulter-Markierungen.

Während des 13. und 14. Jahrhunderts kamen die heutigen Yakut-Pferde mit den wandernden Yakuten zusammen in die Flußtäler Nordost-Asiens. Die Yakuten wurden von den Mongolen aus den Npibaikal-Steppen herausgedrängt. Die autochthonen Einwohner von Nordost-Asien züchteten keine Pferde, sondern das Rentier. Doch längst bevor die Yakuten die Täler der nördlichen Flüsse erreichten, bewohnten wilde Pferde diese Wald-Steppen. Man fand Leichen dieser Pferde im ewigen Schnee. Die letzte wurde 1968 ausgegraben. Im Stromgebiet der Indigirka fand man die Leiche eines rot-braunen Hengstes. Die Morphologie zeigt, daß dieser Hengst dem heutigen Yakut-Pferd sehr nahestand. Nach dem C14-System ist das Alter 33 000 Jahre. Es ist nicht bekannt, ob zur Zeit der Yakuten-Wanderung wilde Pferde noch vorhanden waren. Die nördlichen Yakut-Pferde sind etwas größer als die der zentralen und südlichen Teile von Yakutia. Sie ähneln nicht dem Przewalski-Pferd.

4 Equus hemionus, *Onager, im Zoo von Hagenbeck, Hamburg*

5 Tarpane im Sperding-See, früher Ostpreußen. Es gibt noch zwei wilde Herden im Forst von Popiellen

6 *Zwei kämpfende Wildpferde aus dem Ordos-Schatz. Gürtelplatte, vergoldete Bronze*

7 *Tongefäß mit Pferd, Ägypten, 18. Dynastie, um 1400 v. Chr.*

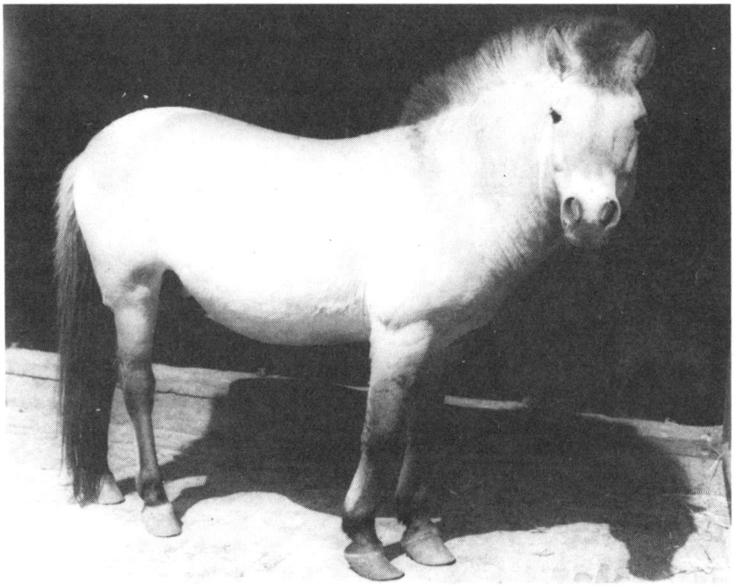

17 Mongolisches Wildpferd Equus przewalskii *Poljakoff. Einige wenige Tiere sind noch in Teilen der Mongolei zu finden*

In den Zonen der Waldsteppen sind graue oder schimmelweiße Pferde zu finden. Nach 5–6 Jahren werden sie so hell, daß sie ganz weißen Pferden ähneln. Man darf annehmen, daß das nördliche Yakut-Pferd das Produkt einer Kreuzung aus domestizierten Pferden und wilden Pferden ist, die dort in den Waldsteppen zur Zeit der nördlichen Wanderung der Yakuten lebten. Heute gibt es keine wilden Pferde dort, doch trifft man verwilderte Pferde an, die ihr Leben lang weder in den Händen von Menschen noch in besiedelten Gegenden gewesen sind.

Außenstehende halten diese Pferde leicht für wilde Pferde. So entstehen Berichte von Augenzeugen, die diese sogenannten wilden Pferde in den Waldsteppen angetroffen haben.«

Da wir zur Zeit noch die ersten Anfänge der Züchtung oder den Ursprung der Pferderassen behandeln, ist es erforderlich, in Erinnerung zu rufen, daß der Onager oder Halbesel, wie er im allgemeinen in Asien genannt wird, zu den ersten domestizierten Tieren gehörte[14]. Hančar nennt als Zeitpunkt der frühesten Domestikation des Onagers, *Equus hemonius* onager, etwa 5000 v. Chr. Entsprechende Funde sind in Qualat Jarmo gemacht worden. Antonius vertritt die Auffassung, daß auf der Standarte von Sumer wohl eher der Onager dargestellt ist als – wie mancher geglaubt haben mag – das Maultier. Das Wahrschein-

[14] Es gibt mehrere Arten des Onagers, und sie alle als ›Halbesel‹ in einen Topf zu werfen, ist äußerst irreführend, zumal auch in Afrika noch echte Wildesel zu finden sind. Die Verwirrung ist Offizieren der britischen Armee, die in Indien stationiert waren, anzulasten.

lichere ist ganz sicher der Onager, da Maultiere die Existenz von Pferden und deren Kreuzung mit Halbeseln oder Onagern voraussetzen, und wir haben kaum Beweise dafür, daß im dritten Jahrtausend v. Chr. in Sumer oder Elam Pferde oder gar Maultiere zu finden waren. Meißner bemerkt, daß ›gerade in der ältesten Epoche Könige oder Tempel ziemlich beträchtliche Eselherden‹ besaßen, ›obwohl ein Doppeleselpaar monatlich bis zu 900 Sila (378 l) Getreide auffraß, weil man eben keine anderen Zugtiere hatte‹. Grob geschätzt waren das je Tier 3 l Futter täglich, woraus man schließen darf, daß die Tiere im Stall gehalten und nicht zur Futtersuche hinausgetrieben wurden. Antonius bemerkt:
»Vielleicht brachte die akkadisch-semitische Vorherrschaft, die um 2800 v. Chr. die sumerische zum erstenmal ablöste, erst den echten Esel afrikanischer Herkunft (akkad. *imeru*, assyr. *himar*) ins Land

18 Tell Agrab – alter sumerischer Einmann-Wagen mit vier Onagern. Der Lenker sitzt rittlings auf einem sattelähnlichen Gebilde. Bronze um 2500 v. Chr., 7,2 cm Höhe

oder doch wenigstens zu weiterer Verwendung! Ist diese Vermutung richtig, so könnte sie vielleicht einen Hinweis auf die ursprüngliche Herkunft der nachmaligen semitischen Herren Vorderasiens geben.«
Der Onager ist dem Pferd sehr viel ähnlicher als der Wildesel, und wahrscheinlich handelt es sich bei den *Equidae* von Kültepe ebenso um Onager wie bei den Funden von Ur und Tell Halaf.
Damit kommen wir zu dem rätselhaften, von de Mecquenem während seiner Ausgrabungen bei Susa im Jahre 1930 entdeckten Tontäfelchen, das als ›Siegel 105F‹ bekannt ist. Diese Tafel wird auf die Zeit um ca. 2500 v. Chr. datiert, und W. Amschler beschreibt sie voller Enthusiasmus als ›möglicherweise ältesten existierenden Pedigree‹. Amschler scheint die Darstellung eines Onagers mit der eines Pferdes zu verwechseln, und all seine sich anschließenden Vermutungen beruhen auf dieser falschen Gleichsetzung der beiden Arten. So sehr seine Theorie auch die Erarbeitung dieses Buches erleichtert haben würde – sie muß leider als unrichtig zurückgewiesen werden. Ich zitiere W. Amschler aus *The Journal of Heredity:*
»Einige der wichtigsten Entdeckungen aus jener Zeit waren diejenigen C. L. Woolleys hinsichtlich der frühen chaldäischen Kultur. Unter dem Material, das Woolleys Ausgrabungen zutage förderten, befand sich auch die wunderbare Bernstein-Statuette eines Pferdes, die in der Grabstätte der Königin Schub-Ad in Ur gefunden wurde. Diese stammt aus früher sumerischer Zeit, etwa dem vier-

19 Königsstandarte von Ur, auf der in der untersten Reihe Onager abgebildet sind. Die Standarte von 21 cm Höhe enthält Mosaikbilder von Kampf und Sieg, vom Einbringen der Beute und der Siegesfeier (Ur I-Zeit, 2500–2350 v. Chr., British Museum)

ten Jahrtausend v. Chr. Außerdem gibt es die Abbildungen echter Pferde, die Kriegswagen ziehen, auf der berühmten Königsstandarte von Ur. Diese eindeutigen Beweise für die Existenz von Hauspferden vor mindestens 5000 Jahren gehören zu den ältesten Urkunden, die wir besitzen. Es ist ferner klar, daß das Pferd zur damaligen Zeit keineswegs mehr ein neues Element im Leben des Menschen darstellte. Woolley behauptet, daß die Häuser in Ur an den Ecken abgerundet sind, um den schwer beladenen Packpferden und -eseln das Passieren der engen Straßen zu erleichtern. Im übrigen gab es das Pferd schon lange genug, daß es auch noch eine andere architektonische Maßnahme bewirkte, und zwar in einigen Häusern den Bau von Treppenstufen, die auch zu Pferde benutzt werden konnten. Bilder von angespannten Pferden aus Mari im oberen Tal Euphrat zeigen uns, daß die Sumerer die Trense benutzten und ihre Tiere nicht am Halfter (Kappzaum) führten …

Bei Ausgrabungen im Gebiet östlich von Ur – in Elam – sind Funde von außerordentlicher Bedeutung gemacht worden.«

Dann kommt Amschler auf die Knochenritzzeichnung eines Reiters zu sprechen, dessen Tier – zweifellos ein Mitglied der Familie der Equiden – er für ein Pferd hält. Er sagt:

»De Mecquenem verdanken wir auch die Entdeckung eines anderen, im Hinblick auf die frühe Geschichte des Pferdes sehr bedeutsamen Beweisstückes. Hier sind die Pferdezüchter und Genetiker besonders angesprochen, betrifft es doch die Frage der Pferdezucht im alten Elam sowie im südwestlichen Hochland Persiens. Bei dem fraglichen Stück (bekannt als ›Siegel 105F‹) handelt es sich um das Fragment einer Gravierung, das eine Anzahl Pferdeköpfe zeigt. Die eigentümliche Anordnung dieser Köpfe ist hochinteressant. Nach V. Scheil stellt das Siegel mit seinen bis jetzt noch nicht entschlüsselten Zeichen eine Pferdezäh-

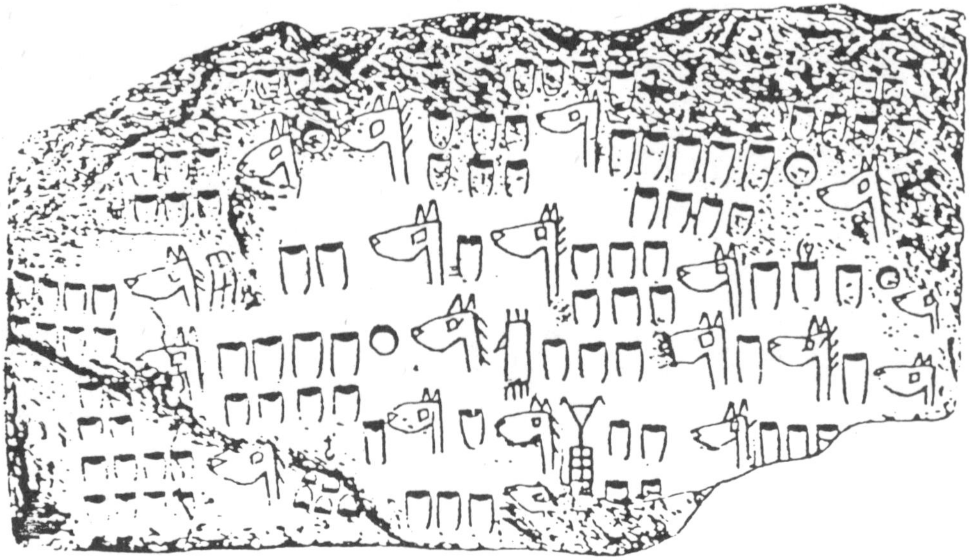

20 Auf die Elamiter geht eines der ältesten Pferdedokumente zurück: Tontäfelchen aus der Zeit um 2750 v. Chr. Der Schlüssel hat die Form eines Diagramms, in dem die Symbole der Einfachheit halber waagerecht von links nach rechts angeordnet sind.

lung dar. Bei genauerer Betrachtung des Siegels können wir aber folgende bedeutsamen Tatsachen[15] feststellen:

1. Die Pferdeköpfe sind in vier horizontalen Reihen angeordnet.
2. Was die Mähnen betrifft, gibt es drei Kategorien von Pferden: aufwärts gerichtete Mähnen, hängende Mähnen und fehlende Mähnen.
3. Wenn wir die Verteilung dieser drei Arten untersuchen, werden wir feststellen, daß die drei Kategorien von der Hauptdiagonale aus symmetrisch angeordnet sind.
4. ... In der vierten Reihe, erster Kopf von links, ist ein Zeichen zu bemerken, das heute in der Biologie allgemein als Symbol für ›weiblich‹ verwendet wird... es ist erwähnenswert, daß das Symbol auf dem Kopf stehend graviert ist. In derselben Reihe befindet sich neben dem dritten Kopf von der Mitte aus ein Zeichen, das man durchaus für die Darstellung eines Wagens mit zwei Pferden halten könnte.
5. Die Köpfe mit den aufrechten Mähnen stellen meiner Ansicht nach Wildhengste dar, die mit hängender Mähne zahme Tiere und die ohne Mähne Stuten.
6. Professor Scheil nimmt an, daß die mähnenlosen Köpfe diejenigen von Hengstfohlen sind. Daß dies nicht der Fall ist, wird zu meiner Genugtuung durch die Tatsache bewiesen, daß einige der mähnenlosen Köpfe wie beispiels-

[15] Auch Amschler kann der Versuchung nicht widerstehen, seine Meinung als ›Tatsache‹ weiterzugeben. (Siehe Kapitel 5).

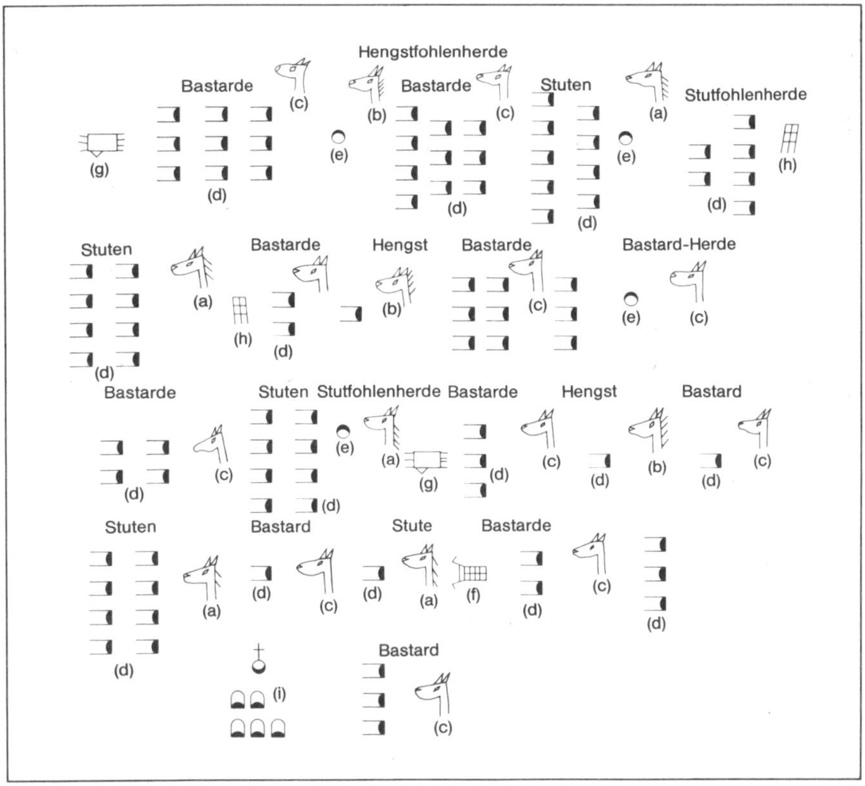

Schlüssel zu Abbildung 20: Es sieht so aus, als seien die Stuten (a) nur paarweise oder in Vierergruppen mit einem Einzelpaar, einem Zweierpaar und einer Stutenherde angegeben worden
Zwei einzelne Hengste oder Hengstpaare (b) sind zu einem Wagen und ein Hengst zu einer Herde Hengstfohlen angegeben
Die Bastarde (c) sind paarweise in Zweier- und Dreiergruppen sowie einem einzelnen oder zwei kleinen Paaren und einer Herde angegeben
Wahrscheinlich ein Wagen (d) oder Paar
Herden- oder tabun-*Zeichen (e)*
Frachtwagen (f)
Möglicherweise ein Terce-Frachtwagen (g)
Dieses Symbol (h) ist bekannt als das chinesische Zeichen für »Feld«. Im Kikkuli-Text (1000 Jahre später) ist »Feld« ein Längenmaß (= 107 Meter)
Möglicherweise ein Hinweis auf die erforderliche Futtermenge (i)
Falls das Siegel richtig entschlüsselt ist, fällt auf, daß die Hengste ebenso wie die Stuten jeweils durch Bastarde voneinander fern gehalten werden

weise der erste in der obersten Reihe und der zweite in der zweiten Reihe und der dritte in der dritten Reihe viel zu kompakt und kraftvoll dargestellt sind, um irrtümlich für Hengstfohlen gehalten werden zu können. (Die diagonale Anordnung der Köpfe mag dabei auch noch beachtenswert sein.) Zudem entdecken wir andererseits, daß einige sehr feine Köpfe, wie der vierte in der ersten Reihe und der vierte in der dritten Reihe, sehr kräftige Mähnen haben. Es gibt Mähnen von unterschiedlicher Stärke, herabhängend und aufgerichtet.

Eine Analyse der Kopfformen wäre für die moderne Hippologie von großem Wert. Folgende Tatsachen können wir festhalten:

a) Ein eindeutig ramskopfähnliches Profil (Kopf 1, Reihe 1).

b) Ein nur in der Nasengegend ramskopfähnliches Profil (Kopf 2, Reihe 1; Köpfe 2 und 3, Reihe 3).

c) Völlig gerades Profil (alle Köpfe der Reihe 2).

d) Konkaves Profil des Araber-Typs in Verbindung mit anmutigem schmalen Kopf (dritter und vierter Kopf, Reihe 1; vierter Kopf, Reihe 3; vierter Kopf, Reihe 4).

e) Zusätzlich zu diesen eindeutigen Unterschieden im Profil ist die Kopfform im Hinblick auf die Länge und Tiefe interessant:

Lang und tief (Kopf 2, Reihe 4).
Mittellang und tief (Kopf 2, Reihe 4).
Kurz und tief (Kopf 2 und 3, Reihe 4).
Lang und schmal (Kopf 3, Reihe 1). In Verbindung mit dem Profil des Arabers.
Mittellang und schmal (Kopf 4, Reihe 3).

All die oben aufgezählten Differenzen sind nicht als Unterschiede rein zufälliger, willkürlicher Art aufzufassen, sondern müssen als die naturgetreue Wiedergabe der am lebenden Tier beobachteten Differenzen verstanden werden. Die auf diesem alten Siegel abgebildeten Kopfformen sind dergestalt, wie sie auch heute noch bei den verschiedensten Pferderassen festgestellt werden können. Ich brauche nur auf das Vorhandensein einer kräftigen Ramsnase beim Kladruber und des feingeschnittenen Kopfes mit konkavem Profil beim Araber hinzuweisen, um zu demonstrieren, daß die vor 5000 Jahren in Elam festgehaltenen Unterschiede auch heute noch bestehen. Zwischenformen sind ebenfalls ohne weiteres zu finden.

Auch dem Züchter sind diese Merkmale durchaus vertraut und als eindeutig vererblich bekannt. Die Dominanz einiger Merkmale ist so groß, daß sie als ›präpotent‹ im Erbgang anerkannt werden, wie zum Beispiel die Kopfform, die über Generationen weitervererbt wird. Zweifellos werden die Kopfformen als Mendelsche Merkmale des Pferdes im natürlichen Erbgang weitergegeben. Irgendeine dieser Formen kann dann für einige wenige Tiere, für eine Familie, oder für einen ganzen Stall beziehungsweise eine ganze vom Menschen durch Selektion herangezüchtete Rasse charakteristisch werden. Für Züchter und Genetiker ist es von nicht geringer Bedeutung, daß auf diesem Siegel aus Susa, dessen Alter auf fünfzig Jahrhunderte geschätzt werden muß, sämtliche Profiltypen der heute existierenden Pferde zu sehen sind.

Dieses alte elamitische Zeugnis von den Pferden aus jener Zeit läßt den Schluß zu, daß in Elam damals Pferde der verschiedenen Urformen und -rassen Verwendung fanden. Die Pferdeköpfe sind mit breiten, dicken und plumpen ebenso wie mit feinen und edlen Zügen dargestellt. Es gibt gar keine andere Möglichkeit, als den stämmigen Typ dem Przewalski-Pferd (*Equus przewalskii* Poljakoff) und die schlanke Form dem Tarpan (*Equus gmelini* Antonius) zuzuordnen. Der Autor ist der festen Überzeugung, daß der frühe schwere Pferdetyp Westeuropas als direkter Nachkomme auf den Przewalski-Typ des Wildpferdes zurückzuführen ist. Die schweren persischen Pferde dürfen nicht als prähistorische Importe aus Europa betrachtet werden, sondern sind das Ergebnis der Züchtung einer in Innerasien heimischen Form, die in sehr früher Zeit mit den Invasionen der Turanier nach Persien gelangte. Der genaue Zeitpunkt, zu dem das Pferd nach Persien gekommen ist, läßt sich nicht bestimmen; er muß aber sehr weit zurückliegen. Der aristokratischere Pferdetyp war im persischen Hochland und in den Ebenen im Norden Zentralasiens heimisch.

Nach unzweideutigem Zeugnis, das uns heute vorliegt[16], kannten und nutzten die frühen sumerischen und elamitischen Kulturen das Pferd. Der Verfasser ist der Meinung, daß es sich bei dem vorstehend behandelten ›Siegel 105F‹ nicht, wie Scheil glaubt, um eine Pferdezählung, sondern um eine zur Zucht in einem alten elamitischen Stall verwendete genealogische Tafel einzelner Tiere handelt ...« Dieser Deutung kann Antonius nicht folgen. Er meint:

»Es handelt sich um ein Täfelchen, auf dem sich neben verschiedenen Schrift- oder (vorwiegend wohl) Zahlzeichen auch 19 halbschematische Einhuferköpfe befinden. Ich hätte diese Köpfchen am ehesten für eine Hieroglyphe gehalten, ein einfaches Schriftzeichen; aber es ist wohl möglich, daß dieses Schriftzeichen eben noch den Charakter einer Bilderschrift, also etwa den Wert ›Pferd‹, besessen habe. Für Amschlers Deutung als Stammtafel, ›Pedigree‹, eines königlichen Gestüts, fehlt mir aber jeder Anhaltspunkt. Die Annahme, daß die stehmähnigen Köpfe Hengste, jene mit augenscheinlich hängenden Mähnen Stuten, die mähnenlosen aber Fohlen bedeuten sollen, muß ich auf Grund meiner Kenntnis der Wildpferde von vornherein ablehnen: Die stets vollere, daher schwerere Mähne des Hengstes neigt auch bei stehmähnigen Pferdearten eher mehr zum Kippen als die dünnere der Stuten. Aber ich möchte auch noch weitergehen und die Deutung als Pferde überhaupt in Frage stellen. Gerade wenn man, wie dies Amschler ja tut, eine naturalistische Deutung versucht, und dementsprechend die Unterschiede nicht für rein zufällige, in der Unbeholfenheit der Darstellung begründet hält, muß man zur Überzeugung kommen, daß auch hier die Beziehung auf den Halbesel näher liegt, als jene auf das Pferd.«

[16] Trotz intensiver Nachforschungen ist solch ein »unzweideutiges Zeugnis« nicht ans Licht gekommen.

Er verweist darauf, daß der Onager die wohl »ausdrucksloseste« Mähne besitze, die man sich vorstellen könne – »bald nach vorwärts, bald nach rückwärts« geneigt, sei sie dünn und oftmals nur die Fortsetzung des Aalstrichs. Der dünne Hals sei ein weiteres Merkmal des vorderasiatischen Halbesels. Und so könne er dieses Täfelchen nicht »als Beweis für eine altelamische Pferdezucht« ansehen, »solange nicht Knochenfunde vorliegen, die sich mit Sicherheit auf das Pferd beziehen lassen ... Selbstverständlich will ich damit nicht sagen, daß das Hauspferd, das ja doch wohl über Iran nach Mesopotamien gelangt ist, dort zur fraglichen Zeit noch nicht vorgekommen sein könnte. Aber weitreichende Theorien über das Alter der Pferdezucht bedürfen als Grundlage doch wohl noch beweiskräftigerer Funde.«

Lundholm sagt noch deutlicher: »Ein Beispiel für völlig grundlose Spekulationen in dieser Richtung ist die sog. Stammtafel der königlichen Pferde in Susa aus dem vierten Jahrhundert, welche Amschler (1936) gefunden zu haben glaubt.«

Salonen sagt auf Seite 12 seiner *Hippologica Accadica*, daß die hängende (wenn nicht gar abgeschnittene) Mähne das Zeichen für »Pferd« ist; die aufgerichtete Mähne und lange Ohren sind das Zeichen für den Esel; und das Originalzeichen für GIR_3, »Halbesel«, ist der Kopf eines Halbesels mit Hals und Mähne.

Als Beweis zugunsten des Onagers und gegen das Pferd müssen *gerade* die erwähnte spärliche Mähne und der dünne Hals angeführt werden, vor allem jedoch die *charakteristische* Kinngrube und Ganasche, die, wie es scheint, allen Onagern (welche ich auf engem Raum im Zoo von Hagenbeck in Hamburg gesehen und fotografiert habe) eigen sind. Kinn und Ganasche des Pferdes sind nur selten derart markant, nicht einmal beim Kladruber, jener seit 1562 in Kladrub bei Teplitz gezüchteten großen und eleganten Rasse!

Das Siegel oder Täfelchen stammt aus dem Neolithikum, daran bestehen keinerlei Zweifel. Wir kennen inzwischen weitere Stücke dieser Art, namentlich jene aus Laguna de Janda, und dieses Siegel ist vergleichsweise grob gearbeitet. Die Künstler der damaligen Zeit waren weit größerer Ausdruckskraft und Exaktheit fähig. Bei Betrachtung des Siegels und Amschlers Interpretation sollten wir beispielsweise den wundervoll gearbeiteten »Zügelring«[17] aus Bernstein nicht übersehen. Das abgebildete Tier ist ohne jeden Zweifel ein Onager. Der Zügelring wurde bei Ur, zeitweise die Hauptstadt von Sumer, das an das Reich Elam grenz-

[17] Im Hinblick auf seinen richtigen Gebrauch gibt es widersprüchliche Auffassungen. Das British Museum hat ihn auf der Deichsel (des Wagens) angebracht und zeigt Zügel, die durch die Ringe laufen. In der Praxis ist auf diese Weise kein Tier zu lenken. Entweder sind es Zugringe, die auf dem Kummetbügel oder dem Rückengurt (wie bei den heutigen Geschirren) saßen, oder es handelt sich – und das ist meiner Meinung nach wahrscheinlicher – um einen Ring, der auf der Deichsel befestigt war und von dem aus Riemen zum Kummet liefen, um die Deichsel hochzuhalten. Ähnliche Ringe verwendet man heute bei Zweiergeschirren.

te, gefunden und ist etwa zur gleichen Zeit wie das Siegel, ca. 2500 v. Chr., entstanden. Nur ein Haustier, das man schätzte, pflegte man auf diese Weise darzustellen, und so ist wohl kaum daran zu zweifeln, daß damals bei der täglichen Arbeit der reinrassige Esel oder Onager und nicht das Pferd Verwendung fand.
Amschler verweist auch auf die Standarte von Ur. Ich habe die Standarte im British Museum sehr gründlich untersucht, aber beim besten Willen in diesen Tieren keine Pferde erkennen können – und als einem Menschen, der sein ganzes Leben mit Pferden verbracht hat, mangelt es mir doch gewiß nicht an der nötigen Vorstellungskraft. Es sind ganz bestimmt keine Pferde. Erstens werden sie wie die Bullen oder Ochsen, die ebenfalls auf dieser Standarte dargestellt sind, an Nasenringen geführt. Da das Pferd aber ein sehr empfindliches Maul hat, würde es mit Sicherheit toll werden, wäre ein solcher Ring an seiner weichen Nasenpartie befestigt. Zweitens tragen die Zugtiere Maulkörbe, die sie am Beißen – eine für Onager typische Unart – hindern sollen. Und drittens sind die Schwänze der Tiere eindeutig die von Onagern oder Eseln, wobei die Kopfhaltung allerdings mehr auf den Onager als auf den Esel hinweist.
Auch Hans Peter Lampe, der von Zeit zu Zeit für *Reiter-Revue international* schreibt, mißdeutet die Köpfe auf dem Siegel:
»Aus Elam stammt eines der ältesten Pferdedokumente überhaupt, wahrscheinlich aus der Zeit um 2750 v. Chr. In Bilderschrift ist auf einem Täfelchen eine Pferdezählung festgehalten. Zu sehen sind nur Pferdeköpfe. Wenn die Mähnenhaare nach oben zeigen, sind Hengste gemeint; hängen die Mähnenhaare herab, handelt es sich um Stuten; sind keine Haare vorhanden, wird damit ein Fohlen angezeigt. Die links neben den Pferdeköpfen zu sehenden daumenartigen Zeichen gelten als Einer, kleine Kreise als Zehner. Da von rechts nach links zu lesen ist, endet die unterste Reihe mit ›Stuten acht‹. Auf der Rückseite des Täfelchens ist die Gesamtsumme mit 185 Pferden angegeben.«
Über die angebliche Anzahl von »Pferden« auf dem Siegel habe ich nie zuvor etwas gelesen. Betrachten wir uns das Täfelchen doch anhand einer Übersetzung (Abb. 20 mit Schlüssel) nach dem Muster der Standarte von Ur etwas genauer: Zunächst ist zu bedenken, daß ein Teil des Siegels fehlt und daher sicher auch nicht mehr alle Zeichen erhalten sind. Vielleicht handelt es sich um Notizen, die sich der Führer eines geplanten Marsches, beispielsweise einer Karawane, gemacht hat. Vielleicht zeigt es aber auch die Marschordnung einer königlichen elamischen Prozession, möglicherweise zum Sommerpalast des Herrschers. Die Paare müssen nicht alle vor Wagen gespannt gewesen sein; einige davon sind eventuell auch geführt worden. Wie dem auch sei – auf jeden Fall dürfen wir wohl annehmen, daß dieses Siegel kein reines Kunstwerk ist, sondern für den, der es anfertigte, einen praktischen Zweck zu erfüllen hatte.
Die dargestellten Equiden sind also vermutlich keine Pferde, sondern Onager. Es besteht allerdings die Möglichkeit,

daß *einer* der Hengste ein Pferd und der andere ein Onager war (Zeilen 2 und 3). Wie wir aus anderen Quellen wissen, war das Pferd damals ein sehr seltenes Tier. Die Hengstfohlen befanden sich offenbar an der Spitze des Zuges, und die Stuten zu ihrer Rechten wurden durch die Maulesel gut von ihnen getrennt. Die beiden Hengste (Zeilen 2 und 3) wurden möglicherweise geführt. Bei der Stute in der vierten Reihe könnte es sich um ein einzelnes, trächtiges Tier handeln. Die beiden Mischlinge in der dritten Zeile rechts und in der vierten Zeile links von der Stute sind vielleicht bei der Überbringung von Nachrichten eingesetzt worden.

Zu dem Zeichen, das vermutlich »Feld« bedeutet, ist zu bemerken, daß auch der spätere Kikkuli-Text von »Feld« als einem Längenmaß (1 »Feld« = 107 Meter) spricht. Möglicherweise war dies der erforderliche Abstand zwischen den einzelnen Abteilungen des Zuges.

Es ist noch viel zu früh, von »Pedigrees« zu sprechen, die im Grunde kaum älter als 300 Jahre sind – wenn auch die »selektive« Pferdezucht weit eher begonnen hat. Sogar der vielgerühmte Pedigree des Arabers orientierte sich nur an der Stute. So war der Nachkomme eines Ubayan und einer Saqlawi-Stute ein Saqlawi – der Sohn eines hochedlen Hengstes und einer gewöhnlichen Stute dagegen wurde lediglich »der Sohn des Pferdes« genannt. Eine reinrassige Stute durfte niemals mit einem wertlosen Hengst gepaart werden. Aber hierauf kommen wir später noch einmal zurück.

Dem Fehler, moderne Regeln – in diesem Fall die Pedigrees – auf das Altertum übertragen zu wollen, begegnen wir nur allzu häufig. Wir übersehen gar, daß schon die geographischen Verhältnisse damals anders waren, als sie heute sind. Als beispielsweise die Städte des Altertums erbaut wurden, war um sie herum noch keine Wüste.

Das vielzitierte »Pferd« von Anau ist wahrscheinlich mit folgendem Satz des Russen A. Brauner sehr viel korrekter beschrieben: »Das Pferd von Anau ist meiner Meinung nach kein Pferd, sondern einfach ein syrischer Halbesel.«

Fassen wir mit den Worten Antonius' zusammen:

»Im sumerischen Altmesopotamien ist der Halbesel vor dem Auftreten des Pferdes als Nutztier nachgewiesen, in Turkestan – von wo uns Knochen vorliegen, die an sich über Zähmung nichts aussagen – nach der großen Zahl der Reste die Verwendung als Nutztier wahrscheinlich, in dem unfern von Mesopotamien gelegenen Elam nach Ausweis des Täfelchens von Susa ebenso und schließlich in Kleinasien immerhin möglich ... das ägyptische Wandbild von Theben, die Angaben Herodots und Strabos – sofern sich letztere nicht bloß auf den Hausesel bezieht – reihen sich an.«

Es kann durchaus sein, daß mit der Domestikation des stärkeren und schnelleren Pferdes und der Domestikation und Einfuhr des sanfteren und viel geduldigeren afrikanischen Esels auf die Nutzung des recht halsstarrigen Onagers nach und nach verzichtet wurde. Dann wird der letzte Teil des Textes von Amschler verständlich: »Kurz vor 3000

21 Jagd auf den Onager. Assyrisches Relief, Herrschaft Assurbanipals, 669–633 v. Chr.

v. Chr. verschwand das Pferd aus dem unteren Tale Mesopotamiens.« Es verschwand nicht, es war gar nicht bis dorthin gelangt.

Überreste der Halbeselzucht jedoch »scheinen sich«, sagt Antonius, »aber lange ... insofern erhalten zu haben, als man den Onager auch weiterhin wenigstens zur Kreuzung ... verwendete«. Aus assyrischer Zeit ist uns das Wort *agalu* überliefert, auf das Antonius durch Christian[18] aufmerksam gemacht wurde. Christian behauptet, daß mit diesem Wort ein pferdeähnliches, schnelles Tier gemeint sei. Die Schnelligkeit deutet auf den scheuen und geschwinden Halbesel bzw. auf dessen domestizierte Nachkommen hin. Der *agalu* ist weder mit dem Pferd (*sisu*), dem Esel (*himar*), dem Maultier noch der Eselin (*paru, kudana*) identisch.

[18] V. Christian, Archiv f. Orientforsch., 5, 1928.

Christian übersetzte: »Ein Agalu bin ich, neben ein Maultier bin ich gespannt.«

Wir werden an Assurbanipals Jagdszene aus Kujundschik erinnert, die zeigt, wie eine Anzahl Onager getötet, ein junges Hengstfohlen jedoch an einem um den Hals geschlungenen Halfter davongeführt wird – wahrscheinlich zu Zuchtzwecken ins Gestüt. Bei der Jagd auf das Mongolische Wildpferd war es bis in die jüngste Zeit hinein üblich, das Muttertier zu töten und die Fohlen (die dann an zoologische Gärten exportiert wurden) einzufangen. In den Anfängen der Domestikation ging der Mensch wahrscheinlich genauso vor.

Es ist möglich, daß auch die Griechen und Römer noch den schnelleren Onager zur Zucht von Maultieren verwendeten. Plinius berichtet, daß die Kreuzung zwischen einem Onager und einer Pferdestute einen Bastard hervorgebracht hatte, dessen hervorstechenden

Merkmale seine Schnelligkeit, kräftige Beine, ein magerer Körper und dazu ein ausgeprägter Eigensinn waren. Daneben gab es die Maultierzucht durch Kreuzung zwischen Hausesel und Pferdestute, und es ist nicht immer leicht, die beiden Züchtungen auseinanderzuhalten.

Die ersten uns bekannten Bewohner Südsibiriens waren Angehörige der europiden Rasse. Im Osten und Süden wurde das Gebiet von Stämmen mit mongolidem Einschlag besetzt. Über die Herkunft der europiden Bevölkerung wissen wir gar nichts, und auch ihre asiatische Geschichte ist uns erst ab dem frühen Neolithikum bekannt, »als die Menschen begannen, sich zur Herstellung ihrer Werkzeuge des Metalls zu bedienen, Haustiere zu züchten und planmäßig Nutzpflanzen anzubauen, und damit den Entwicklungsprozeß in Richtung auf eine Ertragswirtschaft hin in Gang setzten«.[19]
Rund 2000 Jahre später folgten ihnen die ersten Nomaden, die Viehzucht und Vorratswirtschaft inzwischen weiterentwickelt hatten. »Der wirtschaftliche Fortschritt« sagt Gryaznov, »ging Hand in Hand mit dem allgemeinen kulturellen Aufstieg und einer auf hohem Niveau stehenden bildenden Kunst.« Während der frühen und mittleren Bronzezeit bis etwa 1200 v. Chr. verlief das Leben in den Steppengebieten vergleichsweise friedlich. Und bis zu dieser Zeit ist in keinem der von Archäologen bisher geöffneten Gräber irgendein Hinweis auf Reiternomaden zu finden. Weiter westlich und südlich war die Zivilisation natürlich rascher vorangeschritten, und »die dynamischen Zentren lagen weiter im Süden, etwa im heutigen Turkmenien, wo sich eben die rinderzüchtenden Stämme zusammengeballt hatten« (K. Jettmar).
Nördlich des 40. Breitengrades gab es eine riesige Fläche bebauten Ackerlandes. Dieses stark besiedelte Land erstreckte sich von Südrußland bis zu den »Toren der Dsungarei«. Die »Bewohner, die einem altertümlichen europiden Typ angehörten, lebten nicht nur von Hirse- und Weizenbau, sondern auch von Viehzucht. Das Pferd diente vor allem als Nahrungsquelle: in den Gräbern sind Pferderippen gefunden worden, vermutlich die Reste der beigegebenen ›Kotelettes‹. Außerdem wurden die Stuten gemolken, was bereits Homer bekannt war.«
Diese Andronowo-Kultur stellt sich uns heute als das umfassendste und harmonischste gesellschaftliche Gefüge der Bronzezeit dar. Während die Frauen mit dem Bebauen der kultivierten Felder beschäftigt waren, trieben die jungen, unverheirateten Männer die Rinder in die Steppe oder zu den manchmal weit entfernt liegenden Weideländern, und so wurden immer wieder neue Gebiete, die besiedelt werden konnten, entdeckt. Zwischen den verschiedenen Hirtengruppen fand bereits eine Art Tauschhandel statt. Ernstzunehmende Feinde besaßen die Menschen der Andronowo-

[19] Mikhail Gryaznov, The Ancient Civilization of South Siberia, Barrie & Rockcliff, Cresset Press, London.

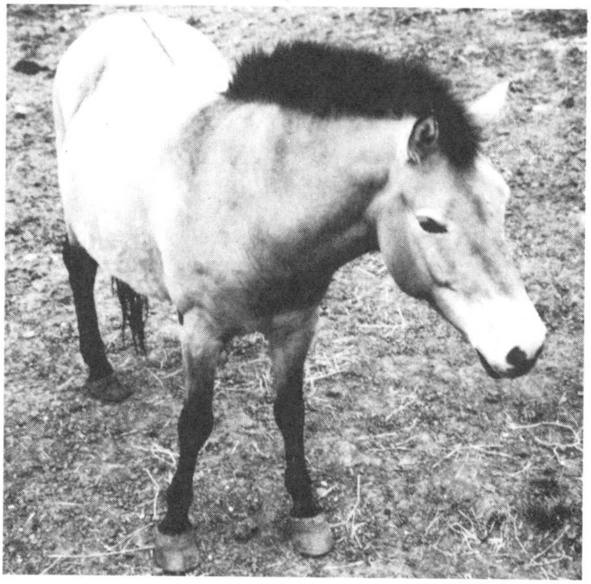

22 Mongolisches Wildpferd im Whipsnade-Zoo

Kultur augenscheinlich nicht. Sogar die älteren Jagdkulturen hatten sich in die Berge zurückgezogen. Aus Funden in der Wüste Gobi, die nicht durch Erosion vollständig zerstört worden sind, geht hervor, daß vermutlich auch im Osten ein vergleichsweise friedliches rinderzüchtendes Volk mongolischen Typs lebte. Noch weiter östlich gab es, so wird angenommen, auch eine chinesische Agrarkultur. Nach und nach gingen die Andronowo-Menschen dazu über, neben dem Rind auch noch andere Tiere zu züchten, »vor allem Schafe und Pferde, was in Kombination mit dem Ackerbau eine größere Anzahl von Hilfskräften erforderte« (K. Jettmar).

Gegen Ende des Neolithikums nahm die Viehzucht in den Steppengebieten mehr und mehr den Charakter einer hauswirtschaftlichen Tätigkeit an. Viele Jahrhunderte hatte der Mensch gebraucht, um zu lernen, wie er mit seinen Tieren einen maximalen wirtschaftlichen Ertrag erzielen konnte, und dies gilt für alle Tiere, die er züchtete – sei es um ihrer Milch, ihrer Wolle oder ihres Fleisches willen, für den Transport oder zum Pflügen. Hier, in den Steppen, war der Domestikationsprozeß in der ersten Hälfte des zweiten Jahrtausends v. Chr. abgeschlossen, als aus den einst viehzüchtenden Nomaden seßhafte Bauern wurden.

In diesem Teil der Erde nahm möglicherweise die selektive Zucht ihren Anfang, und hier wurden vielleicht auch im Laufe der folgenden Jahrhunderte verschiedene Pferdetypen hervorgebracht. Zunächst werden die nomadisierenden Viehzüchter wohl Tiere untereinander getauscht haben, um die Qualität ihrer Herden zu verbessern. Noch dominierte in Asien das Matriarchat – so wurden die jungen Männer beispielsweise in die Stämme ihrer Bräute aufgenommen –, doch die wachsenden territorialen Ansprüche der Völker brachten politische Veränderungen und damit auch neue Gesellschaftsstrukturen mit sich. Kein Stamm konnte es sich mehr leisten, auf ein Heer berittener Krieger zu verzichten, und mit der Bedeutung des Kriegers wuchs die Bedeutung des Mannes in der Gesellschaft. Nach und nach trat das Patriarchat an die Stelle des Mutterrechts.

Und im gleichen Maße, wie sich das neue Gesellschaftssystem festigte, wuchs der Bedarf an Pferden.

Es wird allgemein angenommen, daß die ersten domestizierten Pferde einen ziemlich schwachen Rücken hatten und deshalb nicht geritten werden konnten. Später, als die Auseinandersetzungen um neue Siedlungsgebiete einsetzten, waren einige Pferdetypen offensichtlich bereits kräftig genug, um als Reittiere bei den Beutezügen und Invasionen in fremdes Territorium verwendet zu werden.

Die Umstellung auf Haustierhaltung innerhalb einer bäuerlichen Gemeinschaft bedeutete, daß der Viehbestand vergrößert werden mußte. Im Sommer war es üblich, die Herden in der Steppe weiden zu lassen, im Winter mußte das Vieh jedoch in Koppeln oder gar Ställen untergebracht werden. Und ganz besonders wichtig war der Anbau von Futterpflanzen für die Tiere. Bei den vergleichsweise primitiven Methoden des Ackerbaues dürften allerdings sowohl Qualität als auch Quantität dieser Futterpflanzen noch sehr gering gewesen sein. Alles deutet im übrigen darauf hin, daß die *Haus*tiere kleiner waren als ihre wilden Artgenossen (s. S. 25).

Die Andronowo-Kultur (die auf die Afanasjewo-Kultur folgte) entwickelte sich vermutlich Mitte des zweiten Jahrtausends v. Chr. Sie breitete sich über das ganze Gebiet zwischen Ob und Jenissej aus und stellt sich uns heute als eine in allen wesentlichen Punkten absolut einheitliche Kulturform dar.

Zu den Stämmen, die weiter nördlich lebten, müssen die Andronowo-Menschen bereits Verbindung gehabt haben, denn das Gold, das sie nur wenig später für ihre Geschirre usw. verwendeten, ist höchstwahrscheinlich im Flußbett der Lena gefunden worden.

Aus den Überresten von Pferden, die man in den Grabhügeln einer jüngeren Epoche entdeckte, darf mit ziemlicher Sicherheit geschlossen werden, daß in den verschiedenen Regionen unterschiedliche Pferdetypen oder -schläge in Erscheinung traten.

Aber Eile mit Weile! Das Bild ändert sich schon wieder, so zum Beispiel bei den Karasuk-Stämmen, die sich von den landwirtschaftlichen Methoden ihrer seßhaften Vorfahren abwandten und zu einer halbnomadischen Viehzucht zurückkehrten, wohl nicht zuletzt deshalb, weil die Weidemöglichkeiten in der näheren Umgebung ihrer Dörfer inzwischen restlos erschöpft waren. Nach der großen Menge der in den Grabstätten gefundenen Pferdeknochen zu urteilen, müssen die Karasuk-Stämme über riesige Pferdeherden verfügt haben. Wahrscheinlich handelte es sich hierbei um typische Steppenponys, kleine, stämmige Tiere, deren äußeres Erscheinungsbild sich noch kaum von dem ihrer Ahnen, den Mongolischen Wildpferden, unterschied. Große Ähnlichkeit hatten sie vermutlich außerdem auch mit den Pferden der Gürtelplatte aus dem Ordosgebiet (British Museum London) und der Goldplatte »Rastszene« (Eremitage, Leningrad, K. Dettmar: Die frühen Steppenvölker) und dem Tuva bone horse, obgleich diese beiden Arten, auf die wir später noch einmal zu sprechen kommen werden, eigentlich ein rundes Jahrtausend jünger sind.

In der Zeit, die wir im Augenblick behandeln, d.h. im 15. und 14. Jahrhundert v. Chr., begann das Pferd als Transportmittel eine größere wirtschaftliche Rolle zu spielen.

Man nimmt allgemein an, daß es in diesem Gebiet *zuerst* als Zugtier verwendet worden ist, da es wahrscheinlich wegen seines schwachen Rückens als Reittier nicht geeignet war.

Gryaznov verweist darauf, daß in den Steppen Osteuropas und Kasachstans aus Knochen gefertigte Backenstücke – die ältesten uns bekannten – gefunden worden sind, was, wie er sagt, »den Beweis für die ersten Versuche, das Pferd als Reittier zu nutzen« liefert; »und die Ausgrabungsarbeiten in Siedlungen aus der Karasuk-Zeit in den Tälern von Ob und Jenissej haben aus Knochen und Bronze gefertigte, bereits verbesserte Backenstücke mit drei Löchern zutage gefördert, die zu altem skythischen Zaumzeug, noch ohne metallenes Gebiß, gehörten«. Auch das scheint ein Indiz dafür zu sein, daß es sich um Ponys gehandelt hat, denn das »Gebiß« ist wahrscheinlich ein Lederriemen gewesen, der natürlich im Laufe der Zeit verfaulte und deshalb nun nicht mehr unter den in der Grabstätte gefundenen Zaumzeugteilen war. Die Entdeckung dieser Backenstücke in zwei so weit voneinander entfernt liegenden Gebieten wie Osteuropa und Kasachstan sowie der Fund der aus Hirschgeweih gefertigten Gebisse aus der frühen Bronzezeit im Heathery Burn Grab in County Durham in England lassen klar auf eine wie auch immer geartete Verbindung der verschiedenen Kulturen schließen.

Aus Canforos de Peñarubia stammen Darstellungen von Pferden, die geführt werden, wahrscheinlich nur an einem Halfter oder einem Stirnriemen. Der französische Archäologe M. Piette vertritt die Meinung, daß über zehn- oder gar zwanzigtausend Jahre hinweg ausschließlich das Halfter benutzt wurde – was bei Ponys sehr gut möglich ist. In Form der amerikanischen Hackamore (gebißloser Zaum) beispielsweise ist das Halfter heute ebenso noch im Gebrauch wie als einfacher Strick oder Haarhalfter bei den Ureinwohnern Indonesiens.

Kommen wir nun zur späteren Bronzezeit in Südsibirien. Die Stämme hatten inzwischen völlig den Lebensstil der nomadisierenden Viehzüchter übernommen. »Sie waren«, sagt Gryaznov, »vollendete Reiter. Seit langem schon waren sie gewohnt, sich rollender Transportmittel zu bedienen, so zum Beispiel der Karren, die von einem Ochsenpaar gezogen wurden[20], und ihre Wagen (*araba*) bildeten das einzige Heim, das sie auf ihren Wanderungen durch die Steppe kannten.«[21]

Wir können davon ausgehen, daß die Pferdezucht jetzt, etwa tausend Jahre v. Chr., ernsthaft betrieben wurde. Auf einem 110 cm großen Steppenpony kann man kein erstklassiger Reiter werden! So ist es absolut berechtigt, anzunehmen, daß selektiv auf größere Pferde hin gezüchtet wurde.

Die Nomaden zogen in Horden durch das Land, erneut ein Hinweis darauf, wie viele Pferde es gegeben haben muß. Wahrscheinlich hielt man sie, geradeso wie heute, in sogenannten *tubuns*, die von Reitern bewacht und beschützt wurden.

Da die Nomaden bei ihren Wanderungen zu immer neuen Plätzen zogen, verbesserten sich die Weidemöglichkeiten erheblich, und das hatte zur Folge, daß auch die Pferde, die für den zum geübten Reiter gewordenen Krieger unentbehrlich waren, immer besser wurden.

---

[20] wovon es in seinem Buch eine ausgezeichnete Abbildung gibt.

[21] Der Araba war ein schwerer Planwagen, den die Tataren benutzten. In Arabisch und Persisch *Arabah*. Daher mag der Name »Araber« (für Pferde) stammen, d.h. das *Arabah*-Pferd, das Pferd, das den *araba* begleitete und beschützte.

3. Domestikation in China und Europa

1. China

Der Ferne Osten und China verdienen, in einem eigenen Kapitel behandelt zu werden – nicht, weil die Evolution des Pferdes von dort aus wesentlichen Einfluß auf die spätere Zucht in Zentralasien oder Europa genommen hätte, sondern zum einen auf Grund der extrem isolierten Lage dieses riesigen Gebietes und zum anderen wegen der großen Zahl von Pferden, denen es seit frühester Zeit Lebensraum bot.

Die Archäologie hat Beweise dafür gefunden, daß die erste Begegnung in China zwischen Pferd und Mensch bereits in prähistorischer Zeit stattfand. Zusammen mit den Knochen und einem Skelett von *Sinanthropus pekinensis* wurden die Überreste eines großen Pferdes aus dem Pleistozän, *Equus sanmeniensis*, entdeckt[1]. Neben dem Werkzeug der Menschen, die China im Paläolithikum bewohnten, fand man Spuren von *Equus przewalskii*, der vermutlich als Vorfahr der späteren chinesischen Pferde gelten muß.

In Sjara-Osso-Gol, am Südrand der Ordos-Region, etwa 50 Meter tief unter dem heutigen Graslandniveau, sind zusammen mit Überresten von Strauß, Elefant, Rhinozeros, Hirsch und Ziege auch Pferdeknochen gefunden worden. Das sind Spuren, die uns Jäger aus dem Paläolithikum hinterlassen haben. Das Neolithikum ging in China später als im Westen zu Ende; es dauerte noch an, als im übrigen Asien schon die frühe Bronzezeit eingesetzt hatte[2].

Unter Ethnologen und Altertumsforschern ist die Auffassung weit verbreitet, daß die ersten Bewohner des Fernen Ostens (China) ihre Kenntnisse über das Pferd von ihren innerasiatischen Nachbarn erworben hätten. Die Sinologen behaupten jedoch, daß diese Auffassung jeder Grundlage entbehre. Wildpferde

[1] Boule, Breuil, Licent et Teilhard, Le Paléolithique de la Chine, 1928.

[2] William Watson, China, Thames & Hudson, 1961.

waren in den verschiedenen Teilen des großen Reiches beheimatet. Die Menschen der späten Steinzeit fingen und zähmten sie auf die gleiche Weise, wie auch ihre Zeitgenossen in Zentralasien und Europa Pferde fingen und domestizierten, mit einem einzigen Unterschied: geritten wurde das Pferd hier erst mehr als tausend Jahre später. Einige wenige Knochen, die in alten Siedlungen in Kansu gefunden worden sind, lassen vermuten, daß das Pferd vor dem Jahre 2000 v. Chr. eher gejagt als domestiziert wurde. Daß das Pferd den Neolithikern von Kansu allerdings schon wohlbekannt war, zeigt die Darstellung dieses Tieres auf einer uns erhalten gebliebenen Tonvase.

Die spätneolithische Ch'eng-tse-yai-Kultur aus Shantung deutet darauf hin, daß das Pferd anscheinend domestiziert war. Nach Creel[3] gibt es in allen indochinesischen Sprachen nur ein einziges Wort für »Pferd«; er glaubt, daß die Menschen des Neolithikums in China sehr wohl mit den Wildpferden vertraut waren, sie einfingen und zähmten. E. Erkes[4] sagt:

»Dafür, daß das Pferd von den Indochinesen zu den Uralaltaiern gekommen ist und nicht umgekehrt, spricht auch der Umstand, daß die Bezeichnungen des Pferdes wenigstens in den östlichen Altaisprachen, wie mongol. *morin*, korean. *mal*, anscheinend Lehnwörter aus chines. *mar* sind, was also für alte Übertragung der Pferdezucht von China nach Hochasien sprechen würde.«

Der Erfinder oder Entdecker der Pferdezucht war der sagenhafte Ch'eng-ya (etwa »der im Fahren Vorbildliche« oder »der des Fahrens Gewohnte«) – und das zu einer Zeit, in der China nach landläufiger Meinung noch ausschließlich die völlig frei lebenden Wildpferde beherbergte! »Wäre«, so meint Erkes, »die Pferdezucht von auswärts eingeführt worden, so hätten die Voraussetzungen für die Verehrung eines Erfinders gefehlt. Daß es sich bei dem ›Erfinder der Pferdezucht‹ tatsächlich um die Verkörperung einer historischen Reminiszenz handelt, zeigt der Umstand, daß an der gleichen Stelle des *Lü-shi Ch'un-ch'iu* auch ein Erfinder der Rinderzucht genannt wird, die sich, wie u.a. die erwähnten Funde aus dem Neolithikum zeigen, ebenfalls auf chinesischem Boden herausgebildet hat … In der Persönlichkeit Ch'eng-yas ist offenbar eine Erinnerung an die vorgeschichtliche Zähmung des Pferdes bewahrt geblieben.«

Es gab noch einen weiteren »Erfinder der Pferdezucht«, den Hsün-tse Ch'eng-tu nannte. Ch'eng-tu war ein Enkel des Hsie – des mythischen Stammvaters der Shang – und damit ein Halbgott der Shang-Dynastie, in deren Zeit die Pferdezähmung einen Höhepunkt erreichte. Ihr Zentrum wird im östlichen Honan vermutet. Ch'eng-tus »Erfindung« wird auf das 15. Regierungsjahr des Hsia-Kai-

[3] Studies in Early Chinese Culture, 1937.

[4] Eduard Erkes, Das Pferd im alten China, T'oung Pao, 1940.

sers Hsiang, 1928 v. Chr., datiert. Die Orakelknochen aus der Shang-Zeit erzählen von der Jagd auf das Pferd.
Außerdem existierte offensichtlich noch ein zweites Pferdezucht-Zentrum, dessen Begründer von den Chou, einem halbnomadischen Volk, das Ackerbau und Viehzucht betrieb, verehrt wurde. Der Hsiao-jen, der Gestütsverwalter, opferte im Sommer dem ersten Hirten – »dem ersten, der Pferde züchtete; seine Persönlichkeit ist sonst unbekannt«. Erkes kommt zu dem Schluß, daß der von den Chou verehrte Erfinder der Pferdezucht »also jedenfalls nicht mit dem der Shang identisch« war, und er fährt fort:
»Daß sie keinen Namen für ihn hatten, weist darauf hin, daß er keine ursprünglich ihrem Kulturkreis angehörende Gestalt war, sondern daß sie ihn und damit aller Wahrscheinlichkeit nach auch die Pferdezucht selbst aus einer anderen Kultur erhalten hatten, die aber nicht die der Shang war, sondern eine andere, am ehesten vielleicht die der Hsia, die ... ebenfalls ein altes Zentrum der Pferdezucht darstellte ... Endlich spricht zugunsten der Auffassung, daß sich die Pferdezucht auf chinesischem Boden aus der Zähmung einheimischer Wildpferde entwickelt hat, noch der beim Pferdeopfer beobachtete Ritus.«
Die Domestikation dieser heimischen Wildpferde ging an mehreren Orten der alten chinesischen Kultur sowie bei benachbarten Stämmen vor sich. Zu den ersten, die sich ihr widmeten, gehörte der Shang-Ahn Hsiang T'u in Ost-Honan. Weitere Schauplätze der Domestikation waren der alte Hsia-Distrikt in Nordwest-Honan und Süd-Shansi. Ferner haben sowohl China im Hsia-Gebiet wegen seines Pferdereichtums als auch die aus Chin und dessen Nachbarreich Chao (die beide, wie bereits erwähnt, der Hsia-Kultur angehörten) stammenden Pferdekenner in der alten Literatur häufig Erwähnung gefunden.
In Hsia scheint der von Pferden gezogene Wagen erfunden worden zu sein. Sogar das Symbol  für den Wagen geht, wie ähnliche Darstellungen aus dem vorgeschichtlichen Europa, bis in prähistorische Zeit zurück. Hier wie andernorts ging allerdings dem Einspannen der Pferde noch das Ochsengeschirr voraus. Die Erfindung des Wagenfahrens wird einem Mann namens Han Ngai zugeschrieben.
Etwa zu Beginn der Hsia-Zeit um 2000 v. Chr. wurden zum erstenmal die Farben der Pferde beschrieben. Erkes berichtet:
»Eine interessante Einzelheit über die Wagenpferde der Hsia hat das *Li-chi* aufbewahrt. Danach verwandten die Hsia weiße Pferde mit schwarzer Mähne, während die Shang weiße Pferde mit schwarzen Köpfen und die Chou gelbe Pferde mit roter Mähne benutzten. Die in der gleichen Quelle mehrfach erwähnte Sitte der Ch'in-Zeit, daß der Kriegswagen des Kaisers bei einigen Gelegenheiten mit *po-lo*, nach dem Kommentar weißen Pferden mit schwarzer Mähne, bespannt wurde, darf somit wohl als übernommener Hsia-Ritus gelten, um so mehr, als der Wagen zugleich auch die weiße Fahne der Hsia führte.«

Die Shang errichteten ihre Herrschaft im Tal des Huang Ho mit Hilfe ihrer von Pferden gezogenen Kriegswagen, die denen ähnlich waren, welche etwa zur gleichen Zeit in Indien, dem Iran und Mesopotamien, Syrien, Ägypten und Griechenland eingeführt wurden.

Bei Anyang und an deren Orten sind Pferdeskelette, Wagenteile, Trensengebisse, Zaumzeugteile und Bronzebeschläge gefunden worden. Die Shang-Pferde waren kleine Tiere mit großen Köpfen, und nach Watson[5] könnten sie mit *Equus przewalskii* verwandt gewesen sein. Man spannte sie paarweise vor die Wagen.

Wie bereits im ersten Kapitel erwähnt, war das Fleisch einer der Hauptgründe für die Haltung von Pferdeherden, wenngleich es, wie Erkes bemerkt, abgesehen von der Tatsache, daß sowohl die Shang als auch die Chou Pferdefleisch aßen, zu diesem Thema nur sehr spärliche Informationen gibt.

»Wohl aber geht aus einer Reihe von Angaben hervor, daß bei den westlich von China wohnenden Stämmen Pferde direkt zum Essen gezüchtet wurden. Dem Chou-König Mu wurden auf seiner Reise nach dem Westen in der Perlenmarsch (... dem heutigen Hsich'ang-hsien in Sech'uan) 300 Eßpferde angeboten, bei dem Stamm der Ts'ao-nu sogar 900, bei den Chi nebst verschiedenen anderen Pferdesorten 700, bei den Hsi-mo 300, bei den Ta Jung-hu 46 ... Am Ufer des Flusses T'o trifft Mu-wang ebenfalls eßbare Pferde an. Die Chü-sou waschen ihm mit der Milch von Pferden und Rindern die Füße. Dem Herzog Mu von Ch'in wurde ein Pferd seines Wagens von den Leuten von Yin am Südhang des Berges Ch'i, dem Gebiet, das die Chou vor ihrem Einfall in China bewohnten, aufgegessen. Auch der ... Familienname Pang, der ... soviel wie ›Pferdeschlächter‹ zu bedeuten scheint, könnte auf ehemalige stärkere Verbreitung des Pferdefleischessens hinweisen. Daß im späteren Altertum das Essen von Pferdefleisch in China nicht mehr besonders üblich war, verrät sich darin, daß in den ... Aufzählungen der Gebrauchspferde kein Eßpferd mehr genannt ist, während z.B. Eßhunde neben den Jagd- und Wachhunden immer wieder erwähnt werden.«

Es besteht wohl nicht mehr der geringste Zweifel daran, daß in den chinesischen Provinzen Pferde in großer Zahl gezüchtet wurden. Bei den vielfachen Kriegen und Invasionen während der ersten Jahrtausende v. Chr. fanden ausschließlich im Lande geborene Pferde Verwendung, denn – wie der Chinese sagt – »in welcher Landschaft sie geboren sind, deren Bewohner Sinn kennen sie«. Und weiter heißt es, daß ein Pferd, welches man selbst gezogen hat, stets leichter abzurichten ist als ein Jungtier, das auf einem fremden Markt gekauft wurde. Die in den chinesischen Provinzen gezüchteten Pferde dienten natürlich im wesentlichen als Nutztiere, doch wird häufig auch von ihrer Verwendung als »Geschenke, Bestechungsgaben, Tribute« berichtet. Erkes fährt fort:

»1125 v. Chr. schenkt der Shang-König

---

[5] China, 1961.

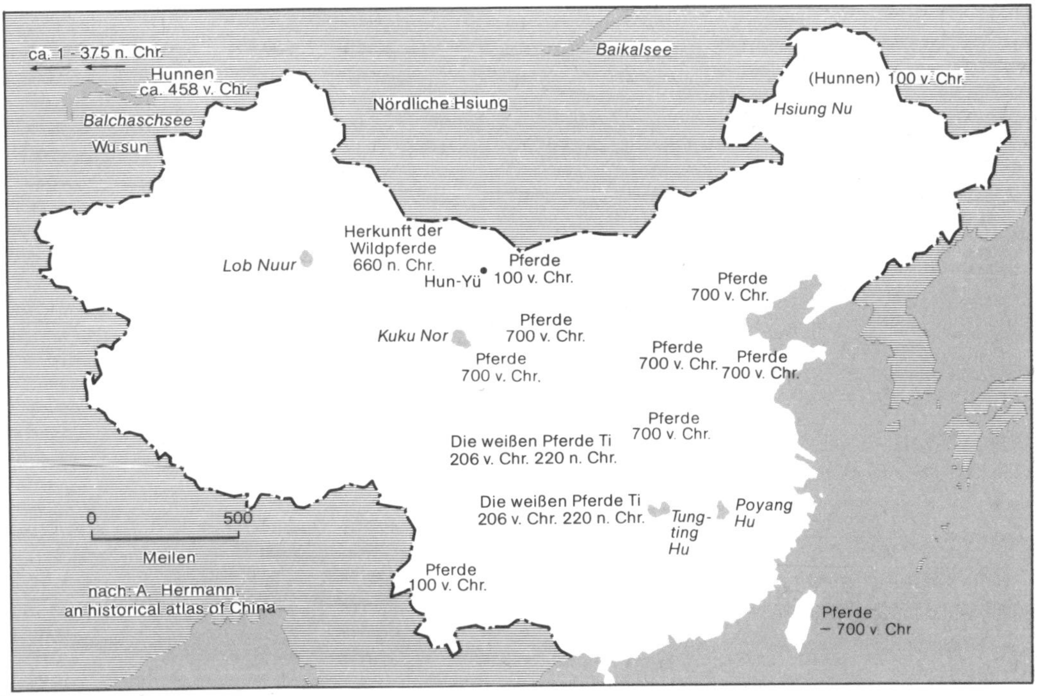

Pferdezuchtgebiete im alten China.

Wu-yi dem Choufürsten Chi-li zehn Pferde; 867 bringen die westlichen Jung Chou Hsiao-wang Pferde als Tribut; 854 verlieren die Jung von T'ai-yüan in Nord-Shansi bei einer Niederlage 1000 Pferde … Aufschlußreich ist ferner die Angabe des *Chou-li*, daß mit der Fütterung der Pferde Kriegsgefangene aus dem Süden betraut waren, die sich also wohl besonders gut auf den Umgang mit den Tieren verstanden. Aber auch die kriegsgefangenen I aus dem Osten fütterten Pferde; den östlichen Barbarenstämmen kann die Pferdezucht also ebenfalls nicht fremd gewesen sein.«

Später ging die Pferdezucht in den weiten Grassteppen des Chou-Reiches mehr und mehr zurück, höchstwahrscheinlich deshalb, weil das Land für den Ackerbau und eine wachsende Bevölkerung gebraucht wurde. Dadurch wurde der Norden zum Haupt-Pferdelieferanten. »Das Nordland von Chi ist es, das Pferde hervorbringt.« Ein anderer Name für Cio oder Tai war Tai-Ma-chün (*Ma* = Pferd, *Chün* = Bezirk). Im Nachbarreich Chin gab es eine besondere Zucht von Kriegspferden, und die Überlegenheit der Chin in der Schlacht war zweifellos auf diesen Umstand zurückzuführen. Um 283 v. Chr. zählten die Pferde von Tai zu den »drei kostbarsten Dingen«. »So«, sagt Erkes, »bezieht es sich wohl auch auf die Pferde von Tai, die

über Yen und Ch'i ausgeführt wurden, wenn es bei Hsün-tse heißt, daß es am Nordmeer* schnelle Pferde gibt.«
Zusammenfassend erklärt Erkes:
»... ist die Pferdezucht am intensivsten im nördlichen Hopei und nordöstlichen Shansi, den alten Gebieten von Yen und Tai; sodann folgt das südwestliche Shansi, der Ausgangspunkt der Hsia-Kultur, und die Gegend am Unterlauf des Huang-ho, in der die Provinzen Hopei, Honan, Nganhui und Shantung zusammenstoßen, der Herausbildungsherd der Shang-Kultur. Sodann besteht noch Pferdezucht von Bedeutung im mittleren Shensi, der alten Domäne der Chou, im mittleren Hupei, dem Reiche Ch'u, das das Zentrum der alten Südkultur war, und am unteren Yang-tse, wo in den Ländern Wu und Yüe die Südostkultur ihren Mittelpunkt hatte, endlich noch im nordöstlichen Sech'uan, dem Sitz der tibetischen Ch'iang. Auch das weist darauf hin, daß in allen alten Kulturzentren auf chinesischem Boden Pferdezucht von einer gewissen Höhe und Intensität bestand.«
Hinsichtlich der Bewertung und Einteilung der Pferde bezieht sich Erkes auf das *Chou-li*, in dem zwei verschiedene Angaben überliefert sind:
»Die eine unterscheidet drei Sorten, nämlich Kriegspferde, Jagdpferde und ›minderwertige‹ Pferde. Die andere zählt sechs Klassen auf, nämlich Rassepferde[6], Kriegspferde, Paradepferde, Wagenpferde, Jagdpferde und minderwertige Pferde ... Die erstere weist auf eine nomadische Kultur hin, deren Träger das Pferd nur nach seiner Eignung zu Krieg und Jagd schätzen und alle hierzu nicht geeigneten Tiere als minderwertig klassifizieren. Die andere hingegen, die schon Rassepferde kennt, weist auf ein geordnetes Staatsleben und eine dessen Bedürfnissen angepaßte Tierzucht hin, ist also das Produkt einer seßhaften Kultur.«
Nach Erkes' Meinung stammt die Einteilung in drei Sorten jedenfalls von den Chou, »die ja, als sie die Herrschaft über China antraten, dem Nomadentum noch nicht völlig entwachsen waren«. Die zweite Einteilung indessen könnte seiner Ansicht nach auf die Hsia zurückzuführen sein, bei denen die Zahl Sechs wiederholt auftauchte. Die Hsia-Dynastie entstand ungefähr 1900 v. Chr. Zunächst erstreckte sie sich über ein Gebiet von etwa 150 000 Quadratkilometern, dehnte sich aber rasch über eine größere Fläche aus, bis sie dann um 1639 v. Chr. von der Shang-Dynastie abgelöst wurde.
Der Esel hat weder in China noch überhaupt in irgendeinem Teil Asiens seinen Ursprung, sondern wurde schon in recht früher Zeit aus Afrika eingeführt. Anders *Equus hemonius*: von ihm fand man Knochen, die aus dem Paläolithikum stammen; während der Shang-Zeit wurde Jagd auf ihn gemacht. »Wie ein Pferd, aber mit langen Ohren«, ist er beschrie-

* vermutlich der Golf von Shantung

6 »erstklassige Pferde, die ihren Müttern gleichen«. Chou Mu-wang's Wagenpferd Lü-erh (Grünohr) stammte von einer schwarzen Stute ab, die aus dem nördlichen T'ang kam.

ben worden, und auf Orakelknochen und Schildpatt aus der Shang-Dynastie finden sich Darstellungen von ihm. Es hat den Anschein, als seien Maultier und Esel etwa 300 v. Chr. durch die Hunnen in China bekannt geworden. Die weißen Maultiere, die einem Chao-Ch'ien-tse aus Chin gehörten, werden allerdings schon um 500 v. Chr. erwähnt – vielleicht waren sie das Ergebnis einer Kreuzung zwischen Pferd und Onager!

Die reiche, von chinesischen Sprachwissenschaftlern übersetzte Terminologie macht deutlich, welch außergewöhnlich große Rolle die Pferdezucht gespielt haben muß. Die meisten dieser Termini gehen auf die Chou-Zeit zurück, und wenn es gelänge, einen besonderen Dialekt oder Ausdruck zu lokalisieren, könnten wir ohne Schwierigkeiten bestimmen, an welchem Ort des riesigen Reiches eine einzelne Zucht oder ein besonderer Pferdetyp zu suchen war. Aus der riesigen Zahl der in den Lexika aufgeführten Begriffe gibt Erkes folgende wieder:

»*chu* ein Pferd, das am linken Hinterfuß weiß ist.

po ein Pferd von uneinheitlicher Farbe; gescheckt. Auf Yin-Orakelknochen.

wen ein Pferd mit roter Mähne, weißem Körper und goldgelben Augen. Nach Angabe des *Shuo-wen* wurden solche Pferde zur Zeit Chou Ch'eng-wangs von den Ch'üan-jung dargebracht. Auf einer Schildkrötenschale der Yin-Zeit.

yin ein grauweißes Pferd.

lo ein weißes Pferd mit schwarzer Mähne.

liu ein rotes Pferd mit schwarzer Mähne.

hsüan ein grauschwarzes Pferd.

hsing ein rotgelbes Pferd. Der Ausdruck wird dann allgemein von der Farbe der Opfertiere gebraucht[7].

chui ein Pferd mit schwarzweißem Fell.

ch'i Schecke.

huang ein gelbweißes Pferd

hsia ein Pferd mit rotweißem Fell[8].

jou ein grauschwarzes Pferd mit vielfarbiger Mähne.

kua ein gelbes Pferd mit schwarzem Maul.

k'uei ein mattschwarzes Pferd.

liu ein rotes Pferd mit schwarzem Haar und Schwanz.

yüan ein rotes Pferd mit schwarzer Mähne und weißem Bauch.

mang ein schwarzes Pferd, dessen Gesicht und Stirn weiß sind.

Auf Yin-Orakelknochen.

p'iao ein gelbes Pferd mit weißen Flekken oder dichtem weißen Schwanz.

yü ein schwarzes Pferd, das zwischen den Beinen weiß ist.

ts'ung ein schwarzes Pferd mit weißen Flecken.

hsien ein Pferd mit einem weißen Auge.

yü (›Fisch‹) ein Pferd mit zwei weißen Augen: ›weil es wie ein Fisch aussieht‹.

t'ie ein Pferd von der Farbe des Eisens, rot-schwarz[9]).

[7] Es ist möglich, daß Pferde von dieser Farbe besonders gezüchtet wurden.

[8] Hatten sich die Hsia selbst auf Pferde von dieser Farbe spezialisiert? Sie gilt als die Farbe sehr früher Urpferde.

[9] Wie Erkes bemerkt, ist das Zeichen insofern interessant, als es verrät, daß die Chou das Eisen kannten.

yen ein Pferd mit weißem Hinterteil.
hsiang ein Pferd mit rechtem weißen Hinterfuß.
li Rappe. Auf Yin-Orakelknochen.
Ebenso sorgfältig ist die Größe und Alter der Pferde betreffende Nomenklatur. Nach dem *Chou-li* wurde ein über 8 Fuß (1,60) hohes Pferd *lung*, ein über 7 Fuß (1,40) hohes *lai* und ein über 6 Fuß (1,20) hohes einfach *ma*, Pferd genannt. Im *Shuo-wen* 10, 1, 7a/b findet sich noch für ein über 6 Fuß hohes Pferd die Bezeichnung *chiao*.«

Eberhard spricht davon, daß es während der Han-Zeit (200 v. Chr. – 300 n. Chr.) Pferde gab, die nur 81 cm groß waren – nicht größer als die kleinsten Shetlandponys. Die Zwergponys wurden anscheinend gezüchtet. Es gibt mehrere Hinweise auf kleine Gespanne, Zwergen mit Wagen, Pferden und Geräten, alles in der rechten Größe zueinander. Vielleicht gehörten sie zu einem wandernden Zwergzirkus.

In Cheng Chou entdeckten Archäologen neben Gräbern von Menschen auch die Überreste von einem Pferd und fünf Wagen aus der Shang-Zeit II, etwa 1300 v. Chr. Alles lag weit verstreut, so befand sich das Pferd etwa 40 Meter von den Wagen entfernt.

Die Königsgräber (1300–1150 v. Chr.) von Hsi Pei Kang liegen drei Kilometer nordwestlich von Hsiao T'un jenseits des Flusses Huan. »Ein Grab war bis zum Rand mit den verrotteten Teilen eines Wagens gefüllt. Etwas abseits hatte man die Pferde mit Kopfriemen und Bronzeschmuck – in einem Fall vier Pferde zusammen, in acht anderen Gräbern paarweise – beigesetzt[10].« In Ta Sšu K'ung ist ein unversehrtes Wagengrab aus dem 11. oder 12. Jahrhundert v. Chr. gefunden worden. Die Schädel der Pferde deuten darauf hin, daß es sich bei den vor die Wagen gespannten Tieren um Mongolische Wildpferde gehandelt hat. Ein Grab aus der Shang-Zeit III barg »den mit vier Pferden und drei bewaffneten Männern voll ausgestatteten Wagen«.

Bei all diesen Pferde- und Wagenfunden handelte es sich um Opfergaben.

In einigen Gräbern wurde der Vorläufer des »zusammengesetzten Bogens« – und das war, solange man sich des Bogens überhaupt bediente, der Standardtyp in Ostasien – gefunden. »Seine zweifache Krümmung«, sagt Watson, »läßt mittels sehr kurzen Spannens einen kraftvollen Abschuß zu, und er war somit für das Schießen aus dem beengten Raum eines Wagens heraus geradezu ideal. Soweit wir das heute beurteilen können, wurde das Pferd in der Shang-Zeit noch nicht geritten. Dieser Bogentyp war allerdings gleichermaßen für das Schießen aus dem Sattel geeignet, und so wurde er dann später auch zur Hauptwaffe der Steppennomaden.«

Ohne Steigbügel kann jedoch kein Reiter einen solchen Bogen richtig handhaben, und deshalb betrieb man das Kriegshandwerk, bevor der Steigbügel erfunden worden war, eben vom Streitwagen aus. Die Erfindung der Lederschlaufe, die als Steigbügel diente, war

[10] William Watson, China, Thames & Hudson, 1961.

gewiß ein ebensolcher Fortschritt wie einst die Erfindung des Rades.
In der bereits erwähnten Grabstätte von Ta Sšu K'ung bei Anyang in der Provinz Honan waren die Pferde ins Joch gespannt und dadurch mit ihren Köpfen in eine unnatürlich hohe Haltung gezwungen worden. Im Vorderen Orient entwickelt und alsbald von China übernommen wurden dann Bänder, die man den Pferden um die Hälse schlang. Diese Riemen hatten zur Folge, daß die Pferde ihre Köpfe beim Laufen ungewöhnlich hoch trugen, da sie sich sonst, je stärker sie zogen, desto sicherer selbst stranguliert hätten. »Seit dem ersten Jahrhundert v.Chr. kannten die Chinesen eine Geschirr-Form, die die Belastung auf Brust und Schultern verteilte und damit weit größere Zugkraft erzeugte. Es war eine Erfindung, die dem Kummet, einer gleichartigen in Europa entstandenen Form, um nahezu tausend Jahre vorausging.«[11]
Die Geschirre, derer man sich bediente und die die Zucht immer stärkerer und besserer, d.h. temperamentvollerer und schnellerer, Pferde beeinflußten, waren der Reihe nach das Joch (das nur von einem schweren Ackergaul getragen werden konnte!), die Würge-Riemen, das Sielengeschirr und schließlich das Kummet.
Watson führt weiter aus, daß die dem Reich der Chou angeschlossenen Provinzen Shansi und Shensi sehr viel eher für die Aufzucht von Pferden geeignet gewesen seien als das Zentralplateau, »und aus dem Reiche der Chou sind schon in frühester Zeit Pferde in das übrige China geliefert worden. Wahrscheinlich, wenngleich es auch bis heute hierfür keine archäologischen Beweise gibt, waren die Chou durchaus mit dem Wagenlenken vertraut, *bevor* sie gen Osten zogen, um 1027 v. Chr. das Reich der Shang zu erobern …
In der Zeit von etwa 1500 bis 1027 v. Chr. hatten sich die Herrscher der Chou mit den Shang verbündet. Die Ähnlichkeit, die die Shang-Wagen mit denen zeigten, die gegen Ende des zweiten Jahrhunderts v. Chr. im Vorderen Orient gebaut worden waren, ist zu groß, um als rein zufällig abgetan zu werden … Falls dem Wagenbau in China von Westen her neue Impulse gegeben wurde, handelte es sich vermutlich um Einflüsse, die ihren Weg ostwärts quer durch das Territorium der Chou genommen hatten. Es ist nicht ausgeschlossen, daß die Shang einfach die Wagen ihrer westlichen Nachbarn, an die sie sich im übrigen ja auch bei der Beschaffung von Pferden hielten, nachgebaut haben.«
Während der Chou-Dynastie, die sich über den Zeitraum von 1027 bis 256 v. Chr. erstreckte, wurden im allgemeinen Quadrigen verwendet. In einem Grab aus der Chou-Zeit sind 72 Pferde zusammen mit 12 Wagen entdeckt worden[12]. Die Bedeutung eines Reiches maß man an der Zahl der Streitwagen, die es aufzubringen imstande war. Viele Pferde

---

[11] William Watson, China, Thames & Hudson, 1961.

[12] 8. Jahrhundert v. Chr.

scheinen während der Chou-Dynastie aus benachbarten Reichen zur Verwendung im Kampf sowie zur Verbesserung heimischer Zuchten importiert worden zu sein – was nicht notwendigerweise im Widerspruch zu Erkes' These steht, sondern sie vielleicht sogar untermauert. Die Mongolei und Ost-Tibet waren hierbei wohl die Hauptlieferanten. Nach Eberhard gab es in diesen Ländern Wildpferde, edle Hauspferde, besonders fähige Ausbilder und eine sehr alte Tradition der Pferde-Mythologie. Hančar glaubt, daß die Mongolei und Ost-Tibet auch schon vor der Herrschaft der Chou die Hauptquelle für den Import von Pferden bildeten, Watson jedoch sagt, daß die Chou-Provinzen Shansi und Shensi das übrige China in frühgeschichtlicher Zeit mit Pferden belieferten.

Sowohl das Alter der Pferde, das anhand der Zähne bestimmt werden kann, als auch Dressur und Pflege sind bekannt. Die Tiere wurden in Herden gehalten, die wie die heutigen russischen Tabunen frei in den ausgedehnten Steppengebieten weideten. Jede Herde hatte ihren Hütmeister, dessen Aufgabe nicht allein darin bestand, die Pferde zu versorgen; er mußte außerdem im Frühjahr die Weiden zur Verbesserung des Graswuchses abbrennen und darauf achten, daß die Stuten gedeckt wurden. Es gab zwölf königliche Gestüte, *hsien* genannt; zwischen 1900 und 1300 v. Chr. trug ein ganzer Bezirk die Bezeichnung Hsien. Die Gestüte standen unter Aufsicht von Pferdepflegern, die das Futter zu überwachen und darauf zu achten hatten, daß die Hengste in guter Verfassung waren. Wie bei den meisten modernen europäischen Rassen wurden die Hengstfohlen im Alter von zwei Jahren gelegt. Im Alter von drei Jahren wurden sie dann abgerichtet. Den zweijährigen Pferden zwickte man Bambusklemmen in die Ohren, was eine besänftigende Wirkung haben sollte. Die Dressur übernahmen die Pferdezüchter selbst und bildeten ihre Tiere in den folgenden sechs Gangarten (nach Wang Ying-tien, den Biot zitiert) aus: Gehen, Anhalten, Vorangehen, Zurückweichen, Traben und Galoppieren. Das Futter war abgestimmt auf die Arbeit, die die Pferde zu verrichten hatten; niemals wurden die Tiere überanstrengt, und sie waren stets anständig untergebracht.

Die ersten Veterinärchirurgen bzw. Personen, die sich um kranke Pferde kümmerten, waren vermutlich die Frauen *wu-ma*. Ferner gab es den Beruf des Pferde-Taxators. Hierzu schreibt Erkes:

»Im *Chou-li* finden wir bereits die Institution des *Ma-shi* – ›Pferdevergleichers‹ –, der die Preise der vom Staat angekauften Pferde festsetzt, was zeigt, daß zur Chou-Zeit neben der staatlichen noch eine recht intensive private Pferdezucht bestand; der sich ferner, offenbar als besonderer Pferdekenner, mit der Bändigung bösartiger Pferde befaßt, der bei den den Beamten offiziell zugeteilten Pferden das Alter (nach den Zähnen), das Aussehen und den Preis vermerkt und bei vorzeitigem Tode der Pferde entsprechende Entschädigung gewährt, ferner die von den Pferden zurückzulegenden Strecken und das ihnen zuzumutende Gewicht festsetzt und endlich als Richter in Streitigkeiten fungiert, die Pferde betreffen.« Diese Taxatoren oder Pferdekenner kamen, wie Eberhard meint, aus Chin und Chao. Demnach waren die Pferdezucht und die Kenntnis vom Pferd im alten Hsia-Reich am weitesten fortgeschritten, was erneut beweist, daß das älteste Zentrum der Pferdezucht noch im ältesten Gebiet chinesischer Kultur gelegen hat.

In erster Linie züchtete man die Pferde natürlich für militärische Zwecke. Der Kriegsminister selbst trug den Titel *sema*, Oberstallmeister. Und wenn ein Lager aufgeschlagen wurde, war es, was vielleicht überraschend klingen mag, üblich, um das Lager herum einen Schutzwall aus Wagen oder Karren zu errichten – die sogenannte Wagenburg. Im übrigen züchtete man die Tiere wegen ihres Fleisches und der vielfältigen Einsatzmöglichkeiten bei der täglichen Arbeit, jedoch nicht, um sie zu reiten. Ebensowenig wurden sie in Indien oder Ägypten geritten, und auch bei den Hethitern, die die Herrschaft in Kleinasien übernahmen, als in China die Hsia-Dynastie gegründet wurde, fanden die Pferde beim Heer nur als Zugtiere Verwendung. »Das Reiten«, sagt Eberhard, »wird offiziell in China erst 107 v. Chr. erwähnt, als der König von Chao im Nordwesten die Reiterei nebst der Technik des Bogenschießens vom Pferde herab und der dazugehörigen Kleidung von den Nordbarbaren übernahm.« Der Familienname Yen (Reiter) aus Ch'i tauchte zum erstenmal um 300 v. Chr. auf. Erkes glaubt, daß das Reiten auch bei den Stämmen des Nordens und Nordwestens noch rund 200 Jahre früher völlig unbekannt war. Damit datieren die Anfänge des Reitens im Fernen Osten bzw. in Nord- und Mittelostasien auf ungefähr 500 v. Chr. Ob diese Entwicklung allerdings tatsächlich erst so spät eingesetzt hat, ist schwer zu sagen. Das dürfte wohl davon abhängig sein, wann die Nomadenstämme aus der Steppe damit begonnen haben, die Sitten und Gebräuche ihren Nachbarn aus dem Norden zu kopieren. Die dort lebenden Völker hatten das Ren *mit Sicherheit* schon erheblich früher gezähmt, um es als Reittier zu nutzen. Außerdem muß, selbst wenn man berücksichtigt, daß die Menschen der damaligen Zeit sehr viel kleiner waren, auch das Steppenpony schon so groß gewesen sein, daß man es hätte reiten können. Sobald allerdings ein Heer nicht mehr aus Streitwagen, sondern aus berittenen Kriegern bestand – eine Umstellung, die nicht von heute auf morgen stattfinden konnte –, war es natürlich beweglicher und folglich auch schlagkräftiger.

Während in den verschiedenen Provinzen eine erfolgreiche Zucht lokaler Pferdetypen betrieben wurde, wobei die Entwicklung zum Zugpferd vermutlich in so manchem Fall vom Fleisch- über das Packpferd vonstatten gegangen ist, richtete sich die Aufmerksamkeit der chinesischen Kaiser gen Westen, als es darum ging, gute Reitpferde zu beschaffen, die notwendigerweise von schwererem Gebäude sein mußten. Der Übergang vom Streitwagen zum berittenen Heer war unerläßlich, wen man gegen

die mobilen berittenen Krieger der barbarischen Nomadenstämme aus dem Norden und Westen zum Kampf antreten wollte.
Um 166 v. Chr. fielen die Hsiung-nu (Hunnen) von der heutigen Mongolei aus mit, wie berichtet wird, 140 000 Reitern in Nordchina ein. Geritten wurde ein schwerer, aus dem Westen stammender Pferdetyp. In den Jahren zwischen 138 und 126 v. Chr. reiste Chang Ch'ien von der Hauptstadt Chinas nach Yüeh-chih, das westlich des Kunlun und des Pamir lag, und er berichtete dem westlichen Han-Kaiser Wu-ti (140–87 v. Chr.) als erster von den »blutschwitzenden[13] Himmelspferden« von Tayüan am Oberlauf des Syr-Darja (Jaxartes) in Turkestan. Tayüan war der östliche Vorposten der hellenistischen Welt. Da der Ort jenseits des Tien Schan (wörtlich übersetzt die »Himmelsberge«) lag, ist es wahrscheinlich, daß die Chinesen mit den »Himmelspferden« eher die aus den »Himmelsbergen« kommenden denn wahrhaft »himmlische« Pferde gemeint haben. Von vielen Autoren ist der vermutlich vom Westen falsch interpretierte Ausdruck als Bezeichnung einer Super-Rasse verstanden und auch in diesem Sinne benutzt worden. Ich glaube nicht, daß es so war. Die »Himmelspferde« von der anderen Seite der »Himmelsberge« waren gut und bestimmt besser als die meisten chinesischen Pferde, aber vergessen wir doch nicht »die schnellen Pferde an der Nordostküste Chinas«!

2. Europa

Bis ins 18. Jahrhundert hinein gab es in vielen Teilen Europas noch Wildpferdherden. Später boten nur noch wenige der großen Wälder, wie z.B. der Reinhardswald in Deutschland oder die Fens in England, Schutz. Es heißt, daß der Tarpan noch bis 1925 in der südrussischen Steppe zu finden war – was, wenn es stimmt, die weitverbreitete Auffassung widerlegt, daß der Tarpan schon sehr viel früher ausstarb. In Spanien und Portugal lebt das im wesentlichen noch wilde Sorraia-Pony und in Nordportugal das Garranos. Beide Rassen sind von dem verstorbenen Señor Ruy d'Andrade gründlich erforscht worden. Er hat auch Material darüber veröffentlicht, im Gegensatz zu anderen europäischen Autoren, denen diese Rassen entweder gänzlich unbekannt oder nicht erwähnenswert zu sein scheinen. Die letzten Exemplare des Mongolischen Wildpferdes sind, so hoffen wir jedenfalls, noch an den Südhängen des Altai-Gebirges zu finden, und auch im fernen Norden Sibiriens, in der Nähe des Flußes Kolyma, soll es noch

[13] Das Blutschwitzen von Pferden wird durch den Parasiten *Parafilaria multipapillosa* verursacht, der in Zentralasien vorkommt. Es sind auch in England Fälle bekannt geworden. In den Sommermonaten werden durch den Parasiten winzige »Bläschen« unter der Haut hervorgerufen, und wenn diese bei Druck (durch den Sattel) oder heftiger Bewegung aufbrechen, mischen sich Blut und Schweiß.

Wildpferde geben. Vielleicht existieren überhaupt in so manchem entlegenen Winkel Asiens noch kleinere Herden von Wildpferden, über die die westliche Welt bisher nichts weiß.

Um sich die Entwicklung zu verdeutlichen, braucht man aus dem von den Geschichtsforschern zusammengetragenen Material nur einen ungefähren Zeitpunkt herauszugreifen, zu dem die Pferdezucht bereits selektiv betrieben wurde und sich auch schon unterschiedliche Pferdetypen herausgebildet hatten. In Asien war die Typselektion bald vornehmlich auf die Zucht von Kriegspferden ausgerichtet; begonnen hatte diese Zucht natürlich mit dem Expansionsdrang der Nomaden. (Die Asiaten scheinen hinsichtlich territorialer Ansprüche schon frühzeitig eine gewisse Aggressivität entwickelt zu haben.) In Europa dienten die Pferde vorrangig der friedlichen Fortbewegung und wurden erst in zweiter Linie auch für Scharmützel verwendet. Jagen und Kämpfen bildeten die Hauptbeschäftigungen des Menschen, und das Pferd wurde bald zu seinem wichtigsten Begleiter.

Es ist geradezu verblüffend, mit welcher Geschwindigkeit die Pferdepopulation vom Land am Gelben Meer westwärts bis zur Nordsee und dem Atlantischen Ozean anwuchs. Seit etwa 2000 v. Chr. bis zum heutigen Tage haben nahezu alle Stämme und Völker zwischen dem 60. Grad nördlicher und dem 25. Grad südlicher Breite zur Förderung der Evolution und Domestikation der Spezies, die sie am meisten bewunderten, aber auch am wenigsten entbehren konnten, beigetragen. Die Araber sagen vom Pferd, daß Gott es gleich nach dem Menschen erschaffen habe.

Die klimatischen Verhältnisse und die Ernährung, d.h. der Anteil an Mineralstoffen, Proteinen und Vitaminen sowie die allgemeine Nahrungsqualität und -quantität, spielen bei der Entwicklung jeder Art eine außerordentlich große Rolle, nicht allein im Hinblick auf die physische Beschaffenheit, sondern auch bei der Kombination der Gene. Das bedeutet, daß die Festlegung typischer Eigenschaften ebenso wie Erbveränderungen von diesen Faktoren abhängig sind.

Grundsätzlich wird die Zucht bestimmter Pferdetypen von den folgenden Bedingungen »diktiert«:

1. Wüste/Steppe bringt ein leichtes, drahtiges Tier mit viel Kraft und Ausdauer hervor.
2. Gebirge/üppiges Tal bringt ein trittsicheres, robustes Tier mit kurzem Rükken und kurzen Beinen hervor.
3. Kalk/Grasland (Luzerne)[14] bringt ein größeres, möglicherweise schwereres, durchgezüchtetes Tier hervor.
4. Inseln bringen kleinere Tiere hervor, die in ihrem Exterieur nicht wesentlich

---

[14] Es sei daran erinnert, daß der Begriff »Gras« viele verschiedene Arten von Gräsern umfaßt. Wir kennen Gräser, die besonders gut für Pferde, und solche, die besonders gut für Rinder geeignet sind. Auch einige der sogenannten Unkräuter sind bei der Ernährung von Pferd und Rind unerläßlich. Dementsprechend gibt es in manchen Gegenden der Erde mehr oder weniger vorzügliche Weidemöglichkeiten.

von den ersten Exemplaren ihrer Art abweichen.

Unter natürlichen Lebensbedingungen bildeten sich im Laufe von Hunderttausenden von Jahren lediglich ein paar Wildpferdformen heraus. Nachdem dann aber der Mensch begonnen hatte, das Pferd zu domestizieren, fand unter veränderten Umweltbedingungen innerhalb nur weniger Jahrtausende eine rasante Evolution statt, die von Fall zu Fall allein in Geschwindigkeit und Zielrichtung variierte. Manche Formen bewahrten sich ihre Urmerkmale, die so gefestigt waren, daß sie auf die Entwicklung anderer Typen einwirkten; andere Linien dagegen mit weniger stabil determinierten Eigenschaften veränderten sich oder gingen ganz verloren. Alte Formen schwanden, und neue Rassen traten an ihre Stelle.

Die Ausrottung so mancher Völker und die Flut von Kriegen und Invasionen, die in den vergangenen 4000 Jahren stattfanden, machen es in den meisten Fällen nicht leicht, die Entwicklung geradlinig über mehr als ein paar Jahrhunderte hinweg zu verfolgen. Während ein Volk vielleicht ganz unterging oder sich mit seinen Eroberern vermischte, kann die heimische Pferderasse im Land fortbestanden, sich verbessert oder verschlechtert oder sich plötzlich gar in einem ganz anderen Teil der Erde wiedergefunden haben, wie beispielsweise der moderne Araber in den Vereinigten Staaten von Amerika.

Einige Hippologen nehmen an, daß sich das schwere Pferd in Europa entwickelt hat, andere halten Asien und hier insbesondere Persien für das Ursprungsland.

Die Größe oder das Format der Pferde, die der Mensch in der Frühgeschichte verwendete, kann, wenn keine Knochen zur Verfügung stehen, bis zu einem gewissen Grad anhand der Trensengebisse bestimmt werden, die in Europa und anderswo gefunden wurden – zum Beispiel anhand des Gebisses aus Geweih, das aus den Heathery Burn-Gräbern in County Durham stammt, oder anhand der aus Horn gefertigten gebogenen und mit Löchern versehenen Backenstücke aus der Zeit um 1500 v.Chr., die in Terramaricoli in der Po-Ebene entdeckt wurden. Gebisse aus Horn waren eine spezifisch europäische Erfindung. Die aus Horn gefertigten Backenstücke, die man in Tószeg (Ungarn) fand und auf etwa 1650 v. Chr. datiert hat, sind die bisher ältesten Beweisstücke. Die späteren bronzenen und eisernen Gefäßformen der Hallstattkultur deuten in vielen Fällen darauf hin, daß sie wahrscheinlich für Ponys und nicht für Pferde angefertigt und auch nur von Ponys getragen wurden. In Europa gibt es allerdings mit Ausnahme der Funde nahe des Dümmersees in Norddeutschland, die darauf hinzuweisen scheinen, daß dort tatsächlich schon um 2500 v. Chr. herum Pferde gezüchtet wurden, nur geringe Informationen über die Züchtung im allgemeinen bzw. darüber, wie und wo man Ponys züchtete.

Professor C.F.C. Hawkes sagt in *The Prehistoric Foundations of Europe*, daß die Corded-Ware-Krieger aus dem nördlichen Mitteleuropa ebenso wie die Menschen der schwedischen Bootaxt-Kultur (ungefähr 2000 v.Chr.) nachweislich (*sic*) Pferdezüchter gewesen seien, und das Pferd europäischer Zucht sich nach und nach in ganz Europa durchgesetzt habe, bis es in der späten Bronzezeit zu einem gewaltigen Machtinstrument geworden sei. Ich habe Professor Hawkes um den Beweis gebeten, aber keine Antwort von ihm erhalten.

Nur wenig früher hatten die Menschen des Donauländischen Kreises in der Nähe von Lindenthal rechteckige Scheunen auf Pfählen erbaut, in denen sie ihre Getreidevorräte lagerten; ihre Schafe und Rinder weideten auf Wiesen, die von ringförmig angelegten Gräben umschlossen waren. In Izvoare an der Bistritza (Moldau) sind aus der Zeit der Cucuteni-Tripolye-Kultur kürzlich neben den Knochen von Schafen, Schweinen und Rindern auch Pferdeknochen gefunden worden – ein Hinweis darauf, daß das Pferd domestiziert war.

Gegen Ende der letzten Eiszeit, zwischen 10 000 und 6000 v. Chr., ging die Zahl der Wildpferde erheblich zurück. Für nur ganz kurze Zeit existierten große und kleine Pferde nebeneinander. Sowohl die mesolithischen als auch die neolithischen Pferde hatten beispielsweise ähnlich wie *Equus przewalskii* Poljakoff eine Widerristhöhe von etwa 140 cm, so daß das Przewalski-Pferd möglicherweise das erste war, das domestiziert worden ist.

Lundholm betont, daß »die allgemein herrschende Theorie, derzufolge die Przewalski-Pferde in spätglazialer Zeit in Europa verbreitet gewesen sein sollen, unrichtig ist«[15]. Er selbst unterteilt die westliche Gruppe, d.h. die west- und mitteleuropäischen Pferdeformen, in zwei Formen unterschiedlicher Größe, wobei er die Form mit den größeren Zähnen als die »Germanicus«- und die mit den durchgehend kleinen Zahndimensionen als die »Microhippus«-Gruppe bezeichnet. Daß es unter den Pferden zwei Fortpflanzungsgruppen gegeben haben *muß*, hält er aufgrund der spätglazialen bio-geographischen Bedingungen für gesichert. Die Pferde weideten, wie er hierzu ausführt, im Sommer in dem Gebiet zwischen den Eismassen, welches oberhalb der Zwergstrauchheidegrenze lag. »... im Winter suchten sie entweder die schützenden Waldgegenden südwestlich der Alpen auf, oder sie wanderten ostwärts nach den schneearmen Steppengeländen. Im Winter waren sie also auf zwei größere Gebiete verteilt, die weit voneinander entfernt waren.«

Da »die Przewalski-Pferde, die gegenwärtig unter Verhältnissen leben, die denen gleichen müssen, unter denen die osteuropäischen Eiszeitpferde lebten, im Mai fohlen«, nimmt Lundholm an, daß die Brunstzeit der spätglazialen Pferde im Spätfrühling oder im Vorsommer eingetreten ist, und fügt hinzu: »Die Pferde müssen sich dann noch relativ nahe ihren Winterweideplätzen be-

---

[15] Professor Herre von der Universität Kiel scheint anderer Meinung zu sein. Er sagt (1967), daß die Fossilien- und Subfossilien-Dokumentation beweist, daß *Equus przewalskii* einst nördlich des Kaukasus in Eurasien weitverbreitet war. Von Westeuropa bis Ostasien waren riesige Herden dieser Tiere zu finden.

funden haben, jedenfalls können sie nicht weit in das Gebiet zwischen den Eismassen gewandert sein.«

Während des Neolithikums kam das Pferd praktisch in ganz Europa nur spärlich vor. In der Stein- und Bronzezeit stieg die Zahl der Pferde wieder spürbar. Daraus läßt sich schließen, daß die Domestikation begonnen hatte, was auch durch die Darstellungen von Pferden, Zaumzeug und zweirädrigen Karren illustriert worden ist. Anhand der Ausgrabungen dürfen wir annehmen, daß die Domestikation des Pferdes in großen Teilen Europas mehr oder weniger gleichzeitig vor sich ging.

Munro (1902) schreibt über die in Frankreich entdeckten Pferde-Überreste aus dem Neolithikum: »Die Knochenfunde weisen auf zwei variierende Pferdetypen, einen großen und einen kleinen, hin, aber sie liefern keinen Beweis für Domestikation.« In Böhmen gefundene Mittelhandknochen aus dem Neolithikum belegen, daß diese Pferde klein waren und feine Knochen hatten.

Was ist Domestikation? Lundholm gibt die beste Antwort:

»Man hat mehrere Versuche gemacht, den Begriff Domestikation genau zu definieren. Ich will hier diese früheren Vorschläge nicht wiedergeben noch diskutieren, sondern begnüge mich damit, mich Kellers (1905) Auffassung anzuschließen, daß die Domestikation eine Art Symbiose zwischen dem Menschen und dem Tier ist, die während einer Folge von Generationen besteht. Diese Definition schließt also jede zufällige Zähmung einzelner Exemplare aus. Ja, sie braucht strenggenommen nicht einmal zu bedeuten, daß die Tiere zahm sind, sondern nur, daß sie längere Zeit in einem Abhängigkeitsverhältnis zum Menschen gestanden haben. Die Definition besagt, daß auch der Mensch einen gewissen Nutzen von den Tieren haben muß.«

Jede noch so einfache Form der Domestikation bringt unweigerlich gewisse Domestikationsmerkmale mit sich; dennoch ist es keineswegs immer möglich, genau zu sagen, ob es sich bei Fossilien um die Überreste wilder oder domestizierter Pferde handelt. Bemerkenswert sind vor allem die Veränderungen der Zähne und des Gehirns. Außerdem ändert sich auch der Körperbau – bei dem einen Typ kann sich eine breite Stirn oder ein langes Gesicht, bei dem anderen ein kurzes Gesicht und ein konvexes oder auch konkaves Profil herausbilden. Je nach solchen Umweltbedingungen wie Klima, Selektion – oder auch Fehlen der Selektion –, Inzucht und Futter kann sich die Körpergröße eines Pferdetyps zurückentwickeln und ein kleiner Ponytyp entstehen oder aber auch ein großer, schwerer Typ heranwachsen. Auf jeden Fall sind derartige Veränderungen das Ergebnis einer entweder zu oberflächlichen oder zu intensiven Domestikation. Wie wir am Beispiel einiger unserer jüngeren modernen Rassen sehen, lassen sich sogar Änderungen in der Kopfhaltung oder in der Gangart herbeiführen. Mit der Domestikation verbunden ist eine modifizierte Tätigkeit des Gehirns und der Sinnesorgane; die Beanspruchung wird in manchen Fällen ab-

8 Tongefäß mit Pferden, Griechenland, 500–480 v. Chr.

9 vorhergehende Doppelseite: Pferde und Wagen aus dem Schatz von Oxus des Darius I. von Persien (etwa 4. Jahrhundert v. Chr.). Es handelt sich wahrscheinlich um Tocharer-Pferde aus Gestüten in Hyrkanien und Khorasem

10 Das Pferd von Ferghana. Gefunden in einem Grabmal aus der T'ang-Dynastie in Astana Turfan und dafür in anderen Fällen beträchtlich zunehmen. Die Probleme, mit denen ein Hauspferd konfrontiert wird, sind ja völlig anders gelagert als die Schwierigkeiten, mit denen das Wildpferd zu kämpfen hat. Übrigens besteht kein Zweifel darüber, daß es auch den Versuch einer systematischen Selektion mit dem Ziel, Pferde mit guten Charaktereigenschaften zu züchten, gegeben hat.

Nach Lundholm treten im Zusammenhang mit der Domestikation bei primitiven Hauspferden oft Zwergformen auf. Es gab solche Zwergformen in der Bronzezeit, und es gibt sie heute noch sehr oft dort, wo sie aufgrund der geographischen Lage isoliert leben, zum Beispiel auf Inseln. So kennen wir, um nur einige voneinander unabhängige Beispiele zu nennen, das kleine Skyros-Pony aus Griechenland, die winzigen Ponytypen aus Indonesien[16] und das berühmte Shetland-Pony von den Shetland-Inseln. Kleiner werden kann ein Typ sehr rasch, möglicherweise innerhalb weniger Generationen. Dagegen dauert es sehr viel länger, bis Größe und Gewicht zugenommen haben. In beiden Fällen ist es möglich, daß sich durch Erbänderung eines Gens – Mutation – ein unerwünschtes Merkmal einstellt, das vielleicht bald eine ganze Population oder Rasse beeinflußt. Es kann durchaus »eingezüchtet« werden, während ein anderes, selektiv günstiges Merkmal – ein »Veredler« – verschwindet bzw. »weggezüchtet« wird. Das eine Gen verhält sich dominant, das andere rezessiv. Beträgt die Variationshäufigkeit anfangs 50%, dann ist die Wahrscheinlichkeit für die Konstanz oder das Verschwinden des Erbgutes gleich groß. Wenn die Häufigkeit unter 50% liegt, ist die Wahrscheinlichkeit für das Verschwinden größer als für die Konstanz und umgekehrt[17].

Ist ein Gen einmal fixiert, kann nur Mutation es wieder verändern[18]. Bei Wildpferden wie bei allen anderen Wildarten werden schädigende Merkmale meist »natürlich« herausgezüchtet, wenn sie eine Gefahr für das Überleben der Art darstellen.

Der Prozeß der Domestikation ist gekennzeichnet durch eine große Zahl unterschiedlicher Mutationen, die vermutlich auf eine erhöhte Mutationsrate als Folge der Domestikation zurückzuführen sind. Als Hauptursachen hierfür können Störungen des Hormonsystems angenommen werden. Diese Störungen wiederum sind, wie Lundholm meint, durch Änderungen im Sexualverhalten bedingt, die bei der Überführung der Wildart in den Hausstand auftreten und möglicherweise durch die Umstellung in der Ernährung und insbesondere durch die mit der Domestikation verbundene physische Belastung verursacht werden.

Hinsichtlich einer detaillierten Mutationsanalyse sowie der *Wissenschaft* von Zucht und Vererbung verweise ich den

[16] s. Daphne Machin Goodall, Pferde der Welt

[17] S. Wright, Evolution in Mendelian Populations, 1931.

[18] E. Fischer, Die Rassenmerkmale des Menschen als Domestikationserscheinung, 1941.

Leser und ernsthaften Züchter auf *Genetics of the Horse* von Dr. William E. Jones und Professor R. Bogart (1971). In Kurzform: »Die Gene in einer Serie multipler Allele werden in genau der gleichen Art und Weise übertragen wie andere Allele. Es ist als gegeben angenommen worden, daß bei vielen Leistungsmerkmalen – wie Traben, Springen usw. – multiple Allele zu finden sind … die besten Beispiele für multiple Allele bei Pferden sind in den Blutkörperchen und Globulinen festgestellt worden.«

Weiter: »Ein paar grundlegende Kenntnisse über Mutationen sind unerläßlich. Gene können beispielsweise von A zu *a* und ebenso von *a* zu A mutieren … Bei Arten wie dem Pferd, deren Produktionsrate extrem niedrig ist, sollte man nicht damit rechnen, daß viele neue Mutationen vorkommen.«

Die Autoren fassen dann die Ursachen für Mutationen zusammen: ionisierende Strahlungen, die Alpha-, Beta- und Gammastrahlen radioaktiver Substanzen und Röntgenstrahlen, ultraviolette Strahlungen, Temperaturerhöhungen und chemische Substanzen, zu denen auch Medikamente zu zählen sind.

Vom Tarpan (Equus przewalskii gmelini Antonius) sagt Lundholm, dessen Zahndiagramme hätten gezeigt, daß er der Urahn der osteuropäischen Hauspferde sein müsse, und er fügt an anderer Stelle hinzu:

»Der Kiefer weist typische ›Hauspferdzüge‹ auf. Hält man den Tarpan für ein wirkliches Wildpferd, so würde dies bedeuten, daß es Wildpferde mit diesen Unterkiefermerkmalen gab.«

Bei erwachsenen Pferden hat offensichtlich die Zahngröße Auswirkungen auf die Ausformung des Unterkieferprofils: »Die gerade Profillinie deutet darauf hin, daß die Zähne kürzer sind. Daß die Zähne bei den modernen Pferden kürzer sind, ist nicht schwer verständlich. Die Diät der Haustiere stellt nicht so hohe Anforderungen an die Zähne. Dagegen ist es eigentümlich, daß der wilde Tarpan keine so hohen Zähne braucht wie die übrigen Wildpferde.«

Der Tarpan ist *»die Wildform, von der nach bisher herrschender Ansicht die meisten Hauspferde stammen* (kursiv von der Autorin). Zunächst müssen wir uns klar darüber werden, was der Tarpan ist und was wir eigentlich von diesem Pferd wissen. Seit langem streitet man darüber, ob der südrussische Tarpan wirklich ein Wildpferd oder nur ein verwildertes Hauspferd war.«

Gmelin (1774) beschrieb ihn zum erstenmal als ein Wildpferd. Pallas (1831) teilte diese Ansicht, wie es später auch Schatalow (1884) und Falz-Fein (1919), der mit dem Pferd direkt in Berührung kam, taten. In jüngerer Zeit machte vor allem Antonius 1912 und 1922 besonders auf die Merkmale aufmerksam, die das Tier als reinen Wildtyp ausweisen. Seiner Auffassung steht die Meinung einer Reihe russischer Forscher entgegen, die mit dem natürlichen Lebensraum dieses Pferdes vertraut gewesen sein müssen. Anutschin, von Nehring (1884) zitiert, behauptet, daß es sich lediglich um ein wildlebendes Pferd handelte. Dieser Ansicht sind auch Bogdanoff (1926) und einige englische Fachleute wie Ewart

und Ridgeway. Kwaschin-Ssamarin (1931), der sich selbst ausgiebig mit osteuropäischen Urwildpferden beschäftigte, erklärt, es bestehe kein Zweifel daran, daß der Tarpan Domestikationsmerkmale zeigte. »So erhebt sich die Frage, ob es jemals Wildpferde gegeben hat, die die selben Merkmale wie der Tarpan besaßen.«
Lundholm allerdings beharrt auf seiner Ansicht, daß der Tarpan ein echtes Wildpferd war, und ich muß wohl nicht noch einmal wiederholen, daß ich diese Auffassung nach wie vor teile, sofern damit die regenerierten Tiere gemeint sind, die heute in polnischen Reservaten leben. Ich stimme jedoch nicht zu, und das möchte ich ausdrücklich betonen, wenn von dem sogenannten Tarpan die Rede ist, den Heck im Münchener Zoo gezüchtet hat. Diese Tiere zeigen nicht die

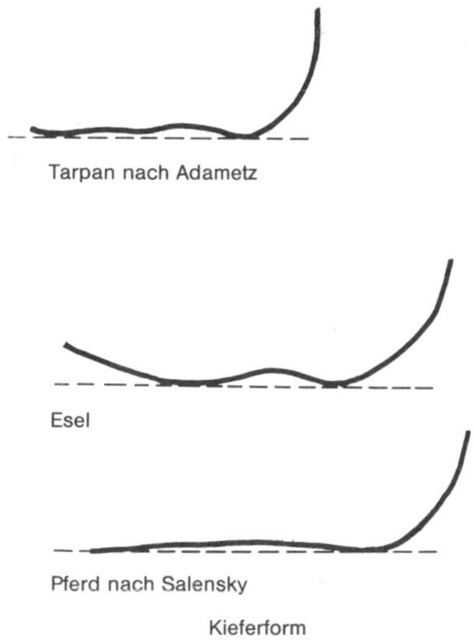

23 Graphische Darstellungen: Vergleichende Kieferformen von Tarpan, Esel und Pferd; und Profile von Berber- und Araberkopf usw.

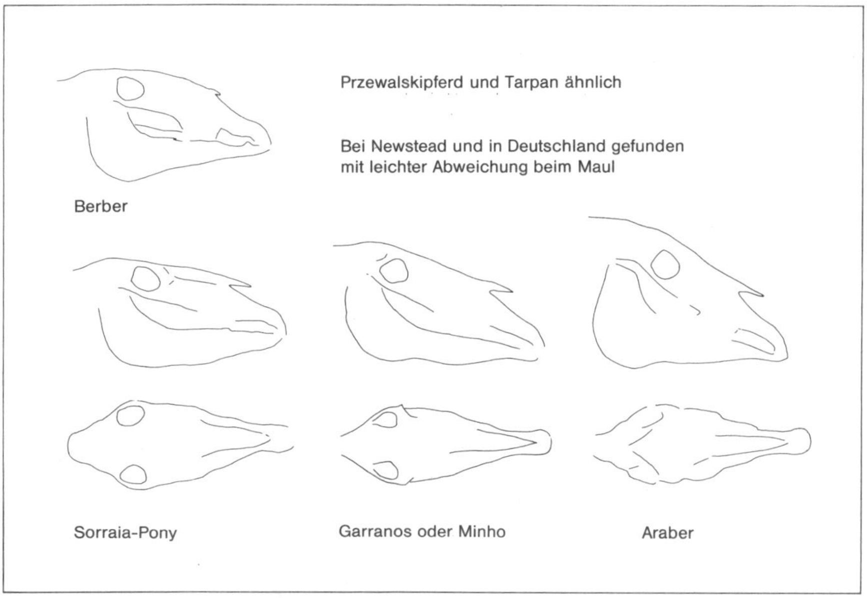

Pferdedarstellungen in Metall, Ägypten, Neues Reich, 1600 v. Chr.

24 Links: Bronzeaxt aus der Zeit der 18. Dynastie (um 1450 v. Chr.). Das Pferd wird nicht geritten, sondern an der Hand geführt.

25 Rechte Seite unten: Griff eines ägyptischen Damenspiegels

selben Tarpan-Merkmale wie die Pferde, die wir in Polen finden können.

Antonius spricht davon, daß die Zahndiagramme des polnischen Koniks, des Tarpans, des Arabers und der Wildpferde von Kasan sämtlich übereinstimmen. Daß der Araber zu der osteuropäischen Gruppe gehört, haben schon Adametz (1926) und Hilzheimer (1925) hervorgehoben. Pavlova (1890) lieferte mit seinen Entdeckungen im Kasaner Bezirk den Beweis dafür, daß es zweifellos Wildpferde mit den Schädelmerkmalen des Tarpans gab. Diese Funde wurden zusammen mit den Überresten von Rhinozeros, Ochse und Hirsch gemacht, ihre Echtheit kann nicht angezweifelt werden.

Erwiesen ist für uns heute, daß die Menschen der Bronzezeit in Europa imstande waren, einen kleinen Pferdetyp von etwa 125 cm und einen größeren Typ von ungefähr 145 cm Widerristhöhe zu domestizieren. Manche dieser Pferdetypen sind sicher zur Przewalski-Linie zu rechnen. Bei der Mehrzahl allerdings dürfte das Tarpan-Blut als starkes Element vertreten gewesen sein, und dieses Element können wir mit Hilfe der bildlichen Darstellungen durch die Jahrhunderte hindurch verfolgen.

Zu jener Zeit, als in Europa eine gewisse Form systematischer Domestikation des Pferdes in Gang kam, gab es wahrscheinlich zwei Typen – oder vielleicht auch Linien – und höchstwahrscheinlich lokale Varianten dieser beiden Typen. Als Begründer haben wir die europäische Form es Mongolischen Wildpferdes (Przewalski-Pferd) und den Tarpan. Ich bin der Überzeugung, daß der Tarpan, *Equus przewalskii gmelini* Antonius, den Grundstock für *Equus europaeus*, das sogenannte Plateau-Horse, und auch für das

Sorraia-Pony in Spanien schuf. *Equus europaeus* seinerseits dürfte in weniger vermischter Form die späteren Konik-Linien Ost- und Mitteleuropas hervorgebracht haben. Und erinnern wir uns daran, daß Inselrassen kleiner zu werden pflegen! Als der Tarpan sich mit dem Przewalski-Pferd kreuzte, ist das Exmoor-Pony entstanden; anders lassen sich die außerordentlich ausgeprägten Merkmale, wie mehlfarbene Augenränder, Nüstern und Bauch, nur schwer erklären.

Sowohl das Exmoor- als auch das Sorraia-Pony wurden als Typen oder Linien in der späten Frühgeschichte isoliert. Viele Höhlen in Südfrankreich und Nordspanien und -portugal bergen die großartigsten Wandzeichnungen, Schnitzereien und Gravuren. Einige dieser Kunstwerke weisen darauf hin, daß es früher, als wir es bei nord- und mitteleuropäischen Kulturen bisher feststellen konnten, Kontakte zwischen Pferd und Mensch oder gar eine Domestikation des Pferdes gegeben hat. Und durch die damals existierende Landbrücke kann auch leicht eine Verbindung der Pferdepopulation mit Nordafrika bestanden haben. Möglicherweise nahm eine solche Verbindung die Form doppelter Ausbreitung an, von Norden nach Süden während der Eiszeit und von Süden nach Norden, als das Eis zurückwich, die Tundra sich in Steppen-Weideland verwandelte und das Klima milder wurde. Die Isolation des Exmoor-Ponys fand höchstwahrscheinlich um 6000 v. Chr. statt, nachdem die Landbrücke, die England mit dem Kontinent verband, durch die Fluten des in die Nordsee abgeflossenen, geschmolzenen Eises überschwemmt und der Ärmelkanal zum Wasserweg geworden war.

Das Sorraia-Pony wurde letztlich aufgrund der Beschaffenheit seines steppen- oder pampasartigen Lebensraums in Mittelspanien isoliert. An dieser Stelle soll nicht darüber spekuliert werden, daß sich die aus Spanien nach Südamerika gebrachten Pferde, später unter der Bezeichnung *Criollo* bekannt, so gut akklimatisiert haben könnten, weil sie einen ihrem Zuhause entsprechenden Lebens-

raum vorfanden. Wir werden hierauf im Kapitel 7 noch einmal zurückkommen. Ich vermute auch, daß die Kreuzung Przewalski-Pferd x Tarpan den Grundstein für *Equus robustus* legte, der heute durch die Cob-Typen Ardenner, Fjordpferd, Haflinger, Mierzyn, Bretone, Welsh-Pony usw. repräsentiert wird und selbst wiederum die Grundlage für die schwereren Pferderassen der späteren Jahrhunderte schuf.

In Asien war *Equus orientalis* zu finden, der möglicherweise heute in dem kleinen, im Elburs-Gebirge beheimateten Pony, das im allgemeinen Caspian-Pony genannt wird, weiterexistiert.

Es gibt nur sehr wenige Beweise für eine weitverbreitete Domestikation des Pferdes in Nordeuropa während des Neolithikums. In den Siedlungen der neolithischen Jäger und Rinderzüchter rund um den Dümmersee sind lediglich drei Typen zutage gefördert worden: ein kleines domestiziertes Pferd mit schwachem Knochenbau, eine etwas größere Wildform und der plumpbeinige *Equus germanicus*.

Der zweite von Archäologen erbrachte Beweis für neolithische Domestikation und Pferdezucht in Mitteleuropa stammt aus Jordansmühl, Złota (Polen) und Potyry. Der dritte kommt aus Bodzáspart (Badener Kultur), wo zusammen mit einer Anzahl Pferdeknochen auch ein Trensengebiß aus Knochen gefunden worden ist.

Die »domestizierten« Pferde der Menschen der Jungsteinzeit/Bronzezeit in Europa sind wahrscheinlich, wie ich schon gezeigt habe, halbwild in Herden gehalten worden. Sie wuchsen freilebend auf offenem Weideland auf und wurden nur in Umzäunungen getrieben, wenn man sie zu religiösen oder anderen Feierlichkeiten brauchte oder wenn die Zeiten unruhig und unsicher waren. Ich habe keineswegs die Absicht, hier weitere »Beweise« zu konstruieren; es genügt die Feststellung, daß aus der Zeit ab 2400 v. Chr. immer neue Pferdeknochen, Trensen und Modellierungen oder Ritzzeichnungen von Karren entdeckt worden sind. Nachdem der Mensch mehr über das Aufzäumen und Anschirren (abgesehen vom Joch, das auch für Zugochsen nicht unbedingt erforderlich ist) gelernt hatte, übernahm bald das Pferd die Funktion des Transportmittels, als das zuvor vermutlich der Reihe nach das Ren, der Ochse und schließlich der Onager gedient hatten. Der erste Karren war die dreischenkelige Stangenschleife, vor die das Ren gespannt und so auch geritten wurde, und es ist nicht ausgeschlossen, daß auch das Pferd zunächst nur zwischen den Stangen einer Schleife geritten worden ist.

Der Donauraum ist ganz offensichtlich die Geburtsstätte der Pferdezucht in Europa gewesen. Vielleicht stammte die Idee von den Menschen der Becher-Kultur, die anscheinend sowohl erfinderisch als auch recht tatkräftig waren und zudem als Entdecker gelten. Auf jeden Fall stellten sie das Bindeglied zwischen dem Neolithikum und der Bronzezeit dar und verbreiteten ihre Kenntnisse von der Metallbearbeitung über Europa bis nach England und ostwärts gar durch Südrußland hindurch bis nach China.

Ihre Nachfolger waren die rinderzüchtenden Menschen der Hügelgrabkultur, und ab 1250 v. Chr. wurde die Neuansiedlung der Urnengrabvölker zu einer mächtigen Bewegung, die sich von Mitteldeutschland und Ungarn in alle Richtungen ausdehnte, vor allem nach Norden und Westen sowie nach Süden, wo sie bis in das Hattireich und nach Ägypten hineingetragen wurde. Während des zweiten Jahrtausends v. Chr. waren die Völker mehr oder weniger in Bewegung, die einen notgedrungen, die anderen freiwillig. Um auf einer Wanderung längere Strecken hinter sich bringen zu können, benötigte man ein schnelleres Transportmittel als den Ochsen. So wurde das Wissen über die Pferde, ihre Verwendungsmöglichkeiten und die Ausbildungsmethoden weiterverbreitet.

Wir sollten uns vielleicht daran erinnern, daß erst mit Robert Bakewell (1726–1795) vor nicht mehr als zweihundert Jahren eine »Verbesserung« der Rinder auf den britischen Inseln in Gang kam. Er war ein Pionier der Tierzucht, der das Longhorn verbesserte, auch Arbeitspferde züchtete und die Verbesserung des Viehbestandes in England im allgemeinen in Angriff nahm. Auch zu dieser Zeit gab es noch keine Rassen im heutigen Sinne, und die vielen lokalen Typen zeigten einen beachtlichen Variantenreichtum, »die Ahnen waren bunt gemischt, und die Vererbung war zwangsläufig sehr unregelmäßig«[19]. Daran wird deutlich, daß sich unsere europäischen Vorfahren mit der Genetik an sich nicht befaßt hatten, während man in Asien wahrscheinlich sehr viel selektiver verfuhr, schon weil dort Wagenpferde in ständig wachsender Zahl gebraucht wurden.

Es ist wahrscheinlich, daß schlechte, lahme oder unfruchtbare Pferde in Europa für den Kochtopf aussortiert wurden, und es ist ebenso wahrscheinlich, daß man eine gute Stute zur Zucht behielt, aber es gibt nicht den Schimmer eines Beweises dafür, daß irgendeine Form kontrollierter, selektiver Zucht bekannt war oder gar praktiziert worden ist.

In der Kunst der Griechen und der keltischen Stämme tauchen über die Jahrhunderte hinweg immer wieder die gleichen Tiere auf. Dabei handelt es sich um das kleinere Pferd für den Wagen und, etwas später, um das ein wenig größere Reittier. Eine Art Universalrasse; hart und ausdauernd, gut im Geschirr und unter dem Reiter gehend.

In Anbetracht der riesigen Wälder, die es neben dem weiten Grasland in Europa und Nordrußland gab, ist anzunehmen, daß – im Anschluß an die Nutzung des Pferdes als Packtier – das Reiten hier seinen Anfang nahm und sich dann ostwärts ausbreitete. Es ist stets einfacher, durch ein Waldgebiet zu reiten als es durchfahren zu wollen. Bei den Zugtieren wiederum glaube ich, daß sich die bereits erwähnte Verwendung des Pferdes, insbesondere im schon weiterentwickelten Donauraum, an die Nutzung des Ochsen anschloß, der nahezu allen

[19] Watson u. More, The Science and Practice of British Farming, 1942

Nomadenstämmen zum Transport ihrer Habe auf Karren diente. In jenen längst vergangenen Tagen konnten die Gebirgspfade nur von einzelnen Tieren begangen werden, so daß die Güter *getragen* und nicht *gezogen* werden mußten. Um in hügeligem oder gebirgigem Gelände arbeiten zu können, muß ein Pferd stark, kurzbeinig, von robuster Gesundheit und kräftigem Körperbau sein – *Equus robustus* –, und ich bin davon überzeugt, daß es solche Gebiete waren, in denen sich der Cob entwickelte, auch wenn dieser Typ bzw. diese Rasse heute in anderen Gegenden zu finden ist. Eines steht jedenfalls fest: niemand würde den Cob etwa mit Wüste, Pampas, Tundra oder Blue-Grass-Land in Verbindung bringen!

Wir müssen uns vor Augen halten, welche Bedeutung die klimatischen Verhältnisse und das damit verbundene Vegetationswachstum für die Pferdezucht überhaupt und für die Entwicklung einzelner Tiere haben. Eines der wichtigsten Ereignisse im post-glazialen Eurasien war das Ansteigen der Temperaturen im dritten und zweiten Jahrtausend v. Chr. bis zu einem Optimum an Trokkenheit und Wärme und ihr Absinken gegen das erste Jahrtausend v. Chr. hin. Professor Hančar führt aus, daß unter all den vielfältigen Kulturen der osteuropäischen Steppen- oder Waldgebiete die Tripolje-Kultur zur Zeit ihrer ersten Versuche auf dem Gebiet der Pferdezucht die bisher am gründlichsten erforschte ist. Bereits um 3000 v. Chr. bestanden Verbindungen zwischen der frühen Tripolje-Kultur und dem Becher-Volk, das zu dieser Zeit schon in Mitteleuropa Fuß gefaßt hatte. Die Menschen der Tripolje-Kultur hatten die Steppen des Pontus rund um den Dnjepr und die übrigen Flüsse Desna, Oster, Bug und Supoj (Ukraine) erobert (viertes Jahrtausend v. Chr.), jenen Landstrich, der in späteren Jahrhunderten einer ganzen Reihe vertriebener pferdeliebender Völker zur neuen Heimat werden sollte. Ihre Hauptinteressen waren das Fischen und die Jagd. Sie lebten in Häusern, die zu Dorfgemeinschaften zusammengeschlossen waren. Jedes Haus hatte Ofen, Boden aus gebranntem Lehm, bemalte Wände, Wohnräume und Vorratskammer und wurde von etwa 20–30 Personen bewohnt. Bisher konnten rund eintausend Siedlungen entdeckt werden.

Die Tripolje-Kultur ist in drei Zeitabschnitte unterteilt: Periode A, 3000–2700 v. Chr.; Periode B, die Blütezeit dieser Kultur, 2700–2100 v. Chr.; Periode C, 2100–1700 v. Chr. Die Menschen der Tripolje-Kultur bauten Getreide an, das mit Sicheln aus Stein oder Knochen abgeerntet wurde: Hirse, Weizen, Gerste und Roggen; und ihre Textil-»Industrie« existierte auch noch zur Zeit der Römer rund 2000 Jahre später! Sie züchteten Lang- und Kurzhornrinder (*primogenus* und *taurus*), Schafe, Schweine und Ziegen, sie hielten Hunde, und ganz selten auch Pferde. Außerdem besaßen sie eine der ersten matriarchalischen Gesellschaftsordnungen der Geschichte.[20]

Ihre Wälder, Flüsse und Steppen waren von nicht weniger als 18 verschiedenen Wildtierarten bewohnt: Reh und

Hirsch, Elch, Wildschwein, Dachs, Vielfraß, Baum- und Steinmarder, Otter, Iltis, Wolf, Fuchs, Wildkatze, Luchs, Hase, Eichhörnchen, Biber und Igel. Von all diesen Tieren sind in Luka-Vrubleveckaja Knochen gefunden worden, die zusammen mit den an anderen Stellen entdeckten Knochen von Auerochs, Steppenantilope und Onager ein eindrucksvolles Bild von der ungeheuren Vielfalt sowohl der wildlebenden als auch der domestizierten Tiere, die in der unmittelbaren Umgebung des Tripolje-Menschen lebten, geben.

Das ganze Land muß ein wahres Paradies gewesen sein. Die Menschen der Antike mögen dies erkannt haben, und vielleicht ist so die Legende entstanden, daß das Paradies die Wiege der Menschheit war! Wie auch immer es gewesen sein mag – Tatsache ist, daß sich der Mensch auf seiner langen Reise durch die Jahrhunderte bis zum heutigen Tage moralisch, geistig und physisch unendlich weit von seinem Paradies entfernt hat. Der zeitliche Abstand zu jenen Tagen ist nur kurz, aber mir scheint, als hätten wir nur noch nicht begriffen, daß die Blütezeit menschlicher Kultur inzwischen schon vorbei sein könnte.

Neben der Tripolje-Kultur, die die Pferdezucht schon vor 3000 v. Chr. gekannt hatte, züchtete auch das Becher-Volk bei Jordansmühl um 2500 v. Chr. Pferde, und in Nordeuropa gab es die Pferdezucht wahrscheinlich noch früher, zur Zeit der Dolmen-Bauten.

Die zweite frühe Gesellschaft, die die Pferdezucht einführte, war der im Ural- und unteren Ob-Distrikt ansässige Zweig der südlichen Transural-Aeneolithischen Afanasjewo-Kultur in den Wäldern und Steppen Sibiriens. Sämtliche zur Afanasjewo-Kultur gehörenden Stämme besaßen Grundkenntnisse in der Rinderzucht; die Menschen im Ural-Altai-Bezirk standen außerdem in engen Beziehungen sowohl zu den Wildesel- oder Onager-Züchtern von Turan – Anau – als in noch früherer Zeit auch zu den rentierzüchtenden Stämmen, die ebenso wie das Becher-Volk bei Jordansmühl und die Tripolje-Kultur Kontakt mit Wildpferden hatten. Die Frage, ob der Ursprung der Domestikation des Pferdes in den im Südosten Europas gelegenen Wald- und Steppengebieten zu suchen ist, blieb bis heute ungeklärt. Allerdings ist sehr wahrscheinlich, daß sich die Kenntnisse von der Pferdezucht vom Zentrum der Tripolje-Kultur aus nach Nordwesten und Osten ausgebreitet haben, wenn man bedenkt, daß nordwestlich und östlich von Tripolje auch gleichartige Keramikformen gefunden worden sind.

Etwa um 2000 v. Chr. muß wohl die Idee, Pferde zu domestizieren und zu züchten, auch die Britischen Inseln erreicht haben. Jedenfalls wird es für

---

[20] Hier drängt sich folgende Überlegung auf: Viele pferdeliebende Völker besaßen eine matriarchalische Gesellschaftsordnung, und diese Völker lebten, wenn man einmal von den legendären Amazonen absieht, im allgemeinen in Frieden und schufen blühende Kulturen, die viele Jahrhunderte Bestand hatten.

wahrscheinlich gehalten, daß es zu jener Zeit dort schon eine Pferdezucht gab – ab der frühen Bronzezeit um 1800 v. Chr. hat es sie dann mit Sicherheit gegeben. Und ungefähr zu diesem Zeitpunkt dürfte auch das kolossale, vermutlich sakrale Bauwerk von Stonehenge entstanden sein, von dem man annimmt, daß es während der Sonnenfeste Schauplatz von Wagenrennen gewesen sein könnte. Aus dem vierten Jahrhundert v. Chr. stammt der Bericht des Pytheas von dem auf der Insel der Hyperboreer[21] errichteten Tempel des Apollo, der sich möglicherweise auf Stonehenge bezieht. Es kann durchaus bis zu zweitausend Jahre gedauert haben, bis der Mensch den Wert des Pferdes als Mehrzweck-Transportmittel anstelle des Ochsen erkannte. Der Ochse ist rasch ins Joch gespannt, wobei das Joch leicht zwischen seinen Hörnern oder im Genick liegt. Für Zugpferde dagegen hat es sich nach anfänglichem Gebrauch als reichlich ungeeignet erwiesen. Daraufhin benutzte man den eng um den Hals des Pferdes geschlungenen Gurt. Doch auch diese Methode war, obgleich recht häufig angewendet, noch nicht sehr befriedigend – zum Teil deshalb, weil der Gurt eine doppelte Funktion erfüllen mußte: zum einen befestigte man ihn an der Deichselmitte, um so die Deichsel an ihrem Platz zu halten, und zum anderen diente derselbe Riemen auch noch als Zugleine. An äußere Zugriemen scheint man damals nicht gedacht zu haben. Bei den modernen Zweiergespannen sind es gerade diese Zugriemen, über die ein großer Teil der aufgewendeten Kraft läuft.

Durch ihre Erfindung eines zweirädrigen Fahrzeugs mit einem Sitz, auf dem der Fahrer rittlings thronte, hatten die Sumerer schon etwa 3000 v. Chr. den *Grundgedanken* des Reitens entwickelt. Dieses Fahrzeug wurde von zwei Onagern gezogen, denn das Pferd war, wie wir wissen, noch eine Seltenheit. Weder die sumerische noch die semitische Sprache kennt übrigens, wie Hančar schreibt, ein Wort für »reiten«[22]. Und selbst wenn irgend jemand den Wunsch verspürt hätte, sich auf den Rücken eines so kleinen Pferdes wie *Equus orientalis* mit einer Größe von kaum mehr als 100 cm zu setzen, wäre ihm dies unmöglich gewesen. Die Pferde waren nicht nur sehr klein, sondern hatten zudem auch sehr leichte Knochen und einen schwachen Rücken.

Die erste Darstellung eines Menschen auf dem Rücken von Equus ist der in Knochen geritzte Reiter von Susa (2800 v. Chr.). Um welche Unterart von Equus, das Pferd oder den Onager, es sich bei dieser Gravierung handelt, läßt sich allerdings nicht genau bestimmen. Die Pferde Europas und Sibiriens waren stärker und auch größer, und der Mensch im

---

21 *Hyperboreer* bedeutet im Griechischen »die jenseits des Boreas oder Nordwinds Wohnenden«. Sie waren ein sagenhaftes Volk im hohen Norden, das sich ewiger Jugend, immerwährenden Sonnenscheins und ungetrübten Glücks erfreute.

22 Später jedoch bedeutete das Wort für »fahren« zugleich auch »reiten«.

26 Sonnenwagen von Trundholm, Dänemark (vergoldete Bronze). Das den Sonnenwagen über den Himmel ziehende Pferd ist nur schematisch dargestellt. Das vierspeichige Rad ist eine noch archaische Methode des Radbaues, die aus skandinavischen Felszeichnungen und griechischen Vasen nachgewiesen ist. Um 1000 v. Chr., Museum von Kopenhagen.

Norden war gewohnt, das Ren zu reiten. Bedeutenden Auftrieb erhielt die Entwicklung des Pferdes als Zugtier jedoch von Asien aus, wo schließlich das Sielengeschirr erfunden wurde. Der Mensch machte sich das erste wirksame Instrument zur Kriegführung, Invasion und Zerstörung untertan, und aus einfachen Stammesführern wurden machtvolle Herrscher. Nachdem die Menschen jetzt über ein schnelleres Transportmittel und berittene Heere verfügten, zogen sie gegeneinander in den Krieg; Staaten expandierten, Königreiche wurden erobert und Völker versklavt, kurz: Man begann, Machtpolitik zu betreiben. Eine besondere Kaste des berittenen Kriegers – des späteren Ritters – bildete sich heraus. Ihren Höhepunkt verzeichnete diese Entwicklung in der zweiten Hälfte des 2. Jahrtausends und im 1. Jahrtausend v. Chr.

Das große, friedvolle Reich der Sumerer und Akkader wurde zum Spielball jedes beliebigen Invasionsheeres, jedes auf Zerstörung erpichten räuberischen Reiterstammes – und was sonst waren denn die Guti, die es vernichteten?
So also entstanden die Reiche der Reitervölker des Vorderen und Mittleren Orients, der Hethiter, der Mitanni und Kassiten und selbst der Thraker[23]. Die Macht dieser Reiche beruhte auf ihren Kriegswagen. Später wurden sie von den riesigen, teilweise berittenen Divisionen Babylons, Assyriens und Ägyptens überrannt; und noch später breiteten sich die Meder, die Perser und all jene Nomadenstämme, die unter den Sammelbegriff Skythen fallen, gen Westen aus. Auf die Skythen (das griechische Wort für »Nomaden«) folgten die Hunnen und Magyaren, wobei zu bemerken ist, daß die Hunnen zunächst große Teile Chinas eroberten, bevor sie sich nach Westen wandten.
In Europa sind es erst die Thraker gewesen, die das Pferd gezielt im Krieg einsetzten und auch eine entsprechende Pferdezucht betrieben. Das Land der Prä-Thraker war schon seit etwa 3500 v. Chr. immer wieder neuen Invasionen aus dem Vorderen Orient ausgesetzt, und es entwickelte sich ein reger Kulturaustausch zwischen Donauraum, Ägäis und Anatolien, bis sich schließlich die frühen Thraker und Griechen zusammenschlossen. Auch hier wurden nun wieder Pferde in großer Zahl benötigt, und soweit man das heute beurteilen kann, waren alle diese Tiere und jene, die aus dem Norden kamen, in Typ und Körperbau gleich – ob es sich nun um das tarpanähnliche Pferd vor dem Sonnenwagen aus der Zeit um 1400 v. Chr., um ein Pferd in einer Darstellung (S. 143, Abb. 38) aus Italien aus dem späten siebenten Jahrhundert v. Chr. oder um die Reiterschar, die wir auf der Silberschale (S. 147, Abb. 41) aus dem ersten Jahrhundert v. Chr. sehen, handelt. In allen Fällen scheint *Equus europaeus*, ein nützliches, zum Reiten ebenso wie zum Fahren geeignetes Pferd mit einer Größe von 112–122 cm Widerristhöhe, abgebildet worden zu sein.
Zusammenfassend darf man sagen, daß der Tarpan, *Equus przewalskii gmelini* Antonius, überall in Spanien, Mitteleuropa und Asien einschließlich der südrussischen Steppe zu finden war, wenn vielleicht auch nicht in übergroßer Zahl.
Er war und ist besonders an der breiten Stirn mit einem vergleichsweise kurzen Gesicht und einer kuppelartigen Wölbung der äußeren Schädelwand zu erkennen. Adametz sagt, daß der Tarpan außerdem dazu neige, die Kastanien an den Hinterbeinen zu verlieren, und daß er fünf Lendenwirbel besitze, die der Kruppe Festigkeit verleihen. Die Tiere seien stets mehr oder weniger Mausfalben mit dunklem Aalstrich und zeigten zuweilen eine Zebrierung an den Beinen. Nachkommen des Tarpans seien die (bis hin zum Atavismus) verbesserten

[23] Es hat den Anschein, als seien die Thraker aus dem Tripolje-Volk hervorgegangen – sonst hätte das Wissen dieser alten Kultur nicht so lückenlos auf die Thraker übergehen können.

und in Ostgalizien, Rußland und den östlichen Balkanstaaten sowie in den Moor- und Sandgebieten von Bjelgorai heimischen Pferde; in der Gegend um Bjelgorai gebe es die Tarpan-Abkömmlinge in recht großer Zahl. Außerdem habe sich der Tarpantyp auch über ganz Bosnien, Albanien, Mazedonien und Griechenland verbreitet.

Oft kann man den Tarpan auch in kleinerer Gestalt in den Inselponys, wie z.B. dem Skyros-, Lofoten- oder Gotland-Pony, wiedererkennen.

Hier sollte vielleicht noch erwähnt werden, daß Anfang des zwanzigsten Jahrhunderts eine ganze Reihe hippologischer Schriftsteller und Wissenschaftler fest davon überzeugt war, daß es sich bei dem Tarpan um ein wildlebendes Tier handelt, das wilde *orientalische* Ahnen hatte, domestiziert wurde und nun wieder wild lebt. Manche Leute sind auch heute noch dieser Meinung. Beim gegenwärtigen Stand der Forschung ist es jedoch wahrscheinlicher – und hierfür gibt es auch Beweise –, daß der wilde Tarpan *selbst* der Stammvater der orientalischen und europäischen Wildpferde war. Einige dieser Wildpferde wurden im Laufe der Zeit domestiziert, andere nicht, und manche der vom frühen Menschen domestizierten Tiere haben sich möglicherweise später zum Wildpferd zurückentwickelt. Das ist zumindest meine Auffassung, zu der ich nach jahrelangem, sorgfältigem Studium einer ganzen Fülle von Material gelangt bin. Und ich komme demzufolge zu dem Schluß, daß das Caspian- oder Elburs-Gebirgs-Pony und die vielen Linien des Turkmenen und des späteren Arabers Tarpan-Nachkommen sind, auch wenn die Stammesgeschichte in einigen Fällen 10 000 oder *gar noch mehr* Jahre zurückverfolgt werden müßte, bis man auf den Tarpan stieße.

Die Evolution hat sich über Hunderttausende von Jahren erstreckt, doch wir können nur auf die letzten 5000 Jahre zurückgreifen, wenn wir den Pferdetyp bestimmen wollen, aus dem sich vielleicht einmal eine Rasse oder Zucht entwickelt hat.

Das Przewalski-Pferd (Mongolisches Wildpferd), *Equus przewalskii* Poljakoff, hat ein ganz leicht konvexes Gesicht mit einem im Vergleich zum Tarpan etwas längeren Maul. Adametz schreibt, daß leichte Ähnlichkeit mit dem westlichen Pferdetyp bestehe. Eine ganze Reihe equider Formen, die mit *Equus germanicus* Nehring (*Equus robustus*) in Verbindung gebracht werden können, lassen sich eindeutig von diesem Tier ableiten. Es habe fünf Lendenwirbel, und seine Widerristhöhe betrage etwa 132–137 cm. Es sei noch kompakter gebaut als der Tarpan, und seine Extremitäten seien kräftiger, starkknochiger. Die Farbe variiere je nach dem Gebiet, in dem das Pferd lebe, von falb bis rotgelb mit Aalstrich und Zebrierung. Es sei das einzige noch lebende Wildpferd, das die Grundlage für verschiedene domestizierte Formen darstelle.

Von einigen Experten wird behauptet, daß das Przewalski-Pferd zwar eine sehr alte Rasse, aber doch nur ein wildlebendes Pferd sei. Als Begründung für diese Behauptung führen sie an, daß die mehr oder weniger öde Gegend in der Dsungarei, in der das Pferd wahrscheinlich heute noch existiert, nicht immer Wüste, sondern, wie man an den Ruinen erkennen kann, einst ein dichtbesiedeltes Gebiet war und als solches nicht von Wildpferden bewohnt gewesen sein konnte.

Das Przewalski-Pferd hatte sich, was von einigen Autoren bestritten wird, bis nach Spanien und Frankreich ausgebreitet, und Adametz verweist auf den Knochenhügel von Solutré als Beweis dafür, daß es wegen seines Fleisches gejagt wurde. Ich kann mich der herrschenden Meinung nicht anschließen. Der frühe Mensch pflegte das erlegte Wild nicht *an Ort und Stelle* zu verspeisen, und so wäre diese große Ansammlung von Pferden gar nicht möglich gewesen. Das Zentrum der Domestikation des Przewalski-Pferdes aber liegt in Mittelasien (es wurde vor langer Zeit aus Europa vertrieben bzw. starb dort aus), wo die asiatischen Völker es von Anfang an domestizierten. Seine Nachkommen sind als Mongolen-, mandschurische und chinesische (allerdings nicht die sehr kleinen südchinesischen) Ponys, die sich zu eigenen Rassen entwickelt haben, weit verbreitet. Und von diesem Domestikationszentrum aus wollen wir der Spur des Przewalski-Pferdes und der seines Nachbarn, des Tarpans und dessen Nachkommen, zu folgen versuchen.

Die heute noch lebendige Kultur der nomadisierenden Hirtenvölker reicht weit zurück bis in prähistorische Zeiten. Wir dürfen uns die Zivilisation nicht so vorstellen, als habe sie mit der Erfindung der Schrift oder mit der ersten Töpferarbeit eingesetzt. Sie existierte schon vor 20 000 Jahren (Altamira, Lascaux usw.), vor 30 000 Jahren (die aus Elfenbein gefertigte trächtige Stute, Tübingen) und sogar schon vor 70 000 Jahren (der »Kommandostab«, Schaffhausen).

Bei uns ist ein Volk, das einmal in einem bestimmten Teil der Erde gelebt hat, unter einem ganz bestimmten Namen bekannt; dann taucht tausend Jahre später ein anderer Name auf (Namen verändern sich zudem auch noch von Sprache zu Sprache) – doch möglicherweise handelt es sich um direkte Nachfahren des uns bekannten alten Volkes. Gleichzeitig ist es aber auch möglich, daß diese direkten Nachfahren heute 2000 Kilometer vom Land ihrer Ahnen entfernt leben. Das Volk, das den neuen Namen trägt, kann aus der Vermischung verschiedener alter Völkerstämme hervorgegangen sein. Kriege und Invasionen können die Ureinwohner aber auch ganz aus ihrem Land vertrieben haben[24]. Unzählige

[24] So zogen zum Beispiel seit dem letzten Krieg große Teile der ostpreußischen Bevölkerung als Flüchtlinge viele hundert Kilometer westwärts. Einige von ihnen wanderten sogar bis nach Kanada oder Südamerika. Menschen polnischer Nation mit einer fremden Sprache und anderer Herkunft hatten das Land besetzt. Ich war vor einigen Jahren mit einer polnischen Freundin unterwegs in einem abgelegenen ländlichen Bezirk in der Nähe von Alt Christburg bei Marienburg, als wir feststellten, daß wir uns verfahren hatten. Eine bejahrte Bäuerin lief die Straße entlang, und ich erklärte, daß ich sie nach dem Weg fragen wolle. »Das ist zwecklos«, sagte die Polin in Englisch, »sie ist eine Kaschubin und würde nicht verstehen.« Die Kaschubin jedoch ver-

Male ist das in Europa und Asien geschehen. Genau die gleiche Theorie läßt sich auch auf Pferderassen anwenden. Natürlich hat der Ethnologe die Möglichkeit, bei seinen Vermutungen über Rasse und Herkunft eines Volkes auf die Sprache zurückzugreifen, was sich als falsch oder richtig erweisen kann.

Beim Pferd nützt uns die Sprache wenig. Wenn man das Puzzle der Abstammung einer Rasse zusammensetzen will, kann man das nur tun, indem man anhand der ausgegrabenen Knochen und Fossilien herauszufinden versucht, welche Trensen usw. in verschiedenen Epochen und in den verschiedenen Teilen der Erde benutzt worden sind und ob ein Volk vielleicht eine sehr alte Reitertradition hatte, zur Entwicklung des Reitens selbst wesentlich beigetragen oder aber sein Wissen durch Ost-West- bzw. West-Ost-Handel und -Reisen erworben hat.

Hier sei bemerkt, daß viele asiatische Invasionen und Kriege mit Nachbarstaaten, -völkern und -stämmen ihre Ursache in der Besetzung, Verteidigung oder Rückeroberung von Weideland hatten. Gegenüber den Gefangenen gab es kein Erbarmen. Sie wurden entweder auf grausame Weise umgebracht oder als Sklaven fortgeschleppt. Die Pferde dagegen wurden im allgemeinen durch selektive Zucht verbessert, und die Rinderherden mehrten den Reichtum des Siegers.

König Sardur III. von Urartu, etwa 765–733 v. Chr., machte im Laufe seines siebenjährigen Kriegszuges in Transkaukasien eine Beute von 6090 Pferden und 78 197 Rindern.

Gräber, in denen Pferde mit goldverzierten Schabracken reich bedeckt beigesetzt worden waren, sind für die verschiedenen Epochen vor Christus durchaus nicht ungewöhnlich, und dies allein wäre schon Beweis genug für die Hochachtung, die den Pferden entgegengebracht wurde.

Beim Schreiben dieses Buches und insbesondere bei der Behandlung der Pferde aus Armenien und Urartu fiel mir auf, daß der Karabakh – im Persischen

stand, obgleich das Kaschubische eine selbständige Sprache ist, ausgezeichnet *Deutsch*, und ich verstand sie. Für den Polen allerdings, der heute in dieser Gegend wohnt, bleibt ihr Dialekt völlig unverständlich.
Die autonomen Kaschuben züchten wahrscheinlich Pferde, die polnischen Neuankömmlinge züchten sehr wohl auch Pferde, beide Zuchten tragen verschiedene Namen, und doch handelt es sich um ein und dieselbe Blutlinie; wir haben es keineswegs mit zwei verschiedenen Rassen zu tun. Der Ostpreuße wird heute tausend Kilometer weiter westlich in der Bundesrepublik gezüchtet. Die Polen züchten die selbe Rasse in den staatlichen Gestüten in Masuren und nennen sie auch Masure – oder neuerdings Wielkopolska, polnisches Halbblut. So bleibt eine Rasse im wesentlichen über wer weiß wie viele Generationen hinweg unverändert bestehen; sie kann aber auch verbessert werden oder degenerieren, sei es aufgrund eines Klimawechsels, durch Selektion (Beschäler aus anderen Zuchten) oder als Folge irgendeines Irrtums eines maßgeblichen Züchters.
Die Ugrier, nomadisierende Pferdehirten aus dem dritten Jahrtausend v. Chr., gehören wie die Finnen und Ungarn zu der mongolischen Sprachgruppe. Die Finnen sind niemals ein Reitervolk gewesen, während die Ungarn einige der besten Pferdezüchter, Reiter und Pferde der Welt hervorgebracht haben. Es ist ungeheuer wichtig, sich dies einmal klar zu machen.

bedeutet der Name »schwarzer Garten« –, wenn man einmal die jüngste Verbesserung des Typs außer acht läßt, der alten Rasse, die im ersten Jahrtausend v. Chr. so hochgeschätzt wurde, sehr stark ähnelt. Heute dient der Karabakh, der nicht mehr in seinem Heimatland gezüchtet wird und auch wohl nicht mehr über die Qualitäten verfügt, die er offensichtlich noch vor 100 Jahren besessen hat, als Rennpferd. Zu der Zeit, mit der wir uns im Augenblick befassen, war dieses Pferd vielleicht aus jenen älteren Pferden hervorgegangen, die bei den Hethitern, Armeniern und Chaldäern, welche im Westen mit Griechenland, der Ukraine und Ungarn und im Süden mit Ägypten kulturell in Verbindung standen, Verwendung gefunden hatten.

Archäologische Funde deuten darauf hin, daß die Chaldäer zwei Pferderassen besaßen. Die eine war das kleine einheimische Gebirgspony (125 cm groß) mit einem massigen Kiefer und schmalen Füßen, die andere ein größerer Pferdetyp, von dem man annahm, daß er aus dem Vorderen Orient nach Urartu gebracht worden ist. Die Chaldäer tauchen in der Geschichte zur gleichen Zeit auf wie die Meder und Perser, als deren erstes Ansiedlungsgebiet die Gegend rund um den Urmia-See gilt. Sie waren also Nachbarn – und diese wesentliche Tatsache blieb nicht ohne Auswirkung auf die spätere Zucht der weithin bekannten Pferde von Nisäa und allem Anschein nach auch auf die ebenfalls berühmten und gleichgebauten Pferde von Ferghana, die von den Chinesen so sehr geschätzt wurden.

F.W. König hebt besonders die Arsuniuini-Stadt mit der Grenzstele, auf der von 3551 dort gehaltenen Reitpferden die Rede ist, hervor. In ähnlicher Weise werden in einem anderen Text 2651 Reitpferde erwähnt, die entweder am südlichen oder am nördlichen Ufer des Van-Sees gehalten worden sein müssen. Überall dort, wo es gutes Weideland gab bzw. die Möglichkeit zur Aufzucht von Pferden bestand, erhielt das Gebiet die Bezeichnung Arsuniuini. So können wir uns heute ein recht klares Bild von der großen Bedeutung machen, die der Van-Distrikt schon um 900 v. Chr. für die Pferdezucht gehabt haben dürfte. Wie wertvoll diese Erkenntnis ist, werden wir feststellen, wenn wir auf die Vollblutpferde zu sprechen kommen. Die Bedeutung des Van-Distriktes wird übrigens unterstrichen durch den Bericht des assyrischen Königs Salmanassar (856 v. Chr.) über die Männer von Gilzan nordwestlich des Urmia-Sees, die »Silber, Gold, Kupferkessel, Holzer und besonders wertvolle, gutgezüchtete Pferde sowie ein- und zweihöckerige Kamele« als Tribut entrichteten (Hančar).

König Sargon von Assyrien, 721–704 v. Chr., verwies auch auf Pferde, die er in Subi fand. Subi war ein Land, durch das ihn sein Feldzug gegen Urartu führte und dessen Einwohner »in ganz Urartu nicht ihresgleichen hatten, as die Kenntnis (Herrichtung und Zucht) von Reitpferden betrifft« (Hančar).

F. W. König entdeckte in den Regeln für Opferfeierlichkeiten Hinweise auf einen »Fohlenschutzgeist« und einen »gezäumten Reitpferdegott« – also auf Pferdegötter im wahrsten Sinne des Wortes. Er kommt zu dem Schluß, daß die Pferdezucht in Urartu ein bemerkenswert hohes Niveau erreicht haben muß, da man dort sowohl Pferde, die nur dem Herrscher zur Verfügung standen, als auch reine Arbeitspferde kannte. Außerdem waren die Tiere für den Aufbau des Heeres unentbehrlich – Kavalleriepferde. Die Churriter oder Hurriter, bei denen es noch die mit Bogen bewaffneten Wagenlenker gab, sind offensichtlich durch die Chaldäer auf die Zweckmäßigkeit berittener Krieger aufmerksam gemacht worden. Zu jenem Zeitpunkt waren diese berittenen Krieger allerdings noch nicht mit Speer oder Lanze bewaffnet. Das ist erst später die bevorzugte Waffe des Ritters geworden.

Es würde den Inhalt dieses Buches sprengen, wollte man hier noch auf die verschiedenen Aspekte der Pferdezucht im Zusammenhang mit Pferdeopfern und Pferdekulten[25] aus der indoeuropäischen Kultur oder auf die griechischen Mythen und Legenden[26], die mit den Religionen und Kulthandlungen einhergingen, näher eingehen. Derartige Religionen hat es jahrhundertelang in allen Variationen in ganz Europa und Asien gegeben. Sämtliche Völker der Antike pflegten den Pferdekult. Die Stellung des Pferdes war gottähnlich, es war der Bote in Gestalt eines Opfertieres, den die Menschen mit der Bitte um Hilfe an die Götter sandten, und es war die Quelle des Lebens und der Kraft, wenn es beim Opfermahl verspeist wurde. Wie schon erwähnt, hielten die Germanen ihre auserwählten Pferde in heiligen Bezirken, die Tiere wurden als nahezu göttlich angesehen, und man achtete streng darauf, daß sie keine gewöhnliche Arbeit verrichteten.

Das Symbol des alten Baktriens war ein springendes weißes Pferd; heute führt Niedersachsen ein hochsteigendes weißes Pferd in seinem Wappen. Dazwischen liegt eine Zeitspanne von mehr als 2000 Jahren und Tausende von Kilometern erstrecken sich zwischen dem jetzigen Afghanistan und Mitteldeutschland. Wie wir schon in Assur feststellen konnten, sind Pferde, vor allem weiße Pferde, stets zu besonderen Zwecken gezüchtet worden. Es ist aber zweifelhaft, ob sich daraus eine eigene Zucht oder Rasse bildete, und es gibt keinen wie auch immer gearteten Hinweis darauf, daß diese Tiere irgendeinen Typ besonders beeinflußt hätten.

In der heutigen Zeit entspricht einem solchen Verhältnis zum Pferd wohl am ehesten die Vorliebe der Amerikaner für Palominos (goldfarbene Pferde) bei Paraden und ähnlichen Festlichkeiten. Im Schmuck ihrer Silbergeschirre und unter Reitern in herrlichen Kostümen würden diese Paradepferde wahrscheinlich die ideale Ergänzung zu jenen heiligen Pferden gewesen sein, die damals die religiösen Feiern der Menschen bereicherten.

Köppen spricht von einigen Philologen, die der Ansicht sind, daß es sich bei He-

[25] s. Wilhelm Koppers, Pferdeopfer u. Pferdekult der Indo-Germanen, Pustet Verlag, Salzburg, 1936

[26] s. F. Schachermeyr, Poseidon u. die Entstehung des griechischen Götterglaubens, München, 1950

rodots weißen Pferden um eine eigens für kultische Handlungen bestimmte Herde von Opfertieren gehandelt habe. In Assur war das ganz sicher so. Wrangel hält auch die Pferde der Achasen für Nachkommen der weißen Kultpferde. Köppen führt jedoch weiter aus, daß man Herodot nicht wörtlich nehmen sollte, denn das griechische Wort *leukos* bedeute nicht »weiß«, sondern »hell«, und so könnte durchaus auch der mausgraue oder falbfarbene Tarpan gemeint gewesen sein. Natürlich ist es möglich, daß der wilde südrussische Steppentarpan in der Gegend des Flusses Hypanis gelebt hat. Ein anderer beschlagener Mann, Anuczin (1896), stellt die Frage, ob mit *leukos* nicht vielleicht auch das Gelb- bis Rotfalb des Przewalski-Pferdes aus der Dsungarei oder des wilden Esels, Halbesels, gemeint sein könnte. Da sich Herodots Bericht besonders auf das Gebiet um den Hypanis bezog, dürften Anuczins Bemerkungen jedoch etwas am Thema vorbeigehen. In der lateinischen Ausgabe dieser Geschichte (F. Palm, Leipzig 1839) ist für die Wildpferde die Bezeichnung »Equi silvestres« gebraucht worden, also die selbe lateinische Bezeichnung, die der Chronist Matthias aus Miechów Anfang des 16. Jahrhunderts bei der Beschreibung der Waldpferde Polens und Litauens verwendete. Herodot berichtete: »Der dritte Fluß, der Hypanis (Bug) ... entspringt aus einem großen See, um welchen herum weiße wilde Pferde auf die Weide gehen. Dieser See wird mit Recht die Mutter des Hypanis genannt.« Vielen der früheren Kartographen bereitete es große Schwierigkeiten, diesen See, der nicht mehr existierte, zu lokalisieren. Wapowski (16. Jahrhundert), »Vater der polnischen Kartographie« genannt, hat, entweder unter dem Einfluß der »Geographie« von Ptolemäus oder unter dem Einfluß der »Chorographie Polens« von Długosz und vor allem in Anlehnung an die Geschichte Herodots, auf seinen Landkarten Sarmatiens und Polens gewisse, in Wirklichkeit nicht existierende sogenannte »amadokische Sümpfe« (»Amadoca Palus«) in Form eines großen Sees aufgeführt. Gastaldi (1562) und Pograbius aus Pilsen (1570) reduzierten auf ihren Landkarten das Sumpfgebiet auf einen gewöhnlichen See und später tauchte es nur noch als Quellgebiet der beiden Flüsse Slucz und Zbrucz auf. Buczek fühlt sich bei den rätselhaften amadokischen Sümpfen an das unwegsame, sumpfige Polesien, das Gebiet der Pripjetsümpfe, erinnert. Und auch den riesigen Sumpf, in dem nach Herodot die Quellen der pontischen Flüsse Wolhyniens und Podoliens wie auch der Fluß Boh (Bug) gelegen haben sollen, bringt er mit den polesischen Sümpfen in Verbindung.

Vetulani kommt nach all dem zu dem Schluß, daß Herodots geheimnisvolle »weiße Pferde« in der Tat in Polen und wirklich in der Umgebung der polesischen Sümpfe, die an den Białowieczer Forst grenzen, lebten. Zur Zeit der Tauperiode hat das Sumpfgebiet tatsächlich große Ähnlichkeit mit ausgedehnten Seen. Es ist deshalb sehr wohl möglich, daß es sich um die gleichen Pferde handelt, von denen auch Matthias und ande-

re berichtet haben, die gleichen »Equi silvestres«, die während des 16. Jahrhunderts in den Wäldern Polens und Litauens zuhause waren.
Der Hypanis scheint im Gegensatz zu dem größeren Fluß Borysthenes (Dnjepr) durchaus nicht direkt in den Pripjet-Sümpfen zu entspringen. Polesien ist eine Sumpflandschaft, die unter anderem auch das Pripjet-Becken umfaßt; den angrenzenden Teil der Dnjepr-Niederung, eine Fläche von rund 100 000 Quadratkilometern, bedecken Kiefern- und Eichenwälder. Der Bezirk Białystok mit dem Forst von Białowiecz oder Białystok ist niedriggelegen und bezieht sein Wasser aus den Flüssen Bug und Narew.
Seine Untersuchungen haben Vetulani zu der Vermutung geführt, daß die weißen Pferde Tarpane, *Equus przewalskii gmelini* Antonius, in ihrem weißen Winterhaarkleid waren, wie ja auch heute der regenerierte Tarpan in den Schutzgebieten ein weißes Winterfell, d.h. ohne Pigmentierung trägt. Aus anderen Quellen wissen wir, daß eine ähnliche Veränderung der Fellfarbe – von falb oder mausgrau – auch bei den Ponys der Bauern, die in der Nachbarschaft des Białowieczer Forsts leben, vonstatten geht. Vetulanis Arbeit stammt aus dem Jahre 1940. Als ich die gleichen regenerierten Białowieczer Tarpane in ihrem Reservat in Popiellen, Ostpreußen – wo ebenfalls ein riesiger See, der Spirdingsee, von einem Urwald umsäumt wird – besichtigte, vermochten mir die Verantwortlichen nicht genau zu sagen, ob das Haarkleid wirklich ganz ins Weiß überwechselte; es wird aber bei vielen der dort lebenden Tarpane ganz eindeutig heller. Besonders auffallend waren die Streifen an Rücken und Beinen bei den Hengsten.
Einige Tiere und Vögel des Nordens haben ständig ein weißes Haar- oder Federkleid. Zu ihnen gehören der Eisbär (*Ursus maritimus* Phipps) und die Schnee-Eule (*Nyctea nyctea* L.). Andere legen im Winter ein weißes Kleid an. Dies sind der Eisfuchs (*Canis (Alopex) lagopus* L.), das Hermelin (*Mustela (Mustela) erminea* L.), der amerikanische Polarhase (*Lepus arcticus* Leach glacialis), der Alpenhase (*Lepus varriouis* Mill.), der Halsbandlemming (*Dicrostonyx (Myodes) torquatus* Pall.), das Schneehuhn (*Lagopus lagopus* (L) Br.), der Polarwolf (*Canis tundrarum* Mill.) und das Ren (*Rangifer tarandus* L.), der Waldtarpan (*Equus przewalskii gmelini sylvaticus*), das heute ausgestorbene Lofotenpony und schließlich das sibirische Jakutenpony, das auch zur Tarpan-Gruppe gehört, von dem wir aber nicht sicher sagen können, ob nicht einige Arten ihr weißes Haarkleid doch während des ganzes Jahres tragen. Hutten-Czapski erklärt, daß der Steppen-Tarpan, der im Frühjahr und Sommer mausgraues oder falbfarbenes Fell hat, zum Schutz gegen die Witterung im Winter langes, weißes Deckhaar von unterschiedlicher Länge anlegt, das er im Mai dann wieder abwirft. Dieser Fellwechsel ist bei vielen Mitgliedern der osteuropäischen Konik-Gruppe ganz normal.
Vetulani bezeichnet den Waldtarpan (*Equus sylvestris*) als eine in Waldgebieten heimische Variation des Steppentarpans – der Stammart –, und erklärt, daß die

Veränderung der Fellfarbe auf die veränderten klimatischen Verhältnisse, vor allem auf den Mangel an Tageslicht während des Winters in den gemäßigten und polaren Zonen, zurückzuführen ist. Er schreibt[27]:

»Für den zweifellos vorhandenen Einfluß der Klimafaktoren auf den Verlauf der Haarwechsels spricht deutlich der Umstand, daß z.B. während des letzten sehr milden Winters (1938/39), wo in der Presse schon in der ersten Hälfte des Februars von Zügen rückkehrender Störche nach Wolhynien berichtet wurde, was in Polen seit 1912 nicht der Fall war, die Winterweiße beim Konikhengst »Tref« im allgemeinen bedeutend schwächer ausgebildet war als im vergangenen Jahr oder im Jahre 1935/36. Während dieses milden Winters überwogen nämlich in seinem Winterkleid nicht schneeweiße, sondern schmutzigweiße Partien, und an manchen Stellen des Rumpfes begann das Abwerfen pigmentloser Haare der Wintergeneration fast gleichzeitig mit dem Abwerfen der inzwischen verlängerten pigmentierten Haare der Sommergeneration. Bei der »Borowka« wies die Winterbehaarung am Rumpf außer den schneeweißen Partien auch bedeutende blaßrosa Stellen auf.

Angesichts der Analogie der beschriebenen Erscheinungen zu dem für manche wilde, insbesondere nördliche Säugetiere und Vögel charakteristischen Farbperiodismus erschien es mir von Anfang an als wahrscheinlich, daß bei diesen winterweißen Koniks infolge glücklich gelungener Paarungen typischer Exemplare ein atavistisches Merkmal ihrer Ahnen zum Vorschein gekommen sei.«

Dreißig Jahre, nachdem Vetulani den Weiß-Faktor beim Waldtarpan untersucht hatte, gelang es mir, einen gestreiften Tarpanhengst zu fotografieren. Dieses Pferd war von brauner Farbe mit einem kräftigen Aalstrich und Zebrierung über Hals, Widerrist, Rücken und Kruppe. Damals (1964) gab es vier derart gestreifte Tiere im Reservat. Vor allem *ein* Tier zeigte eine sehr markante Zebrierung im Gesicht, insbesondere auf der Stirn. Auch hier muß wohl angenommen werden, daß es sich um ein starkes atavistisches Merkmal handelt. Weitere diesen regenerierten Tarpanen eigene Urmerkmale sind: sie verfohlen nie, leiden niemals unter Erkältungskrankheiten, und offene Wunden heilen rasch ohne äußeres Zutun. Die westeuropäischen Züchter haben der Arbeit, die in Popiellen geleistet worden ist, nie den Wert zugemessen, der ihr zukommt. Die dort tätigen Wissenschaftler hatten angenommen, daß Ihre Arbeit sich für die Züchter des Vollblutpferdes, bei dem die Quote für das Verfohlen ziemlich hoch und die Tendenz zur Erkältung – Pferdeinfluenza – beängstigend stark sind, als außerordentlich hilfreich erweisen würde.

[27] T. Vetulani, Über den Farbenwechsel winterweißer Pferde. Beobachtungen bei der Rückzüchtung des europäischen Waldtarpans im Urwald von Bialowies. Zeitschrift für Tierzüchtung und Züchtungsbiologie, Bd. 45, 1940, S. 98–115.

4. Die Pferde der Völker der Antike

1. Vorderasien

Wie wir nun wissen, war das Pferd für die Völker Akkads, Sumers und Elams im dritten Jahrtausend v. Chr. ein höchst seltenes Tier – wenn sie es überhaupt kannten. Es gab nicht einmal das Wort »Pferd«, sondern nur eine Bezeichnung, die sinngemäß mit »Equide« übersetzt werden könnte. Von den späteren Hinweisen auf den »Esel des Gebirges« ist angenommen worden, daß das *Pferd* gemeint war. Vielleicht trat das domestizierte Pferd schon um 2300 v. Chr. in Mesopotamien in Erscheinung. Es dauerte aber noch lange, bis das Pferd auf Keilschrifttafeln Erwähnung fand.

Im Gesang des Königs Šulgi, etwa 2000 v.Chr., wird der »fremde Esel« erwähnt. Šulgi vergleicht sich selbst mit dem edlen Pferd:

Ein *stolzer* Esel (wörtlich: Esel mit langen Beinen – Maultier?) eilt den Pfad entlang
Ein schnelles Pferd mit wogendem Schweif
Ein Eselhengst von Sakans, der zu laufen versteht, bin ich.

Aber dieses Pferd des Königs Šulgi war immerhin schon so gut trainiert, daß es die Strecke von Ur nach Nibru in »15 Doppelstunden« zurücklegte: 150 Kilometer! Daraus geht hervor, daß die Babylonier oder der für die Pferde König Šulgis verantwortliche Mann bereits damals eine ganze Menge über Pferde wußten. Zwar ist in diesen Versen vom »Pferd« im Singular die Rede, aber da man sich leichter Wagen zu bedienen pflegte, dürfte es sich um ein Pferd aus einem Paar gehandelt haben.

Im dritten Jahrtausend existierten nördlich von Akkad in Syrien, Kleinasien und Armenien noch keine größeren Reiche, sondern lediglich Stadtstaaten und kleinere Fürstentümer, und außerhalb des Gebietes zwischen Schwarzem Meer, Kaspischem Meer und Kaukasus gibt es keine Spuren von Wildpferden. Die Funde im Norden, bei Majkop am Kuban an der Ostküste des Schwarzen Mee-

res, beweisen, daß die Pferdezucht dort in vollem Gange war. Und es scheint, als habe es sich dabei um das Przewalski-Pferd und nicht, wie man vielleicht erwartet hätte, um der Tarpan gehandelt.
Wie O. R. Gurney schreibt, beginnt die Geschichte Anatoliens mit der Ankunft assyrischer Händler um 1900 v. Chr. Sie bedienten sich der babylonischen Keilschrift, und man hat viele Tontafeln gefunden, die von ihren Handelsgeschäften berichten. Das Land Hatti in Anatolien war von nichtindogermanischen Protochattiern bewohnt und wurde von indogermanischen Invasoren besiedelt, die sich selbst später Hethiter nannten. Auf sie werden wir noch einmal zurückkommen.
Zunächst wollen wir kurz untersuchen, auf welche Weise die Nützlichkeit des Pferdes in vollem Umfang entwickelt werden kann. Wie ich schon an anderer Stelle bemerkte, wird in den Waldregionen wahrscheinlich eher geritten als gefahren, und der vorhandene Pferdetyp, das schwerere europäische Pferd, ist geeigneter, Lasten zu tragen, als das leichtere Pony der Wüste. Außerdem hat man *vom Rücken eines Pferdes* aus einen sehr viel besseren Überblick als hinter den langen Zügeln beim Fahren. Das Joch, das für einen Ochsen vorzüglich taugt, ist, wenn Pferde es tragen sollen, gar nicht mehr sehr effektiv. Die Ochsenkarren waren viel zu schwerfällig, als daß sie von einem Paar lebhafter Ponys hätten gezogen werden können. Deshalb waren die frühen Mesopotamier, die die Nützlichkeit des Pferdes – oder richtiger vielleicht seine Möglichkeiten – erkannten, zu einer beträchtlichen Anzahl von Erfindungen gezwungen.
Halten wir noch einmal fest, was bis hierhin wohl als sicher angenommen werden darf:
1. Das Pferd war nicht allgemein bekannt, und als die orientalische Rasse eingeführt wurde, kam sie aus dem Norden und Osten. Später wurde aus dem Westen noch eine schwerere Rasse eingeführt.
2. Dieses orientalische Pferd war von leichtem Körperbau und unterschied sich im Temperament erheblich vom Ochsen, dem Wildesel (der aus Afrika eingeführt worden war) und dem einheimischen Onager. Es unterschied sich außerdem auch vom Maultier.
3. Es war viel schneller, und so mußte eine neue Form des Geschirrs erfunden werden. Uns ist ein Text überliefert, der von »Pferden, die mit dem Joch zusammengebunden sind« berichtet.
4. Um die Beweglichkeit des Pferdes voll zu nutzen, mußte ein leichteres Gefährt mit Speichenrädern entwickelt werden.
5. Es mußten Gestüte, in denen die Tiere gezüchtet werden sollten, eingerichtet und solange noch Pferde importiert werden, bis sich die neuen Zuchtgebiete selbst versorgen konnten.
Wir kennen zahlreiche Texte, in denen von Tributen, Importen, Geschenken und auch Requisitionen die Rede ist – sämtliche gute Gelegenheiten, frisches Blut zuzuführen.
Man hat Trensengebisse aus Knochen, Leder oder Hanf – später auch Eisen,

Bronze, Silber und sogar Gold – gefunden. Kupfer fand äußerst selten Verwendung, denn die Menschen der Antike waren sich durchaus darüber im klaren, daß die Oxydation leicht Verletzungen am Pferdemaul hervorrufen konnte. Da viele der ältesten Bronzegebisse wie Hanf geflochten waren (Trensen), ist anzunehmen, daß man die Pferde schon viel früher aufgezäumt hat, als bisher vermutet wurde. Sowohl Leder als auch Hanf lösen sich ja mit der Zeit auf und konnten somit bei Ausgrabungen nicht gefunden werden.

Jetzt, im zweiten Jahrtausend v. Chr., ließen sich in den Ländern an Euphrat und Tigris, in Syrien und Anatolien und westlich Anatoliens bis zum Kaspischen Meer wagemutige Neuankömmlinge nieder. Und es ist keineswegs völlig ausgeschlossen, daß einige Indogermanen aus dem Westen kamen oder Verbindungen zum Westen hatten. Wie schon im vorigen Kapitel erwähnt, war die Tripolje-Kultur in der Zucht und Nutzung von Pferden führend. Pia Laviosa-Zambotti schreibt: »Zu jener Zeit siedelten sich die frühzeitlichsten indogermanischen Rassen (Hethiter, Achaier, Proto-Latiner entlang der Donau an und drangen später bis auf die Halbinselns des Mittelmeerraumes (Anatolien, Balkan, Italien) vor.«[1]

An der Ostgrenze des nun von den Hethitern eroberten Hatti-Reiches tauchte aus Armenien in östlicher Richtung ein Volk auf, das Churriter oder Hurriter genannt wurde. Dieses Volk ließ sich rund um den Van-See nieder und sollte zur größten expansiven Macht im zweiten Jahrtausend werden. Es trug auch weitgehend zur späteren Machtübernahme durch die Hyksos in Ägypten (1670–1570 v. Chr.) bei. Die Sprache der Churriter hatte weder indogermanischen noch semitischen Ursprung. Ihr Wissen über Pferde war beträchtlich, und es gibt besonders viele Hinweise auf braune Tiere. Dieses tatkräftige Volk schuf das Mitanni-Reich, und seine politische Macht erstreckte sich vom Van-See bis Aššur und von der Küste Palästinas bis zum Zagros-Gebirge. An der Spitze der Churriter stand eine indoiranische Herrscherklasse, genannt die Marijanni oder Marjannu (chinesisch *ma* = Pferd), was Wagenkrieger bedeutete. Möglicherweise bildeten die Marijanni die erste Ritterschaft beziehungsweise die früheste Form einer Kriegerkaste. Ihre westlichen Nachbarn, die Hethiter, waren ebenfalls begeisterte Pferdekenner und besonders geschickt in der Anfertigung von Geschirren. Archäologische Funde deuten die Möglichkeit an, daß sie Teile ihres neuen Landes schon im zweiten Jahrtausend v. Chr. erobert hatten und mehrere Jahrhunderte mehr oder weniger unerkannt dort lebten.

Es war eine Epoche bedeutender Unrast und Vertreibung ganzer Völker, verursacht durch das machtpolitische Streben der verschiedenen herrschenden Kasten. Das Pferd wurde zur neuen Kriegswaffe. Exkursionen in Nachbarstaaten und rasche Siege blieben dem Herrscher vor-

---

[1] Larousse Encyclopaedia of Prehistoric and Ancient Art.

behalten, der das mobilste Heer besaß. Man kann die Epoche vielleicht mit der Expansion der Staaten in der Zeit der Industrialisierung oder auch mit der Ausbreitung politischer Ideologien im Atomzeitalter vergleichen.
Hančar zitiert Einzelheiten aus einem Brief – einem der wenigen Dokumente in Keilschrift aus dem 18. und 17. Jahrhundert v. Chr. –, in dem das Pferd erwähnt wird. Es handelt sich um einen Befehl des Königs Šamši-Adad von Aššur, der ein Zeitgenosse und Gegenspieler Hammurabis, des berühmten Herrschers der Ersten Dynastie in Babylon im 18. Jahrhundert v. Chr. war. Šamši-Adad schreibt an seinen Sohn Jasmach-Adad und bittet ihn, aus Til-sha-Annim (Tschagar-Bazar am Khabur in Nordsyrien) für die Prozessionen und Neujahrsfeierlichkeiten Pferdegespanne und Prunk-, Renn- und Streitwagen nach Aššur zu schicken. Und wenn wir lesen: »Der Preis für unsere Pferde in Qatna beträgt 600 (Sekel) Silber«, sind syrische Pferde gemeint. Daß das Pferd tatsächlich noch nicht sehr bekannt war, wird durch die folgende Anweisung bestätigt: »Nehmt ein Maß Getreide als Futter für die Pferde, so daß die Pferde fressen mögen und nicht hungrig sind.«
Ein anderes berühmtes Dokument aus jener Zeit, das sich auf Pferde bezieht, enthält die Antwort Aplachandas, des Königs von Karkemiš, einem Staat am Oberlauf des Euphrat, an Zimri-Lim, den Gesandten des Königs von Mari, gleichfalls einem Zeitgenossen Hammurabis. »Ich sprach zu Aplachanda von den weißen Pferden, und er antwortete: Weiße Pferde für den Streitwagen sind nicht vorhanden. Ich will hinschicken und (von dort), wo sie vorhanden sind, soll man weiße Pferde herbeitreiben. Bis dahin will ich rotbraune Pferde aus Charsamma ... bringen lassen.«
Der Hethiter-Text aus Boghazköj nennt folgende Versionen des Namens: Harsamna – Harsumna – Har Sumnasa. Und Weidner sagt, daß »eintausend Jahre nach Zimri-Lim Harsamna immer noch als *Berge der Pferde* bekannt war« und viele Jahrhunderte lang ein sehr bekanntes Gestüt oder Zuchtzentrum gewesen sein muß. Wahrscheinlich lag es im heutigen Südost-Anatolien und existierte lange vor der Zeit der Indogermanen. Nach Cornelius liegt Harsamna in der Nähe von Herik. Nach Balkans ist es wahrscheinlicher, daß Harsamna im Bezirk Uzun Yayla zu suchen ist, von dem Professor Kammenhuber sagt, daß er heute noch ein anerkanntes Pferdezuchtgebiet ist. Dieser Bezirk liegt östlich von Kayseri und südlich von Sivas. Durch die Berge führt eine Straße, die beide Orte miteinander verbindet.
Auch Kilikien galt als ein Land, das an andere Staaten Pferde lieferte. Der große Hethiter-König Mursili II. (1345–1315 v. Chr.) hatte mit dem König von Kizwadna (Kilikien) eine Abmachung über die Lieferung von 100 aufgezäumten Pferden und 1000 Mann, das sind 20 Fußsoldaten je Kriegswagen, in Kriegszeiten getroffen. Und unter »aufgezäumt« waren ausgebildete Kriegspferde zu verstehen.
Die Stadt Karkemiš war noch zu Hammurabis Zeiten ein bedeutender Pferde-

markt. Wir wissen nicht, ob es sich hierbei um ein Privileg des Königs handelte oder ob auf diesem Markt auch andere Händler zugelassen waren. Aber wie Weidner sagt, ist der Brief von Aplachanda in zweierlei Hinsicht interessant. Erstens, weil Zimri-Lim um weiße Pferde für seine Kriegswagen gebeten hatte, und weil es außerhalb Karkemiš' und nicht innerhalb Charsamnas Gestüte gegeben haben muß, in denen ganz offensichtlich Pferde für Kriegszwecke gezüchtet wurden. Der Gedanke ist geradezu quälend, daß es keinen weiteren Hinweis darauf gibt, wo das Gestüt, in dem diese besonderen weißen Pferde gezogen wurden, gelegen haben mag.
Außerdem existiert noch ein Brief aus Babylonien, in welchem der Adressat von dem Absender gebeten wird, ihm zwei weiße Pferde zu senden. Dieser Brief stammt aus der Regierungszeit des babylonischen Königs Samsuilunas.
Seit dem ersten, durch Zeugnisse belegten Auftreten des domestizierten Pferdes waren nahezu tausend Jahre vergangen, ehe man im 15. Jahrhundert v. Chr. daran ging, Tontafelarchive aufzubauen. Mit dem Aufbau der großartigen Bibliothek von Boghazköj hat möglicherweise König Telepinu begonnen; die Archive von Mari am Euphrat, von Tell Halaf am Fluß Khabur, von Nuzi in der Nähe Aššurs und von Susa in Elam berichten alle über den geschichtlichen Fortschritt, der dem Pferd zu verdanken war. Dieses Tier erlangte größte Bedeutung und spielte in der politischen Entwicklung sowohl all dieser Staaten als auch Ägyptens eine wesentliche Rolle.
Zu den für uns wichtigsten Funden gehören Keilschrifttafeln aus Boghazköj, die die Ausbildung von Streitwagenpferden behandeln. Sie stellen das erste »Buch« dar, das über die Ausbildung von Pferden geschrieben worden ist. Es gab davon mehrere, zum Teil auch noch später angefertigte Exemplare, aber das Original hatte ein Mann namens Kikkuli verfaßt, der mit seinen Mitarbeitern aus Mitanni gekommen war. Der Kikkuli-Text gibt uns genaueste und detaillierte Auskunft über die klugen Pferdetrainingsmethoden der Arier. Ihre Sprache war, wie es scheint, schon eine tote Sprache, aber ihr Wissen lebte unter den Churritern (Mitanni) fort. Es scheint wirklich so, als hätten die Hethiter schon zu jener Zeit, noch bevor Kikkuli und seine Kollegen kurz nach 1350 v. Chr. ihre Arbeit abfaßten, das Mitanni-Reich mit Hilfe ihrer eigenen Kriegswagen unterworfen. Nichtsdestoweniger blieb der Einfluß der Mitanni sehr deutlich spürbar, auch wenn diese Pferdekenner aus Mitanni vielleicht Emigranten oder Flüchtlinge waren!
Kikkulis Ausbildungsmethoden umfaßten Tages- und Nachtübungen und beinhalteten Trab und Galopp über verschiedene Distanzen, Schwimmen, Schwitzen, heiße und kalte Bäder und Rennen, die sich über mehrere Tage und Nächte erstreckten – eine ziemlich vollständige Belastungsprobe. Die Ausbildungszeit betrug 184 Tage.
An dieser Stelle muß erwähnt werden, daß in jüngster Zeit noch ein dritter Ausbildungstext ans Licht gekommen ist, dessen Verfasser ganz unzweifelhaft ein

Hethiter war. Er ging mit seinen Pferden sehr viel freundlicher um, und Pflege und Fütterung spielten, wie sie es ja auch wirklich sollten, eine wesentliche Rolle. Auch die Distanzen waren erheblich kürzer. So wurde in einem Fall zu viel und in dem anderen, letzten, vielleicht zu wenig verlangt.

Die Pferde erhielten laut Anweisung folgendes Futter: Heu, so, wie wir es auch heute bereiten – selbstverständlich nicht in Ballen; Gerste – oder vielleicht etwas allgemeiner: Getreide (Weizen), da Gerste Blähungen verursachen kann; Hafer wird in Anatolien nicht angebaut, und die in Ausbildung befindlichen Hethiter-Pferde dürften damit nicht gefüttert worden sein; Häcksel, der heute nicht in dem Ausmaß, in dem es möglich wäre, verwendet wird. Außerdem wurden die Pferde mit Salbe oder Öl eingerieben.

Wir mögen uns heute fragen, wie es dazu kam, daß die Mitanni-Herrscher dieses außergewöhnliche Wissen über Pferde besaßen. Zunächst einmal hat es den Anschein, als stammten sie selbst aus dem Osten. Sie verehrten indo-arische Gottheiten wie Waruna und Indra sowie die Nasatya-Zwillinge. Und ihre Eigennamen waren gleichen Ursprungs. Es scheint somit, daß dieses arische Volk seine besonderen Kenntnisse über die Zucht und Ausbildung der Pferde aus dem Osten mitgebracht hat. Außerdem muß es auch seine Pferde mitgebracht haben, und dabei handelte es sich wahrscheinlich um *Equus orientalis*, das drahtige kleine Wüsten- und Steppenpferd.

Ihren Niederschlag fand die spezialisierte Ausbildung der Wagenpferde im Sieg der Hethiter in der Schlacht von Kadesch, einer der berühmtesten Schlachten der Antike, 1286 v. Chr. Der König von Kadesch, möglicherweise ein Vasall des ägyptischen Pharao, dessen Macht und Einfluß Syrien erreicht hatten, zog in den Kampf und wurde von der Streitwagentruppe der Hethiter unter der Führung des Königs Suppilulumas bezwungen. Leider können wir die Geschichte des Nahen Ostens hier nicht weiterverfolgen, da die Entwicklung des Pferdes und der Pferdezucht von dieser Geschichte nur insofern beeinflußt wurde, als die Zahl der gezüchteten Pferde immer mehr zunahm – obgleich das Pferd seinerseits zweifellos den Lauf der Geschichte beeinflußt hat.

König Burnaburiasch II. von Babylon (1367–1346 v. Chr.) erhielt von Amenophis IV. von Ägypten über 600 Kilogramm Gold, und in seinem Brief an den ägyptischen Pharao schreibt Burnaburiasch: »Da man sagt, der Weg ist beschwerlich, das Wasser ausgetrocknet und das Wetter heiß, habe ich dir nicht viele Geschenke geschickt. Ich habe (nur) vier Minen (2 kg) schönen Lazurstein als Hauptgeschenk meinem Bruder geschickt und fünf Gespanne von Pferden. Wenn das Wetter gut wird, werde ich meinem künftigen Boten, der abgehen soll, viele schöne Geschenke für meinen Bruder mitgeben.«

Es gibt ferner eine Tontafel aus Assyrien, die Aššur-uballit I. an Amenophis IV. schickte: »Ich sende Dir zwei weiße Pferde aus meinen Stallungen.«

Später sind in assyrischen Texten häufig Hinweise auf weiße Pferde zu finden. Ei-

Bronzeplatten aus der Türverkleidung eines Prachtbaues in Imgur-Enlil, auf denen die Kriegszüge des assyrischen Königs Salmanassar III. dargestellt sind, Höhe 10,9 cm.

27 Feldzug in Nordsyrien, 858 v. Chr. Assyrische Bogenschützen und Streitwagen beim Sturm auf Dabign sowie weibliche Gefangene, Maultiere und Dromedare, die hinweggeführt werden

28 Feldzug in Armenien, 857 v. Chr. Die Männer von Gilzan zahlen Tribut in Form von Pferden

ner dieser Texte war für Gesetzesbrecher bestimmt und besagte, daß »zwei weiße Pferde zu Füßen des Gottes Aššur« oder »vier weiße Pferde zu den Füßen des Mondgottes« anzubinden waren. Andere Missetäter hatten den Tempel mit weißen Pferden zu beliefern. Es muß somit zu jener Zeit innerhalb des Tempelbezirks eine stattliche Zahl weißer Pferde gegeben haben. Der Text läßt die Vermutung zu, daß die weißen Pferde innerhalb des Königreichs beschafft werden konnten. Vielleicht kamen sie aus einem der am Ende dieses Kapitels aufgeführten Gestüte.

Wir erfahren weiter, daß die Assyrer weiße Pferde insbesondere bei kultischen Handlungen und Prozessionen bevorzugten und daß sie eine Anzahl nur zu dem einen Zweck hielten, den heiligen Wagen des Gottes Aššur zu ziehen.[2] Während die weißen Pferde bei den Assyrern vor allen Dingen bei Zeremonien jeglicher Art hochgeschätzt waren, wurden sie im benachbarten Babylonien gar nicht erwähnt. Auch die Indogermanen bevorzugten weiße Pferde, denn sie sahen in diesen wunderschönen, rein weißen Tieren Mitglieder der Götterfamilie, und die späteren Germanen hielten weiße Pferde in heiligen Bezirken und ließen nicht zu, daß sie gemeine Arbeit verrichteten. (Das Wappen von Hannover zeigt ein hochsteigendes weißes Pferd[3].)

Die Perser liebten die weißen Pferde ganz besonders, und zur Zeit Xerxes' spannte man acht solcher Tiere vor den heiligen Wagen des Zeus. Beispiele dieser Art ließen sich bis in die Zeit der Römer hinein beliebig fortsetzen. Weidner äußert deshalb die Vermutung, daß die Indogermanen die Kultur der Assyrer und später auch der Perser beeinflußt haben könnten. An der Spitze des assyrischen Reiches standen in der Gestalt der Mitanni-Herrscher lange Zeit die Indoarier oder Indoiranier. Das Mitanni-Reich grenzte an das Hethiterreich, und schon im zweiten Jahrtausend v. Chr. hatten Mitanni-Krieger in Syrien und im Süden in Palästina kleine Fürstentümer errichtet.

Tuschratta von Mitanni schrieb in dem ersten von insgesamt dreizehn Briefen, die er an Amenophis III. und Amenophis IV. richtete, nach Grüßen und guten Wünschen für seine Pferde und Wagen von seinen Erfolgen sowohl im eigenen Lande als auch im Hatti-Reich: »Siehe, ich habe einen Wagen, zwei Pferde, einen Jüngling, eine Jungfrau aus der Beute des Chattilandes Dir übersandt. Als Geschenke für meinen Bruder habe ich Dir fünf Gespanne Pferde übersandt.«

Zwischen 1630 und 1530 v. Chr. tauchten Kassiten-Horden in Babylonien auf. Diese waren durch ihre Sprache mit Luristan, dem Kaukasus und dem Gebiet rund um das Kaspische Meer verbunden. Auf babylonischen Keilschrifttafeln werden sie schon im 17. Jahrhundert

[2] Das erinnert mich daran, daß der Kartäuser-Orden in Spanien und Großbritannien im Mittelalter weiße Pferde und weiße Rinder bevorzugte.

[3] Siehe Seite 202 über die Reinweißen.

v. Chr. als Erntearbeiter und Knechte erwähnt. Es hat also den Anschein, als seien sie zunächst nicht in kriegerischer Absicht gekommen, auch wenn sie das babylonische Reich später, nach Hammurabis Tod, bedrohten. Von dem Sohn Hammurabis wurden sie zurückgeschlagen und ließen sich schließlich im Norden nieder. Sie waren Pferdezüchter und exzellente Reiter. Pferde wurden bei ihnen nahezu kultisch verehrt. Ihre Sprache kennt ein Wort für »Hengst«, aber offensichtlich kein Wort für »Stute«. Die Farben ihrer Pferde sind interessant. Sie konnten aus Logogrammen entziffert werden[4]:

Mi = schwarz
Sa_5 = rot oder braun
Babbar = weiß, grau
Gun_3 = gescheckt
Sirpi = schwarzbraun
Minzir = Fuchs
Pirmah, *Pirmuh*, *Purmah* = Schecke (wie der türkische *sekili* »mit weißen Flecken an den Fesseln«)
Laga (s) tak (k) as = braune Schattierungen
Dakas = weißer Stirnfleck, weiße Flekken, vielleicht Apfelschimmel
Hulalam = Blesse, oder möglicherweise ein kassitisches Wort aus dem Akkadischen, *hulalu*, das »ein Edelstein von möglicherweise gelber Farbe« bedeutet.

Es gibt noch weit mehr Farbbezeichnungen, doch ihre Bedeutungen sind den deutschen Gelehrten nicht bekannt. Daran ist die Entwicklung des Pferdes unter dem Einfluß selektiver Züchtung abzulesen, denn die Tiere hatten nun nicht mehr Urfarben wie das Fuchsfalb des Mongolischen Wildpferdes in allen Schattierungen oder das Schwarzbraun oder Mausfalb des Tarpans.

Die Kassiten legten großen Wert auf den Stammbaum. Der Hengst galt als dominanter Faktor, und im allgemeinen gab man auch nur Hengsten, niemals aber gewöhnlichen Pferden, eigene Namen. Und viele der vergebenen Namen bezogen sich auf Mängel, Farben oder Tiere. Einige sind kassitisch, andere akkadisch. Ein großer Teil der Hengste wurde nach ihrer Farbe benannt, und der Hinweis auf ihre Zucht oder ihren Pedigree pflegte »Abkömmling des Braunen« oder ähnlich zu lauten.

Ein anderes Wort ist *tur*, Fohlen. Waren die Stuten vor einen Wagen gespannt, so liefen die Fohlen neben den Muttertieren einher oder wurden gar an die Muttertiere gebunden, um an das Geschirr gewöhnt zu werden. In Osteuropa wird dieses altüberlieferte Verfahren teilweise heute noch praktiziert.

Sumaktar = Halbblut, d. h. der Vater ist unbekannt.

Alle Schwierigkeiten, die wir heute beklagen, wenn wir uns mit unzulänglich ausgebildeten Pferden beschäftigen, waren auch den kassitischen oder akkadischen Reitern vor mehr als 3500 Jahren schon bekannt. Ein Beispiel: »Als der Fürst in einem Wagen fährt und die Pferde unentwegt tänzeln ... als das vor den Gotteswagen gespannte Pferd sich nicht mehr lenken läßt ... sich nicht mehr lenken läßt und die Deichsel bricht

[4] A. Salonen, Hippologica Accadica.

... sich nicht mehr lenken läßt und scheut ... sich nicht mehr lenken läßt und auf einen Menschen losgeht.« Da von dem Gotteswagen die Rede ist, muß es sich um eine Prozession gehandelt haben, und wir wissen nur zu gut, daß ein solches Verhalten eines Pferdes jede Prozession sprengen kann.
»Der König (oder der Fürst) bestieg den zweirädrigen Wagen und fiel zur rechten Seite und die Räder auf der rechten Seite oder das Pferd auf der rechten Seite zertrümmerten sein Haupt.«
Es finden sich Hinweise auf Pferde auf der Weide, im Krieg eingesetzte Pferde und mit dem Joch zusammengebundene Pferde. Außerdem gibt es zwei bezaubernde kleine Erzählungen, die uns aus einer Zeit von vor mehr als 4000 Jahren überliefert sind. »Ein aufreitendes Pferd wispert, während es eine Maultierstute (Wildeselin?) deckt, ihr ins Ohr: ›Das Fohlen, das du haben wirst, soll ein Renner sein wie ich; du sollst keinen Esel gebären, der Körbe trägt.‹«
Und die Fabel vom Pferd und dem Ochsen: »Das Pferd sagt: ›Ich trage ein Kleid (Geschirr), wie ein Festgewand läßt es meine Füße sehen, ohne mich wäre der Stute Fohlen nicht imstande, Könige, Fürsten, Edelleute und Herren auf ihrem Weg zu ziehen.‹ Der Ochse bemerkt dagegen: ›Aber das Geschirr ist aus meiner Haut gemacht.‹ Doch das Pferd rühmt sich seiner Stimme und Schnelligkeit und prahlt außerdem damit, daß es das beste Futter bekommt. ›Sie geben mir die erlesensten Kräuter und das Grün der Erde. Sie bereiten dem edlen Pferd seinen Trank.‹ Da kommt Anu (der Esel?) und sagt: ›Pferd, dein Dienst ist schwer. Du und der Reitesel, ihr tragt die Körbe, wie die Karawanenstraße bringt ihr uns die vier Winde.‹ Darauf spricht das Pferd in rüdem Ton zu dem Packesel: ›Du bist nicht groß ... Stachelstock und Peitsche sind dein Los, du hast das Aussehen eines Kastens ... du wirst ganz sicher niemals einen Gesandten tragen.‹ Als der Packesel dies hört, schreit er böse ... macht einen gewaltigen Lärm.« (Salonen)
Der große Wert, den man den Pferden zumaß, ist ersichtlich aus dem förmlichen Abschluß der Briefe, die kassitische und akkadische Könige an ihre Brüder, die ägyptischen Pharaonen, sandten: »Dir, deinem Land, deinem Haus, deinen Frauen, deinen Großen, deinen Pferden, deinen Wagen gehe es sehr gut.« Und der Hethiterkönig Hattusili III. bemerkt, daß es in Babylonien mehr Pferde als Stroh gäbe. Vielleicht war dies ein diplomatischer Wink, mit dem er andeuten wollte, daß er ein paar zusätzliche Pferde sehr zu würdigen wüßte!
Uns sind die akkadischen Worte *samu* (heller Fuchs), *salmu* (schwarz) und *pesu* (Schimmel) überliefert. Es gibt Bemerkungen über »Pferde aus Herden«, »Futterrationen für Pferde« und »Getreide«. Und der informative Brief des Königs Hattusili II. an Kadaschman-Enlil II. von Babylonien enthält folgende Passage: »So spreche ich zu meinem Bruder: Schick mir Pferde, und zwar hochwüchsige Junghengste! Die Hengste, die dein Vater mir geschickt und bislang mein Bruder mir geschickt hat, waren gut, sind aber zu Kleppern geworden: und alte

Pferde halten nichts aus. In Chatti herrscht ja starke Kälte, und ein alter Gaul bleibt nicht lange leben. So schick mir denn, mein Bruder, junge Hengste! Klepper gibt's in meinem Lande die Menge!«
(Kammenhuber behauptet, daß dieser Brief von Hattusili III. gesandt wurde und somit mehrere Jahrhunderte jünger ist, als allgemein angenommen wird.)
Im Hatti-Reich gab es eine Menge Pferde, aber sie waren von geringer Qualität, klein und zum Galoppieren nicht besonders geeignet. Taugliche Pferde mußten importiert werden. Eine wesentliche Bedingung, die die Tiere erfüllen mußten, war die Fähigkeit, sich zu akklimatisieren. Die Pferde, die man benötigte, wurden nicht im Hatti-Reich gezüchtet, und es eigneten sich nur junge Tiere, die, da sie aus einem wärmeren Klima gekommen waren, noch abgehärtet werden konnten.
Im politischen und diplomatischen Leben spielten die Pferde eine sehr große Rolle. Die Könige von Babylonien, Assyrien und dem Hatti-Reich sowie die Herrscher Syriens und Palästinas sandten den ägyptischen Pharaonen nicht nur ihre Töchter, sondern auch Pferde, und baten im Austausch dagegen um Gold!
Die gewaltige Ausdehnung der Pferdepopulation ereignete sich innerhalb weniger Jahrhunderte in einem Teil der Welt, der nicht die Urheimat dieser Tiere ist. Ich vermute zwar, daß es sich bei den kleinen, minderen Pferden, von denen gesagt worden ist, daß sie im Hatti-Reich zu finden waren, um Nachkommen von Wildpferden gehandelt hat. Sie sind jedoch aus dem Norden und Osten und wahrscheinlich auch aus dem Westen, wie wir noch sehen werden, ins Land hereingebracht worden.
Es war auch nur eine Frage von einem oder zwei Jahrhunderten, bis die Gestüte oder Bezirke, in denen Pferde besonders gezüchtet wurden, bekannt geworden waren. Diese Bezirke übertrafen in ihrer Größe bei weitem unsere heutigen Vorstellungen von einem Gestüt[5], aber nichtsdestoweniger waren sie doch Gestüte im weitesten Sinne des Wortes.
Das alte slawische Wort *stado* bedeutet ›Pferdeherde‹ und ist dem alten germanischen *stuota*, Stute[6] verwandt (sowohl Slawisch als auch Germanisch gehören zur indogermanischen Sprachgruppe). In den Gestüten, über eine Distanz von mindestens 4500 Kilometern Luftlinie verteilt, von Kilikien im Süden Anatoliens bis nach Ferghana und zum Gebiet rund um den Fluß Ili, wohin die chinesischen Herrscher ihre Boten nach Pferden aussandten, wurden buchstäblich Tausende von Pferden aufgezogen. Man hielt sie in Tabunen (Herden).
Die vielleicht bedeutendsten Gestüte des Nahen Ostens lagen in Elam und Syrien, in Nordmesopotamien an den Südhängen des Gebirges und vor allem rund um den Vansee, in dem von den Churritern bewohnten Gebiet. Dreitausend Jahre später hat man eben aus diesem

[5] Siehe Kaiserin Maria Theresia, The Founding of the Hungarian State Stud (Mesöhegyes).
[6] Hochdeutsch *Stute*, althochdeutsch auch *marha, meriha: Mähre, Mare.*

Gebiet Pferde nach Großbritannien gebracht, die dort den Grundstein legen halfen für die bedeutsamste Pferdezucht der Welt – die Vollblutzucht.

In den meisten Gegenden züchtete man das kleine Wüsten- und Steppenpferd, *Equus orientalis*, bei dem es sich vielleicht um den Vorfahren des Arabers handelt. Einige werden als Rassen bezeichnet. Im folgenden eine Aufstellung damaliger Gestüte:

1. In Persien, Elam = in den Städten bzw. Bezirken Kusa, Mesa und Parsua wurden susische Pferde gezüchtet.
2. In Assyrien und Nordmesopotamien = Aššur, Kalchu, Arrapcha und Lahiru, Barhalza und Guzana, das zur Zeit König Sargons sowohl für seine Pferde als auch seine Maultiere berühmt war.
3. Urmia und der Van-Distrikt: Gilzan und Assurna. Sargon empfiehlt neues Blut aus dem Lande Gilzan.[7]
4. Syrien – Palästina. Es gibt Berichte über Tributzahlungen von: *Qar-m-e = Da-a-na = Kul-la-m-a = Ar-pad-a = I-sa-na.*

Salonen vermutet, daß Qarme wahrscheinlich das biblische Qarnaim östlich des Jordan und Kullama das biblische Kalneh in Nordsyrien ist. Isana lag wahrscheinlich am Fluß Zob und Da'ana in der Nähe von Aleppo. Außerdem gab es *Man-zu-at-e* in Nordsyrien zwischen Karkar und Aleppo.

5. Kleinasien. *Me-lit-a-a* = Mehdai in Tabal, die römische Stadt und Provinz Melitene späterer Tage.
6. Arabien = Musri: Misri. Musri liegt im östlichen Niltal und gehört heute zu Ägypten, und dies ist der einzige *aus jener Epoche* stammende Hinweis, den ich finden konnte, welcher sich entweder auf Arabien oder auf Pferde aus Arabien bezieht. Weidner hat folgenden Text übersetzt: »Silkanni oder Silheni, der König von Misri, brachte zwölf große Pferde aus dem Lande Misri, von der Art, wie sie in meinem Lande nicht zu finden ist.« Silkanni war ein Zeitgenosse Sargons II., des Königs von Assyrien, 722–705 v. Chr.

Weidner behauptet allerdings, daß Misri nicht in Ägypten, sondern in Arabien, in Nordarabien, südlich von Palästina auf der Landenge nach Ägypten, gelegen habe. Pferde, so sagt er, dürften wohl eher mit Arabien als mit Ägypten, wo man sie in jedem Fall aus Kleinasien und Syrien importierte, in Verbindung gebracht werden. Wie auch immer – Misri lag auf dem Weg, den solche Importe nehmen mußten. Da im übrigen von großen Pferden die Rede ist, wäre es ganz interessant, zu wissen, ob vielleicht über phönizische Schiffe eine Seeverbindung zwischen Misri und Griechenland bzw. Mykenae (Peloponnes) bestanden hat. Bei Mykenae sind neben den Überresten einer kleineren Form auch Spuren großer Pferde entdeckt worden. Besteht hier möglicherweise eine Verbindung mit dem europäischen *Equus robustus*? Die Pferde aus Misri fanden als Wagenpferde Verwendung. Abgaben in Form von Pferden wurden monatlich geleistet.

Im 9. Jahrhundert v. Chr. entstand das

[7] Siehe Corduène und die Pferde der »Gordeen Breed«.

11 Das »Old Black English Carthorse«, 18. Jahrhundert stammt aus Flandern = Flämische Pferderasse

12 Ein Ahne des Shire-Pferdes. Ein starkes und schweres Arbeitspferd, das vor 100 Jahren häufig in der Landwirtschaft gebraucht wurde. Heute ist es als Zugpferd auf den Londoner Straßen immer noch gefragt

13 Ein Pack-Cob auf der Rückkehr von einer Hirschjagd; frühes 16. Jahrhundert, flämisch, aus einem flämischen Kalender

29 König Assurbanipal auf der Löwenjagd, 7. Jahrhundert v. Chr. Seine Hauptstadt lag in einem Pferdezuchtgebiet

neue Reich Urartu, das sich teils über das frühere Mitanni-Reich, teils über erobertes Land im Osten erstreckte. Sehr wahrscheinlich handelte es sich bei der Bevölkerung dieses neuen Staates um Nachkommen der Hurriter. Sie züchteten Pferde für das Heer Sargons, »Reitpferde, die nirgendwo ihresgleichen haben«, und Assarhaddon erwähnt »große« Pferde als Tribut. Er erzählt: »Die feurigen, galoppierenden, edlen Pferde, das Gespann vor meinem zweirädrigen Streitwagen, sie versanken in ihrem Blut wie in einem Fluß.« Die Urarter waren sicherlich zu den besten Pferdezüchtern zu zählen. Sargon II. hielt die Pferde rund um den Urmia-See für so zahlreich, daß sie nicht hätten geritten (gezähmt?) werden können. Während Rusa aus Urartu sich brüstete: »Mit meinen beiden Pferden und meinem Wagenlenker eroberte ich das Königreich Urartu mit meinen eigenen Händen.«

Jacobsen schreibt, daß Sargon II. die Zucht seiner Vollblutpferde erfolgreich vorantrieb und seine Gespanne vervollkommnete. Und ein Jahrhundert später sagte Assurbanipal: »Ich saß auf edlen Pferden, ich ritt feurige Vollblüter.« In Assyrien benutzte man das populäre

Orientalische Pferd, das wir von zahlreichen Gravierungen und in Stein geschnittenen Flachreliefs kennen, bis etwa zum 10. Jahrhundert v. Chr., als das Land nach einer glücklosen Epoche erneut erstarkte. Das ist zurückzuführen auf die größere Effektivität *berittener* Krieger gegenüber den nun veralteten Streitwagen. Die Kavalleriepferde waren größer, und viele von ihnen wurden von den Medern im Osten, die über riesige Herden verfügten, geliefert.

Während des zweiten und ersten Jahrtausends kannte man im Orient außerhalb der Städte noch keine ausgebauten Straßen, doch es gab viele Routen: Karawanenstraßen, Fußwege, Rinderpfade, und auch die »Königsstraßen«, die zu militärischen Zwecken benutzt wurden. Entlang diesen Straßen standen überall Heerposten und Kasernen, aber auch Kurierstationen. Die Kuriere fuhren zweirädrige Karren und transportierten wahrscheinlich sowohl Menschen als auch kleinere Lasten.

Die Pferderüstung wird zum erstenmal im 13. Jahrhundert v. Chr. erwähnt. Der Bericht ist in der Hauptsache in der Sprache der Hurriter, hethitisch, und in Teilen kassitisch abgefaßt. Die Rüstung bestand aus einem Lederschutz für die Vorhand des Pferdes, manchmal in Form eines Schuppenpanzers oder aus Bronzeteilen gefertigt. Außerdem wurde eine Art Kopfschutz oder Helm benutzt. Auch Pferdedecken finden in den alten Texten Erwähnung.

Über das Reiten wird zum erstenmal im Alalakh-Text aus dem 13. Jahrhundert v. Chr. berichtet. Für den Sattel wird das Wort *pāgumu* gebraucht, aber es gibt keinerlei Hinweis darauf, ob er einem Esel, einem Maultier oder einem Pferd aufgelegt wurde. Die früheste Kunde davon, daß Pferde geritten wurden, stammt aus dem 12. Jahrhundert v. Chr. etwa zur Zeit Nebukadnezars I. (1125–1103 v. Chr.), als Reitpferde nach Babylon gebracht wurden. 860 v. Chr. führte Assurnassirpal in seinem Heer berittene Soldaten ein.

Seit dem ersten Jahrtausend verbesserte sich die Pferdepopulation stetig. Wahrscheinlich lag das daran, daß die Tiere besseres Futter erhielten, was wiederum eine Folge der verbesserten landwirtschaftlichen Methoden war. Bei den Ausgrabungen in Luristan verblüfft die Vielfalt der gefundenen Trensengebisse. Wie wir an den Gräbern erkennen können, stand die Liebe zur Pferdezucht obenan; oft wurden die Toten mit dem Kopf auf dem Zaumzeug zur letzten Ruhe gebettet. Es gab zwei verschiedene Formen der Trensengebisse: einerseits das gerade Mundstück und mit Pferden, Rindern, Ziegen usw. verzierte Zügelringe, die eine Reminiszenz an das 2. Jahrtausend v. Chr. darstellen, als Luristan von den Kassiten besetzt war, und andererseits die Knebeltrense, deren Knebel manchmal in Tierköpfen endeten. Im allgemeinen wurden diese Trensengebisse speziell für Begräbnisse angefertigt und waren nicht für den täglichen Gebrauch gedacht, aber man darf wohl annehmen, daß ähnliche Trensengebisse auch bei der täglichen Arbeit Verwendung fanden.

Die Meder, Perser, Kassiten oder Kos-

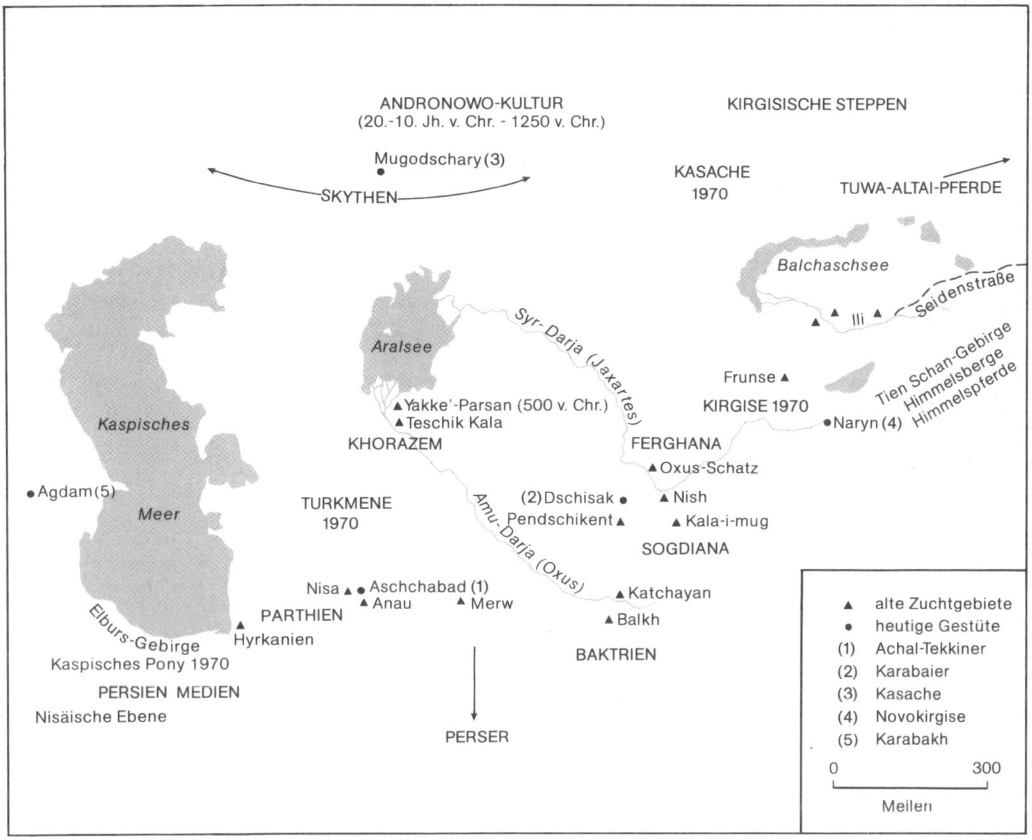

Zuchtgebiete in Zentralasien

säer, Baktrier und Kaspier, sämtlich Völker aus dem Nordosten des Iran, stellten die ersten Reiterdivisionen des Achämeniden-Heeres, deren Hauptwaffe der Bogen war, auf. In Assyrien, Syrien, Ägypten und auch Indien war der zweirädrige Streitwagen immer noch das Hauptinstrument in der Kriegführung und ein Symbol der Macht, bis die Meder und Perser die Überlegenheit eines berittenen Heeres demonstrierten und die Assyrer, Syrer, Ägypter und Inder sich gezwungen sahen, ebenfalls reiten zu lernen. Die Kleidung, die den Reiter kennzeichnet, nämlich Hosen, trugen sie niemals besonders gern.

2. Nordafrika

Es gibt Unterlagen darüber, daß die Thraker in Europa um 1200 v. Chr. geritten sind. Bevor wir jedoch näher auf die Zucht von Reitpferden im Vorderen Orient im 9. Jahrhundert v. Chr. eingehen, sollten wir zunächst die Entwicklung des Pferdes in Nordafrika und Ägypten und in den Ländern, die von den Pharaonen erobert und beherrscht wurden, untersuchen.

Man kann nicht, wie so viele Autoren es getan haben, mit Sicherheit davon ausgehen, daß es in Nordafrika vor der Herrschaft der Hyksos in Ägypten (1670–1570 v. Chr.) keine Pferde gegeben hat; gerade das Gegenteil ist historisch mehr als wahrscheinlich. Auf jeden Fall ist aufgrund der engen Verbindung zwischen Marokko und der iberischen Halbinsel sowie der großen Ähnlichkeit zwischen dem primitiven Sorraia-Pony und dem höherentwickelten Berber in Körperbau und Farbe zu vermuten, daß zwischen den Völkern dieser Länder ein Austausch stattgefunden hat, selbst wenn es keinen schriftlichen Beweis hierfür gibt, auf den wir uns stützen könnten.

Nicht allgemein bekannt ist die Tatsache, daß in prähistorischer Zeit auf der iberischen Halbinsel ein Wildpferd mit konvexem Profil existiert hat. Publius Vegetius[8] sagt in seiner *Mulomedicina* klar und deutlich, daß das afrikanische Pferd spanischen Ursprungs ist. Auch ein paar Opferbronzen aus der Zeit um 300 v. Chr. (u. a. auch Despeñaperos, Provinz Jaén) zeigen deutlich ramsnasige Pferde und Pferde mit konkaven Gesichtern.

Dafür, daß das Pferd in Cantabrica schon im Mesolithikum domestiziert worden ist, scheint es sichere Beweise zu geben. Man hat Höhlenzeichnungen aus dem 5. Jahrtausend entdeckt, auf denen Pferde zu erkennen sind, die geführt werden, und andere aus dem 4. Jahrtausend, auf denen die Pferde geritten werden. Vielleicht sind diese Höhlenzeichnungen ein weiteres Indiz für die Annahme, daß das Reiten seinen Ursprung in Europa hatte. Der verstorbene Ruy d'Andrade, einer der größten Experten auf dem Gebiet der Geschichte der Hippologie, hat eine Karte von der iberischen Halbinsel und Marokko angefertigt, in der die Gebiete hervorgehoben sind, in denen die Urpferde der Vorzeit vermutlich zu finden waren. Augenscheinlich gab es in Iberien in den meisten großen Flußtälern und in Marokko rund um das Tal des Mouloûya und am Fluß Loukkos an der Westküste Herden oder Gruppen von Wildpferden.

Die Ähnlichkeit zwischen dem nordafrikanischen Berber und dem Sorraia-Pony und die spätere Verschmelzung beider Typen zum südamerikanischen *Criollo* sind nicht zu leugnen. Sie alle besitzen das ausgeprägte und unverwechselbare konvexe Profil. Wie wir schon festgestellt haben, weist dieser Pferdetyp eine

[8] Flavius Vegetius Renatus, Digestorum Artis Mulomedicinae libri, A.D. 400, ein Buch über Veterinärmedizin.

30 Relief am Tempel von Karnak, Luxor, Ägypten

völlig andere Schädelstruktur auf, die sich besonders im Profil des Gesichts und der Kiefer und Ganaschen zeigt. Während die Nachkömmlinge des Przewalski-Pferdes und des Tarpans an ihrem mehr oder weniger konkaven Gesicht in möglicherweise variierender Länge zu erkennen sind, hat der Berber dieses markante konvexe Gesicht und ein Kiefer-Ganaschen-Profil, das der Urform sehr nahe kommt. Bei der Kreuzung des Berbers mit dem Araber ist das Merkmal des konvexen Profils dominant, doch unter den richtigen – oder auch falschen – klimatischen Bedingungen und über Tausende von Generationen hinweg haben sich der Berber und das Sorraia-Pony wahrscheinlich aus *Equus robustus* (Cob) und *Equus przewalskii gmelini* (Tarpan) entwickelt.

Antonius, der offensichtlich noch nichts von der Existenz des Sorraia-Ponys geschweige denn von dem Alter dieses Pferdetyps, seinem Körperbau und seiner Lokalisierung gewußt hat, schreibt: »Wir dürfen zweifellos annehmen, daß ein mehr oder minder einheitlicher, zur Ramsköpfigkeit neigender Pferdeschlag über die spanische Halbinsel mindestens bis in die Atlasländer verbreitet war, bevor der edle Araber, zuerst vielleicht schon zur Zeit des ägyptischen neuen Reiches, über Libyen, vor allem aber in großer Zahl mit dem Islam ins Land kam.« Antonius nimmt außerdem an, daß es die Kelten waren, die den tarpanartigen – ich glaube allerdings, es ist eher der *Equus-europaeus*-Typ – Garranos de Minha mitbrachten, nach dessen Gestalt das Bronzepferd mit dem konkaven Gesicht modelliert wurde. Auf der anderen Seite wissen wir durch die Höhlenzeichnungen, daß es in Südfrankreich und Iberien viele tausend Jahre vor der Ankunft der Kelten Pferdetypen *sowohl* mit konvexem als auch mit konkavem Profil gegeben haben muß.

Sogar Marcus Aurelius Olympius Nemesianus erwähnt die häßlichen Köpfe der afrikanischen Wüstenpferde, denn die Römer selbst waren an die konkave Kopfform des Tarpans gewöhnt. Nemesianus nannte sie *turpe caput.* Dennoch bewunderten die Römer die nordafrikanischen Pferde wegen ihrer Kraft und Ausdauer und ihres freundlichen Temperaments. Diese Qualitäten wurden auch von anderen Autoren hervorgehoben.

Berberei wurde der Küstenstrich Nordafrikas genannt, der sich aus Numidia und Mauretania (daher der spätere Begriff »maurische Pferde«, die Pferde der Mauren, die ja in der Tat im allgemeinen Berber waren) zusammensetzte. Das Land der Berber wurde jedoch Mitte des 7. Jahrhunderts n. Chr. von den Arabern erobert, und mit den Pferden der Araber kam zu der einheimischen Pferdepopulation eine neue Rasse hinzu. Claudius Aelianus[9] sagte von den Berberpferden: »Sie sind klein und nicht sehr schön, aber außergewöhnlich schnell und kräftig und obendrein folgsam, daß sie ohne Trense oder Zügel geritten und einfach mit einem Stöckchen gelenkt werden können, so daß nur ein Führzügel am Halfter notwendig ist.«

Obgleich als Folge der Invasionen im 7. Jahrhundert n. Chr. ein großer Teil des reinen Berberblutes mit Araberblut vermischt wurde, dominierten doch noch die Eigenschaften des Berbers: konvexes Profil, hoher Widerrist, flacher Leib, abfallende Kruppe mit tiefem Schweifansatz, sehr fügsam, ruhig, robust, mit viel Kraft und Ausdauer. Und die heute noch als Berberpferd bekannte Rasse erlangte so hohes Ansehen, daß Berber im Mittelalter zu den besten Pferden der Welt gezählt wurden und in den Gestüten und Ställen der Mächtigen in Afrika und Europa zu finden waren[10].

Marcus Fugger, von dem später noch die Rede sein wird, schreibt über die Berber: »... die sind fast klein/doch arbeytsam/ thauerhafft/unnd mögen viel leyden/

[9] Griechischer Gelehrter aus dem 2.–3. Jht. n. Chr., der ein Werk über die Natur der Tiere verfaßte.

[10] Siehe Kapitel 6 über die spanischen Pferde.

sind vorder resch/un beharren lang auff irem lauff/sind gar köstliche gute Rossz/un so sie die grösse hetten/wie etwan die oberzehlte,/köndte im einer nicht wol bessere Pferdt zum Krieg wünschen/es haben auch die alten viel auff diese Rossz gehalten ... sie auch von den Türcken (welliche dann alle ihre Sachen nur auff die geschwindigkeyt richten) in grossen Würden gehalten werden.«[11]
Symmachus Ben Joseph, ein jüdischer Gelehrter aus dem 2. Jahrhundert n. Chr. sagt, daß spanische Pferde wegen ihrer Schnelligkeit berühmt waren und nach Syrien exportiert wurden. So brachten also die islamischen Invasionen nicht nur neues Araberblut nach Spanien, sondern auch das alte, verwandte Blut aus Nordafrika – in welcher Menge und Mischung, werden wir allerdings niemals erfahren –, und das war der Grundstock für die späteren spanischen oder andalusischen Pferderassen, die in ganz Europa berühmt wurden.
Vor 150 Jahren schrieb Ammon, die Berberpferde seien nicht mehr das, was sie einst waren, auch wenn man in Teilen der Berberei (Marokko?) noch exzellente Pferde finden könne. Er fügte hinzu, daß es zwei Linien gäbe: »die gewöhnlichen Pferde des Landes, die in keiner Weise bemerkenswert sind und wie alle anderen gewöhnlichen Pferde aussehen. Und dann jene Pferde von Adel, die wir in Europa Berberpferde nennen.«
Nach Leo Africanus und auch nach Ammon selbst hat es jedoch den Anschein, als seien die edlen Berberpferde oft Araber oder größtenteils arabischer Abstammung gewesen, da sie immer noch von den wandernden Beduinenstämmen gezüchtet wurden. Nach der Eroberung durch die Araber ließen sich die restlichen islamischen Nomaden in Städten und Dörfern nieder. Sie gingen in der einheimischen Bevölkerung auf und hießen später »Mauren«. Die Pferdezucht wurde nur noch sehr nachlässig betrieben.
Die besserrassigen Pferde waren selten größer als 142 cm, hatten kleine, edle Köpfe mit konvexem Profil, feine Ohren, schlanke, lange Hälse, flache, schlanke Schultern, flache Leiber, gerade Rücken, kräftige und kurze Knochen, sie waren recht muskulös und hatten eine lange Kruppe mit gutangesetztem, hoch getragenem Schweif. Das Haarkleid war glatt und weich. Die größten Tiere waren Schimmel, die hübschesten dagegen im allgemeinen Schwarzbraune oder Füchse. In Schnelligkeit, Konstitution und Ausdauer standen sie dem Wüstenaraber nicht nach, und ein Pferd, das schnell genug laufen konnte, um einen Strauß zu fangen, war 100 Kamele oder 1000 Dukaten wert. Begreiflicherweise waren solche Pferde allerdings sehr rar! Aber auch die gewöhnlicheren Pferde hatten ihre Meriten, denn auch sie waren schnell, kräftig, fügsam, geduldig, von freundlichem Temperament und erreichten oft ein sehr hohes Alter. Auch sie hatten klar geschnittene Köpfe und starke Hälse, lange, schöne Körper mit kräftigen Rücken.

[11] Siehe Kapitel 8 über das Vollblut.

Auch in Marokko, wo ein damaliger Pferdebestand von mindestens 400 000 Tieren vermutet wird, galten diese Pferde noch als »gute Zucht und im allgemeinen von arabischer Herkunft«, aber sie wirkten von Kopf bis Schulter und Brust viel eleganter als die Araberpferde selbst. Die Pferde von Tingitania, sagt Ammon, wurden wegen ihrer Schnelligkeit und ihres Mutes außerordentlich geschätzt, und obgleich die Mauren nicht so sorgfältige Züchter wie die Araber waren (sie sind ja natürlich selbst keine Nachkommen eines solchen alten Reitervolkes), gehörten ihre Pferde doch zu den besten der Welt, wenn es galt, Hitze und Kälte, Hunger und Durst zu ertragen.

Der Grund, warum einige Berberpferde bei den Westeuropäern so sehr in Mißkredit gerieten, ist vielleicht in der unfachmännischen Art und Weise zu suchen, wie sie zugeritten worden waren. Die beim Zureiten 12 bis 15 Monate alter Tiere angewandte Methode führte häufig zu steilen Schultern und harten Mäulern.

In einigen vor zweihundert Jahren verfaßten Schriften wird erwähnt, daß die bei weitem besten Pferde in der Provinz Sous im Süden Marokkos zu finden waren. »Ich mußte feststellen, daß jene guten Qualitäten des Berberpferdes arabischer Abstammung, welche ich für übertrieben gehalten hatte, nur allzu wahr sind, denn es handelt sich in der Tat um die mutigsten und fügsamsten Pferde, die man jemals finden wird.« Der Verfasser dieser Zeilen beschreibt dann ein wahrhaft vollkommenes Pferd, das allerdings ein ausgesprochen konvexes Gesicht hatte! Viele Tiere besaßen ein wunderschönes cremefarbenes Fell mit untergemischten schwarzen Haaren. »Nichts könnte dem Feuer, der Behendigkeit und der Sanftmut dieser bemerkenswerten Pferde gleichkommen«, sagt ein Reisender namens Riley, und er beschreibt ein Ereignis, an dem 1200 Mauren und Araber, alle auf Hengsten beritten, teilnahmen. Er fügt hinzu, daß neben ihnen einige der besten Rennpferde Europas sich nur noch wie Karrengäule ausnehmen würden (Ammon).

Die Qualität der Pferde in Marokko ließ mit der Zeit aber nach, wenn sie sich auch nach wie vor ihre unglaubliche Ausdauer bewahrten. Die gewöhnlichen Pferde Tunesiens und Algeriens waren den gewöhnlichen Berberpferden sehr ähnlich. Ihrer Zucht schenkte man nur sehr geringe Aufmerksamkeit, und sie wurden auch nicht besonders sorgfältig behandelt. Eine Linie von besserer Qualität war allerdings noch im Inneren Tunesiens in der Gegend von Beled Djerid zu finden. Diese Tiere wurden von wandernden Beduinen gezüchtet und galten als sehr hübsch. In Tripolis wurde die Zucht mit großer Sorgfalt betrieben, und die Tiere verfügten mit Schnelligkeit, Stärke und exzellentem Körperbau über alle Eigenschaften eines wirklich guten Pferdes, doch sie waren nur 140 cm groß.

Von Dahomey, West-Äquatorialafrika, wurde berichtet, daß es dort vor 100–200 Jahren eine beträchtliche Zahl von Pferden gegeben habe, die zu zwei verschiedenen Rassen gehörten. Zum einen handelte es sich um die Nachkommen des nigerianischen Pferdes, die etwa 20% der

31 Eine Malerei aus dem Grab des Mab-Amon, Ägypten, auf der ein Pferd und wahrscheinlich Maultiere dargestellt sind (Theben, um 1400 v. Chr.)

Pferdepopulation ausmachten, und zum anderen um ein bodenständiges Pferd, das nach dem Berbervolk benannt worden war.

Dieses Berberpony war und ist – soviel ich weiß – immer noch klein und von brauner Farbe und hat eine Größe von etwa 130 cm. Etwa fünfzig Prozent der Rasse sind Hellbraune und sogar noch kleiner, nur etwa 115 cm groß. Es handelt sich um einen kräftigen und ausdauernden Ponytyp. Die Tiere leben nahezu wild, werden aber von den Einheimischen als Reit- und Zugpferde benutzt. Im Gegensatz zum nigerianischen Pferd sind sie außerordentlich resistent gegen die Schlafkrankheit. Kreuzungen der beiden Rassen ergeben eine Zwischenform, die alle guten Eigenschaften des Berberponys aufweist.

Der Stamm der Beni-Moussa lebt im Mittleren Atlas und der Stamm der Ait-Attab im Südosten des Atlasgebirges. Typisch für das Klima sind ungewöhnlich hohe Temperaturen mit starken Schwankungen und geringer Niederschlag. Beide Stämme sind berühmt für ihre Kenntnisse auf dem Gebiet der Pferdezucht. Ihre Pferde sind das Ergebnis mehrfacher Kreuzungen. Das dominante Merkmal des einen Typs war vielleicht das konvexe Gesicht und die abschüssige Kruppe, das des zweiten ein gerades Gesicht und eine flache Kruppe – Berber × Araber –, und das dominante Merkmal des dritten Typs die ausgeprägte Ramsnase und eine recht schwache Kruppe. Die Nachkommen solcher Stammeltern sind Pferde mit ziemlich schwerem Kopf, konvexem Profil und sehr markanten Augen, gebogenem Hals, gerundetem Rücken, ausgeprägtem Widerrist und flacher Kruppe sowie mit einer hohen, ziemlich flachen Brust. Sie haben oft Stellungsfehler.

Erst wenn wir uns diese Entwicklung einmal klargemacht haben, können wir wirklich ermessen, was es heißt, daß das Berberpferd in Nordafrika immer noch Merkmale seiner prähistorischen Urahnen besitzt. Die mauretanische Lebensform breitete sich schon um 10 000 v. Chr. sowohl in Afrika als auch bis nach Europa (Spanien) aus, und zwischen den Bewohnern der Regionen, auf die sich der mauretanische Einfluß erstreckte, hatte sich schon im 4. Jahrtausend v. Chr. ein lebhafter Verkehr entwickelt. Es mag entlang der nordafrikanischen Küste auch eine Route nach Ägypten existiert haben, und die Landwirtschaft war immerhin von Mesopotamien und Syrien aus über Ägyten nach Tunesien gelangt, aber für einen Kulturaustausch gibt es nur wenige Beweise.

Im allgemeinen wird angenommen, daß die Ägypter das Pferd zur Zeit der ersten Dynastien weder kannten noch etwas über seine mögliche Verwendung wußten. Allerdings benutzten sie sicherlich Wildesel, und es bestanden auch Handelsbeziehungen zu Akkad, Aššur und Elam. Ich bin deshalb nicht so sicher, ob das Pferd in Ägypten wirklich noch bis kurz vor Ende der Herrschaft der Hyksos fast unbekannt bleiben konnte, während es doch, wie wir schon erfahren haben, in der Zwischenzeit als Haustier nach Mesopotamien und Anatolien gekommen war. Denn das Auftauchen der Hyksos – die ägyptische Bezeichnung für »fremde Eindringlinge« – um 1670 v. Chr. verbindet man allgemein, aber irrtümlich, mit dem Auftauchen der ersten Pferde in Ägypten.

Die expansionistischen Churriter oder Hurriter »vertrieben«, um das moderne Wort zu gebrauchen, die Völker des Vorderen Orients aus dem eroberten Syrien und Palästina und waren so weitgehend verantwortlich für die nach Süden gerichteten Wanderungen buntgemischter ethnischer Gruppen. Diese Vertriebenen formierten sich zu einem organisierten Heer, ließen sich schließlich im östlichen Nil-Delta nieder und übernahmen in Ägypten die Macht. Obgleich die Hyksos mesopotamisch-asiatischer Herkunft waren und über gewisse Kenntnisse von Pferden verfügt haben müssen, gibt es aber keinen schlüssigen Beweis dafür, daß sie tatsächlich Pferde mitbrachten. Die üblichen Beweise stützen sich zumeist in erster Linie auf Grabfunde.

Die Herrschaft der Hyksos begann mit der 15. Dynastie, aber erst bei der Entdeckung reich ausgestatteter Gräber aus der 18. Dynastie fand der berühmte Ägyptologe W. M. Flinders Petrie zusammen mit den Überresten von Toten auch die Reste von Pferden und Halbeseln. Zu dieser Zeit jedoch ging die Herrschaft der Hyksos bereits ihrem Ende zu. Sie hatten gerade damit begonnen, durch ihre Verbindungen zu Asien

Neuerungen einzuführen; vielleicht forderten sie sogar Kriegswagen zur Verteidigung ihrer schwindenden Macht an. Und dies ist der Zeitpunkt, zu dem die ersten von Pferden gezogenen Kriegswagen ins Land gebracht wurden und mit ihnen Pferde in unbegrenzter Zahl. Die zeitweilige Beherrschung Ägyptens durch die Hyksos hatte nicht nur Umwälzungen in der Art der Kriegführung oder in anderen »technischen« Bereichen des Fortschritts, sondern auch im Staatsaufbau und Geistesleben zur Folge. Jetzt setzte in Ägypten ein, was wir vielleicht das Zeitalter des Rittertums nennen können.

Ugarit, das heutige Ras Schamra in Syrien, war vermutlich schon im 19. Jahrhundert v. Chr. politisch von Ägypten abhängig, und während der 13. Dynastie huldigte Intu, der Herrscher von Byblos, dem Neferhotpe von Ägypten. Thutmosis III. (1490–1435 v. Chr.) erbeutete von den Mitannis in der Schlacht bei Nij 180 Pferde und bei der Eroberung von Megiddo wenigstens 2041 Pferde und 191 Fohlen oder Jährlinge. Viele kleinere Reiche entrichteten ihm ebenfalls Tiertribute, nachdem er die phönizischen Häfen gesichert hatte. Sein Enkel Thutmosis IV. war mit einer Mitanni-Prinzessin verheiratet und konnte dadurch jederzeit beliebig viele Pferde aus dem Mitannireich beziehen. Das schon erwähnte Tell Chagar Bazar lag im Mitannireich und war jahrhundertelang der größte Pferdemarkt Asiens.

Hinweise auf große Gestüte in Ägypten habe ich nirgends finden können. Vielleicht gab es dort, im Gegensatz zu Mesopotamien und Asien, gar keine organisierte Zucht, da es für die Ägyter ja ein Leichtes war, alle Pferde, die sie benötigten, zu importieren. Alles, was wir bis heute wissen, deutet darauf hin, daß sich über ganz Syrien, Mesopotamien und Ägypten Pferde derselben Linie und desselben Typs ausgebreitet haben. Zwischen diesen Ländern bestanden neben den, wie die Briefe bezeugen, freundschaftlichen Verbindungen der Herrscher auch enge Handelsbeziehungen.

Selbstverständlich waren Pferde eine beliebte Kriegsbeute. Pferde zu erbeuten wurde für viele Herrscher alter Reiche fast zum Lebensinhalt, zu einer Leidenschaft, der sie – besaßen sie erst einmal ausgebildete Kriegspferde – oft und ausgiebig frönten.

Wenn wir uns wirklich ein Bild von der äußeren Erscheinung dieses allgemeinen östlichen Pferdetyps machen wollen, müssen wir bei den assyrischen, babylonischen und ägyptischen Darstellungen alles, was auf den *Darstellungsstil* zurückzuführen ist, einmal außer acht lassen. Dann entsteht vor unseren Augen das recht allgemeine Bild eines kleinen, eleganten orientalischen Pferdes. Das gleiche kleine und edle Tier erkennt man aber auf allen Darstellungen, auch wenn man sie nur mit den Augen des Künstlers zu betrachten versucht.

Wer Überlegungen im Hinblick auf die

[12] Die Pferde von Nisäa und Ferghana sowie der persische Cob waren allerdings auch wieder individuelle Rassen. Hierauf kommen wir später zu sprechen.

Züchtungsgeschichte anstellt, darf keinesfalls die Darstellungen ägyptischer Pferde mit denen persischer[12] Pferde vergleichen. Nur wenn es sich um die möglicherweise von verschiedenen Künstlern ausgeführten Darstellungen von Pferden gleicher Herkunft handelt, ist der Vergleich sinnvoll. Zum Beispiel:
Syrisch-ägyptisches Pferd in ägyptischer Darstellung.
Syrisch-assyrisches Pferd in assyrischer Darstellung.
Syrisch-iranisches Pferd in persischer Darstellung.
Syrisches Wagenpferd im persischen Stil. Palast des Xerxes in Persepolis, ca. 480 v. Chr. Dieses Pferd hat ein gerades Gesicht mit einem Bogen über den Augen und mag kilikischer Herkunft gewesen sein.
Iranisches Reitpferd im persischen Stil. Dieses Pferd ist größer als das Wagenpferd und hat ein konvexes Profil. Mit Ausnahme dieses Tieres haben wir die allgemein verbreitete orientalische Linie vor uns. Die Gewänder der dargestellten Figuren, die ihren Tribut bringen, sollten bei der Betrachtung besonders sorgfältig beachtet werden. Wenn die Kleidung syrisch ist, handelt es sich wahrscheinlich auch um syrische – oder aus Kleinasien stammende – Pferde. Ist die Kleidung persisch, könnten die Pferde aus Medien, dem Iran oder Baktrien gekommen sein.

3. Innerasien

Im 7. Jahrhundert v. Chr., ein paar hundert Jahre, bevor Herodot (von dem wir noch hören werden) geboren wurde, tauchte in den Steppen Nordasiens ein Nomadenvolk auf, das viele Stämme umfaßte. Dieses Volk wurde lateinisch Scythae und griechisch *skuthai* genannt, was ganz einfach »Nomade« bedeutet und worunter weder der Name für einen bestimmten Volksstamm noch für eine Pferderasse zu verstehen ist. Die Perser nannten alle Skythen *Saka*[13]; deren Sprache war Iranisch, und ihre ursprüngliche Heimat war das Land nördlich Baktriens und östlich des Amu-Darja-Deltas, das heute als kasachisches Steppengebiet bekannt ist.
Auf ihren schnellen Pferden drangen sie in alle Richtungen vor – nach Südrußland (Transsylvanien und Bulgarien) und tief nach Asien hinein.
Sowohl die Massageten, die nördlich von Khorazem, westlich des Aralsees, lebten, als auch die Saken waren Skythen-Stämme. »Feinde, mächtig zu Pferd, mit fernhin schwirrenden Pfeilen plündern sie weit und breit aus das benachbarte Land« (Ovid, 1. Jahrhundert n. Chr., Briefe aus der Verbannung).
In Südrußland tauchten die Don-Skythen auf. Sie waren wahrscheinlich die Vorfahren der berühmten Donkosaken. Ihre Stärke war der Sattel, und ganz kurz gesagt geschah folgendes: Die rastlosen Skythen warfen die Kimmerer nieder,

[13] *Saki* bedeutet »Hirsch« – das Volk des Hirsches

diese wiederum unterwarfen die Thraker, und auf diese Weise rückten die berittenen Nomaden langsam gen Westen vor. Unter dem Druck der Reiternomaden gingen schließlich die frühen europäischen und die alten orientalischen Kulturen zugrunde. Daß die Nomaden einen solchen Druck ausüben konnten, war nur möglich aufgrund der mit dem Pferd gewonnen Mobilität, die ihrerseits von den ständigen Pferdelieferungen aus den Zuchtzentren abhing. »Eine Schar skythischer Bauern geriet in Streit mit den Gefährten und zog sich zurück ins Land der Meder«, sagt Herodot. Doch auch sie lenkten Wagen, führten ihre Häuser mit sich (Planwagen = *araba*), ritten Pferde und schossen mit dem Bogen. Während die Assyrer Vorderasien beherrschten, fochten die Meder erfolglos gegen die eindringenden Skythen, die sich über ganz Asien auszubreiten begannen. Sie zogen sogar gegen Ägypten, doch dort konnten sie durch Geschenke dazu bewogen werden, sich wieder zurückzuziehen. An dieser Stelle sollte vielleicht bemerkt werden, daß die Lebensweise der Skythen und ihre Kenntnisse von Pferden denen der späteren Araber *sehr* ähnlich waren. Allerdings taten sie wohl nicht immer nur das, was sie selbst wollten, denn (wie Herodot sagt):

»In Skythien wurden weder Esel noch Maultiere gezogen, wegen der Kälte und weil die Esel die Pferde der Skythen mit ihrem Geschrei verwirrten.

Die Skythen pflegten einen Teil ihrer eigenen Herden mit Wächtern zurückzulassen und selbst zum nächsten Lagerplatz weiterzureiten. Dann pflegten die Perser zu kommen und die Herden zu nehmen, und es gefiel ihnen, was sie taten, doch Darius geriet zuletzt in große Bedrängnis, da er nun so viele Herden erworben hatte. Und die Skythen sandten ihm einen Vogel, eine Maus, einen Frosch und fünf Pfeile. Darius glaubte, sie böten ihm Erde, Wasser und ihre Ergebenheit dar. Mäuse leben in der Erde und ernähren sich vom Korn wie die Menschen, Frösche leben im Wasser, und ein Vogel ist so flink wie ein Pferd. Die Pfeile wären die Stärke der Skythen, die sich ergeben.«

Aber ein Mann namens Gobryes deutete es anders: »O Perser, solltet ihr nicht Vögel werden und emporsteigen zu den Wolken, oder Mäuse und euch verkriechen in der Erde, oder Frösche und in den Teich springen, so werdet ihr niemals mehr heimkehren, denn diese Pfeile werden euch vernichten.«

»Nun kleiden sich die Massageten wie die Skythen und führen auch dasselbe Leben. Sie kämpfen zu Pferde und zu Fuß, mit Bogen und Speer, und sie sind gewohnt, die Streitaxt zu tragen. Gold und Messing verwenden sie für alle Dinge; für ihre Speere, Pfeilspitzen und Äxte benutzen sie Messing, doch ihre Köpfe, Gürtel und Brustgurte sind mit Gold geschmückt; und auch ihre Pferde tragen Brustpanzer von Messing, und die Zügel, Trensen und Knäufe sind goldverziert. Eisen und Silber haben sie nicht in ihrem Land, dafür jedoch Gold und Messing im Überfluß.«

Das, was die Griechen von den Skythen sagen, trifft nicht auf die Skythen, sondern die Massageten zu. Sie trinken

Milch (leben von ihren Herden – Nomaden). Der einzige Gott, den sie anbeten, ist die Sonne, der sie Pferde opfern; und mit diesem Opfer soll dem flinkesten der Götter auch das flinkeste aller sterblichen Dinge zuteil werden.« (Herodot)
Ungefähr um 500 v. Chr. waren die Skythen in das Gebiet nördlich des Borysthenes vorgedrungen und hatten sich als Bauern niedergelassen. Südlich von ihnen lebten mehr oder weniger seßhafte skythische Hirten, während die »königlichen« Skythen das Land am Westufer des Flusses Tanais besetzt hatten. Die nomadisierenden Skythenstämme durchzogen im Süden das Land rund um das Schwarze Meer und die Steppen im Osten. Sie alle gehörten zur großen Gruppe der Indogermanen, die auch die westlichen Kelten, die Germanen und die Keltiberer einschloß.
Interessanterweise gab es in Carcintis, einem kleinen, von den Griechen besetzten Landstrich an der Nordküste des Schwarzen Meeres eine offensichtlich stark frequentierte Rennbahn.
Die Skythen nannten sich Skoloten.
Herodot berichtet von Schiffen, die zum Verladen der Pferde beschafft werden mußten, als der Perserkönig Xerxes (485 – 465 v. Chr.) in den Kampf gegen Griechenland zog. Den Zug des Königs hätten eintausend Reiter, auserwählt aus allen Völkern Persiens, angeführt; ihnen seien eintausend Speerträger, gleichfalls auserwählt aus allen Völkern Persiens, mit den zur Erde geneigten Spitzen ihrer Speere gefolgt. Zehn außerordentlich reich geschmückte heilige nisäische Pferde hätten sich angeschlossen. »Nisäische aber heißen die Pferde darum: Es ist eine große Ebene in Medien, mit Namen Nisaion, und diese Ebene bringt die großen Pferde hervor.« Hinter diesen zehn Pferden sei dann der dem Zeus geweihte Wagen, der von acht weißen Pferden gezogen wurde, gefolgt; dahinter schritt der Lenker zu Fuß, in der Hand die Zügel haltend, denn der Sitz durfte von keinem Sterblichen erklommen werden. Dann kam der Perserkönig selbst in einem von nisäischen Pferden gezogenen Wagen. Der Lenker mit Namen Patriaphes, Sohn des Otanes, eines Persers, stand an seiner Seite. So, schreibt Herodot, sei der Perserkönig aus Sardis ausgezogen, doch wann immer der Sinn ihm danach stand, hätte er den Wagen verlassen und sei in einem Zweispänner gefahren. Dem Xerxes selbst folgten noch weitere eintausend Reiter, darauf zehntausend Speerträger und schließlich noch zehntausend Reiter, gefolgt von der übrigen Heerschar.
Wir haben uns bisher mit dem Typ und der Linie der im Nahen und Mittleren Osten sowie in China domestizierten Pferde beschäftigt, aber noch nicht die Linien behandelt, die sich im alten Baktrien – heute Teil von Afghanistan – und im Norden von Sogdiana entwickelten. Zumindest Baktrien lag um 800 v. Chr. innerhalb des Reiches der Meder und Perser.
Wie wir schon festgestellt haben, wurden in Urartu größere Pferde gezüchtet, und die Ahnen dieser Pferde könnten ursprünglich von Europa aus über die Steppe rund um das Schwarze und das Kaspische Meer gekommen sein – der

osteuropäische Kobyla. Ich glaube, dies war der einzige Weg, auf dem der schwere Typ nach Asien gelangen konnte. Die Kreuzung mit dem einheimischen orientalischen Typ pflegte ein kurzleibiges und kurzbeiniges Pferd hervorzubringen.

Das berühmte Pferd aus Nisäa wurde, wie schon Herodot bemerkt, in der nisäischen Ebene gezüchtet – nicht weit entfernt von Urartu. Diese Ebene, früher ein Teil Mediens, liegt im heutigen Iran. Es scheint, als sei auf ihr das moderne Teheran erbaut worden. Aus Abbildungen wird deutlich, daß die Perser zwei Pferdetypen kannten: den Cob und ein größeres, mittelschweres Pferd, das Pferd aus Nisäa.

Nicht allein die Zuchtauswahl, sondern auch die Ernährung hat Auswirkungen auf die Größe. In jenen Gegenden wurde Luzerne angebaut, und sie war das übliche Pferdefutter. Da sie Kalk enthält und auch nur auf Kalkboden gedeiht, spielt sie zudem bei der Zucht auf stärkeren Knochenbau hin eine wesentliche Rolle.

Im Norden existierte eine Stadt mit dem sehr ähnlich klingenden Namen Nisa, die zum erstenmal etwa 185 v. Chr. in Berichten erwähnt worden ist und in Parthien, einem Teil Mediens, lag[14]. Und in diesem Distrikt wurden zu jener Zeit auch große Pferde gezüchtet. Es gab Zuchtgebiete bzw. Gestüte in Merw und Baktrien und darüber hinaus in Ferghana die Zucht größerer Pferde, die ebenso berühmt waren wie die Pferde aus Nisäa und nach China »exportiert« wurden. Der heutige Turkmene ist der Achal-Tekkiner aus dem in dieser Region liegenden Gestüt von Aschchabad.

Es scheint ferner noch einen kleineren Ponytyp gegeben zu haben, der um Hyrkanien herum an der Ostküste des Kaspischen Meeres zuhause war, und falls eine bezaubernde kleine Goldfigur, die Nachbildung eines Vierergespanns, überhaupt etwas zu besagen hat, dann müssen auch in der Gegend von Khorazem noch kleinere Pferde gezüchtet worden sein. Es ist nicht ausgeschlossen, daß es sich hierbei um eine Rasse gehandelt hat, die als Tochar-Pferd bekannt war und in dem jüngst entdeckten Caspian-Pony aus dem Elburs-Gebirge fortlebt.

Herodot[15] schrieb über Indien: »Die Le-

[14] Die Assyrer machten keinen Unterschied zwischen Medern, Persern und Parthern. Wie die Griechen nannten auch die Assyrer alle diese Völker *Madai*, Meder. Die Nachbarreiche der Meder waren Assur, Urartu (Armenien), Mannae und Illipi (Irak?). Das letztere hatte eine autochthone Bevölkerung, wenngleich einer der Königssöhne den iranischen Namen Ispabara, »Reiter«, trug. Nebenbei bemerkt, waren Hengstfohlen und Hengst zwei der Tierinkarnationen des Gottes Varhran, des iranischen Indra. Die Parther waren ursprünglich ein Saken-Stamm (gewissermaßen die Vorreiter der großen Wanderung der Saken um 130 v. Chr.), der später zu einem der Völker Persiens wurde.

[15] Ein griechischer Geschichtsschreiber (484–425 v. Chr.). Er wurde in Halikarnassos, einer persischen Kolonie, geboren. Als junger Mann machte Herodot ausgedehnte Reisen. Wenn man seine Schriften mitunter auch anzweifeln darf, glaube ich doch, daß seine Berichte über Pferde im allgemeinen wahrscheinlich der Wahrheit entsprechen.

bewesen dort sind viel größer als anderswo, mit Ausnahme der Pferde, die von den nisäischen Pferden aus Medien übertroffen werden.« Von Darius, dem Perserkönig, sagte er, daß dieser ein Heer von 700000 Mann, von denen viele beritten waren, auf die Beine stellen konnte. Das Reiterheer des Darius war in der Tat »international« berühmt. Außerdem erwähnt Herodot den Tribut, der an Darius zu zahlen war. Von den Kilikern erhielt der Perserkönig »dreimal zwanzig und dreihundert weiße Pferde, eines für jeden Tag des Jahres, und 500 Talente Silber.«
Dieses Gebiet in Medien blieb bis zur Zeit der Sassaniden (226–637 n. Chr.) ein Pferdezuchtzentrum. Ardaschir I., Perserkönig und Enkel von Sassan, begründete sein Reich auf der Eroberung Parthiens und Mediens. Antonius berichtet, daß das Gestüt in der Nähe von Harunabad, südwestlich von Kermanschah, lag. Aber er bezweifelt, daß die iranischen Pferde ganz allgemein größer waren als die Tiere aus Syrien oder Kleinasien. Xenophon sagt in seiner *Anabasis,* daß seine erbeuteten armenischen Pferde kleiner als die der Perser, aber sehr viel schneller gewesen seien. Diese Feststellung untermauert meine eigene Theorie über die Zucht der persischen Pferde, sei es nun der Typ bzw. die Linie des Cob oder das größere Pferd. Die Kinder der Perser lernten im Alter von fünf bis zwanzig Jahren das Reiten, das Schießen mit dem Bogen, und die Wahrheit zu sagen.

Herodot hat uns auch bruchstückhafte Informationen über andere Völker und deren Pferde vermittelt. Soweit sich diese auf unser Thema beziehen, gebe ich sie hier wieder. Er berichtet, daß die Griechen von den Libyern lernten, wie vier Pferde zusammengespannt werden konnten. In Athen galt es als ein Zeichen großen Reichtums, sich einen Wagen mit vier Pferden zu halten. Miltiades, ein bedeutender Athener, stammte aus einem Hause, in dem Vierspänner gehalten wurden, und mit seinen Pferden errang er einen Sieg in Olympia. Man kann sich die Begeisterung, die vor nahezu 2 400 Jahren im Haus des Miltiades geherrscht haben muß, gut vorstellen. Sie war sicherlich nicht geringer als die Aufregung, die heute jede Familie erfaßt, wenn der Sprößling olympisches Gold heimbringt.
Auch Artybius ritt ein Pferd, das gelernt hatte, im Kampf gegen Fußsoldaten hochzusteigen, und die jungen Athener setzten allgemein ihren ganzen Ehrgeiz darein, sowohl ihre eigene Ausbildung als auch Zucht und Training guter Pferde zu vervollkommnen.
Natürlich bietet Griechenland nicht gerade die besten Voraussetzungen für die Zucht von Pferden. Das Land ist zu gebirgig, und seine Ebenen sind nicht weit genug. Dennoch wurden Pferde gezüchtet, und die thessalischen waren berühmt für ihre Schönheit, ihren Mut und ihre Ausdauer. Wahrscheinlich sind die Ahnen dieser Rasse aus Kilikien oder einer anderen Gegend Kleinasiens importiert und mit dem europäischen »Cob« gekreuzt worden. Bukephalos (der Ochsenköpfige), das Schlachtroß Alexanders des Großen, war eines der

14 »Horse Sale«, Gemälde von Sir Alfred John Munnings. Es war bis zum Zweiten Weltkrieg üblich, solche Pferdemärkte abzuhalten. Dieser Cob ist außergewöhnlich stark, brauchbar und von ruhigem Temperament

15 »Sunny June«, Gemälde von Sir Alfred John Munnings. Der alte Landarbeiter führt eine Suffolk-Punch-Fuchsstute mit Fohlen auf die Weide. Diese alte Rasse, die bis ins 16. Jahrhundert zurückgeht, ist in der Grafschaft Suffolk heimisch.

16 Ein Pflug-Wettkampf mit Suffolk Punches im Gespann

17 Der Clydesdale stammt aus dem Südosten Schottlands

32 Berittener Athener Soldat; von einem Denkmal aus dem sechsten Jahrhundert v. Chr.

besten Pferde aus thessalischer Zucht. Er war schwarz mit weißem Stirnfleck, sehr groß und besaß eine ungeheuere Zähigkeit, wie wir aus der Art seines Todes im Alter von dreißig Jahren schließen dürfen. Er wurde in der Schlacht tödlich verwundet, brachte jedoch seinen Herrn noch in Sicherheit. Bukephalos ist das einzige Pferd, dem zu Ehren jemals eine Stadt – *Bucephala* – gegründet worden ist. Weitere von den alten Griechen bevorzugte Rassen waren die Pferde aus Argos, Akarnanien, Arkadien und Epidauros. Leider gibt es nur wenige genaue Hinweise auf ihr Exterieur. Der Dichter Oppian übrigens, der einige Jahrhunderte nach der hier behandelten Epoche gelebt hat, glaubte an die Kraft des Pferdeauges und war überzeugt, daß das Auge des Streitrosses die Augenfarbe der Beute annähme – bläulich beim Bären, gelblich beim Leoparden, feurig glühend beim Wildeber und grauglühend beim Löwen.

Was nun die Fellfarben betrifft, so waren die thessalischen Pferde normalerweise Schimmel, die thrakischen weiß und die Argiver-Pferde Braune oder Füchse. Die toskanischen, achäischen, armenischen und kappadokischen Tiere galten als aus-

gezeichnete Jagd- und Kavalleriepferde, und der Nisäer[16] wurde als ein Tier »von ausgesuchter Schönheit und Sanftmut« mit einer vollen, hellfarbenen Mähne beschrieben.
In den Augen der jungen Athener stellte möglicherweise das Kavalleriepferd, das wir in vollendeter Gestaltung auf dem Fries des Parthenon erkennen, den idealen Pferdetyp dar. Er wird beschrieben[17] als ein »dem Cob ähnliches, aber munteres und ausgelassenes Pferd mit einer leichten, etwas eigentümlichen Kopf- und Halshaltung, gerade so, wie wir es auf den Elgin Marbles[18] sehen«.
Simon (ca. 4. Jahrhundert v. Chr.) erwähnt drei Größen: groß, klein und, als die beste, mittelgroß bzw. mäßig groß. Auch er sagt, daß die Pferde aus Thessalien die besten seien, und zählt dann alle Attribute eines guten Pferdes auf, denen jeder wahre Pferdekenner nur beipflichten kann.[19]
Unter Hinweis auf andere Völker weiß Herodot zu berichten, daß die Perser gar jenseits des Istros (Ister) fochten und auch bis nach Libyen gezogen waren.[20] Er sagt:
»Jenseits des Istros leben die *Sigunae*. Sie kleiden sich nach Art der Meder. Ihre Pferde tragen ein dichtes Fell, daß sich bis zu fünf Finger dick um den ganzen Körper legt, sind klein, haben flache Nasen und vermögen die Last eines Menschen zu tragen, gehen aber auch erstaunlich flink im Joch.[21] So daß die Menschen in diesem Land stets im Wagen fahren. Und ihre Landesgrenzen erstrecken sich fast bis zum *Eneti* an der Adria – sie sagen, sie seien Kolonisten der Meder.«
Auf Seite 127 habe ich schon Khorazem am Südufer des Aralsees und die kleine Pferderasse, die dort am Delta des Flusses Amu-Darja (Oxus, Farbtafel 6) gezüchtet worden war, erwähnt. Das Volk von Khorazem hatte das Erbe der Kelteminar-Kultur aus dem 3. Jahrtausend v. Chr. übernommen, einer Jagd-Kultur, die seßhaft wurde, Schafe und Rinder zu züchten begann und in dem Onager wie im Wildpferd nur eine Jagdbeute sah. Es

[16] Armenier, Kappadoker und Nisäer – ein weiterer Hinweis darauf, daß Pferde nach Griechenland importiert wurden.

[17] Der Schriftsteller »Stonehenge« schrieb über das Pferd, nach Xenophons »Über die Reitkunst«, worin Beschreibungen des Körperbaues des Pferdes von Varro, Vergil, Calpurnius Siculus usw. zu finden sind.

[18] Dabei handelt es sich um Marmorskulpturen vornehmlich des Parthenon, die von Thomas Bruce Earl of Elgin and Kincardine gesammelt wurden und heute im British Museum zu sehen sind.

[19] Siehe Xenophon.

[20] Den Gefangenen aus Barca, Libyen, überließ man ein Dorf in Baktrien, das sie gleichfalls Barca nannten.

[21] Wenn es sich hier nicht nur um eine Redensart handelt – »ins Joch spannen« im Sinne von »anspannen« –, dann muß verwundern, daß das Joch immer noch Verwendung fand. Es war immerhin in Asien schon seit langem vom Kummet verdrängt worden.

33 Griechischer Reiter, ca. 550 v. Chr.; aus Grimentum, einer griechischen Kolonie in Lukanien. Die Reiterfigur ist abnehmbar (British Museum)

scheint die sibirische Afanasjewo-Kultur gewesen zu sein, die als erste Pferde züchtete.

Die Entwicklung setzte sich fort mit der Taza-Bag-Jab-Kultur, und hierzu bemerkt Tolstov, daß diese Kultur sich mit dem iranischen Mythos von der Herkunft des sagenhaften ersten Menschen aus dem Norden (man beachte den Norden!), seiner Fahrt über das Meer und durch das Amu-Darja-Delta und von Khorazem als dem Ort, an dem er zum erstenmal das heilige Feuer entzündete, verband. Auf die persische Sage Su-Jarghan dagegen ging die von dem persischen Dichter al-Biruni überlieferte Legende von Khorazem über, in der es heißt, daß Siljavuš, der sagenhafte Gründer der Khorazem-Dynastie, im dreizehnten Jahrhundert v. Chr., angetan mit einem goldenen Helm und auf einem schwarzen Pferd reitend, aus dem Süden (Iran?) an den Amu-Darja kam und das Königreich Khorazem schuf. Dieses Gebiet, einschließlich des nördlichen Distrikts des Aralsees, war auch unter dem Namen Turan (heutiges Turkestan) bekannt, und wir finden daher von Zeit zu Zeit Hinweise auf das Turan-Pferd. Als Rasse habe ich es nicht lokalisieren können, aber ganz zweifellos handelt es sich hier um den Vorfahren des Turkmenen.

Vermutlich durch die Andronowo-Kultur, die Hochkultur des asiatischen Bronzezeitalters (ca. 1250–750 v. Chr.), haben die Kenntnisse von der Pferdezucht dann von Zentralasien aus Verbreitung gefunden. Die Andronowo-Kultur besaß im Norden Verbindungen zur Sejma-Kultur und im Westen zur Schwarzmeer-Tripolja-Kultur, die ich

34 Relief aus einem griechischen Grab in Xanthos, Lykien, Kleinasien, das eine Leichenprozession zeigt – etwa 470 v. Chr. Dargestellt sind große und kleine Pferdetypen

schon auf den Seiten 88–89 näher behandelt habe. Während der Bronzezeit in Asien fand auf dem Gebiet des Landbaues und der Viehzucht eine dynamische Entwicklung statt. Die späteren Andronowo-Menschen waren im übrigen auch die Vorläufer der frühen Nomaden (s. Kapitel 2), im chronologischen Ablauf die Prä-Saken, ihre Kultur hatte uneingeschränkt bis etwa 700 v. Chr. Bestand, und in den im Zuge ihrer Expansion besetzten Gebieten lag eine große Zahl später berühmter Pferdezuchtzentren.

Die von den Nomaden praktizierte Nutzung des Weidelandes – bei den kasachischen Stämmen noch üblich bis zu ihrem Anschluß an die UdSSR, der das Ende ihrer nomadischen Lebensform bedeutete – ist ohne die Hilfe des Pferdes nicht denkbar. Im tiefen Winter, wenn der Boden mit Schnee bedeckt und von Frost überzogen ist, scharren die Pferde das darunterliegende Gras frei, die Rinder folgen ihnen, und dann kommen die Schafe und Ziegen. Die Pferde sind ferner das notwendige Transportmittel für die langen Wanderungen zu entlegenen Weideplätzen. Aber auch für Rennen und bei der Jagd werden sie gebraucht. »Ohne sein Pferd konnte der Nomade gar nicht leben, und wenn ein Mann starb, begrub man ihn mit seinem Pferd – es wurde ehrenvoll mit einer Kriegswaffe, der Streitaxt, getötet.«

In einem Gebirgstal in Ferghana (Ost-Turan) sind 91900 Felsritzungen entdeckt worden. Diese in Sandsteinfels geritzten Bilder zeigen sowohl wildlebende Tiere, wie Hirsche, Bergziegen und Schafe, als auch den Menschen in Jagdszenen und mit Haustieren, wie dem Hund, dem Rind und dem Yak. Das Yak wird selbstverständlich immer noch als Reit- und Packtier benutzt. Doch einen Hinweis darauf, welche Rolle das Pferd zu jener Zeit in diesem Gebiet, einer der für die Geschichte der Pferdezucht bedeutungsvollsten Gegenden, spielte, scheint es leider überhaupt nicht zu geben. In den südöstlichen Steppen des Ural wurden die Pferde um 1700–1200 v.Chr. offensichtlich nur wegen ihres Fleisches gejagt; diese Tiere waren klein

und kräftig. Die Pferde in den Kurganen aus der Zeit von 1200–700 v.Chr. zeigten eine ausgesprochen aufrechte Haltung und waren von höherem Wuchs mit schlankeren Beinen als der mittlere Ponytyp von Ural Fedorowsk.
Anhand der in den Pasyrykkurganen gefundenen, durch Frost konservierten Überreste hat eine ziemlich naturgetreue Rekonstruktion des Pferdetyps, für den das alte Turan berühmt war, erfolgen können. Eine Reihe europäischer, darunter auch russischer, Archäologen, wie Gryaznov, Rudenko, Jettmar, Vitt und Hančar, hat die Pferde beschrieben, die in den riesigen Grabanlagen, in denen Stammesführer und Adlige beigesetzt wurden, entdeckt worden sind. Nach Gryaznov gehörten die meisten der in den Kurganen gefundenen Pferde »zur heimischen Steppenzucht mongolischen Typs – kleine, zottige Tiere mit schweren Knochen, charakteristisch für Steppenpferde, die während des ganzen Jahres frei auf offenem Grasland weiden«. Bei den Pferden jedoch, die zusammen mit den Stammeshäuptlingen begraben worden waren, handelte es sich um eine ganz andere Zucht. Es waren »hochgewachsene Tiere mit einem schmalen, adlerähnlichen Kopf, der auf einem langen Hals saß. Sie waren Vollblüter desselben Typs wie die im Altertum weithin berühmten Kriegspferde aus Zentralasien, wurden mit Korn gefüttert und mit besonderer Sorgfalt gepflegt.«
Unter Bezugnahme auf die während des fünften und vierten Jahrhunderts v. Chr. im Altai lebenden Stämme fügt Gryaznov hinzu:
»Ausschlaggebend war, daß alle Krieger des Stammes beritten waren. Auf Goldplatten aus Sibirien sind sie dargestellt, am Gürtel den Goryt, der den bei den Skythen üblichen kurzen Bogen (100–110 cm) und kurze Pfeile (50–60 cm) enthielt. Mit diesem Bogen war ein Mann zu Pferde imstande, seine Pfeile während des Reitens mit voller Wucht

35 In Stein gehauene Reiter mit einem Cob, aus dem Parthenon, Athen, etwa 440 v. Chr.

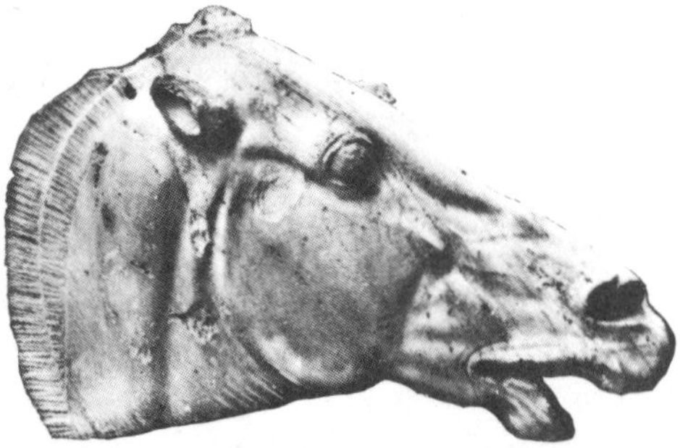

36 Pferd der Selene aus dem Parthenon, Athen – etwa 435 v. Chr. Ostfront des Parthenon (British Museum)

abzuschießen und sie dabei nach vorn, nach hinten oder in jede andere gewünschte Richtung zu lenken.«

Herodot behauptet, daß die Skythen vom Rücken ihrer Pferde aus mit Pfeil und Bogen und zu Fuß mit Speeren und Dolchen kämpften. Die Taktik der Nomaden schien darin zu bestehen, ungestüm gegen den Feind anzurennen und dabei aus vollem Galopp zu schießen.

Kommen wir zurück auf die Pasyrykkurgane. Professor Vitt[22] untersuchte die in den Gräbern von Pasyryk entdeckten Pferde, dazu noch die in den Kurganen von Sibe im Altaigebirge gefundenen Tiere, und teilte sie in vier Gruppen (Mindestwerte in Zentimetern):

Gruppe I – 145, Gruppe III – 136,
Gruppe II – 140, Gruppe IV – 132.

Typisch für die Gruppen I und II waren feinknochige Tiere, die den Reitpferdtyp repräsentierten: »ein leichter Kopf, eingedrückt konkaves Profil, kurze Zahnreihe bei verlängertem Diastema, ein langer Hals, ein kurzer Rumpf und längere Vorder- als Hinterbeine« Hančar). Der Unterschied zwischen dem besten Tier der Gruppe I und einem Letztreiher der Gruppe IV war so groß, daß die Exemplare als züchtungsverschieden erscheinen. Die Pferde der Gruppe I gehörten zu einer selektiv gezüchteten Rasse, sind wahrscheinlich aus Turan importiert worden und vermutlich Nachkommen der »Himmelspferde« aus Baktrien gewesen. Der Typ hatte Ähnlichkeit mit dem modernen Achal-Tekkiner. Und was besonders interessant ist: Vitt stellte durch Messungen an dem Skelett eines Pferdes aus der Gruppe III (136 cm) fest, daß dieses Tier dem bekannten Reitpferd mit ledernem Steigbügelriemen auf dem Figurenfries der aus dem vierten Jahrhundert v. Chr. stammenden und im Kurgan von Certomlyk (bei Nikopol) entdeckten Silberamphore gleicht. Die Darstellung beweist im übrigen, daß der Steigbügel, in diesem Fall ein Riemen, der zu einer Schlinge gebunden worden war, viel älter ist als gemeinhin angenommen.

Außerdem gelang es Vitt zu beweisen, daß die ungeheuere Wachstumssteigerung bei den Pasyryk-Rassen auf die Kastration ziemlich junger, zwischen achtzehn Monaten und zwei Jahren alter Pferde zurückzuführen war. Denn man nimmt an, daß die Kastration eine Verlängerung der Wachstumsperiode der Röhrenknochen bewirkt und zur

[22] V.O. Vitt war ein führender Hippologe und Inhaber des Lehrstuhls für Hippologie an der Moskauer Universität.

37 Ein Marmorrelief der Göttin Hekate mit einem Pony, aus Thessalien – etwa 350 v. Chr.

Entwicklung feinerer Knochen beiträgt; sie hat eine Reduzierung der Knochenbildung zu Folge, und wenn sie auch keinen wesentlichen Einfluß auf die Entwicklung von Becken und Rückgrat ausübt, so verbessert sie doch das Längenwachstum von Hals und Extremitäten – insbesondere der Vorhand, weniger der Hinterhand. So wird die gewünschte »quadratische« Form des idealen Reitpferdes erzielt. Auf diese Weise, sagt Hančar, war auch im Altai-Gebirge eine Zucht mit sehr hohem Niveau möglich und wurde während des ersten Jahrtausends zur historisch nachweisbaren Realität. Daß die Pferdezucht weitverbreitet war, geht aus der Tatsache hervor, daß jedes im Kurgan I gefundene Pferd das Kennzeichen eines anderen Besitzers am Ohr aufwies – und daraus ist dann die Theorie von den zehn »Gestüten« entstanden. Mit größerer Wahrscheinlichkeit handelt es sich aber bei diesen Kennzeichen um die Markierung von Stammesbesitz.

Die Widerristhöhe eines gewöhnlichen Steppenpferdes beträgt, damals wie heute, etwa 137,5 cm. Die Funde in den Gräbern aus dem fünften bis vierten und dem dritten bis ersten Jahrhundert v. Chr. zeigen die Herausbildung eines feinknochigen Pferdetyps von 141 bis 148 cm Widerristhöhe.

»Die besten Pasyrykpferde (Gruppe I) charakterisiert V. Vitt unter sorgfältiger Vermeidung jeder Modernisierung und Idealisierung als Pferde durchweg männlichen Geschlechts von hohem Wuchs mit 148 bis 150 cm Widerristhöhe, mit langem, hoch getragenem Hals und trockenem, ausdrucksvollem Kopf, mit schmaler Stirn, nach unten verschmälertem Gesichtsteil und eingedrückt konkavem Profil, kurzem Rumpf, trockenen, stabilen Beinen, gut entwickelten Gelenken, insgesamt unter den heutigen Reitpferdschlägen ungefähr dem arabischen Pferd gleich, wenn auch ›bedeutend gröber, schwerer, starkknochiger und mit einem dichteren Haarkleid‹ von überwiegend grellfuchsroter Farbe in Abtönungen von Dunkelfuchsrot bis

Lichtgolden mit schwarzem Mähnen- und Schwanzhaar.« (Hančar)
Keines der Pferde hatte eine Blesse oder weiße Füße, was Vitt als wichtiges Indiz dafür hervorhebt, da man den Wert, den die Selektion für die Zucht besitzt, damals bereits erkannt hatte, denn weiße Hufe sind stets zerbrechlicher und ohne Eisen bei einem Reittier von Nachteil.
Wir haben schon einmal über die Vorliebe mancher Völker für Pferde mit ausgesuchten Fellfarben gesprochen. Vitt bemerkt, daß sowohl die Griechen als auch die Römer um die Zeitenwende braune und graue Pferde bevorzugten. Beim Karstpferd früher Zeiten war möglicherweise Schimmelgrau die vorherrschende Farbe. Die von den Hunnen um 175 v. Chr. favorisierten Farben hat Fürst Shanyü Maotun[23] in symbolischen, magischen Zeichen festgehalten; als das chinesische Heer in der Nähe von Peteng von den Hunnen umzingelt wurde, bestand deren Reiterei im Osten aus schimmelgrauen, im Süden aus fuchsroten, im Westen aus weißen und im Norden aus kohlschwarzen Pferden.
Doch wie Hančar mit Hinweis auf die goldfuchsroten Pasyrykpferde bemerkt, besteht ein offensichtlicher Zusammenhang zwischen den Pferdezüchtern des Altai aus dem ersten Jahrtausend v. Chr. und ihren zentralasiatischen »Kollegen«, deren Vorliebe für feuer- und sonnenfarbene Pferde mit der Anbetung der Sonne gekoppelt war. Diesen Sonnenkult gab es nicht nur bei den Baktriern und Massageten, sondern auch bei den Medern, Persern, Indern und gar im fernen Norden, wie der Sonnenwagen von Trundholm (Abbildung 26) beweist.
Im Pasyrykkurgan 5 fand man neben vier Reitpferden des in die Gruppen I und II gehörenden Typs noch ein Wagenpferd aus der Gruppe III sowie einen Paradewagen mit Vierergespann, von dem drei Tiere den Oxus-Pferden aus der Gruppe IV ähnlich waren. Alle vier Wagenpferde waren klein und von minderer Qualität, doch keines der Tiere – sämtlich durch den Frost ausgezeichnet konserviert – zeigte irgendwelche Spuren der Überarbeitung oder andere Verschleißerscheinungen.
Gryaznov ist der Ansicht, daß der im Kurgan 5 gefundene große Filzteppich, auf dem ein Reiter zu sehen ist, der der Gestalt einer Göttin huldigt, von irgendwoher außerhalb des Altaigebietes importiert worden war. Ob er von »Nomaden aus den Steppen, aus der Gegend rund um den Aralsee oder aus den Wüstengebieten von Sinkiang, aus der Mongolei oder aus dem Ordos (stammt) – kann erst geklärt werden, wenn die ornamentale Kunst all dieser Nomadenstämme ebenso sorgfältig erforscht worden ist wie die der Altai-Völker. Inzwischen wird das Vorhandensein eines kulturellen Austausches über weite Entfernungen hin durch die Geschwindigkeit demonstriert, mit der sich zahllose Besonderheiten nomadischer Kultur über die ganze Steppenregion ausgebreitet haben« (Gryzanov).
Zwischen der Donau und der Chinesi-

[23] Gründer eines Großreiches am Archon, das die Mongolei und Ostturkestan umfaßte.

schen Mauer sind immer wieder ähnliche Waffen-, Geschirr- und Tierarten gefunden worden. Wenn wir versuchen, diese Funde anhand des verfügbaren schriftlichen Materials zu analysieren, kommen wir zu dem Schluß, daß die Kurgane wenigstens vier Pferderassen hervorgebracht haben: Gruppe IV: das kleine Tochar-Pferd; Gruppe III: das gewöhnliche Bergpony; Gruppen II und I: Reitpferde, angefangen bei dem gewöhnlich von den Skythen in der Steppe benutzten Typ bis zu der dem heutigen Achal-Tekkiner vergleichbaren edlen Art, bei der es sich möglicherweise um selektiv gezüchtete, nur dem Adel vorbehaltene Tiere gehandelt hat.

4. Arabien

Im vorangegangenen Text haben wir die Entstehung des Orientalischen oder östlichen Pferdes behandelt. Es besteht kein Zweifel daran, daß der Wunsch, domestizierte Tiere zu züchten, erstmals in den innerasiatischen Steppen Gestalt angenommen hat. Ausgehend von der frühesten Form selektiver Züchtung im Rahmen des Herdensystems haben wir verfolgen können, wie besondere Gebiete und Gestüte, in denen die Pferdezucht praktiziert wurde, entstanden und sich über den Orient und China ausdehnten, sich weiterentwickelten und schließlich teilweise auch auf die Zucht nach Farbe oder Fähigkeiten spezialisierten. Ohne Zweifel gehen die Pferde der Beduinen auf diese Blutlinien des Orientalischen Pferdes zurück.

Kommen wir nun zu der Linie, die wohl in der Geschichte der Pferdezucht die meistdiskutierte ist, nämlich zum Arabischen Pferd. Antonius schreibt:

»Aus dem alten Schrifttum wissen wir, daß die Araber selbst ihn (diesen Pferdetyp) verhältnismäßig spät, sicher nicht viel vor Beginn unserer Zeitrechnung, übernommen haben; es ist also die Bezeichnung ›Arabisches‹ Pferd nur insofern begründet, als eben der Beduine es war, der den alten, von ihm übernommenen Stamm in unvergleichlicher Reinheit und Schönheit bis zum heutigen Tag erhalten hat.«

Geographisch taucht Arabien im fünften Jahrhundert v. Chr. im Süden Syriens und *innerhalb* des babylonischen Reiches auf, und im vierten Jahrhundert v. Chr. trägt derselbe Landstrich die Bezeichnung Arabia Deserta. In assyrischen Schriften sind die Araber erwähnt. Von einem Grabstein aus dem Hauran, datiert in das Jahr 328 n. Chr., heißt es, daß er den Namen eines Mannes trage, der sich selbst »König aller Araber« nannte. Tatsächlich jedoch ist die »arabische« Tradition nur um wenige Generationen älter als Mohammed, der im Jahre 632 n. Chr. starb. Von Mohammed »ist über den ersten Teil seines Lebens nichts mit Gewißheit bekannt; um so mehr Legenden entstanden im Laufe der Zeit«. Damit ist auch ziemlich genau die Situation jener Pferde beschrieben, die einst nach Arabien importiert worden waren und von denen dann mit so wenig Berechtigung behauptet wurde, daß sie »arabischer«

Herkunft wären. Wenn Körperbau und Konstitution einer Rasse nicht für sich selbst sprechen, dann muß die subjektive, von Vorurteilen belastete Betrachtung zwangsläufig zu Unsicherheiten führen. Ihre Namen haben diese ersten Linien angeblich von Mohammed erhalten – doch keine Behauptung über die wahre Herkunft der Pferde läßt sich irgendwie beweisen oder widerlegen – sie könnten ebensogut aus Ägypten wie aus Syrien gekommen sein. Mit größter Sicherheit läßt sich nur sagen, daß sie nicht bodenständig im üblichen Sinne waren.

Bei den Beduinen – den Ahl-el-Beit, dem Volk des Zeltes – handelte es sich um verschiedene freie Nomadenstämme. Einige dieser Stämme waren vermutlich Nachkommen früherer asiatischer Nomadenvölker. Erst als die Beduinen etwa im sechsten Jahrhundert n. Chr. das Kamel domestiziert hatten, fand auch das Pferd bei ihnen Verwendung. Folglich hätten die ersten Orientalischen Pferde, die von den Beduinen nach Arabien gebracht worden sind, ebensogut »Beduinen« und nicht »Araber« genannt werden können.

Arabien wird immer wieder als das Ursprungsland des Araberpferdes bezeichnet. Leider gibt es keinen echten Beweis dafür, daß vor Mohammed eine »arabische« Bevölkerung oder »arabische« Pferde existiert haben. Die späteren zahlreichen Linien verdanken ihre Zuordnung zur einen großen Familie der Araberpferde offensichtlich ausschließlich der Tatsache, daß die uns als »Araber« bekannte muselmanische Bevölkerung diese Tiere besaß und züchtete. Es ist ein Beispiel aus der Vielzahl unterschiedlicher Pferdefamilien und -typen, die nach einem Volk und nicht nach einem Land benannt wurden.

Den ersten Bericht über die Pferde der Araber lieferte uns der griechische Dichter Oppian im zweiten Jahrhundert v. Chr. Er empfahl diese Tiere für die Jagd. Es scheint auch nicht viele Pferde in diesem Land gegeben zu haben, denn wie wir von Arrian erfahren, wurden aus Ägypten Pferde nach Süden gebracht, die später als Zafar-Pferde nach dem Namen der heutigen Provinz Dofar bekannt geworden sind.

Die Sarazenen im Norden hingegen ritten schon im vierten Jahrhundert v. Chr. Pferde. Arrian beschreibt ihre Pferde als leichte und häßliche, jedoch ungeheuer ausdauernde Tiere. Allerdings hielten sich die Araber im allgemeinen mehr an ihre Kamele. Einige der Beduinenstämme scheinen von diesen Sarazenen abzustammen, die echte Nomaden waren, nicht das geringste von Landwirtschaft verstanden und sich nur dem Kampf und der Jagd widmeten.

Ungefähr ein Jahrhundert vor Mohammed besaßen die Araber aber dann doch Pferde, und bei genauer Betrachtung wird ziemlich deutlich, daß diese Tiere wahrscheinlich auf die alten syrischen und assyrischen Wagenpferde zurückgehen, deren Ahnen, wie wir inzwischen wissen, ihren Ursprung in den zentralasiatischen Steppen hatten. Die Araber verloren keine Zeit, die Rasse zu verbessern. Für den, dessen ganze Existenz von seinem Pferd abhängt, ist natürlich auch das beste gerade gut genug. Die Zucht des besten Pferdes war damit sowohl eine Notwendigkeit als auch eine Tugend. Die Beduinen, die die schönsten Pferde besaßen und züchteten, betraten den geschichtlichen Schauplatz erst sehr viel später. Und die Araber, die ihre Herkunft auf Ismael, den Sohn Abrahams, der etwa 2000 v. Chr. lebte, zurückführen und glauben, daß es *damals* in Arabien Pferde gab und die edelsten Tiere von einem Hengst aus den Stallungen König Salomons abstammten, haben sich hier in der Zeit geirrt. Soviel wir heute wissen, lebte Salomon im zehnten Jahrhundert v. Chr., und er kaufte seine Pferde aus Ägypten und Kilikien.

Es gibt eine bezaubernde Geschichte, die zwei Arabern, Abu Abdallah Muhamed Bin Sajad und Abu el Mundir Häshan Bin Muhamed Elhälebi Elbalassi zugeschrieben wird und von dem Geschenk eines Pferdes an die Königin von Saba erzählt; aus diesem Pferd ging eine ganze Reihe von Linien hervor, die jedoch sämtlich ohne Ausnahme vor 150 Jahren anhand der damals noch existierenden Linien nicht mehr identifiziert werden konnten.

Salomon selbst war der dritte König von Israel und herrschte, wie gesagt, im 10. Jahrhundert v. Chr. Alle wichtigen Karawanenstraßen nach Norden und Süden führten durch sein Reich. In Megiddo entdeckten Archäologen eine vollständige Anlage mit Boxen und Ställen, die einen Teil des königlichen Marstalls bildete. Es gab Boxen für wenigstens 450 Pferde und Remisen für 150 Wagen. Im Buch der Könige I, 10, 26–29, ist zu lesen:

»Und Salomo brachte zuhauf Wagen und Reiter, daß er hatte vierzehnhundert Wagen und zwölftausend Reiter, und legte sie in die Wagenstädte ... Und man brachte dem Salomo Pferde aus Ägypten ... einen Wagen um sechshundert Silberlinge und ein Pferd um hundertfünfzig. Also brachte man sie auch allen Königen der Hethiter und den Königen von Syrien durch ihre Hand.«

Aber auch aus Koa[24], das offensichtlich ein Teil Kilikiens war, wurden Pferde beschafft. Kilikien dürfte wohl mit dem Newmarket unserer Tage gleichzusetzen sein. Der Text mag etwas übertrieben klingen, da die Macht der Hethiter im zehnten Jahrhundert bereits zu schwinden begann, aber er läßt doch darauf schließen, daß gute Pferde immer noch nach Anatolien importiert werden mußten, da das dortige Klima der Zucht guter Pferde nicht zuträglich war.

Zu diesem Zeitpunkt begann die Königin von Saba, die in Marib im heutigen Jemen herrschte, mit Israel Handel zu treiben. Das einzige Transportmittel war zunächst der Packesel, und die Karawanen zogen langsam von einer Oase zur anderen, um die Packtiere zu tränken – über 2000 Kilometer von Marib nach Ezion-Geber. Doch bald wurde auch das Kamel domestiziert, und dann konnten die Waren sehr viel schneller befördert werden. Dafür, daß es in Arabia Felix, dem südlichen Teil der arabischen Halb-

[24] Werner Keller, Und die Bibel hat doch recht.

insel, Pferde gegeben hätte, ist kein Hinweis zu finden. Als die Königin von Saba den König Salomon aufsuchte, um mit ihm über Handelsfragen zu sprechen, gab er ihr alles, was sie begehrt hatte: »... außer was er ihr von selbst gab. Und sie wandte sich und zog in ihr Land samt ihren Knechten.« In der Bibel werden keine Pferde erwähnt, aber es ist kaum anzunehmen, daß jemand, der tatkräftig genug ist, eine viertausend Kilometer lange Reise mit dem Kamel zu unternehmen, nicht die Gelegenheit wahrgenommen hätte, auch um Pferde zu bitten.

Geschichtlich betrachtet ist der Jemen eines der wenigen Länder in Arabien, in denen schließlich doch Pferde zu finden waren, und dabei handelte es sich – was man geradezu als Ironie auffassen muß – um Importe aus Kappadokien.

Es ist interessant, festzuhalten, daß die Syrer von den Persern Kappadokier genannt wurden. Erst aus dieser Tatsache heraus begreift man den Bericht, daß Konstantin der Große im Jahre 334 n. Chr., drei Jahre vor seinem Tode, dem König der Himjar, der über einen Teil des Jemen (einst das Königreich Saba!) herrschte, 200 Pferde aus Kappadokien zum Geschenk machte, »die damals ebenso berühmt waren wie heute das Arabische Pferd« (Ammon). Demnach gab es in der Tat selbst in Südarabien, wo man – vorausgesetzt, dies wäre geographisch überhaupt möglich gewesen – wohl noch am ehesten eine bodenständige Rasse vermutet hätte, offenkundig keine Pferde. Heute allerdings verfügt der Jemen über drei verschiedene Zuchtlinien des Arabers.

Selbstverständlich kann es in Arabien auch zu einem früheren Zeitpunkt als bisher erwiesen Pferde gegeben haben, doch waren es mit Sicherheit nur sehr wenige. Selbst wenn die Existenz des Hiob an sich fraglich ist, so bleibt immerhin bemerkenswert, daß in dem Verzeichnis seines Besitzes neben Schafen, Ochsen, Eseln und Kamelen keine Pferde aufgeführt sind. Und als die Israeliten zur Zeit Davids Krieg gegen die Araber führten und siegten, bestand ihre Kriegsbeute aus Sklaven, Kamelen, Schafen und Eseln – aber nicht aus Pferden! In der Bibel finden sich noch viele ähnliche Hinweise, doch ich habe nicht einen entdeckt, aus dem hervorginge, daß die Araber Pferde besessen hätten. Schließlich berichtet auch Herodot (etwa 450 v. Chr.)[25], daß Xerxes, der König von Persien, von arabischen Reitern begleitet wurde, als er in die Schlacht gegen die Griechen zog, und daß diese arabischen Reiter auch an seiner Seite kämpften, und daß sie alle Kamele ritten.

Einer großen Zahl asiatischer Völker hatten die persischen Könige Tribute auferlegt, und alle pferdezüchtenden Stämme zahlten ausschließlich mit Pferden – die von Arabien entrichteten Tribute dagegen bestanden aus Spezereien. Es ist nicht sehr wahrscheinlich, daß sich die Perser mit 1000 Pfund Spezereien zufriedengegeben hätten, wenn *zu jener Zeit* in Arabien schon so wunderschöne Pferde gezüchtet worden wären.

[25] Siehe Herodot, Reisen.

Strabo schreibt über Arabia Felix: »es gibt dort keine Pferde, Esel oder Schweine«, und über die Wüste: »das Land hat keine Pferde, an deren Stelle gibt es Kamele.«

Die Araber selbst sprechen Semitisch. Die semitische Sprache wiederum setzt sich aus verschiedenen Gruppen zusammen, anhand derer die vermutliche Herkunft der einzelnen Stämme und damit ihre Beziehungen zum Pferd sowie demzufolge auch ihre besondere Fähigkeit zur Zucht und Veredlung der Rasse bestimmt werden können.

1. Nordostsemitisch oder Akkadisch (Assyrisch und Babylonisch), das heute als ausgestorben gilt.
2. Westsemitisch oder Nordwestsemitisch einschließlich des Früh-Kannaanitischen (möglicherweise Ugaritisch). Hebräisch und Syrisch.
3. Südsemitisch, zu dem offensichtlich das Nordarabische oder Arabische gehört, das von rund 60 Millionen Menschen gesprochen wird.

Da ich die Völker der Erde nicht so gründlich studiert habe wie die Pferde, bin ich natürlich nicht in der Lage, zu beurteilen, welche dieser semitischen Sprachen die Beduinen benutzten, als sie zum erstenmal mit Pferden in Berührung kamen. Aus der chinesischen, kassitischen und hethitischen Sprache habe ich Beispiele von Wörtern angeführt, die bereits aus der Zeit vor Christi Geburt stammen und sich in irgendeiner Form auf das Pferd beziehen. Die arabische Sprache scheint keine derartigen geschichtlichen Anhaltspunkte bereitzuhalten – zumindest bin ich in keinem aus dem Arabischen in eine mir geläufige europäische Sprache übersetzten Text älteren Datums auf die Erwähnung des Pferdes in historischem Zusammenhang gestoßen. Aus diesem Grunde begegne ich allen Behauptungen der Züchter, die da meinen, der Wüstenaraber trage seinen Pedigree um den Hals, mit Mißtrauen. Wie viele derer, die nach Mohammed kamen, konnten lesen geschweige denn schreiben? Die fünf berühmten Stuten Mohammeds gehören eher in das Reich der Sagen und Märchen als zu den historischen Fakten. Ich habe wenigstens drei verschiedene Versionen kennengelernt, in denen die Stuten jeweils andere Namen hatten und auch jeweils zu anderen Familien gehörten.

Im Laufe der Jahrhunderte verbesserten die Beduinen die Linie bzw. die Linien, denn es gab sehr viele. Zweifellos war dem Beduinen von alters her die Liebe zu Pferden oder das Sachverständnis im Umgang mit Pferden eigen, doch erst die bittere Notwendigkeit, die ihn zu strenger Selektion zwang, führte zur Perfektion. Er konnte es sich auch gar nicht leisten, ein schlechtes Pferd zu besitzen. Im Laufe eines Jahrzehnts gehörte dem Durchschnittsbeduinen meist nur ein einziges Pferd, und manchmal legten sogar mehrere Männer ihre ganze Habe zusammen, um in den Besitz einer Stute zu gelangen.

Ganz anders sah es dagegen bei den Scheiks und Herrschern aus, denen zahllose Stuten und Reitpferde gehörten.

5. Die Kelten

Es gibt Beweise dafür, daß man in Europa etwa ab 2000 v. Chr. Pferde zum Reiten und Fahren verwendet hat, aber da die Tiere damals nicht zu militärischen Zwecken benötigt wurden, blieben sowohl die Zucht als auch die Ausbildung der Pferde offensichtlich jahrhundertelang ohne sichtbaren Fortschritt. Die Europäer jener Zeit begnügten sich damit, ihrer täglichen Beschäftigung nachzugehen, und hatten augenscheinlich nicht das geringste Verlangen nach territorialer Expansion auf Kosten anderer Völker. Wahrscheinlich gab es in Europa mehr als genug üppiges Weideland für ihre Herden.

Quer durch Europa bildete sich die äußerst fruchtbare Hallstattkultur der älteren Eisenzeit heran. Die Hallstattzeit erhielt ihren Namen nach dem riesigen Gräberfeld, das in der Nähe von Hallstatt im Salzkammergut, Österreich, entdeckt worden ist. Während der ganzen Kulturperiode wurde ein lebhafter Handel mit Gold, Bronze und Tierfiguren, die heimische Künstler angefertigt hatten, getrieben. Man fand zahllose Darstellungen von Pferden mit Reitern und zwei- oder vierrädrigen Karren. Eine kleine Bleiplastik zeigt ein Gespann von zwölf Pferden, die jeweils zu viert nebeneinander in Form einer Quadriga angeschirrt sind. Diese Plastik stammt aus den Hügelgräbern von Frög-Rosegg bei Villach in Kärnten.

Da gibt es ferner ein Bronzezepter mit einem eleganten Pferdekopf und die berühmte, in Vače, Krain (Jugoslawien) gefundene bronzene Situla. So wurden, angefangen von Dümmersee um 2000 v. Chr., in Europa durch die Jahrhunderte hindurch für anspruchslose Züchter äußerst nützliche Pferde gezogen, die lediglich für den Transport, zur Kurzweil (Jagd) oder bei religiösen Anlässen Verwendung fanden. Die alten Völker Europas scheinen – soweit wir bei dem wenigen, das wir von ihnen wissen, überhaupt etwas sagen können – wahre Pferdeliebhaber gewesen zu sein. Als Träger der Hallstattkultur gehörten sie vermutlich zu einer weit verbreiteten Klasse Handel treibender Bauern.

Die in Gundestrup bei Ålborg in Jütland gefundene Silber- und Kupferschale ist insofern wahrscheinlich keltischen Ursprungs, als es sich auch bei dem Hirschgott mit Geweih um eine keltische Gottheit handelt. Es ist ein nordgallisches Motiv aus dem ersten Jahrtausend v. Chr. Und bei dem Versuch, die Herkunft des keltischen Reitervolkes zu ermitteln, das geographisch nahe dem Punkt, an dem sich die Quellen von Donau und Neckar treffen, in Erscheinung trat, taucht die Frage auf, ob hier möglicherweise eine Verbindung zum Volk des Hirsches – den Saken in Asien – besteht.

Strabo berichtet uns von einem nördlichen, die Kelto-Skythen genannten Skythenstamm. Wie die Skythen bedienten sich auch die Kelten einer indogermanischen Sprache, die leider bisher kaum in irgendeine moderne europäische Sprache übersetzt wurde. Sonst hätten wir vielleicht etwas über ihre Pferdekennt-

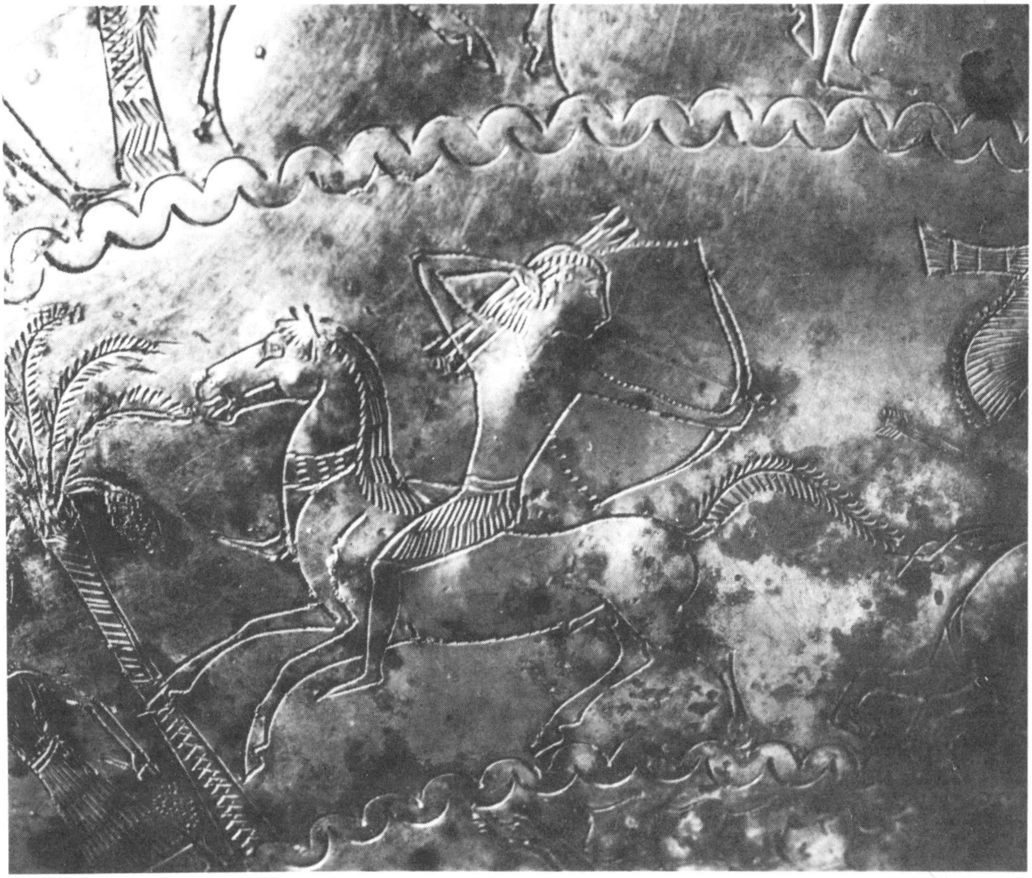

38 Silberschale im phönizischen Stil aus dem Bernardini-Grab in Praeneste, 7. Jahrhundert v. Chr. Höhe 14 cm (Museo Villa Giulia, Rom)

nisse erfahren können, denn sie besaßen eine natürliche Begabung für das Reiten und scheinen wie ihre asiatischen Zeitgenossen eine Oberschicht adliger Krieger gekannt zu haben.

Die Kelten waren eng mit der Welt der Antike verbunden, bewahrten sich jedoch eine unabhängige Tradition und brachten in ihrer Kunst und Eigenart einen neuen Realismus zum Ausdruck. Sie zogen Handel treibend durch ganz Europa und ließen sich schließlich in den folgenden Jahrhunderten in Spanien, Frankreich, auf den Britischen Inseln und selbstverständlich auch in Mitteleuropa nieder. Wieder einige Jahrhunderte später besiedelten die Belgae das nordöstliche Gallien. Sie absorbierten und entwickelten die ursprüngliche keltische Form des Transports, der Landwirtschaft, der Sprache und Kultur, die sie dort vorfanden, weiter. So können die

Kelten dem Julius Cäsar nicht, wie so manches Geschichtsbuch uns weismachen will, als Höhlenmenschen erschienen sein. Aus der Sicht unserer heutigen Kenntnisse von den hochentwickelten Kulturen des alten Europa – von denen Julius Cäsar nichts wußte – klingt eine derartige Unterstellung geradezu lächerlich. Die Höhlenmenschen hatten im Paläolithikum (d. h. vor rund 50 000 Jahren!) ihre Steinwerkzeuge in Norfolk, Suffolk, Wiltshire und Oxfordshire hergestellt. Der Leser täte gut daran, sich zunächst einmal den gewaltigen Zeitraum und die enorme Bewußtseinsentwicklung vor Augen zu halten, die den Kelten vom Steinzeitmenschen trennen. Dann erst vermag er die in »neuerer« Zeit erfolgte Ankunft der Kelten auf den Britischen Inseln und das noch »jüngere« Eintreffen der Belgae, denen Julius Cäsar in weniger als einem Jahrhundert folgte und die im Grunde ja gleichzeitig mit den Römern immer noch einwanderten, in der richtigen Relation zu sehen.

Die Wanderungen der Pferde oder Ponys auf die Britischen Inseln müssen unter demselben Gesichtspunkt betrachtet werden. Die ersten Tiere trafen zweifellos *auf dem Landwege* ein, mit oder ohne Zutun des Steinzeitmenschen. Warum sie kamen, soll uns nicht kümmern; wir wissen, daß sie von den Jägern als Jagdbeute angesehen wurden. Einige gehörten zu einer Seitenlinie des Tarpans und entwickelten sich zum Exmoorpony, andere mögen Mitglieder der *Equus robustus*-Linie gewesen sein.

Es ist möglich, daß der Ardenner jener Tage in die Hände der Friesen gelangte und daß die Belgae, die für den Transport von Pferden geeignete Boote besaßen, entweder das alte prä-friesische Pferd oder den Ardenner (den *Equus germanicus* einiger Autoren) mitbrachten – und das häßliche germanische Pferd aus der Zeit Cäsars, von dem Tacitus im ersten Jahrhundert n. Chr. sagte: »beneidenswert weder ob seiner Schönheit noch ob seiner Schnelligkeit.« Aber vielleicht hat gerade dieses Pferd einen bewaffneten Krieger der Belgae besser tragen können als ein zur Linie des Exmoorponys gehörendes Tier[26].

Zwar kämpften die Belgae zunächst gegen die keltischen Goidelen, wurden dann aber sehr bald in die keltische Bevölkerung Britanniens integriert und bereicherten die keltische Kultur durch ihre energischen Maßnahmen auf dem Gebiet der Landwirtschaft und Politik.

Über die Geschichte des Pferdes in der Obhut der Kelten können wir also soviel sagen: um 750 v. Chr. gab es von zwei Ponys gezogene Wagen und mindestens um 75 v. Chr. gebrauchten die Belgae Pferde als Reittiere. Die Wagen waren im Irland des fünften nachchristlichen Jahrhunderts immer noch im Gebrauch. Man hat Wagengräber sowohl der Dumnonier als auch der Parisier gefunden. Lange vor der Zeit Julius Cäsars wa-

[26] Die frühen Kelten trugen Bronzehelme, Schuppenpanzer, bronzene oder lederne Kürasse sowie Schilde, Schwerter und Dolche.

39 Teilansicht eines bronzenen Dreifußes aus Metapont, 6. Jahrhundert v. Chr. (Staatliche Museen, Berlin)

ren Reiten und Fahren die im nördlichen Europa üblichen Arten zu reisen.
Die Linie des *Equus europaeus* scheint sich über ganz Europa ausgebreitet zu haben, und wir hören und sehen zu diesem Zeitpunkt mit den wenigen von mir erwähnten Ausnahmen kaum etwas von *Equus robustus.* Vielleicht kann man daraus folgern, daß dieser Typ damals weniger gebräuchlich war als heutzutage, aber er existierte jedenfalls noch, wie uns die Bronzeplastik der auf einer Cob-Stute mit Fohlen reitenden Göttin Epona, die in Alise-Sainte-Reine gefunden wurde, beweist. Eigenartigerweise gibt es bei den antiken Völkern kein Tier, welches eine eigene Gottheit besitzt – außer das Pferd, wie hier bei den Kelten. Seine Göttin war Epona, die »Mutter der Pferde«.
Der keltische Stamm der Parisier brachte berühmte Wagenlenker hervor. Die Parisier gehörten zu der Vielzahl brythonischer Stämme, die sich auf den Britischen Inseln niederließen. Andere keltische Gruppen, die vom Kontinent auf die Inseln zogen, waren die Briganten, die sich in Spanien, Südirland, Yorkshire und Lancashire niederließen (sie waren gute Reiter), ferner die Trinobanten in

40 Griechische Vase im attischen schwarzfigurigen Stil, 6. Jahrhundert v. Chr. Aus einem etruskischen Grab (Etruskisches Museum, Rom)

41 (rechte Seite unten) Silbernes Kultgefäß aus dem Gundestrup-Moor, Jütland, möglicherweise erstes Jahrhundert v. Chr. Die Sporen der Reiter und die Pferdegeschirre sind nordeuropäisch

Essex und Suffolk; und die Izener in Norfolk und Suffolk. Vor allem die Izener züchteten Pferde, und bei ihnen gab es sogar eine besondere Kriegerkaste der Wagenlenker. Ihre zweispännigen Wagen wehrten den ersten Angriff der Römer auf Britannien ab. Nach der Niederlage ihrer Königin Boudicca befahl der römische General Severus den Anführern der Izener heimzukehren, sich wieder ihrer Pferdezucht zu widmen und sich nicht weiter ungefragt in Staatsgeschäfte zu mischen! Verblüffend ist, daß das Pferdezuchtzentrum der Izener nur etwa dreißig Meilen vom heutigen Newmarket in Suffolk entfernt lag – der Stätte nahe des langgestreckten Hügelgrabes, an dem gegenwärtig Ausgrabungen vorgenommen werden, die runde 2000 Jahre später zum ersten und weltberühmten Mittelpunkt der Vollblutzucht wurde. Bei der Zucht, für die die Izener berühmt waren, handelte es sich um *Equus europaeus*, dem das Exmoorpony stark ähnelt (Abbildung 8).

Die Coritani, die den Teil Britanniens besiedelt hatten, der heute den Namen Lancashire trägt, waren ein friedliches Volk von Bauern, und da die meisten seßhaften bäuerlichen Gemeinschaften

Vieh züchteten, dürfen wir wohl annehmen, daß auch sie sich mit Pferdezucht beschäftigten. Die Kelten kannten die vielfältigsten Renn- und Streitwagen, andere große und kleine zweirädrige Gefährte und sonstige von Pferden gezogene Fuhrwerke[27]. In Newstead sind aus der Zeit der römischen Besatzung Überreste einheimischer Ponys und eines 140 cm großen Pferdes aus besserer Zucht, das wahrscheinlich einem berittenen Soldaten gehört hatte, sowie die Reste einiger großer, großköpfiger Pferde, die vom Kontinent gestammt haben könnten, gefunden worden.

Von Julius Cäsar wissen wir, daß die vor die britischen Kriegswagen gespannten Paare kleiner Pferde so beweglich und gut ausgebildet waren, daß sie auf engstem Raum angehalten oder gewendet, an einem Abgrund aus vollem Galopp gestoppt oder von einem über die Deichselstange nach vorn gelaufenen und auf dem Joch stehenden Krieger zum Stehen gebracht werden konnten. Nach dem, was Julius Cäsar über die Pferde aus dem Süden Britanniens berichtet, und nach den Aufzeichnungen des Cassius Dio Cocceianus müssen die Pferde der Kaledonier bis zum Ende des ersten Jahrhunderts n. Chr. entweder zu dem feingliedrigen »keltischen« Typ oder zu einer Kreuzung zwischen »keltischem« und Wald-Typ gehört haben und unter 120 cm groß gewesen sein. Die Pferde mit den Maßen um 140 cm ähnelten sehr stark dem heutigen Araber. Einige Tiere mögen sogar bis zu 150 cm ge-

[27] Siehe Arthur Weigall, Wanderings in Roman Britain.

messen haben, doch bei der überwiegenden Zahl der Pferde lag die Höhe eher unter 140 cm als darüber.
Seit dem 2. Jahrhundert n. Chr. importierten die Gallier mit hohem Kostenaufwand edle Hengste aus Südeuropa, um ihre eigene Zucht zu verbessern; die Militärpferde könnten ursprünglich aus Gallien gekommen sein[28]. Die Gallier selbst waren fasziniert von der Jagd mit der Harrier-Meute. Der Kriegswagen verlor in Gallien um 120 v. Chr. seine Bedeutung[29]; in Schottland ist er bei der Schlacht von Mons Graupius und noch beim Britannienfeldzug des Septimius Severus um 207 n. Chr. erwähnt worden.
Das in Torrs (Yorkshire) entdeckte bronzene Stirnschild stammt aus der La Tène-Zeit und erinnert uns daran, daß Pferde damals wie zu Zeiten der Hethiter in Rüstungen gesteckt wurden.

6. Das Römische Weltreich

Berichte über die Pferdezucht aus der Zeit des Römischen Weltreiches sind nur spärlich vorhanden. Die führende Provinz war Spanien, und vor allem Militärpferde wurden hier gezogen. Plinius d.Ä. (23–79 n. Chr.), der eine Zeitlang Prokurator in Spanien gewesen war, schreibt über die Pferdezucht: »Die galizischen und asturischen Stämme im Norden züchten einen Pferdetyp, den sie thieldones oder celdones nennen. Die Pferde dieser kleineren Rasse, die wir unter dem Namen Asturcones kennen, traben nicht, sondern haben eine besonders leichte Gangart, die durch die abwechselnde Bewegung beider Beine einer Seite entsteht.« Also Paßgang! Plinius beschreibt in seiner *Naturalis historia* eindeutig den Amble oder Schritt. Tatsächlich wurden in den verschiedenen römischen Provinzen Europas zahlreiche Kavalleriepferde gezüchtet. Am Pictenwall war eine Schwadron friesischer Kavallerie stationiert, und wir wissen von zehn verschiedenen berittenen Einheiten, die zwischen ihm und dem weiter nördlich errichteten Antoniuslimes lagen. Zu diesen Einheiten gehörten die ungarischen Ersten Pannonier, die skythischen Sarmaten und eine Kohorte syrischer Bogenschützen. Ich frage mich, ob es nicht diese syrischen Bogenschützen gewesen sein können, von denen die Bewohner der Britischen Inseln, Römer wie Briten, ihre ersten Kenntnisse vom Reitsport und Pferderennen erwarben. Die Pferderennen wurden unter der römischen Herrschaft populär, und die Bogenschützen (Nachfahren der Hethiter) dürften orientalische Pferde aus guter Zucht mit nach Britannien gebracht haben. Wir wissen auch, daß die Römer schwere Pferde aus der Provinz Noricum bezogen. Der Noriker ist heute ein

[28] Einen Überblick über keltische Religion und Pferdekulte kann der Leser in The Foals of Epona von D.M. Goodall und A.A. Dent finden.

[29] V.G. Childe, Pre-history of Scotland.

gut mittelschweres Pferd und höchstwahrscheinlich niemals schwerer gewesen, aber im Vergleich zum orientalischen Pferd wirkt er natürlich »schwer«[30].
Sie kreuzten dieses Pferd mit ihren eigenen, leichteren Linien, um ein Kavalleriepferd mit größerer Zähigkeit zu erhalten. Auf dem Capitol in Rom steht eine Statue des Kaisers Marc Aurel aus dem zweiten Jahrhundert n. Chr., die das Ergebnis dieser Kreuzungen sehr deutlich zeigt. Allerdings zeichneten sich die römischen Kaiser nicht gerade durch Bescheidenheit aus, und so darf man wohl davon ausgehen, daß die Größe des Pferdes etwas übertrieben ist. Wie dem aber auch immer sei, in den besetzten Provinzen jedenfalls ritten die römischen Herrscher auf weniger massiven Tieren.
Bei Ausgrabungen am Pictenwall entdeckte Professor Ewart die Knochen von sechs verschiedenen Pferde- und Ponytypen sowie einigen Zwischentypen, bei denen es sich möglicherweise um Kreuzungen handelte. Es hat den Anschein, als hätten sich zu jener Zeit – etwa im zweiten Jahrhundert n. Chr. – die *definitiven* Rassen entwickelt, im Gegensatz zu den Linien, wie sie bis zu diesem Zeitpunkt besser genannt werden sollten. Ewart (und auch andere Auto-

30 Siehe Daphne Machin Goodall, Pferde der Welt.

42 Dieses Motiv am Hals des Vix-Kruges zeigt einen Streitwagen mit vier Pferden, ca. 500 v. Chr. Der Krug stammt aus dem Grab einer Prinzessin in Vix, Châtillon-sur-Seine, Frankreich

ren) stiftet nur Verwirrung, wenn er ein 110–120 cm großes Pony mit einem leicht konkaven Profil »das Keltenpony« nennt. Es hat niemals eine »keltische« Rasse gegeben, sondern lediglich die *Equus europaeus*-Linie, die zur Zeit der Kelten einige Bedeutung erlangte und in hohem Maße Verwendung fand. Ich glaube nicht, daß wir viel zur Klärung beigetragen haben, als wir dieselbe Linie in *The Foals of Epona* als »nordatlantisch« bezeichneten. Wenn man die gälische oder keltiberische Sprache daraufhin untersuchen wollte, würde man wahrscheinlich feststellen, daß ein eigener Name für diese Ponys existiert. Die Beschreibung trifft auf jeden Fall mehr oder weniger auf den Tarpan zu.

Es hat zu jener Zeit auch einen als Shetlandpony erkennbaren, 110 cm großen Typ gegeben – und das ist durchaus nicht überraschend, wenn wir uns an die Höhlenmalerei aus Lascaux (Dordogne) mit den fünf dargestellten Typen erinnern. Außerdem existierten noch: ein feinknochiges, aber etwas größeres, dem Pferd sehr ähnliches Pony mit einer Höhe von ungefähr 140 cm, das von den Hethitern (und vielleicht sogar von syrischen Bogenschützen!) benutzt wurde; ein Ex-

moor-Typ von 120–130 cm Größe – selbstverständlich gab es das Exmoor *als solches* damals und auch vorher schon; und schließlich ein *Wald*-Typ, stämmig und mit einem längeren Rücken – vielleicht der *Cob*-Typ Osteuropas oder anderer Gebirgsregionen. Und schließlich war noch ein 140–150 cm großes, viel starkgliedrigeres Tier mit konvexem oder geradem Profil vorhanden, das die Experten offensichtlich als den Siwalik-Typ aus der Gebirgskette in Nordindien bezeichneten, wo, wie es heißt, ähnliche Fossilfunde gemacht worden sind. Allein, solche Bezeichnungen sind für die Geschichte der Pferdezucht im Grunde irrelevant. Wir wissen, daß diese Tiere nicht aus Indien gekommen sein können. Das schwere Pferd aus dem Diluvium ist in Europa gefunden worden und kann sich im Laufe der Jahrhunderte zum nützlichen Cob »verbessert«, aber hier und da auch zu einem schwerknochigen Tier zurückentwickelt haben, wobei die Degeneration als Folge einer unbedachten Zucht und Ernährung sogar innerhalb weniger Generationen zutage treten konnte. Und außerdem brachten wahrscheinlich auch die germanischen berittenen Einheiten aus dem Rheinland schwerere Pferde auf die Britischen Inseln.

Es existierten zumindest zwei britanni-

44 (oben)
Keltische Pferderüstung: Das Torrs-Stirnschild

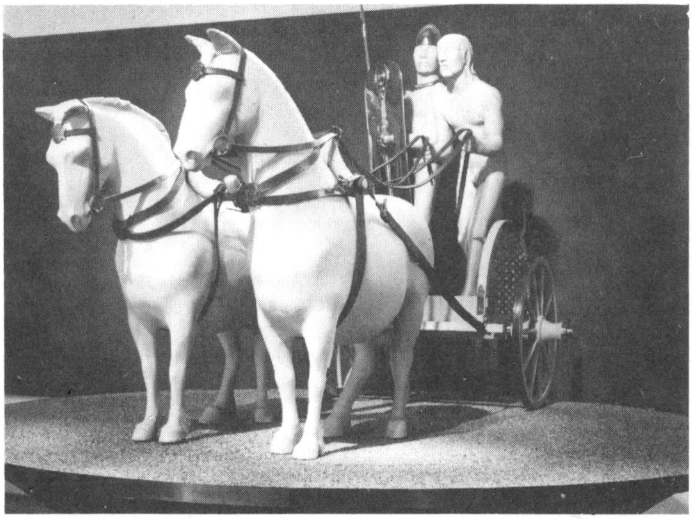

45 Keltischer Wagen

43 (links)
Römischer Soldat

sche Kavallerieeinheiten, und zwar das in Ungarn stationierte Ala Prima Flavia Augusta Britannica und das in Marokko stehende Ala Quinta Brittonum. Nach einem ungeschriebenen Gesetz der Römer blieb kein Legionär in seinem Heimatland. Leider scheint es aber keinen Hinweis darauf zu geben, ob die Legionäre die in ihrer Heimat gezüchteten Pferde (was das wahrscheinlichere ist) oder Tiere des Landes, in dem sie Dienst taten (was ich kaum glaube), ritten.

Wie schon erwähnt, gab es während der römischen Herrschaft in Britannien natürlich auch keltische Reiterstämme; dazu gehörten die Briganten, Parisier und Votadini. Die römische Besatzung bedeutete durchaus nicht das Ende der keltischen Kultur. Vermutlich haben die erwähnten Kavallerieeinheiten aus den jungen Männern dieser Reiterstämme bestanden, und wahrscheinlich nahmen sie ihre selbstgezogenen Pferde mit in die Fremde, genauso wie die Ritter im Mittelalter rund eintausend Jahre später auf ihren eigenen Pferden auszogen.

Als die Römer sich während des vierten und fünften Jahrhunderts n. Chr. aus Britannien zurückzogen, führte Cunedda, König der Votadini, dessen Reich im heutigen Lothian und Northumberland lag, sein Volk aus dem verwüsteten Norden gen Westen durch das von den Briganten besetzte Gebiet (die späteren Dales and Fells), vertrieb die irischen Eindringlinge, die viele der Ordovices in Nordwales erschlagen hatten, und übernahm ihr Land. Taliesin, der Barde, sang von ihm: »Er pflegte im Winter großzügig seine Kriegspferde herzugeben«, um damit den Bergbauern zu helfen. Auf diese Weise kam wahrscheinlich der schwerere Vorfahr des berühmten Welsh-Cob nach Wales. Von Chester führt eine alte Römerstraße am Lake Bala in Wales vorbei, wo die Römer, wie es heißt, ein Gestüt zur Zucht von Packponys gegründet hatten. Der Bala-See liegt im Lande der Ordovices, die sowohl Blei- als auch Kupferminen besaßen. Die Packponys wurden zweifellos zum Transport dieser Bodenschätze benötigt. In späteren Jahrhunderten trug der Landstrich den Namen Powys, und es wurden auch Gestüte zur Zucht des Powys-Cob eingerichtet.

Im Kapitel 3 unterbrachen wir unsere Betrachtungen über die Geschichte der Pferdezucht in China an dem Punkt, als die Chinesen ihren Botschafter entsandten, um Pferde aus dem Lande jenseits des Tien-Schan zu erwerben, und haben dann später (S. 126–127) die edlen schwereren Pferde aus der nisäischen Ebene behandelt. Es ist möglicherweise etwas weit hergeholt, hier eine Verbindung zu den schweren Zugpferdrassen Europas aus dem achtzehnten und neunzehnten Jahrhundert zu suchen – trotzdem glaube ich, daß eine solche Verbindung bestanden haben könnte.

7. China

Doch zunächst wollen wir uns noch einmal der Entwicklung in China zuwenden. Im letzten Jahrhundert des ersten Jahrtausends v. Chr. begannen die Pferde von Ferghana an Ansehen zu gewinnen und wurden bald ebenso berühmt wie die Nisäer, mit denen sie aller Wahrscheinlichkeit nach eng verwandt waren. Man erkannte, daß die Pferde, die vom Tarpan abstammten, sich für militärische Zwecke besser eigneten als die Nachkommen des Przewalski-Pferdes. Joseph Weisner bemerkt, daß es in Shantung eine Stele gibt, auf der beide Linien gemeinsam dargestellt sind.

Die frühen historischen und ethnischen Bezeichnungen hatten jahrhundertelang geographisch ihre Gültigkeit behalten. Jetzt besetzten die Baktrier, großartige Pferdezüchter, innerhalb deren Ländereien die fruchtbaren Täler von Ferghana lagen, ein riesiges Gebiet zu beiden Seiten des Flusses Amu-Darja. Heute gehört es zum südlichen Zentralasien und nördlichen Afghanistan. Es läßt sich eine Verbindung feststellen zwischen den chinesischen Unternehmungen im zweiten Jahrhundert v. Chr. und dem nisäischen Pferd aus Persien einerseits und den späteren schwereren Pferden in Margiana, Parthien (dem heutigen Südturkestan und Teil von Khorasan im Nordosten des Iran), Khorazem (am Unterlauf des Amu-Darja) und Sogd oder Sogdiana (dem Tal des Flusses Serawschan) andererseits. Diese Regionen waren bewohnt von landbebauenden und viehzüchtenden Stämmen und sämtlich berühmt für die Zucht edelster Pferde: Aschchabad, Merw, Balkh usw. Ein besonders eng mit dem Namen Ferghana verbundenes Volk war der Stamm der Parikanier.

Westlich des Flusses Ili existierte ein Volk mit dem Namen Ghora (Tigerschimmel). Dabei handelte es sich um »einen großen, in unmittelbarer Nachbarschaft der Kirgisen lebenden und ihnen sehr ähnlichen Nomadenstamm mit einer allerdings völlig anderen Sprache, der sich weitgehend von Käse und Kumyß (gegorener Stutenmilch) ernährte und so genannt wurde, weil die Farbe seiner Pferde vorwiegend scheckig getüpfelt war. Bei den Turkvölkern soll die Bezeichnung für einen getüpfelten Schecken *ghora* gewesen sein; und folglich wurde der Stamm auch Ghora genannt« (Parker).

Wie wir wissen, war das Volk im Tal des Ili das erste, an das sich die Chinesen mit der Bitte um Pferde wandten, und es ist durchaus möglich, daß die getüpfelten Pferde von hier aus zunächst gen Osten und erst später, zu Beginn der Kreuzzüge, auch nach Westen und schließlich mit den spanischen Konquistadoren in die Neue Welt gelangten, wo sie als Appaloosas bald ihren festen Platz in der Pferdepopulation einnahmen; besonders beliebt waren sie bei den Nez Percé-Indianern, die ja selbst viele Jahrhunderte zuvor ebenfalls ihren Weg aus Asien über die damalige Landbrücke auf den amerikanischen Kontinent gefunden hatten.

Im Jahre 121 v. Chr. trat Chang Ch'ien,

der Gesandte des chinesischen Kaisers Wu-ti, seine zweite Reise an, auf der er die Wu-sun, die das Tal des Ili südlich des Balchasch-Sees besetzt hatten, besuchte. Seine Besuche waren erfolgreich: die Wu-sun machten dem kaiserlichen Hof in China zweimal ausgewähltes und umfangreiches Pferdematerial zur Gründung eines Gestüts zum Geschenk. Ihre Tiere waren größer, jedoch feinknochiger als die einheimischen chinesischen Pferde. Zwischen fünf- und zehnmal jährlich entsandte Wu-ti seine Handelsdelegationen in das Reich der Aorser, nach Tayüan, zu den Yüeh-chih und nach Parthien. Chinesische Seide, Jade und Korallen wurden gegen Pferde eingetauscht.

Gegen Ende des zweiten Jahrhunderts v. Chr. jedoch verweigerte der Herrscher von Ferghana das Tauschgeschäft mit seinen Vollblutpferden und ließ die chinesischen Boten ermorden. Daraufhin entsandte Wu-ti zwei Armeen, um sich die Pferde mit Gewalt zu holen. Die Hälfte der Truppe starb vor Hunger, Durst und Erschöpfung auf dem 3000 Kilometer langen Marsch durch die Berge und Wüsten. Aber über 3000 Pferde wurden erbeutet. Rund 2000 davon starben auf dem langen Weg durch die Wüste zurück nach China. Nur 50 »Blutschwitzer« und ungefähr 1000 minderwertige Pferde und Ponys überlebten.

Die Pferde von Ferghana waren viel kräftiger als die Ili-Pferde und, wie Yetts[31] sagt, den klassischen griechischen Pferden sehr ähnlich. Fernald[32] nimmt an, daß es sich bei den Ili-Pferden um Kreuzungen zwischen den Ferghana-Pferden und Mongolischen Ponys gehandelt hat. Das ist durchaus möglich, denn auf Basreliefs ist ein kraftvolles, gewöhnliches Pferd mit konvexem Profil zu erkennen. Wie es scheint, hat das Sien-pi-Kaiserreich bis ins zweite nachchristliche Jahrhundert hinein bestanden, danach verschwand der Name Hsiung-nu fast völlig. Die Hunnen zogen westwärts, tauchten um 300 n. Chr. in Europa auf und blieben dort etwa einhundert Jahre, bevor sie wieder nach Asien zurückkehrten, wo sie sich dann mit den westlichen Turkvölkern vermischten. Die Sien-pi besaßen sehr viel schnellere Pferde als die Hsiung-nu!

In seinem Buch »*Unknown Mongolia*« schreibt D. Carruthers:

»Etwa im dritten Jahrhundert v. Chr. rückte ein Volk in den Vordergrund, dem es bestimmt war, der ganzen zivilisierten Welt seinen Stempel aufzudrükken. Aus dem tiefen Süden der Mongolei, vielleicht von der chinesischen Grenze (Shensi und Kansu), kam das Volk der Uiguren. Ihre Herkunft ist ungeklärt. Sie wanderten nach Norden und ließen sich schließlich im nördlichen Teil der Mongolei nieder. Dann breiteten sie sich weiter nach Norden über die Jenissej-Regionen bis zum Fluß Chulin aus, bis sich ihr Reich im achten Jahrhundert n. Chr.

---

[31] Perceval Yetts, The Horse: A Factor in Early Chinese History (Eurasia Septrentalis Antigua, Helsinki 1934).

[32] Helen E. Fernald, Chinese Art and the Wu-sun Horse.

über die ganze nördliche Mongolei vom Kossogol-See bis zum Schwarzen Irtysch erstreckte ... In den alten Uiguren haben wir den Ursprung der türkischen Rasse vor uns, die sich später über ganz Zentralasien ausdehnen und ihr Großreich am Bosporus errichten sollte.«

Kankly ist das türkische Wort für »ein Karren«. Parker bemerkt, daß die Hsiung-nu und die Turkvölker nördlich der Wüste, des Issykkul und des Syr-Darja oder Oberlauf des Jaxartes, bei denen Karren im Gebrauch waren, im Altertum Ting-ling, dann »Hohe Karren«, Terek und schließlich Ouiguren und Kankalis genannt wurden. So daß dieses Volk (etwa 600 n. Chr.) die in Asien zurückgebliebenen Reste der nach Westen gezogenen Hsiung-nu repräsentierte. »Sie waren starke und kühne Nomaden, großartige Bogenschützen zu Pferde und gefährliche Räuber; als der noch relativ junge Name ›Türke‹ unter der Familie Assena zu Ansehen gelangte, bildeten sie einen Bestandteil des türkischen Großreiches.« (Parker) Später errichteten sie ihr eigenes Reich. Die Kirgisen (früher Karakirgisen) leben seit über 2000 Jahren in ein und demselben Gebiet; sie sind möglicherweise mit den Kankalis oder »Hohen Karren« verwandt, aber vielleicht haben wir in ihnen auch die alten Awsen (Ili?) oder »Nomaden von Kuldja« (Parker) vor uns. Sie umsorgten ihre Pferde, bis die Tiere ganz ausgewachsen waren und der beste Kämpfer den Rang des Leithengstes übernahm. Und *sie besaßen auch Wildpferde.* Ihr Hauptnahrungsmittel war der dem Kefir ähnelnde Kumyß, und ihre Sprache ähnelte der der Ouiguren.

Zwischen den beiden Flüssen T'ao und Huang Ho, östlich des Koko Nor, grün-

46 Chinesisches Pferd der Wei-Dynastie mit Glocken auf seiner Brust. Dies ist ein Beispiel für den »großen hakenförmigen Kopf«, wie ihn Thomas Blundeville beschrieben hat, der in der Zeit Elisabeths I. lebte

deten die Tukuhun ihr Reich (428 n. Chr.). Es war ein ödes Land. In der Mitte des Koko Nor lag eine kleine Insel, und jedes Jahr, wenn der See zugefroren war, wurde eine Anzahl edler Stuten auf diese Insel getrieben; im darauffolgenden Winter trieb man dann die Fohlen zusammen. Für ihre Zucht standen den Tukuhun zahlreiche herrliche persische Stuten zur Verfügung, und deren männliche Nachkommen genossen als »Koko Nor«-Hengstfohlen einen außerordentlich guten Ruf ob ihrer Schnelligkeit. Parker berichtet uns auch noch, daß ein weißes Pferd geschlachtet wurde, als die Chinesen etwa 48 v. Chr. mit den Hsiung-nu ein Bündnis schlossen. Im fünften Jahrhundert n. Chr. sind von den tungusischen Herrschern in China sehr oft weiße Pferde geopfert worden; und Dschingis Khan, der die in Silber gefaßte Hirnschale des besiegten Khans der Kereyid als Trinkgefäß benutzte, bekräftigte sein erstes militärisches Bündnis ebenfalls mit der Opferung eines weißen Pferdes.

Wenden wir uns nun den Darstellungen offensichtlich unterschiedlicher Linien auf Basreliefs, die in einem Zeitraum von etwa 1000 Jahren entstanden sind, zu. Als frühe Abbildung eines der berühmten Pferde von Ferghana – oder eines der ersten in China gezüchteten Nachkommen – gilt eine Steingravierung aus der Han-Dynastie[33], die in die Zeit zwischen 25 und 220 n. Chr. datiert wird. Sie zeigt einen massiven, wohlproportionierten Körper mit guten Knochen, einem kleinen, auf einem starken Hals und kräftigen Schultern sitzenden Kopf und einer sehr breiten Brust. Das Tier ist aufgezäumt und gesattelt – wobei ein Detail unsere besondere Aufmerksamkeit verdient: Steigbügel, die richtig am Sattel befestigt sind[34] – und wird von einem Soldaten in Stiefeln gehalten! Ein anderes Basrelief zeigt ein in vieler Hinsicht ähnliches Pferd auf der Flucht, das aber doch mehr an ein großes Steppenpony mit fliegender Mähne als an ein Pferd aus Ferghana erinnert. Auch dieses Tier trägt einen Sattel mit Steigbügeln. Aus der Wei-Dynastie (220–265 n. Chr.) stammen zwei Darstellungen mongolischer Reiter. Auf der einen erkennen wir einen Mann auf einem feurigen Steppenpony, der ein Wildpferd (oder ein Tier, das zu einem Tabun gehört) jagt. Er benutzt eine am Ende einer Stange angebrachte Schlinge, wie sie auch heute noch zum Einfangen von Pferden Verwendung finden. Die andere Darstellung zeigt einen Mongolen mit einem großen, temperamentvollen Pferd an der Longe. Auf einem weiteren Flachrelief sehen wir ein im Schritt gehendes Paradepferd in der ganzen Pracht und Schönheit der 1500 Jahre jüngeren spanischen Nachkommen – und der Reiter sitzt augenscheinlich auch seitlich auf diesem Tier!

---

[33] Diese Dynastie wurde 202 v. Chr. von Kao Tsu gegründet, als das chinesische Reich sich nach dem Kampf gegen die Hunnen auszudehnen begann.

[34] Gemeinhin wird angenommen, daß der Steigbügel erst 200 bis 300 Jahre später aufkam.

Während der T'ang-Zeit gab es in China eine Zucht erstklassiger »großer« Pferde, die in jeder Hinsicht den nisäischen Pferden, die zur gleichen Zeit von den Medern und Persern gezüchtet wurden, glichen. Neben den vielen Abbildungen dieser sehr kräftigen Kavalleriepferde existiert eine äußerst interessante Gravierung, die zwei Frauen zeigt, welche Achal-Tekkiner – einen schwarzen und einen kastanienbraunen – reiten; der kleine, hochgetragene Kopf, das große Auge, der kurze Rücken und die langen Beine sind unverkennbar.

Um 1000 n. Chr. mußten die Juchen (Mandschu), die im Sungari-Tal und am Unterlauf des Heilung Kiang ansässig waren, an die Liao-Dynastie (907–1125 n. Chr.), welche sich am Oberlauf des Liao Ho und in einem Teil der Provinz Hopeh niedergelassen hatte, Pferde liefern.

47 Chinesisches Pferd der Wei-Dynastie, 524 n. Chr. – die Himmelspferde, auf die B. Melchers hingewiesen hat

Eine Steingravierung aus der mongolischen Yüan-Dynastie (etwa 1277–1367 n. Chr.) zeigt einen Pferdeknecht mit einer aufgezäumten, folglich domestizierten Stute in der Größe eines Cobs, die zu einem falbfarbenen Steppenhengst gebracht wird (wobei die Farbe allerdings auch zufällig vom Restaurator ausgewählt worden sein kann). Das Verfahren, zahme Stuten von wilden oder halbwilden Hengsten decken zu lassen, ist seit altersher von den Steppennomaden praktiziert worden. Man nimmt ja auch an, daß die ersten Maultiere auf diese Weise gezogen wurden, indem Onagerstuten in unmittelbarer Nähe wilder Hengste angebunden worden waren.

Ungefähr um das Jahr 1008 n.Chr. existierten in Nordchina der Liao-Staat der Khitan und in Mittel- und Südchina die Sung-Dynastie. Von den Mongolen, Turkvölkern und Hsiung-nu, Mandschu, Khitan und den Sien-pi sagten die Chinesen stets, »der Pferderücken bildet den Staat«.

Die Pferde der Ghei, eines protomongolischen Stammes, waren äußerst robuste und lebhafte Tiere, und um 842 n. Chr. konnte man sie weiter westlich in der Gegend des heutigen Kalgan finden. Die Ghei und Khitan sind die eigentlichen Vorfahren der Mongolen, die nach wie vor ihre alten Gebiete bewohnen. Und die Ölöten (Westmongolen) bilden die Reste der alten Hsiungnu- und Turkreiche.

»Die gleichen ›Pferderücken‹-Horden haben vor undenklichen Zeiten China, Persien, Mesopotamien, Syrien, Babylonien und sogar Ägypten angegriffen und dabei stets eine neue ›Pferde‹-Ära eingeleitet.« (Parker)

Die Hauptbeschäftigung der Khitan war die Pferdezucht, und um sie zu unterwerfen, setzten die Chinesen das Steppengras in Brand, so daß die Pferde entweder getötet wurden oder verhungerten. Im Jahre 1003 n. Chr. stand eine 18 000 Mann starke chinesische Kavallerie der Khitan in Peking. Die Heere ihrer eigenen Stämme und die vier Hauptgarnisonen nördlich der Großen Mauer stellten zusammen 180 000 Reiter. 5600 dieser Reiter bildeten die kaiserliche Garde, 94 000 gehörten zur kämpfenden Truppe.

Aus dem Jahre 986 stammt eine kurze Notiz, daß Wei-chang, als er sich auf einer Jagd-Expedition befand, auf Wildpferde stieß.

Wie wir schon festgestellt haben, entstand der Gedanke des Rittertums bereits im alten Asien, als man noch Kriegswagen verwendete.

Das Urbild des Ritters auf einem »großen« Pferd stammt von den Persern, die selbst auch Rüstungen trugen, ebenso wie die Sarmaten, die sich und ihre Pferde gleichfalls in lederne Schuppenpanzer kleideten.

Langsam breitete sich die Idee der Ritterschaft im ersten Jahrtausend n. Chr. westwärts aus.

Der Ritterdienst bot den jüngeren Söhnen adliger Familien in Europa endlich eine Betätigungsmöglichkeit. Sie traten in die religiösen Orden ein und widmeten ihr Leben dem Kampf gegen die »Heiden«, ob es sich nun um die autono-

me Bevölkerung der baltischen Staaten oder die nichtchristlichen Bewohner der nahöstlichen Länder handelte. Obgleich die Kreuzzüge ihr geistiges Ziel der Christianisierung letzten Endes nicht erreichten, trugen die in den 300 Jahren unter dem Kreuz geführten Kriege indirekt dennoch ihre Früchte in Europa. Der Handel zwischen Europa und Asien blühte gewaltig auf. In den Jahren 1187 bis 1291 war Akkon (in Nordisrael) die Hauptstadt des Christentums im Vorderen Orient. Für den Transport der Heere wie auch der Waren aus dem Osten wuchs die Schiffahrt stetig an.
Nordsyrien, das nach wie vor als pferdezüchtendes Land Beachtung fand, lag natürlich auf direktem Wege zwischen Persien und dem Okzident. Da bekannt ist, daß die heimkehrenden Kreuzritter in vielen Fällen nicht näher beschriebene orientalische Pferde mitbrachten, besteht die große Wahrscheinlichkeit, daß darunter auch Nisäer waren – vielleicht in nicht sehr großer Zahl, aber doch genug, um die Zuchten in Italien und Spanien zu beeinflussen. Der »hakenförmige Kopf, geknickt wie ein Falkenschnabel« war im Osten berühmt, und es gibt gute Gründe, anzunehmen, daß er seinen Weg auch in den Westen fand. Was ja nach Marcus Fugger auch der Fall war! Wir wissen inzwischen, daß das konvexe Profil, ein ausgesprochen charakteristisches Merkmal, bis nach China hinein zu finden war, und genauso könnten im zwölften und dreizehnten Jahrhundert – oder sogar noch früher – Pferde mit diesem typischen Merkmal auch nach Syrien gekommen sein.

48 T'ang-Dynastie, chinesisches Pferd. 618–906 n. Chr.

8. Nord- und Osteuropa

Zur gleichen Zeit wie die Kelten und Römer, aber außerhalb des Römischen Weltreiches, existierte die indogermanische Gruppe der Germanen, die das Land zwischen Rhein und Weichsel bewohnten. Sie sind die unmittelbaren Nachfolger und vermutlich sogar die Nachkommen der skythischen Stämme gewesen, die in Europa bis zur Lausitzer Kultur und den nordischen Völkern der späten Bronzezeit vorgedrungen waren. Es gab drei Gruppen: die erste Gruppe mit Norwegen, Schweden, Dänemark und Island; die aus Sachsen, Franken, Alamannen und Baiern bestehende zweite Gruppe; und schließlich die dritte

Gruppe, die die Vandalen, Burgunder und Goten sowie während des zweiten Jahrhunderts v. Chr. die Kimbern und Teutonen, die gemeinsam von der Westküste Schleswig-Holsteins nach Italien zogen, umfaßte.

Um diese Zeit setzte, bedingt durch die Veränderung der klimatischen Verhältnisse in Asien und Europa, die Völkerwanderung ein. Eine derart gewaltige Bevölkerungsbewegung sollte sich bis zu den Kriegen des zwanzigsten Jahrhunderts nicht mehr wiederholen.

Um 150 v. Chr. fanden ungeheuere Umwälzungen statt, in deren Verlauf die Pferdezucht sich immer wieder in andere Gegenden verlagerte und sogar völlig unterging. Das Klima in der Mongolei verschlechterte sich offensichtlich rapide, und die Sorge um ihre Schafe und Rinder zwang die dort lebenden Stämme, in ein milderes Klima umzusiedeln. Sie drangen nach Osten, Süden und Westen vor, stießen überall auf günstigere Bedingungen, konnten ihr Vieh und ihre Pferde verbessern und blieben schließlich, als sie ihren Wohlstand gesichert sahen, in den besetzten Ebenen und Tälern.

Im Westen war das Geschehen gekennzeichnet durch immer neue, sich überstürzende Ereignisse. Auch in Europa verschlechterten sich die klimatischen Bedingungen. Die Skandinavier zogen ostwärts. Aus Asien fielen die Hunnen ein und wüteten entsetzlich unter den Slawen im europäischen Rußland und den Chazaren, die damals im Kaukasus lebten. Ihr schrecklicher Ruf eilte ihnen weit voraus; 375 n.Chr. wurden die Ostgoten von ihnen im Wolgagebiet vernichtend geschlagen. 75 Jahre später siedelten sie sich in der Donauebene Österreichs und Ungarns an.

Durch Mohammed wurde schließlich auch in Arabien eine neue Bewegung in Gang gesetzt, und die Sarazenen fielen über die Reste des alten Orients und des Europas der Antike her.

Bei den Steppennomaden war es üblich, daß der unterlegene Stamm den Namen des Siegers annahm. So schloß der machtvolle Name »Awaren« viele unterworfene Stämme in sich ein. Doch zu der Zeit, als die berittenen Horden des Kagan Bajan (565-602 n.Chr.) auf dem Pontus erschienen, waren die Awaren gerade unter die Herrschaft der Türken geraten, und kein einziges Nomadenvolk war erpicht darauf, sich irgendeiner Verbindung mit den Awaren zu rühmen. Diese Awaren sind unbestreitbar identisch mit den War Chun und waren ursprünglich ein nomadisierendes Steppenvolk, das zu den Hunnen gehörte. 563 tauchten sie nach langen Irrwanderungen bei den Alanen im Kaukasus auf, denen sie bis dahin mehr oder weniger unbekannt waren. Nach 566 ließen sie sich ebenso wie die Türken in Ungarn nieder. Als ihre ersten Gesandten in Byzanz erschienen, »versammelte sich die ganze Stadt, um sie zu sehen, denn niemand hatte jemals zuvor einen Blick auf dieses Volk getan«.[35] »Dieses Volk« sah, abgesehen von den langen, mit Kordeln

[35] Alföldi, »Zur His. Bestimmung der Avarenfunde«, Eur. Septent. Antigua, 9–10, 1934.

18 Yorkshire-Kutschpferde, große starke Pferde, wahrscheinlich mit Irish-Draught-Pferd-Blut. So fuhr man vor 100 Jahren

19 Norfolk Roadsters (Traber). Shepherd & Knapp und die Stute Nonpareil im Wettrennen. Nonpareil war eine der be-rühmtesten Stuten ihrer Zeit, des 19. Jahrhunderts

verzierten Zöpfen, genauso aus wie andere Reiternomaden. Johannes von Ephesus spricht von »flüchtenden Nomadenhorden mit geflochtenem Haar, die nach ihrer Haartracht Anwaren genannt wurden«, und die Chinesen erwähnen die türkisch-mongolischen Juan-Juan, die geflochtenes Haar hatten und deshalb als »Kordelbarbaren« oder »kordelhäuptige Barbaren« bezeichnet wurden.[36]

Die beiden Zweige der ungarischen und der östlichen Awaren sind also identisch. Ihre richtige Stammesbezeichnung lautete War-Chun oder Warchuniten. Die Türken allerdings nannten sie ganz global Hunnen oder Ogusen. J. Németh verweist auf den mongolischen Stammesnamen *Varguni*. Theophylakt faßt die Awaren aus dem Kaukasus und die türkisch-byzantinischen Awaren-Flüchtlinge als »Uar« und »Chunnu« zusammen. Und dieser Name wurde von zahlreichen späteren Autoren wiederholt verwendet, obgleich er nicht ganz korrekt ist. Aber aus ihm lassen sich vermutlich die Worte *Hun* und *Gar* = Ungarn und *Bavar* = *Bajovaria* = Bayern herleiten, ebenso, wie die späteren legendären Pferdeherden aus der ungarischen Pußta auf den Steppentarpan zurückgeführt werden können.

Doch nicht nur die Wanderungen der Völker, sondern auch Naturkatastrophen belasteten das Dasein: »Große Kälte brach über das nördliche Eurasien herein, in Mitteleuropa gab es Mißernten, und ausgetrocknete Flußtäler durchschnitten das öde Land. Die römischen Heere lösten sich auf oder wurden vernichtet. Reiche Wälder wandelten sich in Gestrüpp oder versanken ganz in Sand und Kies, und gewaltige Flüsse verschwanden.« (Sanderson)

Gegen 250 n. Chr. war die Völkerwanderung in vollem Gange. Die Westgoten zogen durch den Balkan nach Italien, Südfrankreich und Nordspanien; die Ostgoten wanderten in die Ukraine und nach Kleinasien; die Vandalen nach Afrika; die Alemannen, Burgunder und Franken überquerten den Rhein; die Angeln und Sachsen fielen in Britannien ein; und die Langobarden zogen ebenfalls nach Italien. Die alte Ordnung brach zusammen und der Grundstein für das moderne Europa war gelegt. In diese Zeit fällt auch das Entstehen des russischen Reiches. Die Pferderassen und -linien wurden offensichtlich in einem solchen Ausmaß vermischt, daß man an die Beschreibung irgendeiner »reinen« Rasse kaum zu denken wagt.

Die Herden europäischer Wildpferde waren natürlich dezimiert. Hier und da hatten einige isoliert lebende, bodenständige und für ein bestimmtes Gebiet typische Ponys den Sturm, der über das Land hinweggefegt war, überstanden. Sie verblieben in ihrer Isolation, jahrhundertelang mehr oder weniger ungestört, und die meisten von ihnen dürften wahrscheinlich kaum Einfluß auf die spätere Entwicklung der Spezies *Equus* ausgeübt

[36] Die ugrische Sprachgruppe umfaßt drei verwandte Sprachen, die das Madjarisch (Ungarisch), die Sprachen zweier kleiner sibirischer Völker (Chanti und Mansi) und die finnische Gruppe einschließen.

haben. Einige von ihnen trugen in Europa zwar zur Gründung von Warmblutzuchten bei. Aber Herden wie die des Sorraia in Spanien, des osteuropäischen Tarpans, des britischen Exmoor und selbstverständlich auch des Mongolischen Wildpferdes als des eigentlichen Urwildpferdes blieben damals wie heute innerhalb ihres gewohnten Lebensraums.

Auf den Britischen Inseln wurde zwischen 500 und 900 n. Chr. die Zucht mehrerer verschiedener Pferdetypen fortgesetzt, und man frönte der geliebten Jagd auf Hirsch und Reh, wie die Darstellungen auf den Grabsteinen der Kirchhöfe von St. Andrews und Aberlemno, Schottland, beweisen.

Auf der Tchertomlyk-Vase in der Eremitage in Leningrad erkennen wir einen aus einer Lederschlaufe in Form einer Schlinge gefertigten Steigbügel, der am Gurt befestigt ist. Die Vase wurde von W.W. Arendt, Moskau, in der Nähe von Nowo-Alexandrowskaja, Melitopol (Krim), entdeckt. Es wird angenommen, daß die Awaren die ersten gewesen sind, die den Steigbügel in Europa benutzten[37], und da wir ziemlich sicher sein dürfen, da die Awaren von den Skythen abstammten, könnte es sehr gut möglich sein, daß sie den Steigbügel von den Skythen übernommen haben. Die Pferde der Skythen waren außerordentlich schnell, und es ist schwierig genug, ein schnelles Pferd über längere Zeit ohne Steigbügel zu reiten, ohne herunterzufallen; unter solchen Umständen ist es das Naheliegendste, eine Schlinge am Gurt zu befestigen.

Es besteht kaum ein Grund, Arendts Behauptung anzuzweifeln, selbst wenn andere Beweise dafür nicht vorliegen: »In Assyrien«, sagt er, »wurde das Problem (das Gleichgewicht zu halten) folgendermaßen gelöst: neben dem Bogenschützen stieg auch ein Krieger auf, führte den Kämpfer und deckte ihn mit seinem Schild. Das Fehlen jeglichen Halts behinderte schon den Nomadenkrieger, und so fertigten die Skythen den ersten Steigbügel an.«

[37] Miklos Jankovich, Pferde, Reiter, Völkerstürme, BLV.

5. Der Cob und das Ritterpferd im Mittelalter

Aufgrund der Tatsache, daß die im achtzehnten Jahrhundert durch Selektion entstandenen schweren Pferderassen die recht unglückliche Bezeichnung »Kaltblüter« erhielten, hat sich bei uns eine völlig falsche, mehr oder weniger der Phantasie entsprungene Vorstellung vom Kriegspferd des Mittelalters entwickelt. Wir bilden uns ein, daß ein solches Streitroß – der *dextrarius* des Ritters – ein massives, großes Tier von 170 cm und mehr Widerristhöhe, ähnlich dem heutigen Shire, gewesen ist. Wir gehen davon aus, daß es notwendigerweise Masse aufbringen mußte, um Gewicht zu tragen.

Nichts liegt ferner. Der Ritter im Mittelalter war im Durchschnitt ein kleiner Mann von nicht mehr als 167 cm Größe und wog mit voller Rüstung ungefähr 224 kg[1] – niemals wäre er imstande gewesen, ein 170 cm großes Pferd zu besteigen. Es ist nahezu unmöglich, vom Erdboden aus auf ein solches Tier zu steigen, selbst wenn man nicht mehr als 65 kg wiegt. Wir vergessen auch, daß der größte Fehler der schweren Pferde des neunzehnten Jahrhunderts, und zwar bei fast jeder Rasse, die Tendenz zu weichen Knochen und Griffelbeinen war.

Ich kann mir auch nicht gut vorstellen, daß der Ritter – vorausgesetzt, es hätte solche schweren Pferde wirklich gegeben, als er in die Schlacht zog – sehr weit gekommen wäre in seinem Bemühen, den Gegner zu schlagen, wenn dieser, wie beispielsweise die Sarazenen, ein flinkes türkisches Pferd ritt. Der Shire-Typ mag ja im Schritt recht gemütlich sein, aber schon im Trab wäre er unbequem, und Gott hätte dem armen Ritter gnädig sein müssen, dessen Roß in den Galopp fiel. Nein, der Shire und Pferde seiner Art sind nach dem Grundsatz »Gewicht, um Gewicht zu ziehen« gezüchtet worden, und die Kolosse späterer Ta-

[1] L. S. Ruhl vom Kurhessen-Museum hat Statistiken erstellt über das Durchschnittsgewicht eines Ritters in voller Rüstung sowie eines Pferdes mit Rüstung.

49 Teller aus vergoldetem Silber aus Persien, achtes Jahrhundert n. Chr., der ein Cob-artiges Pferd zeigt

ge entsprachen eher dem Zeitgeschmack denn dem Gebot der Nützlichkeit.

Welcher Art also waren die Ritterpferde? Nichts anderes als Cobs, denen jetzt die Chance geboten wurde, sich zu entwickeln und die Pferdewelt zu bereichern. Hätte es während der Herrschaft Karls des Großen (742–814 n.Chr.) tatsächlich so gewaltige gegeben, würde er in all seiner königlichen Würde wohl kaum auf dem bekannten, wenn auch wirklich erstklassigen, Cob dargestellt worden sein. Dieses Pferd hat nichts, aber auch gar nichts von einem schweren Kaltblüter – und würde Karl der Große, angenommen, der prächtige Percheron oder Boulonnais hätte damals existiert, nicht darauf bestanden haben, das größere Tier zu reiten, um seiner Macht Ausdruck zu verleihen? Das abgebildete Pferd ist ein echter Cob: kleiner Kopf, kurzer Hals, kraftvolle Brust und kurzer Rücken, kompakter Körperbau, kein Fesselbehang, und offensichtlich sehr lebhaft. *Dies* ist das Tier, welches die Autoren jener Epoche meinen, wenn sie vom Kaltblüter sprechen. Mit Ausnahme von Skulpturen sind uns nur wenige Zeugnisse von ihm erhalten, aber es gibt überhaupt nichts, was auf größere Pferde hinweist.

Zu genau der gleichen Zeit, im achten Jahrhundert, ritt ein König der Perser einen Cob auf der Löwen-, Wildschwein- und Bärenjagd, so, wie es auch seine Vorfahren, die Könige der Sassaniden, einige Jahrhunderte zuvor bei der Löwenjagd taten.

Diese Cobs müssen in ganz Europa und allen Teilen Asiens, in denen mit Europa Handel getrieben wurde, verbreitet gewesen sein. Ich vermute, sie gediehen, wo immer ihre Nahrung gut und ausreichend war, wo es gutes Gras oder guten Klee gab. Eine Linie hatte sich in den Ardennen entwickelt, denn dort waren schon von Cäsar – wie Jahrhunderte später auch von Napoleon – Militärpferde für nützlich befunden worden. Andere Linien des Cob entwickelten sich in der Normandie, in den Gebirgen Österreichs und Norwegens, in East Anglia, in Wales und letztlich auch in den Highlands von Schottland.

Pferde müssen ganz sicher keine Kolosse sein, um Gewicht tragen zu können. Was man braucht, ist ein kompaktes, muskulöses Pferd aus guter Zucht mit kurzen Beinen, einem kurzen, kräftigen

Rücken, guten Gelenken und Hufen, mit schönem Kopf und empfindsamem Maul. Diese Beschreibung trifft nicht auf die schweren europäischen Rassen, sehr wohl aber auf den alten Suffolk Cob, den Vorfahren des Punch, zu. Es ist bedauerlich, daß die leichteren orientalischen Pferde, die bei so vielen Rassen eingezüchtet worden sind, dieses widerstandsfähige und nützliche Tier fast völlig verdrängt haben. Im Jahre 1767 schrieb Sir Richard Smyth an George Selwyn, um ihm mitzuteilen, daß ein gewisser Dr. Thistlewaite gestorben wäre und seine Pferde zum Verkauf stünden:

»Darunter ist ein kleiner kastanienbrauner Wallach, von etwa 130 bis 140 cm, mit auffallend langem Schweif, stark genug, Sie, den Bürgermeister und all das Geld, das Sie jemals für Wahlen in Gloucester ausgegeben haben, zusammen zu tragen. Der Doktor, gute 316 kg schwer, hat stets von seinem Rücken aus geschossen, und der Aufseher tötete das Wild immer von seinem Rücken aus. Ich erwähne dies als einen Beweis seiner Gelassenheit. Er geht schnell genug, um Sie auf der Jagd dicht neben Ihren Hunden zu halten; aber wenn Ihre Geschäfte einmal nicht derart viel Aufmerksamkeit verlangen, könnte eine Schnecke ihn hinter sich lassen. Seine Statur ist dergestalt, daß Sie, würden Sie einen Schneider auf seinem Rücken sitzend treffen, vor diesem Ihren Hut zögen, wenngleich Sie ihm nicht einen einzigen Schilling schuldeten, ich kenne zwanzig Männer von Gewicht, die ihn haben möchten, doch das Gewicht von Metall wird entscheiden, wer ihn bekommt.«[2]

Der gute Doktor brachte also 92 kg *mehr* auf die Waage als der Ritter in voller Rüstung ein paar Jahrhunderte früher – und hetzte seinen Cob genauso. Natürlich war die Jagd im achtzehnten Jahrhundert noch ein alles in allem langsamer Sport; im frischen Galopp geritten wurde sie erst im neunzehnten und

50 Karl der Große auf einem zweckmäßig wirkenden Cob. Solche Pferde waren zu jener Zeit in ganz Europa zu finden. Statuette aus dem Louvre in Paris. Erneuerung des Pferdes im 16. Jahrhundert

[2] Lord Ribbesdale, The Queen's Hounds.

zwanzigsten Jahrhundert, als man Vollblutpferde zur Verfügung hatte.
A. Hink[3] schrieb 1909: »Die These, daß die größeren domestizierten Tiere aus dem Osten kamen, nimmt immer mehr an Wahrscheinlichkeit zu.« Die vergleichsweise schweren Pferde, die in Persepolis dargestellt sind, könnten als Basis für diese Annahme gelten.
Wie wir schon festgestellt haben, wurde bereits in Urartu eine »solidere« Linie gezüchtet, und die kreidehaltigen Ebenen von Nisäa brachten einige Jahrhunderte später Pferde schwereren Kalibers als das gewöhnliche orientalische Pferd hervor – in den kleineren haben wir den Cob. Auch Ferghana brachte schwere Pferde hervor, und das Wandgemälde aus dem siebenten Jahrhundert n. Chr. zeigt uns ein wirklich schwergewichtiges Tier. Die Vollblutpferde der T'ang-Dynastie hatten ihren Ursprung ebenfalls in Ferghana.
Herodot beschreibt das berühmte königliche Gestüt in der nisäischen Ebene in Medien, in dem die besten Pferde der Welt gezogen wurden – nicht weniger als 150 000. Zweifellos war das auf den kreidehaltigen Boden zurückzuführen, der zu guter Knochenbildung beiträgt (wie der irische Boden tausend Jahre später!). Die Perser waren schöne Menschen arischen Typs und ihre Könige und Edelleute hochgewachsen. Sie konnten ihre größeren Pferde nicht, wie die Griechen, besteigen, indem sie einfach auf den Rücken der Tiere sprangen. Da die Perser weder Steigbügel noch Sattel kannten, halfen sie sich gegenseitig beim Aufsteigen, und die Methode, ein Pferd zu erklimmen, galt als »die persische«.
Von Herodot (um noch einmal auf ihn zurückzukommen) erfahren wir, daß Kappadokien einen Tribut von 1500 Pferden und 2000 Maultieren, Medien das Doppelte und Kilikien 360 weiße Pferde abzuliefern hatten.
»Hier«, schreibt Nearchos, indem er sich auf die Hochebenen des Sagrosgebirges bezieht, »ist das Klima mild; das Land ist reich an Pflanzen und saftigen Wiesen und allen anderen Früchten mit Ausnahme des Olivenbaumes. Es gibt wunderschöne Lustgärten; Flüsse mit klarem Wasser und Seen, beide reich an Fluß- und Seevögeln, bewässern das Land. Die Pferdezucht gedeiht und die von Packtieren ebenso.«
Hink schätzt die Größe der persischen Pferde auf ungefähr 170 cm Widerristhöhe. Er sagt außerdem, daß sie wahrscheinlich in Parthien, Baktrien und Sogdiana gezüchtet wurden. Die Pferde der Massageten, die ebenfalls ziemlich schwer waren, trugen kupferne Brustpanzer.
Die Sassaniden aus der Zeit von 226–636 n. Chr., die später dasselbe Territorium besetzten wie die Perser, hatten eine große Vorliebe für die »schwere Kavallerie«. Wie ihre Vorfahren, die Parther, verwendeten sie Sattel und Steigbügel. Die leichte Kavallerie überließen sie

[3] A. Hink, Über schwere Pferde im alt- und mittel-persischen Reich, 1909, Zeit. f. Gestütskunde u. Pferdezucht.

51 Ein Ritter aus dem sechzehnten Jahrhundert (aus einem deutschen Gemälde)

ihren arabischen und armenischen Verbündeten. Ihre eigenen Pferde jedoch waren groß und kräftig.

Vieles deutet also darauf hin, daß diese edlen schwarzen Pferde in den Reichen der alten Perser, Parther und Sassaniden gezüchtet und später nach Europa gebracht worden sind.

Ich persönlich glaube hingegen, daß der osteuropäische *Equus caballus robustus* (Cob-Typ) von Europa aus ostwärts gewandert ist oder gebracht wurde, vielleicht während der Tripolje-Kultur (4000–3000 v. Chr.) über Cucteni (3000–2000 v. Chr.), Majkop (2000–750 v. Chr.) und durch den Kaukasus nach Urartu und Medien. Im Laufe vieler Generationen wurde die Linie durch fachmännische selektive Zucht ständig verbessert – der Bestand der Reiche wie auch die Lebensdauer der Regenten hing von guten Pferden ab. Die Blutlinie kehrte dann schließlich nach Europa zurück, wo sie sich im Mittelalter mit der europäischen Cob-Linie sowie mit der importierten Linie des *Equus orientalis* und dem *Equus europaeus* vermischte.

Es ist absolut denkbar, daß heimkehrende Kreuzritter, die Orientalische Pferde mitbrachten, auch eine Anzahl schwerer Tiere, die möglicherweise aus nisäischer Zucht stammten, mit sich führten. Andernfalls dürfte es sehr schwer sein, zu erklären, warum der Terminus »Großes Pferd« nur verwendet wurde, wenn von den Pferden der Ritter die Rede war. Wenn diese großen Pferde nun mit Cob – der, wie wir schon festgestellt haben, in vielen Teilen Europas existierte – gekreuzt wurden, dürften sie einen Typ hervorgebracht haben, der größer als alle bis dahin in Europa üblichen Pferde war. Hinzu kommt, daß jetzt auch die Landwirtschaft die ihr zustehende Bedeutung gewonnen hatte und für Mensch und Tier bessere Nahrungsmittel zur Verfügung standen.

Ich möchte noch einmal wiederholen, daß das Pferd, welches wir im zwanzigsten Jahrhundert *schwer* nennen, bis zur frühen viktorianischen Expansion von Handel und Landwirtschaft (als man Masse brauchte, um Gewicht zu bewegen) nirgendwo als Rasse existiert hat. Das kann gar nicht deutlich genug hervorgehoben werden. Es hängt letzten Endes alles davon ab, was wir unter dem Begriff »schwer« verstehen – und viele von uns sind mit einer völlig falschen Vorstellung großgeworden.

Paolo Uccellos »Schlacht von San Romano« (1456–60) vermittelt uns einen recht guten Eindruck von der Höhe des Großen Pferdes der Ritter; der Typ scheint sich nicht wesentlich von dem Pferd des Mark Aurel zu unterscheiden, und weiter ist interessant, daß er ein konvexes Gesicht aufweist. Auch Gattamelata (1450) reitet ein Pferd dieser Linie, ebenso wie Dürers Ritter aus dem Jahr 1513.

Im England des sechzehnten Jahrhunderts jedoch verweist Thomas Blundeville, dessen Werke unter der Regentschaft Elisabeths I. entstanden, in *The Fower Chiefest Offyces of Horsemanshippe* auf die Zucht von Pferden für das Heer, »woran dieses Königreich in diesem Augenblick vor allem anderen den größten Bedarf hat«. Blundeville sorgte sich wegen des eklatanten Mangels an guten Pferden und war fest davon überzeugt, daß eine verbesserte Pferdezucht einem Angriff seitens Frankreich vorbeugen könnte. Schließlich lag die Eroberung Britanniens durch die Nomannen nur wenige Jahrhunderte zurück, und das englische Reiterheer war nicht in der Lage gewesen, dem Ansturm Wilhelm des Eroberers und seiner Ritter standzuhalten.

Neben seinem gewöhnlichen oder leichten Reitpferd sollte sich ein Gentleman auch ein »für den Dienst im Felde« geeignetes Pferd halten. Nach Blundevilles Darstellung bot sich dem Gentleman aus dem sechzehnten Jahrhundert eine ganz gute Auswahl, unter anderem das türkische Pferd, das Pferd aus der Berberei, aus Sardinien und Korsika, der Neapolitaner oder Corseri, der spanische Gineta, der deutsche »High Almayne«, das Flandern-Pferd[4], der Friese, das Pferd aus der Schweiz und aus Ungarn und der »Iryshe

[4] Ein Pferd aus der Provinz Flandern, aber wohl sicher keine *Rasse.*

Hobbye«[5]. All das waren die Rassen, die nach Europa gebracht oder in Europa gezüchtet wurden.
Blundeville fährt fort mit der Beschreibung östlicher Zuchten, wie der der Parther, von deren Pferden er, indem er Vegetius zitiert, sagt, daß sie groß, tapfer und unerschrocken, gut ausgebildet und leicht im Paß gehend waren, während die Pferde der Meder den besseren Körperbau gehabt hätten (Nisäer!). Die kappadokischen Pferde stammten, wie er weiter sagt, von den Pferden der Parther ab, hatten jedoch schwere Köpfe. Griechische Pferde besaßen gute Beine, große Körper und anmutige Köpfe und waren von hoher Statur. Dann erwähnt er auch die Pferde aus Magnesia; von den Pferden aus Thrakien hielt er offensichtlich sehr wenig. Und zu den türkischen Pferden bemerkt er, daß sie weder im Paß noch im Rack oder Trab gingen, sondern einen leichten »trayne« hätten. All diese Rassen sind nach England importiert worden. Einen besonders guten Ruf genossen die Berberpferde aus Mauretanien. Die Libyer waren stärker gebaut, hatten einen längeren Körper und dickere Rippen und galten als äußerst zäh; die Stuten liebten Musik. Die Pferde aus Kyrenia[6] waren große Tiere mit kleinen, mageren Bäuchen, schnelle und fleißige Arbeiter, und erfreuten sich in alten Zeiten bei den Wagenrennen großer Wertschätzung. Die »Berber des Königs von Tunnys, Massilia und Numidia sind klein und schnell und gehen über lange Distanzen, wir schätzen sie außerordentlich. Vegetius sagt, sie kommen aus Spanien.« Die Pferde aus Sardinien und Korsika dagegen waren bösartig und neigten zum Steigen.
Blundeville war der Auffassung, daß die Neapolitaner alle anderen Rassen übertrafen. Sie waren Prachtpferde, anmutig und kräftig gebaut, von gutem Charakter, freundlichem Temperament und großem Mut, ausgezeichnet proportio-

52 Ein Ritter, der in den Krieg zieht, auf einem im Paß gehenden Hengst, dreizehntes Jahrhundert, Marienburg. Ritterbild am Eingangstor

[5] der Gineta-Blut besaß und bei Rennen sehr geschätzt wurde.

[6] Zypern.

niert, hatten einen langen, trockenen Kopf, der von den Augen abwärts »sich bog wie der Schnabel des Falken«, gingen stolz im Schritt, zeigten einen reinen Trab und einen starken Galopp und waren leichter als andere Pferde auszubilden. Und sie waren auch »besser in früheren Zeiten« (s. Abbildung 46).

Der spanische Gineta war edel gebaut mit schlanker Hinterhand, und der Adel liebte ihn wegen seiner Schnelligkeit; er war flinker als das Pferd aus Parthien. Eine völlig konsolidierte Rasse; allerdings »mangelt es ihnen an Mut, denn sie tragen ihre Reiter aus dem Felde« (in der Schlacht!). Von den ungarischen Pferden sagt Blundeville: »ein großer, hakenförmiger Kopf mit weit auseinanderstehenden Augen, eine tieffallende Mähne, ein langer buschiger Schweif und der ganze Körper voller Ecken.« Sie waren mehr als hoch, von ausgeglichenem Temperament, klug und zäh und konnten Kälte und Hunger ertragen. Ihre Gangart war ein fleißiger Trab.

Der »Almayne« (Deutsche) war im allgemeinen ein großes Pferd mit einem fleißigen Trab, bei dem die Hinterhand mehr als die Vorhand tätig wurde, und fand wie das Flandernpferd als Zugtier Verwendung. Das Friesenpferd besaß eine mittelgroße Statur, war kräftig und kompakt mit trockenen Beinen und als Reise- und Wirtschaftspferd sehr schnell, wenn auch von teuflischem, halsstarrigen Naturell; aber es ging in einem schönen Trab.

Das importierte Schweizer Pferd war gewöhnlich zweifarbig gescheckt, glasäugig und fromm. Die Schweizer Kavaliere hatten offensichtlich eine Schwäche für Schecken. Vom »Iryshe Hobbye« sagt Blundeville, daß es »ein ziemlich hübsches Pferd« mit einem trockenen Kopf, gutem Gebäude, empfindsamem Maul, gewandt, leicht, von angenehmem Temperament und ›gelehrig‹, ein guter Paßgänger und flink, aber auch schwierig und heikel zu halten und etwas unruhig und ängstlich, zum einen von Natur aus, zum anderen durch das Zureiten« war.

Blundevilles Zuchtvorschläge lauteten: große Traber für den Krieg[7]; Paßgänger zum Ausreiten; flinke Läufer für Wettrennen; und Pferde als Zug- und Packtiere für Vergnügen wie auch für den Landmann.

Er beharrt darauf, daß das Klima von Bedeutung ist, und meint, daß das türkische Pferd, der Gineta oder andere ihr Naturell ändern würden, wenn man sie in ein kühleres Klima brächte[8]. Der Neapolitaner konnte auf den Britischen Inseln gut gedeihen, obgleich er doch aus dem »Garten Italiens« gekommen war. Dann folgt eine sehr aufschlußreiche Bemerkung, wenn Blundeville sagt, diese Pferde »sind hier sehr nützlich, und Hengste dieser Rassen sollten mit großen Traberstuten gepaart werden, um Kriegspferde zu erzeugen«. Wegen ihrer Schnelligkeit sollten Pferde aus der Berberei verwendet werden. Dann spricht er von so-

[7] Der Ritter in voller Rüstung verschwand immer mehr.

[8] Das entspricht genau dem, was auch Abbas Pascha sagte (S. 238–239).

wohl gewöhnlichen als auch »exquisiten« Zugpferden, die gute Hufe haben, gut als Reitpferde zu verwenden, leichtfuttrig und möglichst kastriert sein sollten.

Nun einige Ratschläge zur Zucht selbst. Der Züchter soll sich »nicht vergeblich bemühen«, sondern die richtige Stute und den richtigen Hengst wählen. Die Wahl des Hengstes ist nach Schönheit, Trefflichkeit und Alter und aus einer der Farben: schwarzbraun, braun, Apfelschimmel, hellbraun, Rotschimmel, weißgrau, tiefschwarz mit weißer Blesse, zu treffen. Eine Farbe »klar und leuchtend«, jedoch mit weißen Flecken, läßt ihn besonders schön erscheinen. Er muß von guter Zucht und Gesundheit sein. *Sende niemals eine Schindmähre zu einem Hengst!*

Nach Aristoteles können Stuten während ihres ganzen Lebens fohlen; Blundeville vertritt dagegen die Ansicht, daß Stuten nicht über zehn Jahre hinaus fohlen dürften. Sie sollten von abgeklärtem Temperament, sehr ruhig und zahm sein. Die Hengste sollen mit ihren eigenen Stuten in gesonderten Koppeln gehalten werden, wo sie gute Weide, Wasser und einen Unterstand vorfinden.

Wollen wir nun sehen, was uns Marcus Fugger (1529–1597), der Bankier und große Pferdekenner aus dem sechzehnten Jahrhundert, in seinem Buch *Von der Gestüterey* zu sagen hat. Er kannte alle europäischen Rassen und besaß selbst Gestüte in Ungarn und im »Algew«.

Es dürfte sicherlich von ganz besonderem Interesse sein, die Meinung dieses spätmittelalterlichen Pferdezüchters über den Hengst-Typ, den man zur Zucht von Kriegspferden verwenden sollte, zu erfahren. Wobei man berücksichtigen muß, daß *schwere* Pferde ganz offensichtlich noch nicht bekannt waren! Er sagt, daß man einen mittelgroßen Hengst mit ausgezeichneten Proportionen und vorzüglichem Temperament wählen müsse; alle anderen sollte man meiden. An erster Stelle nennt er das persische Pferd, allerdings dürfe es kein großes sein. Dann das Maurenpferd (Berber), das aber im Gegensatz zum Perser im Durchschnitt recht klein sei; folglich sollte man das größte Tier wählen. Und drittens gibt es die spanischen Pferde – die neapolitanischen Ginetas (denn sie sind von ein und derselben Art). Fugger bevorzugte spanische Pferde als Beschäler. Über die Größe sagt er:

»unnd soll in Summa eben der grössin sein/wie die Stuten/Denn leichtlich zuglauben/wann der Beschell groß/un die Stuten klein/oder die Stuten groß/un der Beschell klein/daß auß solcher ungleichheit keine rechte proportionierte Frucht kommen kan/wie dann auch dergleichen übel gemachte Rossz wol zuschiechen seindt/wiewol nicht alles eben so gleich sein kan/aber 2. in die 3. Zöll/höcher oder niderer macht kein unterschied.«

Das ideale Alter für einen Beschäler betrage 4½ Jahre, weil er dann körperlich voll entwickelt sei.

»Wir befinden in der experientz/daß die jungen Vollen/die wol gehalten/frisch un gesundt seindt/alsbald begern sie zu steigen/wann die achtzehen Monat alt sind/gleichwol zu der generation nichts nütz/also hat man herwiderumb auch wol Rossz gefunden/darmit man zu zwentzig/dreyssig/ja auch zu viertzig jarn beschelt hat ... wann einer jetzundt ein guts Persianisch/Morischkisch oder Spanisch Pferdt bekompt/mag er wol un schön auffhalten (dann man findet sie nicht in allen Franckfurter Messen zukauffen) unnd solliches so lange brauchen/biß er gleichwol ein anders überkompt/oder es sonst zuverbesseren weißt.«

Fugger rät: »... kein zweiffel wil einer ein gute Frucht haben, so muß er auch einen guten Samen säen/keiner wirt von Dornhecken Weintrauben schneiden/und ob ich wol oben vermeldt/daß sehr vil an einem Bescheller gelegen ... so hab ich doch darauß nit wöllen schliessen/daß nit viel auch an den Stuten gelegen: Dann es ist nit gnug/daß einer einen guten Samen ... sonder er muß auch trachten/daß er einen gutten Acker darzu habe.« Weiter lesen wir, daß die Stute einen kleinen, edlen Kopf mit kleinen, spitzen Ohren, großen Augen, edlen, großen Nüstern und kleinen Ganaschen haben sollte – die weitere Beschreibung trifft dann auf einen Cob zu!

Niemand darf glauben, man könne sich einen Stall guter Stuten in einem Zeitraum von nur acht Tagen schaffen. Viel Zeit und Geduld müssen aufgewendet werden, um die besten Stuten auszuwählen, denn gewöhnlich werden nur solche Tiere angeboten, die der gegenwärtige Besitzer nicht mehr behalten möchte. Fugger fügt hinzu, daß er selbst 26 Jahre zuvor 24 Stuten aus den Niederlanden gekauft habe, die er um ihrer Schönheit willen erwarb – denn er wußte es damals nicht besser –, und wenn er ehrlich sein solle, müsse er eingestehen, daß nur vier von ihnen wirklich gutes Stutenmaterial gewesen seien. Wer sich also geeignete Stuten anschaffen wolle, der kaufe zwei- bis dreijährige Jungstuten, und dann – so jedenfalls hofft Fugger – könnte er Erfolg haben. Es ist eben nicht allein die Schönheit des Körperbaues, die eine gute Stute ausmacht.

Wie Thomas Blundeville beschreibt auch Marcus Fugger die Pferderassen und -typen, die in anderen Ländern gezogen und von den verschiedenen Königreichen und Fürstentümern, aus denen sich Deutschland damals zusammensetzte, importiert wurden. Sein Buch enthält wunderschöne Holzschnitte, auf denen die Tiere dargestellt sind, und es ist gar nicht notwendig, die Phantasie zu weit schweifen zu lassen und die Pferde aus der Zeit vor rund 400 Jahren im Geiste größer zu machen, als sie wirklich gewesen sind; jeder einzelne Holzschnitt zeigt entweder einen leichten oder einen schweren Cob von ungefähr 145 cm Widerristhöhe. Die einzige Ausnahme bildet der Holzschnitt, auf dem Wildpferde zu sehen sind.

Als erste nennt Fugger

»die Türckischen/under wellichem Namen dann eine grosse unaußsprechliche mennige begrieffen/Nemlich/alle die jhenigen/so in denen Landen fallen/welliche dem Türcken underworffen seind/Die heissen wir alle miteinander in gemain/ohne einigen unterschied/Türckische Rossz: Derselbige Landt aber seindt viel/uns auch mehrertheils

53 Der Bamberger Reiter, Dom zu Bamberg, ein Beispiel für das »Große Pferd« (erste Hälfte des 13. Jahrhunderts)

unbekandt un unerfahren/daß keinem auß uns/ja auch den Türcken selbest/ müglich ist/solche Roß in specie oder unterschiedlich zuerzehlen/un noch viel minder zu erkennen/auß was Landen ein jedweders sey. Denn ich hab viel kleiner/schwacher/schmaler und loser Türckischer Roß gesehen/die zu einem thun gar nichts wehrt/sonder allein von wegen jrer zärtin un subtiligkeit anzuschawen ... Hergegen/so habe ich viel hocher/langer unnd gar schmale Schimel gesehen/die dermassen mit den langen Baynen und Hälsen durch einander gaugglet/daß keiner keines augenblicks seines Halß sicher auff jne gewest/die halte ich zu einem thun gleich so hayloß/als die erste obenvermeldte/aber der ziemlichen un nidertrechtigen/die breyt von Brust unnd Creutz/wol undersetzet/un doch gering von Kopff und Halß/wie ichs dann gern haben wolte/ Deren habe ich gar wenig gefunden/und ob ich scon etwan eines derselbigen antroffen/so ist es mit Geldt nicht zubezahlen gewest.«

Andererseits, setzt er hinzu, gäbe es in solchen Ländern, die halb zum Orient und halb zu den nördlichen Staaten gehören, wie zum Beispiel im Karst-Gebiet, einen deutlichen Mangel an guten Pferden. Viele Tiere stammten von türkischen Hengsten ab und fielen unter türkische Zuchten. Bei der Arbeit und im Kriege erwiesen sie sich dann meist als sehr viel besser denn die gewöhnlichen Türkenpferde. An erster Stelle standen die Perser, die zu den Kopten gehörten und deshalb wirklich nicht als »türkische« Pferde hätten bezeichnet werden dürfen, aber eben über die Türken nach Europa gelangten.

Wie Fugger schreibt, waren diese persischen Pferde vortrefflich, von einer Art, wie man sie im ganzen Orient nicht noch einmal finden konnte,

»... Dann der mehrer theil kommen auß Media/in welchem Landt ein sonders art/so man Campum Niseum nennet«. Und wie auch Herodot in seinem Buch berichtet, handelte es sich um große kräftige Tiere mit breiter Brust und Kruppe, da ja die Perser schwere Rüstungen trugen. Die Hengste wurden selten kastriert, weil man glaubte, daß sie sich so besser für die Schlacht eigneten. Nicht viele dieser Tiere fanden zu Fuggers Zeiten ihren Weg nach Europa, »... und wer ein solches Pferdt bekompt/der mag es wol auffheben/und ihms lassen lieb sein/Dann sie sind resch/fraidig/ starck/arbeytsam/ unnd haben in summa alle die Tugendten/die ein Kriegsrossz haben solle/allein sind sie etwas untreuw im Stall/beissen gern«.

Noch einmal möchte ich betonen, daß diese Beschreibung eines Kriegspferdes aus dem sechzehnten Jahrhundert nicht auf das schwere Pferd aus dem neunzehnten Jahrhundert paßt. Wie sich *dieses* Pferd entwickelt hat, werden wir später noch erfahren.

Ebenso, wie die Deutschen jener Zeit die Türken, Neapolitaner oder Spanier schätzten, bewunderten die Türken die persischen Pferde, und wenn sie sie nicht für Geld bekommen konnten, holten sie sie sich mit Gewalt.

Die zweite Rasse, die Fugger für die Zucht nennt, ist das arabische oder armenische[9] Pferd, das jedoch damals in Europa sehr selten zu sehen war, da die Türken diese Tiere ebenso hoch schätzten wie den Perser, sie aber selbst nur hin und

[9] Man beachte die Kombination (siehe auch den Abschnitt über den Araber, S. 239).

wieder in ihren Besitz bringen konnten: »Diese Rossz sind nicht so starck/ als die Persianische/aber viel Adelicher und bössers Mauls/insonderheit aber lauffen sie fast wol/un sind jrer Schenckel gewisser/als keine andere Türckische Rossz/sind gar frumb und sanfftmütig/ lassen sich nicht so bald erzürnen/als die Persianische.«

Die dritte von Fugger angegebene Rasse ist das maurische Pferd (Berber), das auf dem Wege über Italien aus Afrika nach Europa gelangte. Zwischen dem Araber und dem Berber besteht ein großer Unterschied:

»... das melde ich darumb/daß ich wol waiß/daß in gemain man vermeinet es sey alles ein ding/wann man aber nach dem Land wirdt sehen/so wirdt man befinden/daß gar viel hundert Meil Arabia von Barbaria liegt/unnd Barbaria meridionalis in Africa liegt/von dannen diese Moren Pferdt oder Barbari herkommen ... und hat sich gantz Africa jrer berühmpt/also/wann sie dasselbig Land haben wollen abmahlen oder bedeutten/haben sie ein lediges Rossz gemahlet/dardurch sie Africam haben wöllen zuverstehen geben (wie auch Egyptum durch ein Crocodilum) also findt mans noch heutigs tags auff den alten pfenningen von Gold/Silber und Kupffer/un ich deren etliche habe/sonderlich von dem Keyser Hadriano: fürnemlich sind sie behertzt und fraydig/un under allen Rossen allein die/so das geschrey der Löwen mögen leide/darab sich doch sonst alle anderen Rossz entsetzen.«

54 Ein Ritter auf einem leichten, möglicherweise buntscheckigen Pferd östlichen Typs. Aus Baldishol, Norwegen, zwölftes Jahrhundert n. Chr.

Auch sie wurden von den Türken hochgeschätzt. Es hieß, daß sie keine Zügel bräuchten, sondern leicht mit einem Stöckchen zu lenken wären.

Wie Fugger sagt, gab es aus all diesen Linien gute und schlechte Pferde, doch generell darf man feststellen, daß die Türken für den gewöhnlichen Bedarf nicht sehr von Nutzen waren. Sie konnten weder Kälte und rauhes Klima noch tiefe Wege vertragen. Im allgemeinen waren sie hartmäulig, und ob dies an den langen Galoppstrecken – d.h., sie wußten, daß sie über lange Distanzen gehen mußten – oder an der Schwäche oder Stärke ihrer Rücken lag, vermochte niemand zu bestimmen. Jedenfalls wurde dieser Punkt unter den Reitern jener Zeit freimütig diskutiert. Fugger vertrat die Auffassung, daß das harte Maul auf einen schwachen Rücken zurückzuführen sei; denn sobald ein Pferd wahrnimmt, daß sein Rücken schmerzt, fürchtet es zwar den Ruck im Maul, wird jedoch nicht gehorchen.

Dann bezieht sich Fugger noch auf zwei Linien spanischer Pferde. Bei der einen handelt es sich um den edlen Gineta, den er in höchsten Tönen lobt und für einen Nachkommen der maurischen Pferde hält (s. Seite 186). Er fügt hinzu, daß diese guten Pferde nun in Spanien rar geworden seien (wahrscheinlich deshalb, weil sie, wie der spätere Norfolk Roadster, in alle Länder Europas exportiert worden waren). Mit der zweiten Linie meinte er die Villanos, die große, kräftige Pferde und weder so hübsch noch so freundlich wie der Gineta waren; aus diesem Grunde – und nicht weil sie von den Bauern benutzt wurden – sind sie Villanos genannt worden. Für Arbeit oder Kriegszwecke eigneten sie sich besser als der Gineta. Als Kriegspferde waren sie sogar ausgezeichnet, stark, willig, treu, lebhaft und leicht zu führen: »... un meines erachtens/so übertreffen sie alle andere Roß/die mir bekandt sind/dann von unbekandten sachen/weiß ich nichts zusagen: Und ob wol solches durch ein grosse anzahl der Scribenten kündte probiert werden/so wil ich doch dieselbigen alle fahren lassen/unnd mich auf die Experientz (*quae rerum est magistra*) gezogen haben.«

Die besten Villanos wurden in Andalusien gezogen, andere in den Bergen rund um Martos und Jaén. Man konnte die Pferde nicht käuflich erwerben, da die Rasse 25 Jahre zuvor fast ausgestorben war – wie der Gineta – und später nur durch die Bastardierung mit Berberpferden am Leben erhalten wurde. Hätte der spanische König nicht mit rund 100 guten Stuten sein Gestüt in Córdoba gegründet, so wäre nicht ein einziges gutes Tier in Spanien verblieben: »... das ich selbst mit augen gesehen/daß ein Edelmann einen Tennischen Apfelgrauwen Klepper (allein under der Decken zureytten) umb drey hundert Ducaten kaufft hat/darumb bey uns heraussen keiner sechtzig Thaler geben hette/Dargegen sind die andere gute Rossz in abfall gkommen.« Und mich dünkt, unser Freund hat damit gleich zum Ausdruck bringen wollen, daß das Pferdeverständnis in der Bevölkerung so gering geworden war, daß der Durchschnittsspanier ein gutes Pferd nicht mehr von einem schlechten zu unterscheiden wußte!

20 Der Godolphin-Araber – wahrscheinlich aber Berber – 1731. Der Hengst hat mehr die Eigenschaften des Berbers und wurde einer der Begründer der Englischen Vollblutrasse

21 Der GB Norfolk Roadster »Don Carlos«. Diese vielseitige Rasse wurde zu ihrer Zeit in Europa und den USA viel verkauft, bis sie schließlich ausstarb

22 Ein Herr im Gig. So fuhr man im vorigen Jahrhundert und fährt auch heute noch im United Kingdom bei Ausstellunge

55 »Die vier apokalyptischen Reiter.« Illustration zum Kommentar zur Apokalypse von Beato de Labiena (Ende des ersten Jahrtausends n. Chr.). Pferdedarstellungen im Typ spanischer Kriegspferde

In der »güttin« rangierten die italienischen Pferde hinter den spanischen. Sie waren mehrfarbig, aber gute Pferde von Klasse. In irgendeinem Teil Italiens wurde immer Krieg geführt, genauso wie in Frankreich, das zudem kaum Pferde besaß und seinen Bedarf aus dem Ausland decken mußte. Diese Bemerkungen Fuggers zu der Situation in Italien und Frankreich erscheinen mir besonders wichtig, denn ich hatte die größten Schwierigkeiten, überhaupt einen Hinweis auf die Evolution oder Zucht des Pferdes in Frankreich zu finden; und es wird damit auch geklärt, warum Italien Einsiedlerpferde importierte (s. S. 205 f.) und die Herzöge von Mantua und Mailand so glücklich darüber waren, die »Pferde Unserer Lieben Frau« zu bekommen. Man bildete Pferde übrigens auch nach der »Italienischen manier«[10] aus.

Zur Zeit Heinrichs I. von Frankreich (1008–1060) hatte es viele Arten ausländischer Pferde in Frankreich gegeben, und ungeheure Summen waren bezahlt worden, um sie zu erwerben. Fugger ergänzt, da die internen Kriege niemanden genützt hätten, und er fügt außerdem hinzu, daß eigentlich alle männlichen Mitglieder des Adels auch Soldaten waren und sich schon deshalb besonders den Pferden und der Reiterei widmeten.

Soweit es Deutschland betrifft, werden keine Rassen im einzelnen aufgeführt, wenngleich es doch in den Niederlanden einige Zuchten gegeben hatte. Man importierte Pferde aus der Lombardei und Rumänien sowie aus Ungarn, und zudem besaßen die meisten Fürsten und Adligen ihre eigenen Gestüte. Bei all diesen Tieren handelte es sich um gute Pferde »*da due felle*/wie mans nennet/das ist/ mittelmessige Rossz ... die mit den Neapolitanischen wol zu vergleichen/dann sie denselbigen in nichten bevor geben«. Die besten Pferde jedoch kamen aus Italien ins Land und bereicherten die deutschen Gestüte. Schließlich war der Neapolitaner ja nicht nur im Ausland geschätzt und begehrt, sondern wurde auch in Italien selbst höher als andere Rassen gepriesen.

Wie Fugger berichtet, wurden diese Pferde hauptsächlich in gebirgigen oder hügeligen Regionen gezogen und waren daher unvergleichlich besser als die auf reicherem Boden gezüchteten Tiere. Wie dem auch immer gewesen sein mag, eine große Zahl neapolitanischer Pferde gelangte zu Ruhm und Ehre, »aber in der warheit/so gibet es in gemain viel grosser Schimel under jhnen abe/unnd wann man nicht so grosse mühe und arbeyt an sie legte/wie man dann thut/so mag mir einer glauben/daß es ruhms so viel nicht sein wirdt«. Offensichtlich existierten zwei neapolitanische Linien. Die Orseri waren große, hohe und – da sie aufgrund ihrer Größe zu anderen Zwecken kaum verwendet wurden – ursprünglich im Gestüt des Königs gezogene Pferde und zu jener Zeit auch nur noch in dem alten königlichen Gestüt zu finden. Im allgemeinen benutzte man sie als Wagenpferde, doch früher, bevor die Feuerwaffen allgemein üblich geworden waren,

[10] Rund 300 Jahre vor Caprilli!

»haben diese Pferd gewaltigen Thatten gethan«.
Man kann sich heute wohl kaum noch vorstellen, welch gewaltige Bresche einoder zweitausend dieser Pferde im Kampf in die Infanterielinie des Feindes schlagen konnten. Zumindest dann nicht, wenn man noch nicht erlebt hat, wie ein Dutzend Londoner Polizeipferde eine Menge von mehreren tausend Menschen kontrolliert.
Sie waren, wie es scheint, ungewöhnlich kraftvoll und lebendig, und Fugger selbst bezeugt voll Erstaunen, daß viele von ihnen zehn oder gar zwölf Sprünge ausführen konnten. Ich glaube, er wollte damit sagen, daß Pferd und Reiter die *Croupade* zeigten. Nun habe ich wirklich noch keinen einzigen Lipizzaner gesehen, der mehr als vier Croupaden hintereinander zu vollführen vermochte; ein Pferd, das imstande war zehn oder zwölf dieser Sprünge zu zeigen, muß enorm kräftige Sprunggelenke und einen ungeheuer kräftigen Rücken besessen haben. Aber um das Jahr 1584 herum hatten nur hohe Herren und Potentaten Verwendung für diese großartigen Paradepferde, »die sie köstlich schmücken/unnd die Edlen Knaben darauff setzen ließen«. Die Pferde, die aus dem königlichen Gestüt in Kalabrien kamen, trugen das Brandzeichen auf der linken Seite, während die Tiere mit dem Brandzeichen auf der rechten Seite in Apulien gezogen worden waren. Die Kalabreser galten als die Besseren.
Nun zu dem zweiten Typ des neapolitanischen Pferdes, bzw. zu jenen, die man *da due felle* oder mittlere Pferde nannte und von denen auch wieder zwei Linien existierten. Die Tiere des ersten Typs hießen *Veneten del regno*, da sie spanischer Abstammung waren und dem Gineta ähnelten. Obgleich es hieß, daß sie kräftiger als der Gineta gewesen seien, waren sie von diesem jedoch überhaupt nicht zu unterscheiden, also eindeutig von seiner Art, und genossen als erstklassige Pferde in Italien einen ausgezeichneten Ruf. Der zweite Typ war ein kräftiges mittelgroßes Pferd, das man im allgemeinen in den und um die Abruzzen herum finden konnte. Er wurde von den meisten Adligen gezüchtet und trug jeweils das Brandzeichen des Gestütsbesitzers. 1569 wurde ein kleines Buch gedruckt, in dem etwa die Hälfte dieser Brandzeichen abgebildet waren.
Diese Neapolitaner galten als gute Kriegspferde, doch es kostete viel Zeit und eine sehr behutsame Ausbildung, bis sie sich voll entwickelt hatten. Sie waren feurig und gerieten leicht in Wut, wenn sie verwundet wurden, und es war dann gut möglich, daß sie auf den Feind losoder auch in die eigenen Linien zurückstürmten. So hielt man sie für gefährlich, solange sie noch nicht in das »besonnene« Alter, in dem sie gehorsamer wurden, gekommen waren. Von ihren neapolitanischen Reitern wurde sie, so sagt Fugger, »Fohlen« genannt, auch wenn sie bereits sieben oder gar noch mehr Jahre alt gewesen sein mochten. Wie alle blieben sie tauglich bis ins hohe Alter.
Das Gestüt der Mantuaner Pferde wurde von Herzog Franco Gonzaga gegründet, der keine Kosten scheute, um Hengste aus der Türkei, Spanien und der Berberei

herbeizuschaffen. Es gab hier Corseri, Türken, Gineta und Berber. Die Mantuaner »werden insonderheit gelobet/ daß sie gelirnig unnd gehorsam sind/ Dann weil sie in einem ebenen satten Landt fallen und erzogen werden/so haben sie die Stärcke nicht/wie die Neapolitaner/welche fast durchauß an Gebürgigen ortten fallen/Darumb sind sie auch nicht so widerspennig/sonder ergeben sich lieber in die Zucht unnd zu des Menschen gerhorsam«, so daß Karl V. von Habsburg[11] sie höher einschätzte und selbst auch nur Mantuaner verwendete.

Nach allem, was uns berichtet wird, muß bei dem Corseri wohl eine feste Hand vonnöten gewesen sein. Er war ganz bestimmt kein Pferd, mit dem sich ein Nichtfachmann hätte vergnügen können.

Die beiden Städte Mantua und Ferrara liegen in der fruchtbaren Po-Ebene, die früher von den Etruskern bewohnt und später, zwischen 450 und 250 v. Chr., von den Kelten besetzt worden war. Beide Völker besaßen als Reiter einen ausgezeichneten Ruf, und so kann es nicht überraschen, daß die Pferdezucht in diesem Landstrich über die Jahrhunderte hinweg weiter gedieh.

Etwa hundert Jahre, bevor Marcus Fugger zur Feder griff, wurde England durch die Rosenkriege erschüttert. Damals sind, wie Joh. Osborne berichtet, die schönen Pferde, die man zu jener Zeit züchtete, in alle Winde verstreut worden. Offensichtlich waren es die ausländischen Fürstenhäuser, die begierig nach diesen Tieren griffen: »unter denen der Herzog von Ferrara, Besitzer des berühmten Mantuaner Gestüts, besonders erwähnt sein mag«. (Die Herrschaft dieses Hauses endete 1598.) Die Linien blieben erhalten, und als endlich wieder Friede eingezogen war, »wurden unter der Regentschaft Heinrichs VIII. (1509–1547) einige der besten ihrer Nachkommen wieder importiert«. Heinrich VIII. war ein begeisterter Pferdeliebhaber und tat viel dazu, daß die Pferde in England verbessert wurden, unter anderem, indem er das Gestüt in Eltham wieder einrichtete und die beiden Gestüte in Windsor und Hampton Court gründete.

Osborne sagt weiter: »sein Trainer, der ›Keeper of the Barra or Barbary horses‹ genannt wurde, ist Beweis dafür, daß er für Rennen und aus orientalischen Beschälern züchtete«. Der Herzog von Mantua schenkte ihm übrigens eine Anzahl Stuten, die in das Gestüt von Hampton Court geschickt wurden.

Kommen wir noch einmal zurück auf die in Deutschland gezogenen Pferde: Fugger berichtet, daß man in früheren Zeiten großen Wert auf Allgäuer oder Schweizer Pferde gelegt habe, obgleich er, wie er sagt, nicht genau wisse, wo das Allgäu ende und die Schweiz anfange! Die Schweizer züchteten mit Ausnahme des sogenannten »Sieben-Taler«-Pferdes überhaupt nicht. Sie importierten Pferde in großer Zahl, und dies würden sie ganz sicher nicht getan haben, wenn sie selbst

[11] Karl V. (1500–58), König von Spanien seit 1516 und Deutscher Kaiser von 1519–56.

56 Pferde, dargestellt auf einem Stein auf dem Friedhof von Aberlemno, Schottland

noch andere Pferde gezüchtet hätten. Die Situation im Allgäu war auch nicht viel besser; hier wurden Arbeitstiere gezogen. Doch Landschaft und Klima des Allgäu begünstigten trotz der kurzen Sommer und langen Winter, in denen alle Tiere untergebracht und während der ganzen Zeit gefüttert werden mußten, die Zucht guter, zäher Pferde. Wir kennen Fuggers Vorliebe für Pferde aus den Bergen, war doch sein eigenes »bescheidenes« Gestüt auch in ähnlicher Umgebung gelegen!

Wenn die Pferde der damaligen Zeit so geschätzt waren, dann muß das Klima milder gewesen sein – was ja durchaus möglich war. Es gab offensichtlich keine deutschen Rassen als solche, und es trifft zu, daß die meisten, wenn nicht sogar alle, modernen deutschen Rassen im siebzehnten und achtzehnten Jahrhundert und später entstanden sind.

Was die Niederlande betrifft, können wir feststellen, daß besondere Rassen erwähnt werden. Generell wurden sie niederländische Pferde genannt – aber im einzelnen handelte es sich um Friesenpferde, Holländer, Flamen, Westfalen und Gelderse sowie Gebirgspferde. Von den flämischen Pferden sagt Fugger, daß sie edel und sanft seien; es gebe nur wenige dieser Art. Die holländischen Pferde seien von ähnlicher »Complexion« wie die Flamen und sehr zahlreich vorhanden – 2000 Jungpferde sind auf einmal außer Landes gebracht worden –, aber große Sorgfalt sei geboten, sie zu schützen, denn die vielen Kriege seien sicherlich nicht dazu angetan, den Bestand anwachsen zu lassen. Die Friesen schließlich seien gewöhnliche Pferde mit viel Fesselbehang und gelten als kräftige, zweckmäßige Tiere, »... aber für meine Person halte ich die Berggischen für die besten/so nicht allein im Niderland/sondern auch im gantzen Teutschland fallen/welchen die Westphalischen fast zukommen/dann sie haben ein ziemliche grösse/sind geringer von Kopff/Halß unnd Schenckeln als die Friesen/die Gelderischen sind ziemlich schwer von Leib.«

Ich vermute, daß diese Gebirgspferde nichts anderes als Ardenner waren, eine schon zu Julius Cäsars Zeiten berühmte Rasse, von der das westfälische Pferd, später der schwere Rheinländer, abstammte. Wenn das stimmt, dann handelte es sich bei diesen Tieren um den ausgezeichneten Typ eines schwergewichtigen Cob. Heute sind sie noch schwerer geworden, haben aber den trockenen Kopf behalten. Leider werden ihrer immer weniger.

Im allgemeinen waren die Pferde aus den Niederlanden gehorsam, willig, gelehrig und von freundlichem Temperament. Einige von ihnen gingen einen erstklassigen Trab: »Und wann man diese Rossz recht anritte/auff die Italianische manier/un nicht also in der jugend verderbte/wie der gemain brauch/und ich nunmehr etlich mahl angedeut/so mügen sie bey anderen Rossen/Die man gleich auß ferren Landen bringet/wol bestehen/wie ich dann deren in Italia wol gesehen/auch selbst gehabt ... (die etwan viel hundert Kronen gekost).« Unzählige Pferde wurden verdorben, vorn wie hinten, weil man sie förmlich zu Tode ritt, wenn sie noch jung waren.

Die dänischen Pferde, welche nach Deutschland importiert wurden, waren kleine, aber gute Tiere für den normalen täglichen Gebrauch. Die edleren großen dänischen Pferde (das königliche Gestüt Frederiksborg ist 1562 mit alten (original) spanischen und italienischen Pferden gegründet worden) waren kaum zu finden, und Fugger scheint sich nicht ganz darüber im klaren gewesen zu sein, ob sie nun überhaupt existierten oder ganz einfach zu wertvoll waren, als daß man sie aus dem Lande gelassen hätte, wie das ja normalerweise bei den Spaniern und Neapolitanern üblich war.

Auch in anderen Teilen Deutschlands gabe es gute Pferde, die stets von Fürsten oder Herrscherhäusern gezogen wurden. Fugger erwähnt Mecklenburg, Braunschweig, Sachsen[12], Hessen, Livland und Pommern. Außerdem kamen viele ausländische Pferde ins Land, zum Beispiel aus Siebenbürgen, Ungarn und Polen: »Podolische/Crabachische und Zeckische Pferdt/welches dann auch gutte Roß.« Bei all dem muß man natürlich immer bedenken, daß alle längeren Reisen auf dem Pferderücken zurückgelegt wurden, da es kaum Straßen gab und daß es unerläßlich war, ein bequemes Reitpferd zu besitzen, das lange Distanzen gehen konnte. Bei den Siebenbürger, Zeckischen und ungarischen Pferden handelte es sich um kräftige, schnelle Tiere, die sich auch als Kriegspferde bewährten. Die Ungarn allerdings waren häufig mager und nervös »und werden zu unseren zeiten fast gebraucht in die Gotzi wegen/welche nur vil zu vil sind auffkomen bey uns/werden aber viel guter Roß darmit verderbt«.

In Böhmen züchtete man eine ähnlich gute Pferderasse. Leider hatten diese Tiere die Angewohnheit, ihre Köpfe zu niedrig zu tragen; wahrscheinlich waren die Weiden zu üppig. Folglich besaßen sie ein sehr ruhiges Temperament und eigneten sich besser als Zug- denn als Reittiere.

Wenn dies ein zu langer Diskurs über die im ausgehenden Mittelalter gezüchteten Pferderassen geworden sein sollte, so deshalb, weil ich mit dem Mythos von den nichtexistierenden Rassen, von denen uns immer wieder erzählt wird, daß es sie *doch* gegeben habe, aufräumen möchte. Diese der Unwissenheit oder blühenden Phantasie entsprungenen Hirngespinste müssen aus der Welt geschafft werden, damit wir das Entstehen sowohl der leichten Wagen- und Reitpferdrassen als auch der schweren Zugpferdrassen aus dem neunzehnten und zwanzigsten Jahrhundert im rechten Licht betrachten können. Daß sie sich durch selektive Züchtung aus den Cobs, den Gebirgs- und den Tieflandrassen entwickelt haben, zeigt nur allzu deutlich, wie wandlungsfähig das Pferd ist. Es zeigt aber auch, wie ungeheuer schnell jede beliebige Rasse verschwinden kann, wenn sich niemand um sie kümmert.

---

[12] Diese Provinzen trugen zur Gründung der Hannoveraner-Zucht bei.

6. Das spanische Pferd und seine Zeitgenossen

Bevor wir die Entwicklung der wichtigsten europäischen Rassen im allgemeinen untersuchen, müssen wir einen Blick auf die Entwicklungsgeschichte des Pferdes in Spanien werfen. Es gibt eine Bronzestatue aus dem dritten Jahrhundert v. Chr., die bei Despeñaperos gefunden worden ist und ein Pferd mit sehr hoher Aktion und dem für den *caballo ibérico* typischen konvexen Profil zeigt. Diese besonderen Körpermerkmale scheinen sich auf der iberischen Halbinsel ausgebildet zu haben – oder in Nordafrika, von wo sie in sehr früher Zeit nach Spanien kamen. Jedenfalls sind sie heute bei fast allen Rassen, deren Vorfahren aus diesem Teil Europas stammen, zu finden.

Das Sorraia, um mit dem Primitivtyp zu beginnen, bewohnt eine Region zwischen den Flüssen Sôr und Raia, den beiden Quellflüssen des Sorraia, in Portugal. Dieses Pferd ist noch halbwild und stammt offensichtlich von einem reinen Wildtyp ab – wenn auch einige Mitglieder dieses Stammes im Laufe der Geschichte domestiziert werden konnten. In der Fellfarbe gleicht es dem Tarpan (vielleicht ein bißchen mehr gelbfalb), dem es auch in manch anderer Hinsicht sehr ähnelt – das Profil allerdings differiert insofern, als der Tarpan ein gerades oder konkaves Gesicht hat, während das Sorraia ein gerades oder konvexes Gesicht aufweist. Beide Typen haben die Tendenz zur Zebrierung an den Beinen. Mit diesen Kenntnissen von Körperbau und Eigenschaften des Sorraia wird die Entwicklung des südamerikanischen Criollo augenfällig (Abbildung 14).

Bei dieser Evolution und der Entwicklungsgeschichte des spanischen Pferdes im besonderen dürfen wir aber keinesfalls das Garranos oder Minho vergessen, das S. Ruy d'Andrade unter all die anderen Vertreter des *Equus europaeus* eingereiht hat. Einige Garranos weisen eine deutliche Ähnlichkeit mit dem Criollo und dem spanischen Mustang auf, während es bei anderen wieder nicht schwer ist, den späteren Andalusier oder Lusitano zu erkennen. Das berühmte Porträt von Velásquez zeigt den Infanten Balthasar Carlos auf einem Garranos-Pony.

Die Pferde, die die Spanier in die Neue Welt brachten, gehörten also zur Garranos- bzw. Sorraia-Linie und entwickelten sich dort, nachdem ihnen neues Blut zugeführt wurde, zum Indianer-Pony, zum Mustang und anderen amerikanischen Rassen, von Ridingers berühmten gescheckten Gineta auf der einen Seite bis zu dem gleichermaßen berühmten Appaloosa der Nez Perće-Indianer auf der anderen Seite.

Wie viele Pferderassen können ihr Entstehen ganz oder auch nur zum Teil auf iberische Vorfahren zurückzuführen! Um nur vier zu nennen: der Neapolitaner, der Kladruber, das Irish Draught-Pferd und der südamerikanische Criollo. Es gibt ihrer noch viel mehr, darunter auch den Hackney.

Wie wir bereits wissen, war Spanien eine in der Pferdezucht führende Provinz des Römischen Weltreiches. Schon die schlichte Bezeichnung *Castellan* für ein Kriegspferd, ein in Kastilien gezüchtetes Pferd, läßt den Wert dieser Tiere ahnen; die Gründung des Gestüts in Córdoba wird in die Zeit Abd Ar Rahmans I. (756–788) datiert. Aber die wirklich bedeutsamste Rasse war das leichte Reitpferd, der Gineta oder Genette, vielleicht nach dem griechischen *Gymnetes* (leicht bewaffnet) so benannt.

Der Gineta galt in der Tat als *das* spanische Pferd, ideal für die Hohe Schule und wie kein anderes geeignet, die Reitkunst des Kavaliers zu demonstrieren. Auf Porträts ist er stets mit hoher Knieaktion und federnden Sprunggelenken zu sehen. Von ihm stammten auch die bekannten Mantuaner Pferde ab. So »erhielt Heinrich (VIII.) viele hoch im Blut stehende Pferde aus dem Ausland zum Geschenk, von denen die *Stuten*, die ihm der Herzog von Mantua sandte und die ohne Zweifel zu den ersten Bewohnern der Koppeln in Hampton Court gehörten, besondere Erwähnung verdienen«.[1]

Abgesehen von dem einzigartigen halbwilden und wildlebenden Sorraia gab es noch eine schwerere Linie, die als Villanos bekannt war. Einige Fachleute sind der Auffassung, daß die gedrungenen Noriker oder Pferde aus Noricum mit ihren Genen zum Erscheinungsbild dieser späteren gewöhnlichen Pferde beigetragen haben könnten. *Villano* läßt sich am besten mit »bäurisch« übersetzen, die Villanos waren also »auf dem Lande gezogene« Pferde. Außerdem existierten noch das Garranos (nicht unähnlich und mit großer Wahrscheinlichkeit entfernt verwandt mit dem Garron aus Schottland) und das Minho, der *Equus europaeus* aus Spanien.

Jaques de Solleysel, königlicher Reitmeister, schreibt 1664 in seinem Buch *Le Parfait Maréchal*, daß spanische Pferde außergewöhnlich schön und vor allen anderen Rassen am ehesten geeignet seien, einem Künstler Modell zu stehen oder einen Monarchen vor den Augen seines staunenden Volkes zu tragen. Sie seien nicht so leicht wie die Berberpferde und wiederum auch nicht so schwer wie die Neapolitaner, sondern vereinten in sich die besten Merkmale beider. Er sagt,

---

[1] Jos. Osborne, The Horsebreeder's Handbook, 1889–90.

57 Prinz Moritz von Oranien auf einem spanischen Gineta (Gemälde von P. van Hillegaert)

»der Genette geht einen wundervollen lebhaften Schritt, einen hohen Trab, einen bewundernswerten Galopp und einen außergewöhnlich schnellen Renngalopp. Im allgemeinen ist er nicht sehr groß, doch gibt es nirgendwo besser gezogene Pferde. Ich habe Außerordentliches über ihre Tapferkeit gehört«[2].

Es gab Pferde, die so schwer verwundet worden waren, daß ihnen die Gedärme heraushingen und sie all ihr Blut verloren hatten, doch mit dem gleichen Mut und Stolz, mit dem sie ihren Reiter in die Schlacht getragen hatten, trugen sie ihn auch wieder heraus aus dem Kampfgetümmel und retteten sein Leben, dann legten sie sich zum Sterben nieder, denn der Lebensfunke verließ sie eher als der Mut. Die besten Pferde werden in Andalusien gezüchtet und hier vor allem in dem königlichen Gestüt zu Córdoba, und auch jene aus Cardone und Molina werden sehr geschätzt.«

Die Villani di Spagna oder Villanos wa-

[2] Das war einhundert Jahre nach Blundevilles Urteil über diese Rasse!

ren, wie er sagt, größer und von gewöhnlicherem Körperbau und wurden in den Gebirgsregionen gezüchtet.
Der spanische Hof war ja eng verbunden mit dem österreichischen Hof, der alle übrigen europäischen Höfe, darunter natürlich auch Holland, Dänemark, Frankreich und England, stark beeinflußte. Die Ausbildung der Pferde für die Hohe Schule oder für die Dressur wurde zum Selbstzweck; nunmehr galt es als Selbstverständlichkeit, daß ein junger Mann von Ansehen oder ein Höfling seine eigenen Pferde selbst auszubilden vermochte. Um ein Pferd in der Kunst der Hohen Schule zur Perfektion zu bringen, sind große Disziplin und unendliche Geduld erforderlich. Viele Monate brachten die jungen Männer unter der Anleitung solcher Meister ihres Fachs wie dem Herzog von Newcastle (1592–1676) zu, der während seines Exils in Antwerpen eine berühmte Reitschule gründete. 1658 veröffentlichte er sein erstes Buch über die Reitkunst: *Méthode et Invention Nouvelle de Dresser les Chevaux;* im Jahre 1700 erschien dieses klassische Werk in Nürnberg unter dem Titel *Des Weltberühmten Hertzog Wilhelms von Newcastle Neueröffnete Reit-Bahn* auch in deutscher Sprache.
Der Gineta hatte eine Widerristhöhe von ungefähr 155 cm. Für den Spanier machte allein schon sein konvexes Gesicht viel von seiner Schönheit aus. Dieses Merkmal wurde vor dreihundert Jahren sehr bewundert, und da spanische Hengste an den meisten europäischen Höfen stark gefragt waren, breitete es sich rasch über ganz Europa aus und taucht seither auch in später entstandenen Rassen immer wieder auf. Viel von der Vortrefflichkeit spanischer Pferde hat Europas erster Renntraber, der holländische Harddraver, geerbt. Als Züchter des Harddravers wurden die Holländer zugleich die Begründer des Trabrennsports, eines Sports, der seinen Weg über den Atlantik nehmen und – mit Hilfe des Vollbluthengstes Mambrino, dem Vater des berühmten Messenger, auf den der amerikanische Standardbred-Trotter zurückgeht – die Herzen von Millionen Amerikanern im Sturm erobern sollte.
Das sehr dominante Gen des Geneta verband sich also vorzüglich mit denen der bodenständigen niederländischen Stuten, wie aus dem folgenden noch deutlicher hervorgeht. Die Zucht des Harddravers geht zurück bis ins sechzehnte Jahrhundert, als Wilhelm von Oranien Holland von der spanischen Herrschaft befreite. Die ersten Trabrennen wurden auf Wegen und Straßen veranstaltet, und die Reit- und Ausbildungsmethoden waren außerordentlich primitiv.
Die bekannteste der holländischen Rassen ist das schwarze oder sehr dunkelbraune friesische Pferd, eine alte Linie, die beinahe schon ganz verschwunden war. Auch der Gelderse besitzt Merkmale des spanischen Pferdes; er hat sich aus dem Kavallerie-/Kutschpferd, das in gewisser Weise sowohl dem französischen Normänner als auch dem Norfolk Roadster glich, zu einem zweckmäßigen Reit-/Zugpferd entwickelt. Sowohl in den Normänner als auch in den Gelderse ist in der Vergangenheit Norfolk-Blut

58 Amsterdamer Patrizier Pieter Schout auf einem reinrassigen Andalusier (Gemälde von Thomas de Keyser)

eingeflossen – und dem Norfolk wiederum, so vermute ich, wurde ein rundes Jahrhundert zuvor spanisches Blut zugeführt! Die Norfolk und Lincolnshire Cobs, die Traber *par excellence* waren, hatten fast immer flache, gerade Gesichter, manchmal mit einer geringen Neigung zum konvexen Profil, die ihnen keinesfalls von irgendeiner *einheimischen* Linie hatten vererbt werden können. Aus ihnen entstand später der heutige Hackney, der für seine Lebhaftigkeit und Trabaktion berühmt ist.

Es gibt sehr viele Gründe für die Annahme, daß die Traberqualitäten und -aktionen vom Berberpferd über den spanischen Gineta in die Zuchten eingingen, deren charakteristische Gangart heute eher der Trab als der Galopp ist. Manche Autoren halten den Trab für eine den Pferden beigebrachte Gangart, im Gegensatz zum Schritt, dem Galopp und vielleicht auch noch dem Paß, den natürlichen Fortbewegungsarten der Spezies *Equus*. Aber es ist überhaupt nichts »Künstliches« an den Bewegungen eines Hengstes, der mit hochgetragenem Schweif eine Koppel umkreist, um seinen Stuten zu imponieren – sie unterscheiden sich kaum von einer hohen, übertriebenen Trabaktion!

Berberpferde haben eine ganze Anzahl Traberrekorde verzeichnen können. 1886 legte ein 14jähriger Berber, der vor einen schweren vierrädrigen Karren mit zwei Passagieren gespannt war, eine Reise von 109 Kilometern in elf Stunden zurück. Ben Daoud ritt eine Berberstute

über eine Distanz von 160 Kilometern in neun Stunden. Lt. Carrèz ritt sein Berber-Armeepferd über 420 Kilometer in dreieinhalb Tagen. Und wie Graf Wrangel sich ausdrückt, kann der Berber im Vergleich zum Araber im Trab eine recht befriedigende Schnelligkeit entwickeln.
Auf den Trabrennbahnen in Algier und Blida erzielten reinrassige Berberpferde folgende Leistungen: Sultan im Geschirr – 4500 Meter in 8 Minuten und 7 Sekunden; das entspricht 1 Minute und 50 Sekunden auf einen Kilometer. Ein Pferd namens Mabrouk legte einen Kilometer in 1 Minute und 48 2/5 Sekunden und Octave einen Kilometer in 1 Minute und 48 1/2 Sekunden zurück. Im Gegensatz zum Galopp als fließender Aktion ist der Renntrab mit raumgreifender und erheblicher Beinbewegung verbunden. Wenn man ein Pferd, dessen normale Gangart der Galopp ist, zum Traben ermuntert, dann wird daraus eine fließende Aktion, die man umgangssprachlich bei Trabrennexperten mit »schleppenden Tritten« bezeichnet.
Für das konvexe Profil des Berbers ist ein dominates Gen verantwortlich, das sich möglicherweise im Mesolithikum auf der iberischen Halbinsel herausgebildet hat und an die spanische Zucht weitergegeben worden war, bei der sich die für die Demonstration der Hohen Schule erforderliche ausgesprochen hohe Aktion entwickelte. Wegen dieser Aktion, für die kraftvolle Sprunggelenke Voraussetzung sind, wurde das spanische Pferd in ganz Europa sehr geschätzt, und wir wissen, daß sein Blut später zur Entwicklung der Kutsch- und Wagenpferde beitrug. Dadurch gingen hohe Aktion und Profil auch in die großen Roadster- und Hackney-Zuchten sowie das Irish Draught ein. Einige der Cob-Rassen zeigen nur noch Spuren dieser Abstammung; der Hackney dagegen ist ohne seine übertriebene Aktion, die natürlich durch Traning zur Perfektion gebracht werden muß, sogar wertlos. Durch das Irish Draught Pferd lassen sich auch der Cleveland Bay und die zahllosen Hunter-Stuten mit ein wenig Kutschpferdblut, unsere nationalen und internationalen Turnierspringpferde, auf die spanisch-neapolitanischen Zuchten zurückführen, genauso wie die Hannoveraner, Holsteiner, Anglo-Normänner, die Pferde aus den Maremmen und viele andere.
Ein berühmtes Privatgestüt jener Zeit war Murau in der Steiermark im Besitz des Fürsten Adam Franz zu Schwarzenberg, der zweimal das Amt des Direktors des kaiserlichen Marstalls bekleidete. Heute würde er wahrscheinlich das Amt des Landesstallmeisters innehaben. Fürst Schwarzenberg züchtete wie viele seiner Zeitgenossen nach Farbe. In Murau zog er den sehr beliebten Tigerschimmel, der nur wenig später in der neuen Welt von den Nez Percé-Indianern am Palous-River besonders hoch in Ehren gehalten wurde. Im österreich-ungarischen Kaiserreich (1526–1918) gab es bereits das Königliche Carst- (später Karst-)Gestüt, das Kaiserliche Halbthurn-Gestüt in Ungarn, an dem Karl VI. besonderes Interesse hatte, da ihm dieses Gestüt nicht vererbt worden war,

59 Karl II. von England, 1660, der darauf wartet, an Bord des Schiffes zu gehen, das ihn heim nach England bringen wird. Wenn man bedenkt, daß der König etwa 1,88 m groß war, so muß das Pferd viel größer gewesen sein, als es auf diesem Bild wirkt

sondern seine Gründung auf ihn selbst zurückgeht, das Kaiserlich-Böhmische Gestüt in Kladrub und das Gestüt in Lipizza. Das Karst-Gestüt sowie die beiden Gestüte in Kladrub und Lipizza gaben den von ihnen bezogenen Pferden ihren Namen. Eine dieser Rassen, der Lipizzaner, sollte ihren Namen auch im zwanzigsten Jahrhundert noch tragen. Zunächst unterschieden sich die in diesen Gestüten gezogenen Pferde kaum oder nur wenig voneinander – wenn es sich nicht um Tiere handelte, die speziell als Kutschpferde für die kaiserlichen Ställe gezüchtet wurden. Letzten Endes bestimmte der Verwendungszweck den zu züchtenden Typ. Lipizza mußte Wagenpferde und Pferde für die Hohe Schule liefern und Kladrub schwere Kutschpferde, doch dieses kaiserliche Gestüt in Böhmen brachte auch zumindest einen Hengst hervor, der als »*extraordinari*« Springer galt! Das Halbthurn-Gestüt züchtete königliche Paradepferde und besaß eine Anzahl original spanischer Pferde, darunter das Lieblingsreittier Seiner Kaiserlichen Majestät Karls VI. Hermoso, das 1717 gekauft und später zu Zuchtzwecken nach Halbthurn geschickt wurde. Ein weiteres Lieblingspferd des Kaisers war der spanische Hengst Sincero. Als einzigen Berber besaß Halbthurn den Fuchshengst Briliant, der eine weißgesäumte Krone und eine Blesse hatte. Er war an drei Beinen halbgestiefelt und ganz offensichtlich ein reinrassiger Berber aus Tripolis mit einem leicht konvexen Gesicht und kein fälschlich als Berber bezeichneter Araber! J.G. von Hamilton hat einige der Hengste gemalt, und ihre Porträts hängen im Rössel-Zimmer in Schönbrunn. Bei einem von ihnen handelt es sich um den dunkel-falbfarbenen Andalusier, der eine Widerristhöhe von 176,4 cm hatte und viele Jahre im Halbthurn-Gestüt zur Zucht verwendet wurde.

Joya, ein »Goldbrauner«, war ebenfalls ein original spanisches Reitschulpferd; er kam 1719 nach Halbthurn und wurde dort zum erfolgreichsten Beschäler. Ab 1725 war dann der creme-graue Philosopho aus dem Kaiserlichen Karst-Gestüt Lipizza gleichermaßen in Halbthurn erfolgreich. Sehr viel verwendet wurde auch noch der schwarze Hengst Moro, interessanterweise ein spanisches Pferd aus Sardinien. Allerdings scheinen all diese Hengste nie mehr als vier Monate im Jahr zur Zucht gegeben worden zu sein, und augenscheinlich schickte man sie von Wien oder Laxenburg aus jeweils in das Gestüt, das sie gerade brauchte. Alle Tiere trugen das Brandzeichen des Gestüts, in dem sie zur Welt gekommen waren, und einige von ihnen außerdem noch das königliche K oder J mit der Krone (Karl oder Joseph). Dieses zweite Brandzeichen war vor 1711 in Gebrauch. In Cerebo, einem Schecken, hatte das kaiserlich-böhmische Gestüt Kladrub ein sehr berühmtes Springpferd hervorgebracht, der von 1718–23 in Halbthurn stand und einen Sohn desselben Namens hatte. Ein weiterer Beschäler war ein reinrassiger Berber von kaum mehr als 142 cm Widerristhöhe mit einem Wüstenbrandzeichen. Dieser Berber war ein Schimmel mit dunklen Beinen, Mähne und Schweif, die an die Bornu-Rasse aus dem Gebiet südlich des Tschadsees im heutigen Sudan erinnern. Hamilton malte auch einen Tigerschimmel (1704), der zu den ersten Pferden mit dieser Fellfärbung gehörte. Er stammte aus dem Gestüt des Fürsten Schwarzenberg in Murau. Nach Farbe zu züchten, war damals sehr modern, und Schimmel, Falbe, Palomino und Schecken waren die populären Färbungen.

Das Gestüt Frederiksborg gehörte zu den bedeutensten Gestüten Europas. Es lieferte Schimmel, aber auch weiße und cremefarbene Pferde für feierliche Anlässe und leistete einen nicht geringen Beitrag zum Entstehen der berühmten Hannoveraner Reinweißen – den Vorläufern der heutigen Windsor Greys, die bei Feierlichkeiten in Großbritannien immer noch vor den königlichen Kutschen zu sehen sind. Allerdings stellen die Windsor Greys keine eigene Rasse dar, und zwischen ihnen und den Hannoveraner Reinweißen – den beiden wohlbekannten Karossier-Typen – besteht auch keine Blutsverwandtschaft. Der sächsische Hof besaß mehrere Teams oder Paare der begehrten Reinweißen. Offensichtlich hatte der dänische König Friedrich IV. auf dem Rückweg von seiner Italienreise am Hofe Augusts des Starken in Dresden verweilt und dem König wahrscheinlich Pferde aus seinem eigenen Gestüt zum Geschenk gemacht. Dafür spricht das Bild eines weißen oder cremefarbenen Pfer-

60 Smetanka, der Hengst, mit dem der Orlow-Traber begründet wurde

des, gehalten von einem Stallknecht, der ein Paar Pistolen trägt, wie sie nur für die üppigere, schmuckvollere Ausstattung des Frederiksborger Gestüts typisch waren. Das Pferd hat kein Brandzeichen am Hals, wie es der Fall gewesen wäre, wenn es aus einem der kaiserlichen Gestüte gestammt hätte.

Die Stutbücher reichen zurück bis ins Jahr 1718. Je nachdem, wo sie gebraucht wurden, kamen die Pferde aus dem spanischen Gestüt direkt nach Karst oder an einen anderen Ort. Unglücklicherweise geben die Stutbücher keinerlei Aufschluß über die Pedigrees der Hengste; das läßt vermuten, daß man sich um die Zuchtlinien der Beschäler nicht groß bekümmerte. Den Stuten dagegen schenkte man – wie auch in anderen europäischen Gestüten jener Zeit und letztlich auch heute noch – mehr Beachtung. Der Beduine hielt stets mehr von seinen Stuten als von den Hengsten. Nur in Großbritannien und später auch in den Vereinigten Staaten war das Gegenteil der Fall: oft wurde den Stuten in den Predigrees weniger Aufmerksamkeit gewidmet als den Beschälern.

O. Antonius vermutet, daß den Blutlinien und Predigrees erst ein rundes Jahrhundert später Bedeutung beigemessen wurde, als man Wallache als Reit- und Wirtschaftspferde verwendete und nur noch wenige Hengste – und diese dann auch ausschließlich zu Zuchtzwecken – hielt. Die Stuten blieben auf der Weide, man benutzte einen Probierhengst und das Decken geschah im Sprung aus dem Stand, was bedeutet, daß der Hengst niemals zusammen mit seinen Stuten hinausgetrieben wurde (ganz im Gegensatz zu Blundevilles Methode). Viele Stuten scheinen ganz ohne Nachwuchs geblieben zu sein, und der Verlust von Stute und Fohlen war durchaus nicht ungewöhnlich. Stuten wurden nicht zur Arbeit herangezogen. Die Veterinärmedizin war unbekannt, und Unfälle, Verfohlen, Pneumonie und andere Lungenkrankheiten und Fieber einschließlich Tetanus waren häufige Todesursachen. Gassebner berichtet, daß 1763 unter Maria Theresia die planmäßige Zucht von Armeepferden begann und die ungarischen Armeegestüte Waschkouz, Mezöhegyes und Bábolna-Kisbér gegründet wurden.

Im Stutbuch des in Ungarn, innerhalb des österreichisch-ungarischen Kaiserreiches gelegenen Halbthurn-Gestüts finden wir unter dem 18. Mai 1733 folgende Eintragungen:

Namen der Stuten, woher sie kamen; Muttertiere und Beschäler; Farbmerkmale; Kopfform; Alter; Größe. Von welchem Hengst 1732 gedeckt; geborene Fohlen; von welchem Hengst sie 1733 gedeckt worden sind; wie viele Fohlen jede Stute gehabt hat; wie viele davon jeweils behalten oder abgegeben worden sind; wie viele zur Zeit im Gestüt; wie viele Hengstfohlen von jeder Stute später nach Wien gesandt worden sind; wie oft die Stuten verfohlten; welche Fohlen sie danach zur Welt gebracht haben.

Es ist anzunehmen, daß diese detaillierte Aufstellung für den Kaiser persönlich bestimmt war. Sie hätte durchaus noch detaillierter ausfallen können; beispielsweise sind von den Hengsten nur die Namen angegeben. Auch der Tagesablauf geht aus dem Gestütsbericht nicht hervor. Hingegen erfahren wir, daß sich in Halbthurn, solange dieses Gestüt bestanden hat, also in den Jahren 1717–43, insgesamt 428 Zuchtstuten befanden.

In anderen Papieren aus dem Jahre 1733, die sich auf das Karst-Gestüt Seiner Kaiserlichen Majestät beziehen, finden wir Hinweise auf Stuten aus Liechtensteiner Zucht, unter denen auch vier Rappstuten waren. 1756 gingen viele Unterlagen durch ein Feuer verloren, so daß die Pedigrees der gezüchteten Pferde später nur bis ins Jahr 1770 zurückverfolgt werden konnten. Auf einer einzigen Seite sind 15 Hengste des »Corseri-Typs«, die 52 Fohlen, und 12 Hengste eines Reitpferdtyps, die 38 Fohlen hervorgebracht haben, sowie vier Eselshengste, aus denen sechs Maultiere gezogen wurden, eingetragen. Keiner der Hengste scheint sich während seines Aufenthalts im Gestüt überarbeitet zu haben; ein zusätzlicher Vermerk bekundet allerdings den Zorn des Direktors über die Tatsache, daß einer der Hengste von einem Bereiter[3] zu Tode geritten worden war.

Auch der Herzog von Lothringen besaß ein privates Gestüt. Dieses und die kaiserlichen Gestüte tauschten häufig Pferde untereinander, insbesondere, nachdem es 1736 nach Österreich verlegt und 1836 mit Kladrub vereinigt worden war. Das im Besitz des lothringischen Fürstenhauses befindliche Gestüt Koptschan an der March in Ungarn wurde vom Schwiegersohn Karls VI., Franz

[3] Eine heute noch für die Reiter der Spanischen Reitschule in Wien gebräuchliche Bezeichnung.

Stephan, dem späteren Kaiser Franz I., errichtet. Es gibt eine Liste der von Seiner Königlichen Hoheit hierher überführten Pferde, in der 28 drei- und vierjährige Hengst- und Stutfohlen, deren Mütter und Väter, ihr Typ und ihre Farbe usw. angegeben sind.

Das Halbthurn-Gestüt, das damals in den Büchern unter seinem offiziellen ungarischen Namen Feltorony geführt wurde, lag nördlich der österreichischen Berge in dem flachen Land, welches sich bis über den Neusiedlersee hinaus erstreckt. Beim Neusiedlersee handelt es sich um einen reinen salzhaltigen Steppensee, und auch die Landschaft, in die er eingebettet ist, hat viel Ähnlichkeit mit einer Steppe. Antonius bezeichnet diese Re-

61 Trabrennen auf dem Eis. Kohlschwarze friesische Hengste im Kampf um die goldene Peitsche und Silbergeschirre auf der Eisbahn zu Laandam, Holland, Januar 1827. Die Siegestrophäen hängen an einer Stange aus. Aus einem Gemälde von W. Verschuur

gion als ein vorzügliches Vogelrevier. Das Klima ist hier für das Landesinnere sehr viel typischer als im nur 80 Kilometer entfernten Wien, d.h. hier sind die Sommer beträchtlich heißer und die Winter entsprechend kälter.

1603 zerstörten die Türken das alte Schloß. 1711 ließ Alois Graf Harrach von dem berühmten Architekten Johann Lukas von Hildebrandt, der auch das Belvedere in Wien geschaffen hat, das jetzige Schloß erbauen. Kaiser Karl VI. übernahm 1717 Landsitz und Gestüt und lebte dort unter seinen Pferden. Jedes Jahr im Herbst, wenn die Stuten ausgesondert (als für die Zucht ungeeignet befunden) wurden, war er anwesend. Dann führte man ihm auch die Hengstfohlen zur Auswahl für die Spanische Reitschule vor. Karl VI. mochte dieses Gebiet sehr, vor allem für die Jagd bevorzugte er es; er war überhaupt der tatkräftigste Habsburger. Mit seinem Tod 1740 kam auch das Ende des Halbthurn-Gestüts.

Halbthurn wurde 1717 mit dreißig Stuten aus dem Gestüt Harrach, 47 Zuchtstuten und zehn Fohlen unterschiedlichen Alters aus Kladrub in Böhmen und neun Zuchtstuten aus dem Karst-Gestüt Lipizza begründet. Von den dreißig Harracher Stuten waren nur achtzehn im Gestüt Halbthurn (damals Harrach) gezogen worden, die anderen stammten aus des Herzogs böhmischen Gestüten und aus einem Gestüt in Liechtenstein. Zwei Stuten, die man jedoch nicht lange behielt, hatte man von dem Postmeister in Raab erworben. Einige der Harracher Stuten waren Corseri – und diese Tiere sind später zur Zucht von Maultieren nach Böhmen gesandt worden! Kladrub züchtete als einziges kaiserliches Gestüt offensichtlich Maultiere in ziemlich großer Zahl und hielt zu diesem Zweck stets zwei bis vier Eselhengste.

Von Antonius erfahren wir, daß große, kräftige Maultiere benötigt wurden, nicht nur als Tragtiere, sondern auch für die höchst nützliche Sänfte. Sie waren ebenso unentbehrlich wie die Wagen- und Reitpferde. Kaiser Karl VI. ist es zu verdanken, daß der Maultierzucht breiterer Raum eingeräumt wurde: Er sorgte dafür, daß Kladrub 20 große Holsteiner Stuten erhielt. Weiter schreibt Antonius, daß es noch einen anderen Grund dafür gegeben habe, die Corseri-Stuten nicht in Halbthurn zu behalten: die Zucht von Kutsch- und Wagenpferden war ebensowenig vorgesehen wie die Zucht der Maultiere.

Interessant ist die Fellfarbe einiger Stuten. Die meisten waren schwarz, andere dunkelbraun. Zwei der in Liechtenstein gezogenen Stuten, Misca und Mia (1712), waren »mausgrau« oder blaufalben; außerdem gab es noch eine andere falbfarbene Stute. *Myszha* ist polnisch und bedeutet »kleine Maus«[4]. Entweder war man mit der Färbung nicht einverstanden, oder die Fohlen entsprachen nicht dem erwarteten Zuchtniveau, denn Misca, Mia und Medusa wurden aus dem Gestüt herausgenommen.

[4] Wie schon an anderer Stelle bemerkt, ist auch das Fell des Tarpans blau- oder mausfalb; es hat ganz genau die Farbe einer Maus.

Eine andere Gruppe Halbthurn-Stuten, fährt Antonius fort, verdiene wegen der angegebenen Rasse Beachtung. Die braune Stute Fatima aus Visier × Ancora wurde als Türke bezeichnet. Es ist anzunehmen, daß der Beschäler türkisches Blut in die Zucht eingebracht hat. Vielleicht lautete sein richtiger Name Vezier und nicht Visier, und er ist während der Belagerung Prinz Eugens durch die Türken erbeutet worden?

Die ursprünglichen Halbthurn-Stuten waren nicht besonders erfolgreich, und so wurde schließlich auf viele von ihnen verzichtet. Die neuc Hauptlinie des Gestüts bildeten nun Stuten Kladruber Herkunft. Von ihnen wurden 21 als Spanier, 15 als Neapolitaner und eine als »türkischer Typ« bezeichnet. Bei der Letztgenannten handelte es sich um die fahlgraufalbe Volpina von Real (Regal?) aus Quabia. Sie gilt als eine der erfolgreichsten Zuchtstuten in Halbthurn. Von dem Hengst Cerebero, einem Schecken, brachte sie 1719 und 1721 zwei falbscheckige Hengstfohlen. Später fohlte sie viermal von Curioso, zweimal von Montebello und einmal von Superbo – und zum Schluß wurde sie für drei österreichische Gulden an einen Gestütsbediensteten verkauft. Auch ihre Tochter Inamorata war eine erfolgreiche Zuchtstute.

Wie wir wissen, ist auch der berühmte Byerley Turk – auf den die meisten Vollblutpferde zurückgehen – 1683 bei der Belagerung Wiens erbeutet worden. Als Folge der türkischen Invasionen kam Jahrzehnte später eine beträchtliche Zahl erbeuteter türkischer Pferde (aus welcher Linie, ist nicht bekannt) über Wien nach ganz Europa. Schon nach dem Sieg in Raab 1598 fielen den Habsburgern mehr als 700 Pferde aus guter Zucht in die Hände. Der Kaiser erhielt 50 der besten Tiere. So kann es gar nicht überraschen, daß etwas orientalisches Blut seinen Weg auch in die kaiserlich-österreichischen Gestüte fand. Was dagegen überraschen muß, so Antonius, ist die Tatsache, daß es nur so wenig war!

Die Kladruber werden als Pferde entweder spanischer oder neapolitanischer Zucht, letztere als »Reitpferdtyp und Springpferde«, geführt. Zwischen den spanischen und den neapolitanischen Reitpferden scheint kein grundlegender Unterschied bestanden zu haben, nur die neapolitanischen Corseri waren größer und schwerer. Die Unterteilung der Kladruber Reitpferde in einen spanischen und einen neapolitanischen Typ, sagt Antonius, ist kein Hinweis auf unterschiedliche Rassen, sondern einfach das Zeichen für die direkte Abstammung von Hengsten dieser oder jener Herkunft. In Halbthurn scheint es keine derartige Unterteilung in Wagen- und Reitpferdtypen gegeben zu haben. Das Gestüt besaß eine beträchtliche Anzahl Karst-Stuten, aber nicht einen einzigen Kladruber, was darauf schließen läßt, daß Halbthurn sich ganz auf die Zucht von Reitpferden konzentriert und Kladrub diese Aufgabe abgenommen hatte. Später mußte Kladrub dann nicht mehr nur die Schimmel-Kutschpferde für die königlichen Ställe liefern, sondern auch die berühmten Rappen, deren letzte Hofpflicht es 1916 war, den Sarg mit Kaiser

Franz Joseph seiner letzten Ruhestätte zuzuführen.
Das Karst-Gestüt war natürlich die Heimat der Lipizzaner Reitpferde. Im Stutbuch ist kein besonderer Hinweis auf einen Typ zu finden, aber vielleicht waren sie damals schon eine konsolidierte Rasse. Eine der besten Zuchtstuten war Generosa. Außerdem gab es noch eine Reihe anderer, wie z.B. Tacha, Dalmatia, Palma Perosa usw. Die Fellfarben sind nicht uninteressant. Da waren 31 Rappstuten und 31 dunkelbraune oder braune Stuten, Fatma, das türkische Pferd, als einziger Fuchs (obgleich es auch noch ihre fuchsfarbene Halbschwester gab), 13 Schimmel-, acht falbfarbene und zwei gescheckte Stuten. Die vielbeachteten exotischen Farben fehlen, es gab weder Tigerschimmel noch cremefarbene Stuten. Hier besteht ein Widerspruch zu Gassebner, der ja behauptete, daß die Zucht der später so hochfavorisierten cremefarbenen Pferde auf die während des fünfzehnten Jahrhunderts importierten spanischen Vorfahren der Tiere in den Gestüten des Kaiserhofes zurückgehe. Auch das Lipizzaner-Stutbuch bestätigt die Theorie, daß ausgefallene Fellfarben am österreichischen Hof nicht gern gesehen waren. Sogar die cremefarbenen mochte man nicht, obgleich man sie doch züchtete, weil die Farbe in vielen privaten Gestüten so populär war. In einer späteren Eintragung ist von 123 Zuchtstuten, darunter 23 Rappen, 66 Schwarzbraunen oder Braunen, 2 Füchsen, 4 Falben und 25 Schimmeln, die Rede; bei den Fohlen waren, wie zu erwarten, alle Farben vertreten.
Kladrub besaß viele dunkle Pferde: Rappen, Schwarzschimmel, dunkelbraune, und nur fünf Füchse und Falben.
Von Lipizza sind verschiedene Male Stuten nach Halbthurn geliefert worden, um die dortige Zucht zu verbessern. Manchmal wurden auch Stuten aus privaten Gestüten zugeführt, darunter sechs schwarzbraune Stuten aus dem Gestüt Murau des Fürsten Schwarzenberg – einem der größten und bedeutendsten in Österreich. Fürst Adam Franz zu Schwarzenberg war, wie schon erwähnt, Direktor des Marstalls Kaiser Karls, der ihn unglücklicherweise bei einer Jagdpartie erschoß.
Das Gestüt des Kurfürsten von Mainz lieferte einige Stuten, ebenso wie das fürstliche Liechtensteiner Gestüt, das ein paar Rappstuten sandte, die in der Größe Unterschiede von 135 bis 185 cm Widerristhöhe aufwiesen!
1733, als der Hof den ausgefallenen Farben mit mehr Wohlwollen begegnete, lieferte das »Collubard«-Gestüt (Graf Kolowrat?) drei Falb-Schecken und einen hellen Falben nach Halbthurn. Die erste Tigerschimmelstute tauchte 1734 auf – eine rotgetüpfelte Stute namens Fontura II. Dieses Tier kam möglicherweise aus dem Karst-Gestüt, denn Hamiltons Gemälde einer Herde Stuten aus dem Jahre 1724 (das heute im Arbeitszimmer des Leiters der Spanischen Hofreitschule in Wien hängt) zeigt einen solchen Tigerschimmel. Vom Gestüt Plettenberg im Sauerland wurde Halbthurn durch einen Anzahl Scheck-Stuten und 1743 auch durch 39 Stuten aus dem Gestüt »Wisl in Steyermark«

62 »Paar zu Pferde« von Albrecht Dürer, 1496 (Kupferstichkabinett, Berlin). Dargestellt ist ein Pferd im Cob-Typ

des Grafen Tattenbach ergänzt. Antonius berichtet, daß Josef Ferdinand Graf von Remstein und Tattenbach, dessen Besitzungen bei Raun, heute in Jugoslawien, gelegen hätten, der letzte seiner Linie gewesen sei. Die Zahl der Stuten läßt vermuten, daß er sein eigenes Gestüt aufgelöst hat. Wie wir wissen, starb der Kaiser 1740, und kurz nach Übernahme dieser Stuten war auch die Zeit des Halbthurn-Gestüts vorbei.

Lipizza jedoch blieb weiterhin bestehen und ist erfolgreich bis zum heutigen Tage. Wie es scheint, war eine Anzahl Stuten aus der Steiermark (Steyermark) »cremefarben bis nahezu weiß« – zwei Monate nach ihrer Ankunft in Halbthurn wurden 38 ausgewählt und an das Karst-Gestüt abgegeben.

Der Krieg mit Friedrich dem Großen zwang zur Evakuierung des Gestüts in Kladrub auf die Schüttinsel.

Hier muß einer der besten und wertvollsten Hengste, Joya, erwähnt werden, als Beschäler erfolgreich mit 63 Söhnen und Töchtern. Er war ein goldbrauner Spanier mit gestichelten weißen Haaren. Ein anderer erfolgreicher Beschäler war Philosopho, von dem mindestens 30 Fohlen stammten; bei ihm handelte es sich um einen Schimmelhengst spanischen Typs aus dem Karst-Gestüt.

Unweit von Hannover befand sich das zu jener Zeit ebenfalls sehr bekannte Gestüt Lippe-Bückeburg. Aus diesem Gestüt stammte Nobile de Lippa (1728), dessen Nachkommen eine wesentliche Rolle bei der Zucht der späteren Lipizzaner spielten. Nobile begründete die Lipp-Nobile-Linie.

Wenn wir die Bilder im Rössel-Zimmer genau betrachten, werden wir feststellen, daß Hamilton die verschiedenen Pferderassen mit ziemlicher Sicherheit genauso porträtiert hat, wie sie wirklich aussahen. Zur damaligen Zeit hielt man die Ramsnase für ebenso erstrebenswert wie ausnehmend schön. Das übertrieben konkave Gesicht des Arabers war noch nicht so beliebt; viele Pferde, Stuten wie Hengste, besaßen gerade Gesichter. Nagler schreibt, daß Hamilton sich in den charakteristischen Merkmalen der verschiedenen Rassen wie kaum ein anderer seiner Zeit ausgekannt habe. Es war Mode, die Ohren der Pferde zu stutzen, um sie kleiner erscheinen zu lassen, und in manchen Fällen ist es heute gar nicht einfach, zu entscheiden, ob Hamilton die Ohren seiner Pferde so *gemalt* hat, daß sie kleiner wirkten, oder ob sie tatsächlich gestutzt worden waren.

Die Schulpferde jener Zeit hatten ein äußerst kräftiges Gebäude, denn gewaltige Kraft und starke Muskeln brauchten die Tiere, wenn sie die schwierigen und anstrengenden Figuren, wie die Schule über und auf der Erde – die Courbette, Ballotade, Levade und Pesade – ausführen sollten.

Ebenso wie der heutige Lipizzaner mit seiner breiten Brust, breiter und starker Kruppe und tiefem Körper waren auch die Pferde aus spanischer, neapolitanischer und Frederiksborger Zucht außerordentlich gut und kräftig gebaut.

Zusammenfassend sei noch einmal bemerkt, daß all diese Pferde ähnliche *Merkmale* im Körperbau aufwiesen. Heute mögen wir zu der Vorstellung neigen, daß der Neapolitaner (aus dem Gestüt in der Nähe von Neapel) mit dem markanten konvexen Profil eine besondere Rasse gewesen sei. Dem war nicht so; diese Zucht besaß nie Gebäude derselben Eigenschaften wie das Karst-Pferd oder der Kladruber, sofern nicht einige der Tiere, die in diesen Gestüten fohlten, Berberblut führten und demzufolge auch kleiner und leichter waren. Das jeweilige Gestüt gab jeder Zucht ihren Namen, doch untereinander sind all diese Zuchten verwandt gewesen, einschließlich des Frederiksborgers und anderer Pferde, die vor 250 Jahren in den privaten Spitzengestüten Europas gezogen wurden – und die älteste und beste von allen war das spanische Pferd. Manche Züchter bevorzugten den einen Typ – Neapolitaner oder Kladruber –, andere wieder das elegante Schulpferd oder den »Campagne«-Typ, der durch die Einkreuzung mit Hengsten aus »Engelland« gezogen wurde. Damals züchtete man nicht nach Linie oder Pedigree, wie das heute beim Lipizzaner im Hinblick auf die Fähigkeit zur Vorführung der Hohen Schule oder beim Vollblut nach Blutlinien und -familien sowie im Hinblick auf die Rennleistung geschieht. Allerdings wurde, wie beim Frederiksborger und den rein-

63 »Ritter, Tod und Teufel« von Albrecht Dürer, 16. Jahrhundert. Das Bild zeigt den Einfluß des spanischen Pferdes auf die Cob-Linie

weißen Hannoveranern zum Beispiel, nach Farbe gezüchtet.

Während wir bei den Lipizzanern eigentlich immer nur an weiße Pferde, oder besser Schimmel denken (weil die im allgemeinen für Demonstrationen in der Spanischen Reitschule in Wien und auf Tourneen verwendeten und bevorzugten Tiere Schimmel sind) – die Fohlen werden alle mit dunklem oder schwarzem Haarkleid geboren –, kann in Wirklichkeit jede Fellfarbe auftreten. Lipizzaner werden ja nicht nur für die Hohe Schule gebraucht und ausgebildet, sondern sind zudem vorzügliche Wagenpferde, und in Jugoslawien gehen sie auch als Arbeitspferde im Gespann.

Wie wir bereits feststellten (Kapitel 2), haben zahllose Herrscher von Asien bis Europa die weißen Pferde oder Schimmel stets ganz besonders geschätzt. Die magische Anziehungskraft der weißen Farbe – Licht und Reinheit – ließ den Schimmel auch zum Symbol des Hauses Hannover werden. Die Kurprinzessin Sophie hielt und züchtete in ihrer Sommerresidenz Herrenhausen eine besondere Linie, die Weißgeborenen. Diese sehr kleine und spezialisierte Zucht wurde 1730–1740 mit dem cremefarbenen

Hengst Auguste V, dem silbergrauen »le Barbe Blanc« und dem dänischen Hengst »le Blanc« begonnen; natürlich waren die Schwierigkeiten, gutes Material für das Gestüt zu ziehen, noch weit größer als in den späteren Jahren. Eine auf Farbe ausgerichtete Zucht, die *sowohl* die gewünschte Färbung *als auch* ein gesundes, widerstandsfähiges Pferd zum Ergebnis haben soll, ist ein äußerst schwieriges Unterfangen. Unglückseligerweise war der Hannoveraner Versuch zum Scheitern verurteilt. Auguste V kam dunkelgrau zur Welt und wurde eisgrau. Sein Vater war der Barbe Blanc, seine Mutter la Déesse, eine hellgraue Stute von dem kleinen Vienna Turk, gezogen in England. Auguste V konnte nur drei Jahre im Gestüt eingesetzt werden; dann litt er derart an einem fistulösen Widerrist, daß man ihn töten mußte – mit dem Dolch, der in der damaligen Zeit einzigen Methode, ein Pferd zu töten. Es heißt, daß der dänische Hengst le Blanc weiß geboren war. Er kam 1753 ins Gestüt; von seinen fünfzehn Nachkommen ist jedoch nur ein Tier erwähnt. Der Zuchtbestand wurde noch durch Le Royal Danois und einige Stuten ergänzt, und von Hampton Court schließlich wurden »la mère Angloise« und deren Tochter mit unbekanntem Pedigree geliefert.

Die Hannoveraner Weißgeborenen führten also zwei Blutlinien: dänisches (Frederiksborger) und Berberblut. Sie waren kleine Pferde mit vielen Fehlern, wie uns der Chronist berichtet, deren nicht geringster die Unfruchtbarkeit gewesen sei (falls es sich hierbei wirklich um einen Fehler und nicht zumindest teilweise um das Ergebnis unzulänglicher Ernährung und Pflege, d.h. um einen Mangel an Vitaminen und Mineralen auf den Weiden und im Futter gehandelt hat).

Um 1790 brachte auch die Inzucht keine besseren Ergebnisse. Doch schon zuvor hatte der Hof-Stallmeister seinem König in London mitgeteilt: »Es gibt nur sechs oder sieben reinweiße Stuten in Hoya, und wir erwarten nur ein einziges Fohlen. Wir dürfen es nicht zulassen, daß diese charakteristische Fellfarbe verschwindet, und bitten deshalb um die Erlaubnis, sechs reinweiße Stuten zu kaufen. Kuhlmann, der Pferdehändler, bietet solche Stuten für 180 Reichstaler pro Kopf.« Der König antwortete: »Ihre Liste zur Hand, haben Sie die Erlaubnis, zwei Stuten zu kaufen.« Eine Stute namens Charming wurde aus England herübergeschickt. Die Zahl reingezogener weißer Stuten war allerdings sehr niedrig, im allgemeinen handelte es sich um Albinos oder grau- bzw. rotstichelhaarige Pferde. 1803 gab es im Gestüt Great Lodge, Windsor, elf Hengste und sieben Stuten. Einige von ihnen stammten aus Mecklenburg, wohin sie (vermutlich aus Hoya und Herrenhausen, wegen der Besetzung durch die napoleonischen Truppen) evakuiert worden waren. Später wuchs die Zahl der Pferde auf 59 aus Hannover und 111 aus Memsen und Neuhaus/Solling im Hannoverschen an. Nicht alle diese Tiere waren weißgeboren.

1815 wurde eine Anzahl Stuten nach Hannover zurückgeschickt, und der

Prinzregent fand selbst Interesse daran, diese Zucht weiter fortzuführen. 1870 teilte der Gestütsleiter in Berlin dem König mit: »Trotz der Inzucht wird es immer schwieriger, die Weißgeborenen zu ziehen. Wir haben große Schwierigkeiten, trächtige Stuten zu bekommen, und dann sind die Fohlen klein, schwach oder mißgestaltet, und es ist selten, daß wir ein gesundes Fohlen bekommen[5]. Wenn die Zucht fortgesetzt werden soll, müssen ein paar graue Stuten und Hengste eingekauft werden.« Als der Finanzminister Scholz den Kauf von zwei Araberschimmeln aus Österreich ablehnte, war das Ende der Hannoveraner Weiß-

[5] Das läßt auf einen wirklich bemerkenswerten Mangel an Kenntnis in der Tierhaltung schließen, selbst in jenen Tagen, in denen die Genetik immerhin schon enorme Fortschritte gemacht hatte. Albinos verfügen nun einmal über eine schwächere Konstitution, und Inzucht kann somit durchaus tödliche Folge haben. Duerst beharrte darauf, daß die weißen Frederiksborger einen Letalfaktor in sich trügen, der, wie er meinte, mit dem weißen Farbfaktor gekoppelt sein könnte. Pulos hat bestätigt, daß das dominante weiße Gen im homozygoten Organismus letal ist und frühe Fehlgeburt verursacht. Die Zucht der Albinos war also genetisch schädlich.

64 Ein Zelter (entnommen aus dem Brevario Grimani)

geborenen abzusehen, und die letzte der Stuten wurde erschossen, nachdem sie ein Fohlen zur Welt gebracht hatte, das schon kurz nach der Geburt verendete. Die Situation stellte sich in England günstiger dar. Ich vermute, daß die Weidemöglichkeiten dort besser waren, ganz zu schweigen von dem »Management« in den Gestüten. Der Crown Equerry (Oberstallmeister der Krone) Col. G. A. Maude, C.B., berichtete dem Prince of Wales: »Seit Hannover von England unabhängig wurde, züchten wir unsere eigenen weißgeborenen Pferde in England. Wir haben keine Hengste mehr importiert, und wir praktizieren Inzucht, aber seltsamerweise werden die Pferde größer. Wir haben vier Zuchtstuten.«

Über Napoleons siegreichen Einmarsch ins Hannoversche erzählt man sich eine köstliche Geschichte. Die Pferde und das Silber waren nach England in Sicherheit gebracht worden. Dennoch gelang es Napoleon, einen Hannoveraner Albino in seinen Besitz zu bringen, den er mit nach Paris nahm. Er beabsichtigte, ihn bei seiner Siegesparade zu reiten – aber der Hengst verweigerte schon beim Aufsteigen. Napoleon gab nicht nach, und das Pferd ging schließlich mit ihm durch.

Der bedeutsamste Beschäler in der Geschichte der Weißgeborenen war Adonis, der anläßlich der Krönung Franz' II., als er von dem Hannoveraner Gesandten geritten wurde, viel Furore machte. Tausend Taler wurden für ihn geboten, was in der damaligen Zeit eine riesige Summe war, doch er stand nicht zum Verkauf, sondern ging 1793 nach England, wo er bald das Lieblingspferd Georgs III. wurde.

Ein weiterer angesehener Beschäler war der Hengst Ido: »Als die königlichen Besucher zu den Ställen kamen und die Besichtigung der Pferde Vorrang hatte ... Major Schweppe ritt Ido, den er gelehrt hatte, aufgerichtet auf den Hinterbeinen die Reitschule der Länge nach zu durchqueren – auf diese Weise repräsentierte er das Wappen von Hannover.«

Wir können uns heute kaum noch eine Vorstellung von der Größe der europäischen Gestüte des 18. Jahrhunderts machen. Gemessen an den heutigen Verhältnissen waren sie *vraiment formidable.* Marbach unter dem König von Württemberg besaß bescheidene 1000 Hektar; Lipizza 2500 Hektar; Trakehnen 6000 Hektar; Mezöhegyes 17 000 Hektar; und Radautz erstreckte sich über ein Gebiet von 120 Kilometern Länge und umfaßte zwölf Gestüte und fünf Höfe.

In seinem ausgezeichneten Buch *European Studs* beschreibt Frederich Traut das 1785 von der Kaiserin Maria Theresia zu Remontierungszwecken gegründete Gestüt Mezöhegyes. Von den ursprünglich 262 Zuchtstuten, 22 Hengsten und 90 weiteren Hengsten aus der bäuerlichen Umgebung wuchs das Gestüt innerhalb von 25 Jahren auf 4142 Zuchtstuten an, die über 19 verschiedene, größtenteils »wilde« Gestüte verteilt waren. Unter »wild« sind hier wildlebende Herden zu verstehen. Alles in allem, sagt er, gab es 13 300 Pferde, die bis auf rund 1855 reduziert wurden; trotzdem befanden sich auch noch Ende des Jahrhunderts 500 junge Hengste in einer einzigen Zuchtstation (anläßlich meines letzten Aufenthaltes in Polen besuchte ich ein solches Gestüt mit 200 Hengsten). Außerdem wurde in Mezöhegyes auch eine erhebliche Zahl Rinder gezüchtet, und es gab die verschiedensten landwirtschaftlichen Betriebe, die alle zusammen 7000 Menschen beschäftigten und zwischen 18 000 und 20 000 Tiere umfaßten.

Interessant an diesem gewaltigen Projekt, in dem Raum keine Rolle spielte (im Vergleich zu den großen, aber vollgestopften Rinderzuchtfabriken, die die Landwirtschaft unseres Jahrhunderts hervorgebracht hat) ist die Tatsache, daß es sich als unmöglich erwies, eine so riesige Zahl Pferde auf die Dauer zusammenzuhalten, und zwar deshalb, weil solche Zahlen keine angemessene Pflege mehr erlaubten und Krankheiten, vor allem Krankheiten infektiöser Art, um sich griffen. Die Natur ist keine Fabrik, und es gibt Grenzen – diese Grenzen zu überschreiten heißt die Katastrophe herbeirufen. Das Experiment liegt nun dreihundert Jahre zurück. Und *immer noch*, trotz aller Erfindungen und veterinärmedizinischen Fortschritte, ist die Pferdegrippe weit verbreitet!

Viele Gestüte waren von Klöstern und Abteien errichtet worden und in deren Besitz, zum Beispiel Kladrub und auch das – wie Dokumente belegen – 1062 gegründete Einsiedeln. Die Mönche rekrutierten sich im allgemeinen aus dem Hoch- und Landadel (ebenso wie die Ritter). Den jüngeren Söhnen aus jenen Familien standen ja nur wenige Möglichkeiten zur Betätigung offen. Aus den elterlichen Stallungen brachten sie ihre Pferde mit, die dann in den Besitz des Klosters übergingen. Durch Schenkungen von Fürsten und Großgrundbesitzern wurden brachliegendes Land und schlechter Boden kultiviert, wobei man auf die Hilfe der Pferde angewiesen war. Lange bevor Blundeville geboren wurde, waren die Schwyzer schon berühmte Pferdezüchter. So trieben sie 1310 eine Pferdeherde auf einen Landbesitz des Ordens und fütterten die Tiere mit dem dort gelagerten Heu!

1964 feierte Kloster Einsiedeln das tausendjährige Bestehen der Pferdezucht; damals wie heute standen in den Ställen des Klosters viele edle Pferde. Sie fanden Bewunderung im In- und Ausland. Der Abt Gerold beschreibt eine Reise:

»Mit einem prächtigen Troß zieht der Abt 1464 hinunter nach Italien. Reisezweck ist der seit Wochen und Monaten vorbereitete Besuch bei Papst Pius II. Unerwartet für den Abt und sein Gefolge ist der dramatische Zwischenfall in Firenzuola. Beim Eintritt ins Städtchen strömt alt und jung herbei. Noch nie sahen sie derart stattliche Reiter, noch nie so schöngewachsene Pferde. Die Edelknechte, befürchtend, die Bewunderung sei allzu stürmisch um echt zu sein, wehren den Neugierigen den Zutritt zu den aufgeschlagenen Quartieren. Die Abwehr artet aus in ein regelrechtes Handgemenge. Dem herbeigerufenen Statthalter gelingt es, dem Tumult die Spitze zu brechen. Firenzuola in zwiespältigem Andenken bewahrend, ziehen die Gäste aus Einsiedeln in südlicher Richtung weiter. Die Eskorten zu Pferd sind ihnen dann erst recht lieb geworden.«[6] Die Zucht der Einsiedler erreichte zwischen 1500 und 1800 ihren Höhepunkt. Das war die Zeit, in der viele Pferderassen im Zenit ihrer Vortrefflichkeit und Zweckmäßigkeit standen. Die Menschen hatten Muße, sich niederzusetzen, nachzudenken und auszuarbeiten, was sie zu erreichen hofften. Die Äbte der Klöster – die es in ganz Europa in großer Zahl gab – waren gelehrte Männer, die sich der Wissenschaft verschrieben hatten und die umliegenden Gemeinden beeinflußten. Es ist ein geistiger und materieller Verlust, daß diese Zentren der Gelehrsamkeit nicht mehr existieren. Denn hier war es, wo Landwirtschaft und damit auch Pferdezucht ihre großen Fortschritte verzeichnen konnten. Gregor Mendel z.B. (1822–84) war Prälat im Augustiner-Kloster in Brünn. Dem Abt Konrad III. (Einsiedeln) war es zu verdanken, daß die Zahl der Klosterpferde ständig wuchs, und die Herzöge von Mailand und Mantua zeigten so starkes Interesse, daß viele herrliche Tiere ihren Weg über den Gotthard-Paß in den sonnigen Süden nahmen. Ihre neuen Besitzer nannten sie die »Cavalli della Madonna« (Pferde Unserer Lieben Frau).

1655 setzte sich das Pferdematerial in Einsiedeln aus folgenden Typen zusammen: Reitpferde, Wagenpferde, Packpferde, Zuchtstuten und Hengste. Als die Ställe im achtzehnten Jahrhundert neu erbaut wurden, hieß es, daß diese Bauwerke in ihrer großartigen architektonischen Wirkung einmalig seien. Das Motto lautete »Zucht auf Leistung«. Dies ist noch immer das Ziel, und es wurde über die Jahrhunderte hinweg erreicht mit Hilfe frischen Blutes aus Italien, Friesland, Spanien und der Türkei – wenngleich das reine Schwyzer Blut stets bevorzugt wurde. Der Einsiedler hat etwa 155 cm Widerristhöhe und geht im Gespann, arbeitet auf dem Hof, trägt seinen Reiter durch Wälder und über Berge oder springt auf internationalen Turnieren. Das ist die Geschichte eines einzigen Klostergestüts – und es gibt noch so viele andere.

Kommen wir nun zu Frankreich, wo sich einige alte Linien entwickelt hatten, bevor das Blut des Berbers, des Spaniers, der Pferde Attilas (des Hunnen, daher teilweise mongolisches Blut usw.) und der maurischen Pferde einfloß. Wie viele oder wie wenige französische Rassen wirklich vom Zustrom fremden Blutes betroffen waren, ist schwer zu sagen.

Im früheren Herzogtum Normandie (1154) lagen die Gemeinden Mortague, Mondoubleau und Courtalin; dieses Gebiet, die Wiege der alten Pferdezucht, wurde später als *Le Perche aux bons chevaux* bekannt. Der jetzige Percheron hat mit seinen Vorfahren, die von weniger massivem Körperbau und im allgemeinen von schwarzbrauner Farbe waren, überhaupt nichts mehr gemeinsam. Das alte Pferde aus Le Perche ähnelte seinen Nachbarn, den Bretonen- oder Normänner-Cobs – oder Postiers, wie sie genannt wurden. Mehrere Jahrhunderte später

[6] P. Albert Huber, 1000 Jahre Pferdezucht Kloster Einsiedeln, EDE-Verlag, Einsiedeln, 1963.

stellten der Bretone und der Boulonnais das Material für die Zucht größerer Pferde. Vom Boulonnais haben die Percherons die heute prädominante Schimmel-Fellfarbe geerbt; allerdings gibt es, vor allem in den Vereinigten Staaten, auch noch Rapp-Percherons.

Französische Experten, zu denen auch Eugène Gayot zählt, weisen auf die Verbesserung der alten Rasse durch die Einkreuzung von orientalischem Blut hin. Im Jahre 732 fielen unter Abdul Rahman 300 000 Sarazenen, die auf Araber- und Berberhengsten beritten waren, in Frankreich ein. Zwischen Poitiers und Tours stießen sie auf Karl Martell und sein Heer und wurden von ihm geschlagen. Er erbeutete viele erstklassige Pferde, die später mit einheimischen Stuten gepaart wurden. Auf diese Weise sind zahlreiche neue Linien, die Frankreich in den kommenden Jahrhunderten zu einem führenden Pferdezuchtland machen sollten, wenn nicht sogar schon die Rassen im einzelnen begründet worden.

Karl Martells Reiterschar bestand aus bewaffneten Rittern, und dies ist, soviel ich weiß, der früheste Zeitpunkt, zu dem der *dextarius* auftauchte – und zwar mit durchschlagendem Erfolg, denn die leichtere Sarazenen-Reiterei wurde in die Flucht geschlagen. Später, als die Kreuzritter heimkehrten und arabische Hengste mitbrachten, fand eine weitere Verbesserung statt, unter anderem dann auch noch durch die Zuführung andalusischen Blutes.

Zu jener Zeit bestand sowohl in Frankreich als auch in anderen europäischen Ländern ein großer Bedarf an Zugpferden, und die Züchter aus Le Perche erachteten es für notwendig, das Gewicht ihrer leichten, lebhaften Rasse zu steigern. Um das zu erreichen, brachten sie die schwereren Bretonen und Boulonnais ein, und so scheint der Percheron für gewisse Zeit seine Schönheit des Körperbaues und seine Lebhaftigkeit eingebüßt zu haben und zu einem derben, plumpen und langsamen Tier mit wenig angenehmen Temperament geworden zu sein. Die Verantwortlichen für die Zucht der Percherons versuchten vergeblich, den alten Post-Cob vor dem Aussterben zu bewahren. Sie konnten aber dennoch insofern einen Teilerfolg erzielen, als die Amerikaner bereit waren, enorme Summen für die neuen Kolosse zu zahlen; das sicherte der neuen Rasse den Sieg. Zwischen 1879 und 1889 wurden jährlich zweitausend Hengste und Stuten exportiert.

Edmont Gast schrieb 1889: »Dieses überaus zweckmäßige und notwendige leichte Zugpferd, das vor den schweren Parade-Equipagen, den Omnibussen und bei der französischen Artillerie so ausgezeichnete Dienste geleistet hatte, existiert nicht mehr.«

Glücklicherweise schlief der Exporthandel ein, und mit dem wachsenden Interesse am Trabrennsport und folglich auch an der Zucht von Pferden, die traben konnten, wurde wieder der alte Typ des lebhaften Percheron aktuell. Wrangel berichtet von Rekorden, die von Percherons mit 1 Minute 58 Sekunden über einen Kilometer und mit 3 Minuten 30 Sekunden pro Kilometer über 10 bis 15

Kilometer vor einem schweren Wagen erzielt worden sind.
1897 war der amerikanische Markt noch einmal stark an dem nun regenierten lebhaften Percheron, der sich ausgezeichnet zur Kreuzung mit den besserklassigen amerikanichen Stuten eignete, interessiert. Nahezu hundert Jahre später ist der Percheron als Rappe immer noch der große Favorit in den USA!
Von alters her war die Normandie die bedeutendste Pferdezuchtregion in Westeuropa, und auf ihren guten Weiden entwickelten sich sowohl Warm- als auch Kaltblutrassen. Die normannischen Herren und die begüterten Klöster achteten darauf, daß für die Pferdepopulation gesorgt war. Von Beginn der Kreuzzüge an wurden die heimkehrenden Ritter von edlen arabischen (*sic*) Hengsten begleitet. Einer dieser Ritter, Oliver de Rohan, brachte neun Tiere mit nach Hause. Es war üblich, daß der Ritter sein Kriegspferd einem Kloster übereignete, das für das Pferd zu sorgen und es wahrscheinlich zur Verbesserung der heimischen Zucht, bei der es sich im allgemeinen um den Cob- oder Ponytyp handelte, zu verwenden pflegte.
Nach Wrangel war das Ziel der Züchter, gleichgültig, ob sie dem Adel oder dem Klerus angehörten, die Ausdauer. In der heutigen Zeit hat dieses Wort seine Bedeutung fast ganz verloren. Doch 1238 wurde in der Nähe von Saint-Lô eine öffentliche Rennbahn gebaut und die Zucht des normannischen Pferdes bis in die Zeit der Regentschaft von Louis XIII. (1610–48) hinein ständig verbessert. Der Reichtum des Adels war natürlich ein ganz wesentlicher Faktor. Die meisten Männer von Ansehen hielten sich 20 bis 150 Pferde; wie es viele Adlige in Europa auf ihren Besitzungen noch bis zum Zweiten Weltkrieg taten!
Als Äquivalent für 40 Pferde aus normannischer Zucht sandte Königin Elisabeth I. eine Kompanie schottischer Infanteristen an Heinrich IV. Bedauerlicherweise setzte Kardinal Richelieu allen weiteren Entwicklungen in den staatlichen Gestüten ein Ende. Eine Anzahl wertvoller Hengste fand Zuflucht auf privaten Ländereien, bis die Armee Napoleon Bonapartes alle Normänner, Stuten und Stutfohlen, requirierte. 1806 wurden die Staatsgestüte reorganisiert, und auf Befehl Napoleons kaufte man ägyptische, türkische und Mecklenburger Pferde – so daß auf das bereits bestehende Durcheinander in der Zucht nun noch weiteres Durcheinander folgte!
Wrangel ist es wert, hier noch einmal bemüht zu werden. Vor der Revolution wurden in der Normandie vier ganz unterschiedliche Pferdetypen gezogen, und in den anderen Provinzen und Departments war die Situation ähnlich. In den Gemeinden Courtomer, Séez und Alençon war der Merlerault zu finden. Hierbei handelte es sich um Nachkommen der alten normannisch-armorikanischen Linie, die ihrerseits von den durch die Mauren ins Land gebrachten orientalischen Pferden abstammten und durch neues orientalisches Blut aufgefrischt wurden, als die Kreuzritter zurückkehrten. Den Contentin gab es in zwei unterschiedlich gefärbten Familien: Die

23 Privater Road Coach mit Cleveland-Bay-Viererzug. Der Cleveland Bay ist eine alte Rasse. Er gehört zum Stammbaum der Holsteiner und Hannoveraner Pferde

24 nachfolgende Doppelseite: Der Cambridge-London-Coach. In Etappen zu je 10 Meilen wurden die Pferde gewechselt. Das Leben eines Kutschpferdes war hart und kurz: es dauerte nicht mehr als drei Jahre

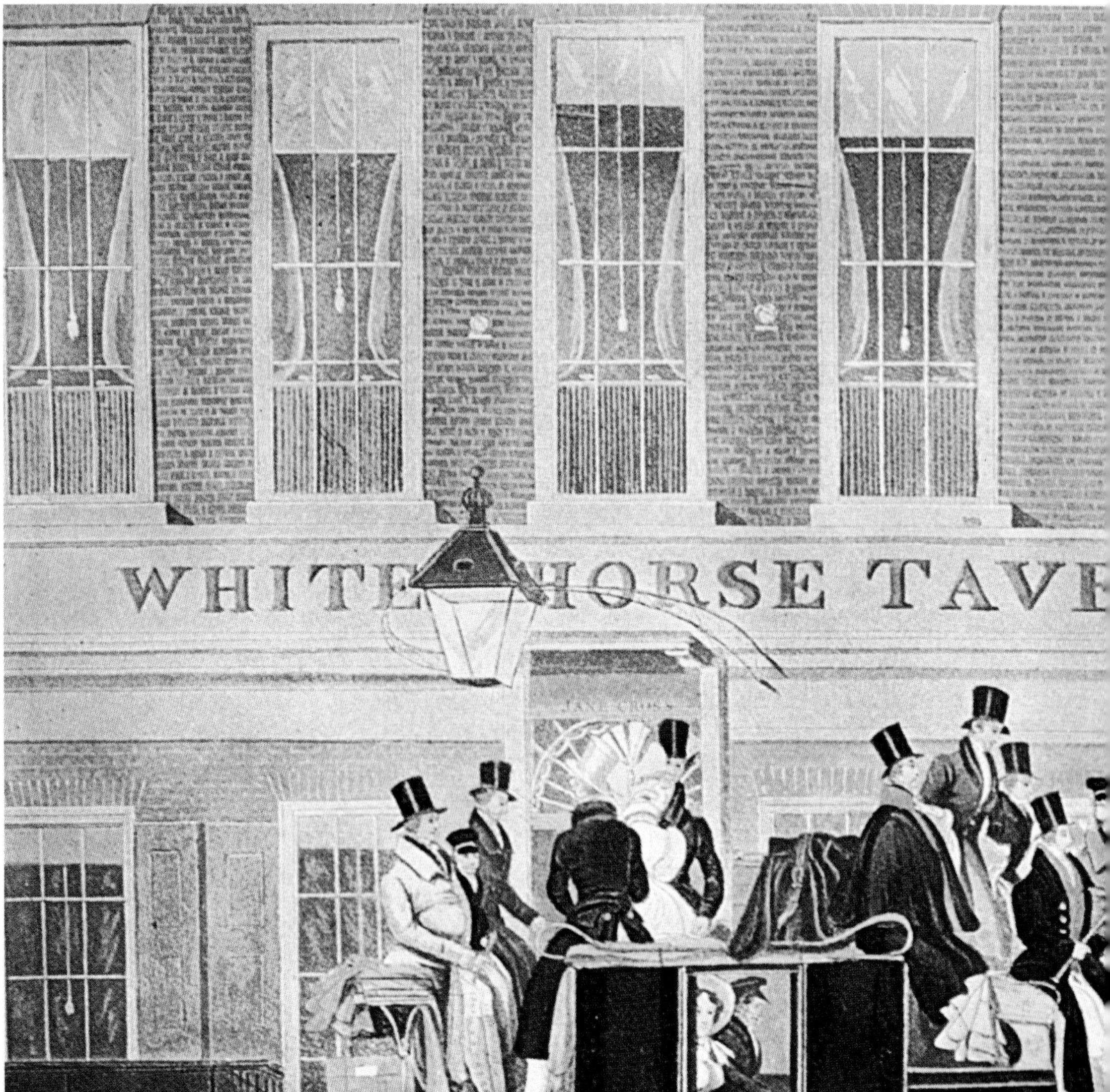
WHITE HORSE TAVE
THE TAP
CAMBRIDGE
LONDON

& FAMILY HOTEL.
COACH OFFICE
COACHES DAILY

25 Wunderschöne Araber-Fliegenschimmel-Stute. Janow Podlaski, Polen 1964

26 Der Hauptgestütswärter Bormann mit einer hervorragenden Ostpreußen-Stute, die den Treck 1944–45 mitgemacht ha

schwarzen Contentins galten als Kavalleriepferde der Spitzenklasse und wurden in den Arondissements Valognes und Saint-Lô gezogen. Der Sage nach sollen die Vorfahren dieser Pferde aus dänischer Zucht gestammt haben und von den Wikingern ins Land gebracht worden sein, als diese die Normandie eroberten. Die braune Contentin-Familie stammte aus Kreuzungen dänischer (vermutlich Frederiksborger), neapolitanischer und deutscher Hengste mit einheimischen Normänner Stuten; sie wurde rund um Vire gezüchtet, und viel Gutes läßt sich über sie nicht sagen. Rund um Valognes und Cherbourg war eine kleine, lebhafte und schnelle Rasse zu finden, die la Hague genannt wurde und deren Vorfahren aus Sizilien importiert worden waren, als die Normannen Süditalien erobert hatten. Schließlich gab es noch die Wagenpferde = *bidets d'allure* aus Bessin, die für ihre außerordentliche Zähigkeit und ihren lebhaften Gang berühmt waren.

Die Basis für die Zucht guter Pferde war in Frankreich also schon vor der Revolution vorhanden. Aber es scheint an Züchtern selbst gefehlt zu haben, und so blieben viele gute Gelegenheiten ungenutzt. Mit der Gründung des Jockey Clubs und der »Societé« 1833, den Trabrennen, die drei Jahre später begannen, und mit der Thronbesteigung durch Napoleon III. konnte schließlich eine Verbesserung der Pferdezucht verzeichnet werden, die seither nicht mehr aufzuhalten war. Beide Linien des Normänners – der alte Postier-Cob- und der Reitpferd-Typ – regenerierten und waren 1972 in London zu sehen. Ihre Regeneration geht zumindest zum Teil auf den Cob-ähnlichen Norfolk Roadster zurück, der selbst, als eine der wertvollsten britischen Zuchten, inzwischen ausgestorben ist. Dem 1851 importierten Norfolk Roadster Norfolk Phenomenon verdankt die französische Traberzucht ungeheuer viel. Mit einer Anzahl importierter Vollbluthengste wurden die beiden Typen des Normänners und die Traberzucht verbessert sowie in der Vollblutzucht und vielleicht in etwas geringerem Maße auch in der Zucht des Anglo-Arabers die Voraussetzungen dafür geschaffen, daß Frankreich in der Zucht dieser Pferde zu einem der führenden Länder der Welt werden sollte. Im Laufe der französischen Geschichte sind, wie man weiß, viele Pferdetypen gekommen und gegangen. Unter ihnen der Limousin und der Nivernais, der seine Abstammung aus dem Cob der alten Morven-Zucht, die im siebzehnten Jahrhundert für die Jagd sehr geschätzt wurde, herleiten kann. Während des letzten Jahrhunderts galt der Nivernais als ausgesprochenes Vielseitigkeitspferd.

In den Jahren von 445–53 überrannten die mongolischen Horden unter Attila, dem Hunnenkönig, Europa von Dänemark bis Ungarn, vom Kaspischen Meer bis über den Rhein. Es ist nicht festzustellen, ob diese Invasion die westeuropäischen Pferderassen beeinflußte. Einige osteuropäische Linien jedoch, insbesondere in Ungarn und auf dem Balkan, erhielten eine Beimischung von mongolischem und tatarischem Ponyblut.

Eine der ältesten Linien ist das Camargue-Pferd, dessen Urahnen, wie es heißt, aus prähistorischer Zeit stammen. Man kann allerdings kaum umhin, zu bemerken, daß dieses Pferd sowohl mit dem Sorraia in Spanien als auch mit dem Berber gewisse Gemeinsamkeiten besitzt. Aber es hat, wenn überhaupt, nur wenig Einfluß auf andere Pferderassen gehabt. Während des zweiten Jahrtausends n. Chr. wurde der Zucht von Pferden für die Armee in Europa mehr und mehr Interesse geschenkt – an dem Punkt, an dem die Asiaten aufgehört hatten, fingen die Europäer neu an. Zunächst tauchte das Streitroß des Ritters mit Rüstung auf, dann kamen der Corseri und der Karossier und schließlich das Kavallerie- und Artilleriepferd. Man züchtete Tiere von unterschiedlicher Schnelligkeit oder bis zu einem bestimmten Gewicht, angefangen von den Pferden für Aufklärungstrupps, für die Dragoner, Husaren und Garde- sowie Kavallerieregimenter bis zu den Polizeipferden. In ständig wachsender Zahl benötigte man sie für die verschiedensten Sportarten: für die Jagd, beim Polo, für Flach- und Hindernisrennen und im Turniersport. Die Spahis in Tunesien ritten 140 cm große Berberpferde; osteuropäische Aufklärungstrupps besaßen ebenfalls kleine, außerordentlich zähe Tiere, und die indischen Regimenter hatten kleine Pferde arabischen Typs. Die Pferde, die für die verschiedenen königlichen Ställe gebraucht wurden, waren von schwererem Kutschpferdkaliber, wie z.B. die schwarzen und schimmelgrauen Kladruber, die Holsteiner und die Hannoveraner Kutschpferde einschließlich der speziellen weißgeborenen Tiere des Kurfürsten von Hannover – deren Aufgabe später von den Windsor Greys (die keine eigene Rasse darstellen) übernommen worden ist. Einige Länder wie Ostpreußen und Irland brachten erstklassige Vielseitigkeitspferde hervor. Die ostpreußischen Pferde[7] gehen auf einheimische, orientalische und Vollblutzucht und die irischen auf das bodenständige Pony, den Spanier, das Irish Draught und die Vorfahren des Vollblutes zurück. Andere Länder wie Polen, Frankreich, Spanien, Österreich und Ungarn brachten elegante Rassen mit orientalischen Ahnen, Araber, Anglo-Araber, Shagyas, Gidran, Nonius, Karthäuser, Andalusier und Lipizzaner, hervor.

---

[7] Siehe Daphne Machin Goodall, Die Pferde mit der Elchschaufel (Verlag Paul Parey).

7. Pferde für den Transport

Im ausgehenden siebzehnten und zu Beginn des achtzehnten Jahrhunderts ist die Entwicklung der schweren Arbeitspferde durch den Lauf der Ereignisse in Großbritannien stark begünstigt worden. Die Erfindung und der Gebrauch der Feuerwaffen im Kriege machte den verwundbaren *dextrarius* überflüssig und führte in den europäischen Armeen sehr rasch zur Reorganisation der leichten und schnellen Reiterei.

Die Güter, die transportiert werden mußten, nahmen an Menge und Gewicht immer mehr zu. Die Packpferde konnten den Anforderungen, die der Transport der Artikel des Zeitalters, das der industriellen Revolution voranging, an sie stellte, nicht mehr gerecht werden. Große Frachtwagen und schwere, schwerfällige Kutschen erforderten entsprechende Gespanne, welche die Gefährte über Straßen zogen, die anfangs meist nichts anderes als schlammige, steinige Wege waren. Die steigende Benutzung dieser Wege führte zur Erfindung eines aus Schotter bestehenden Straßenbelages durch John MacAdam. 1816 wurden die Straßen rund um Bristol erfolgreich von ihm »makadamisiert«.

Während früherer Jahrhunderte war es stets das kleinere Pferd, das – sofern man nicht Ochsen benutzte – auf dem Lande Verwendung fand, und das schwerere Pferd wurde geritten. Doch nun war man an den leichteren Bauernpferden für die Beförderung schwerer Lasten nicht mehr interessiert; es galt der Satz »Gewicht, um Gewicht zu bewegen«. Die Nachfrage nach einem schweren Zugpferd wuchs immer mehr an. Die berühmten englischen Pferdemärkte waren Malton, Ripon, Lenton, Rowel, Harborrow, Melton, Northampton und Pankridge. Der Herzog von Newcastle schrieb:

»Ich kenne das West Country, wo die Vorfahren des ehrenwerten Lords Paulett eine gute Pferdezucht hatten, so gut wie gar nicht; und hier und da züchtete auch der ehrenwerte Lord of Pembroke, aber ich habe niemals von irgendeinem außergewöhnlichen Pferd aus seinem Stall gehört. In Worcester und im Vale of Esam gibt es gute, kräftige Wagenpferde; in Cornwall gibt es gute Naggs[1], und in Wales ganz ausgezeichnete; aber die Galloways in Schottland sind die besten Naggs von allen.«

Dr. Fuller[2] verweist auf die Pferde aus Hertfordshire: »Ihre Gespanne (häufig verdientermaßen vom Frachtwagen zur Kutsche übergewechselt), sind vorzüglich equipiert und sehr ähnlich in Farbe und Statur, feist und hübsch, solchermaßen ist die Sorgfalt in ihrem Putz und ihrer ausgezeichneten Ernährung.« Ein Diener wurde vor einem Friedensrichter des Getreidediebstahls angeklagt. Der Mann zog, als vor den Richter trat, sein Gespann hinter sich her, denn, so sagte er, wenn er der Dieb sei, dann seien die Pferde die Hehler (weil sie dann das Getreide gefressen hätten).

Die Pferde aus Dänemark, Holland und Deutschland werden vom Herzog von Newcastle als besonders geeignet für Kutschen, Frachtwagen oder den Pflug beschrieben. Und Holinshed sagt:

»Unsere Wagen- oder Pflugpferde (denn wir benutzen sie gleichermaßen für beides) sind gewöhnlich so stark, daß (höchstens) fünf oder sechs von ihnen mit Leichtigkeit drei Tonnen über eine lange Strecke ziehen können ... Solche, wie sie für Lasten gehalten werden, können gewöhnlich vier Zentner ohne Schmerz und Behinderung tragen ... Von solchen ausländischen Pferden, wie sie täglich zu uns gebracht werden, wie dem Gineta aus Spanien, dem Corseri aus Neapel, dem irischen Hobbie, dem flämischen Roile[3], dem schottischen Nag, spreche ich nicht.« (*Chronicles*, 1577)

Was das *schwere* Pferd betrifft, das tatsächlich erst im Laufe des neunzehnten Jahrhunderts aufkam, möchte ich mich auf die *Cyclopaedia of Agriculture*[4] beziehen, in der bestätigt wird, daß das Wagenpferd keine original britische Rasse ist, sondern importiert wurde. Es heißt dort: »Man mußte auf das große, schwarze Pferd zurückgreifen, das seit undenklichen Zeiten in den fruchtbaren Ebenen des europäischen Kontinents bekannt war ... während der Regierungszeit der Edwards wurden diese Tiere wiederholt importiert.« Da Schwarz die vorherrschende Farbe war, verschaffte sich in England bald eine besondere Linie unter der Bezeichnung Old Black English Cart Horse Geltung, die über ganz England verbreitet und in drei Typen unterteilt war: das »schwere, massive Tier, gezogen in den üppigen Marschen und Ebenen« der Midlands, eigens für die Londoner Bierbrauer; die kleineren, aber noch ziemlich schweren Pferde für die Landwirtschaft, kräftig, kompakt und langsam; und ein leichteres, lebhaftes Tier, dem entweder das Blut einer leichteren Rasse beigemischt war oder dessen Vorfahren flandrische Kutschpferde gewesen sind, und das, nachdem der Cleveland Bay es als Wagenpferd verdrängt

[1] »Nagg« bezieht sich auf Reit-, Fahr- und Zug-Mehrzweckpferde.

[2] History of the Worthies of England, 1662.

[3] »Roile«: Schlamm; ein Pferd, das durch Schlamm gehen kann.

[4] A Cyclopaedia of Agriculture, von J.C. Morton, Band II, 1855.

hatte, von umso größerem Nutzen als Wirtschaftspferd wurde.
Im Hinblick auf die Bedeutung des Mineralgehalts im Boden für die Tierproduktion ist außerdem die Feststellung der Cyclopaedia interessant, daß das Zugpferd nur auf den reichsten Weiden gedeihen kann und »in den Fenns von Lincolnshire in der größten Perfektion zu finden ist«. Hengstfohlen wurden im Alter von zwei Jahren gekauft und arbeiteten in Maßen bis zu ihrem vierten Lebensjahr; während der ganzen Zeit wurden sie ausgezeichnet gefüttert; *kurz vor Wiederverkauf sind sie nicht selten ganz von der Arbeit befreit und in offenen Boxen gemästet worden*, beinahe wie Ochsen, die für den Schlachthof bestimmt waren, denn man setzte voraus, daß sie den Londoner Bauern in diesem Zustand besonders gefielen. Allerdings ist die Warnung angefügt, daß durch ein solches Übermaß an Fett verschiedene Krankheiten begünstigt würden.
»Diese gewichtigen Tiere sind häufig 172 cm groß.« Einige Shires erreichten sogar eine Widerristhöhe von 183 cm. Offensichtlich pflegten diese massiven, majestätischen Tiere, die zielstrebig durch die Londoner Straßen zogen, Passanten zu verleiten, stehenzubleiben und sich das Gespann und das Brauereisiegel am Bierwagen zu betrachten!
Sie litten häufig unter Krankheiten durch schlechte Hufe, Griffelbeine und allgemeine Schwäche. Und daher stammt vielleicht das alte Sprichwort, daß ein gutes Pferd »weder vor einem Wagen geht noch schwarzes Blut« hat. Nun waren allerdings nicht alle Shires

65 Cobs aus dem sechzehnten Jahrhundert bei der Feldarbeit

schwarz. Es gab Braune, Dunkelbraune, Schimmel und sogar Stichelhaarige. Einige unter ihnen waren auch Schecken – was möglicherweise auf Villanos-Blut zurückgeführt werden kann (und wer weiß, vielleicht hat sich sogar noch der Ghora-Tigerschimmel hinzugesellt!).
Zu jener Zeit, 1855, kann die Fellfarbe des Suffolk Punch ein Fuchsbraun in allen Schattierungen gewesen sein. Die Heimat dieses Pferdes ist die Grafschaft Suffolk, und es finden sich sogar Hinweise auf eine »alte Rasse« des Suffolk Punch, von der ich mit ziemlicher Sicherheit annehme, daß es sich hierbei um jene kräftigen und untersetzten

66 Ein Cob aus dem sechzehnten Jahrhundert auf einem Glasfenster

Mehrzweckpferde handelte, die von den Bauern in Norfolk und Suffolk seit langem benutzt wurden. Ab und zu machte ein Tier wie Blake's Farmer auf sich aufmerksam, ein berühmter Suffolk Punch-Hengst, der 1760 zur Welt gekommen war. Er scheint ein fuchsfarbenes Fell gehabt zu haben und nicht viel größer als ein Cob gewesen zu sein, und er war ein Traber. Zweifellos hat er seine Konstitution und seine Aktionen an seine Fohlen weitergegeben.

Die Suffolk Punchs sind, fügt die *Cyclopaedia* hinzu, mehr als kräftig gebaut, frei von Fesselbehang und haben hübsche Köpfe. Ihre Größe liegt zwischen 150 und 160 cm. Nach wie vor werden diese Füchse auf einigen Höfen in East Anglia, auf den schweren Lehmböden, eingesetzt; sie müssen unter allen Umständen frei von Behang sein. Schwere Pferde mit viel Bein- und Fesselbehang haben oft fürchterlich unter Mauke (Entzündungen an den Beinen und Hufen) zu leiden.

Der Clydesdale war vorm Einspänner, wie man ihn im Tal des Clyde verwendete, sehr geschätzt. Unter der Voraussetzung, daß er gut gefüttert wurde, war er ein energischer und williger Arbeiter, wenngleich auch manchmal etwas »hitzig«, ein Fehler, der vielleicht dem Mischblut der holländischen Vorfahren zuzuschreiben ist. Ein Earl of Huntingdon hatte mehrere holländische Stuten importiert, und da es keine »holländische« Rasse gab, kann die Herkunft dieser Stuten durchaus recht gemischt gewesen sein. Sie wurden mit der heimischen Zucht, bei der es sich wahrscheinlich um den alten Typ des Packpferdes gehandelt hat, gekreuzt, und auf diese Weise entstand der vielbegehrte schwere Clydesdale.

Es mag vielleicht interessant sein, einmal zu untersuchen, wie diese massiven Arbeitspferde ernährt wurden. Ein Bauer fütterte jedes Tier um fünf Uhr früh und mittags mit je sechs Pfund Weizen und um 19.30 Uhr mit 47 Pfund gedünstetem Futter, das aus Kartoffeln oder Rüben oder aus einer Mischung von beidem bestehen konnte. Zusätzlich wurden je Pferd pro Tag 14 bis 18 Pfund Futterheu oder Stroh verbraucht. Alle Tiere erhielten außerdem auch Spreu. Im Prinzip sollte man Pferde, die regel-

67 Damen in einem Wagen mit zwei Ponys (Medaillon aus der Tapisserie des deutschen Damenstifts Fischbeck, 1559). Die Ponys sind wahrscheinlich Nachkommen einer Tarpan-Linie

68 Im Mittelalter wurden nur leichte Pferde bzw. Ponys als Zugtiere benutzt (aus dem Stundenbuch »Les très riches heures du Duc de Berry«)

69 Vorfahren des Norfolk Roadster, des Hackney und vor allem des Suffolk Punch. Diese Arbeitspferde sind abgebildet in Nathaniel Kents Agriculture of Norfolk, 1794

70 Eine Abbildung von Packponys aus Yorkshire Costumes, 1813

71–72 *Ebenfalls aus Yorkshire Costumes, 1813: ein Yorkshire-Pony beim Torfsammeln und ein East Riding- oder Wolds-Waggon, gezogen von bodenständigen Pferden. Aus einer Zeit, als die Zucht noch nicht verbessert worden war*

mäßig arbeiten, nicht auf Weide treiben; ich erinnere mich aber aus meiner Kindheit noch ganz genau daran, wie die Arbeitspferde Sonntag für Sonntag auf Weide getrieben wurden.

M.A. Denham berichtet uns in *North of England Folklore* (1858), daß die letzten »Glockenpferde« von Charles Michell aus Forcett Hall in der Nähe von Richmond in Yorkshire gehalten worden sind. Die Glocken hingen an einem Holzgestell, das mit bunten Wollfransen verziert war – ein recht imposanter Pferdeschmuck. Das Pferd, das die Tragtierkolonne, mit der die Salzhändler ihre Ware über die Heidemoore zu transportieren pflegten, anführte, trug eine Glocke um seinen Hals[5].

Auf den Messen und Märkten auf und ab im Lande wurden Pferde aller Beschreibungen, Typen und Rassen (es gab nicht so viele Rassen wie heute) verkauft, und Long Melford, ein Dorf in Suffolk, veranstaltete nicht allein eine der berühmtesten, sondern auch eine der *längsten* Pferdemessen. Die Pferde wurden an beiden Seiten entlang der Dorfstraße, die sich über mehr als eine Meile erstreckte, festgebunden.

Während der folgenden Jahrzehnte sind schwere britische Pferde nach Amerika, Kanada und in andere Länder, die schwere Zugpferde zur Unterstützung ihrer expandierenden Wirtschaft benötigten, geliefert worden. Aus Frankreich importierte man die Percherons, während Belgien seine schwere Brabanter Zucht verbesserte. Auf den Brabanter gehen verschiedene schwere deutsche Rassen zurück, wie z. B. der Rheinländer, der Schlesier usw.; leider sind heute viele der schweren europäischen Rassen verschwunden, so wie ja auch der schwere Rappe schon seit vielen Jahrzehnten verschwunden ist.

Die Existenz der schweren Zug- und Arbeitspferde und ihr Einsatz im Dienste des Menschen gestalteten sich vergleichsweise kurz. Sie waren für einen ganz bestimmten Zweck gezüchtet worden, und als die Maschinen an die Stelle der Pferdekraft traten, war das Ende dieser Tiere gekommen. Doch auch heute, in den achtziger Jahren des 20. Jahrhunderts, sind immer noch die Brauereipferde in unseren Straßen zu sehen, und für die kurzen Strecken haben sich Pferde immer wieder als sehr viel billiger als die mit Diesel oder Benzin angetriebenen Lastwagen erwiesen.

In den Fenns werden nach wie vor die Shires gezogen, und, wie man mir sagte, dank des Exports in die Vereinigten Staaten in ständig wachsender Zahl. Und das Suffolk Punch schließlich arbeitet, wie schon erwähnt, auch immer noch auf einigen wenigen Höfen in East Anglia.

Ebenso wie einige der leichten, im nächsten Kapitel behandelten Rassen sind auch diese herrlichen Pferdegiganten vielleicht zum Statussymbol oder Markenzeichen großer Konzerne, die für Zugpferde noch Verwendung finden

[5] Daher stammt der Ausdruck »Glockenstute« – eine Stute, die eine Gruppe oder Herde von Pferden überwacht und anführt.

73–74 Suffolk Punchs, 19. und 20. Jahrhundert

können, geworden. Eines ist gewiß: bei den Zuschauern werden diese Tiere immer wieder Begeisterung hervorrufen, denn nichts nimmt das Auge mehr gefangen als ein Gespann brauner oder schimmelgrauer Shires oder Suffolk Punch-Füchse, die in die Arena hereintraben.

8. Warmblut-Rassen, Vollblutpferde und Traber

Nachdem wir in den früheren Kapiteln dieses Buches festgestellt hatten, daß das Wildpferd eine Schöpfung ist, die sich gegen jeden artverändernden Einfluß behauptet und stets in begrenzten Territorien eigener Wahl lebt, werden wir uns nun mit seiner verblüffenden Fähigkeit, sich zu einem Haustier zu entwikkeln und den Bedingungen der Domestikation anzupassen, befassen. Diese Wandlungsfähigkeit in der Hand des Menschen ist ein ungeheurer Widerspruch zu der unüberwindlichen Scheu und natürlichen Wildheit, den tief in diesem Tier verwurzelten Eigenschaften, und man würde wohl in Verlegenheit geraten, wollte man den Versuch einer Erklärung wagen. Ich glaube nicht, daß irgend jemand es schon einmal ernsthaft oder gar wissenschaftlich versucht hat.

In der Gestalt des Mongolischen Wildpferdes ist das Pferd das einzige – oder fast einzige – aller prähistorischen Tiere[1], das heute noch in seiner Urform existiert (hier müssen wir seine Vettern, die Zebras, Onager und Esel, ausklammern, die sich sämtlich die Fellfärbung, den Körperbau und, mit Ausnahme des Hausesels, natürlich auch das wilde Temperament bewahrt haben und nur in sehr beschränkter Form überhaupt domestiziert werden konnten). Die Nachkommen des Mongolischen Wildpferdes sind wie alle Nachkommen früherer Wildpferde unter den Extrembedingungen, die ihnen durch den Menschen aufgezwungen wurden, prächtig gediehen. Das Mongolische Wildpferd weidet auf den saxaul- und salzpflanzenbewachsenen Steppen wie vor Tausenden von Jahren; das arabische Pferd im Zelt seines Beduinenherrn dagegen lebt von Datteln; das Shetlandpony an der öden Küste der nördlichen Inseln ernährt sich von Fisch und Algen; die Zuchtstute tut sich

[1] Es gibt natürlich noch mehrere erhaltene prähistorische Arten, wie z.B. den Elefanten, der dem Pferd zwar in seiner Eigenschaft als Haustier, nicht aber in der Anpassungsfähigkeit ähnelt, und andere, die sich nicht nennenswert entwickelt haben. Aber keines von all diesen Tieren ist unter so unterschiedlichen Bedingungen, die einen vollständigen Wechsel, ja geradezu das Gegenteil der natürlichen Lebensform verlangten, domestiziert worden wie das Pferd.

am hohen Gras auf üppigen Wiesen gütlich; und die durchtrainierten internationalen Turnierpferde erhalten Konzentrate, die ihnen in der Form kleiner Pellets oder Würfel verabreicht werden. Wenn man die Umweltbedingungen veränderte, würde selbstverständlich jedes der genannten Pferde ohne weiteres mit der Ernährung des anderen überleben können.

Ein Pferd oder Pony kann aus seiner normalen Umgebung und dem geregelten Tagesablauf herausgerissen und 5000 Kilometer auf dem Luftwege nach Norden, Süden, Osten oder Westen transportiert werden. Es wird nicht nur überleben, sondern, wenn es einige Tage Ruhe gehabt und sich akklimatisiert hat, sogar ohne Schwierigkeiten ein internationales Rennen oder Springen gegen Pferde, die nur wenige Kilometer vom Austragungsort entfernt gezogen und trainiert worden sind, gewinnen.

Wenn wir mit einem Pferd Woche für Woche von Turnier zu Turnier reisen, wird es immer wieder versuchen, eine fehlerfreie Runde über die buntbemalten künstlichen Hindernisse zu gehen, trotz eines Abszesses oder Zahnschmerzen, trotz Ermüdung, Hunger und kleiner Beinverletzungen und trotz der Tatsache, daß manchmal der Reiter die größte aller Hürden ist.

Es steht außer Frage, daß *Equus* nur durch seine Wandlungsfähigkeit vor dem Aussterben bewahrt geblieben ist. Im Laufe der Jahrtausende hat das Pferd ganz sicher viele Male kurz vor dem Aussterben gestanden. Zu keiner Zeit, in keiner Epoche, kann es eine im Vergleich zur Menschheit große Pferdepopulation gegeben haben. In der Frühgeschichte wie in der Gegenwart lebten und leben einzelne kleine wilde Herden und pflanzen sich in der Isolation fort. Auch in unseren Tagen, in denen die Menschen so pferdefreundlich geworden sind, daß sie die Tiere zu jedem nur erdenklichen Zweck züchten, wird die Zahl der Pferde und Ponys auf der ganzen Welt auf nur etwa 65 Millionen geschätzt.

Während der vergangenen 300 Jahre hat sich *Equus* durch Zuchtauswahl zu vielen Rassen und Linien entwickelt, und ich will hier die wichtigsten unter ihnen genauer untersuchen. Das sind die Pferde, die vielleicht in Zukunft auf die Evolution Einfluß nehmen werden. Aus diesem Grunde habe ich übrigens die meisten Ponyrassen, so bedeutungsvoll sie auch immer im zwanzigsten Jahrhundert geworden sein mögen, nicht mitberücksichtigt. Wir haben bereits erfahren, wie sie entstanden sind, und es bleibt nun zu hoffen, daß kein ehrgeiziger Züchter einen Typ dadurch verändert, daß er ihm fremdes Blut zuführt – doch die Bedeutung der Ponys für die *Geschichte der Zucht* ist doch nur sehr gering gewesen!

Graf Wrangel[2] behauptet, daß die beste aller östlichen russischen Rassen der Tekke-Turkmene sei, und Sir S. Baker sagt in seinem Buch *Clouds in the East*, daß diese Tiere wie reinrassige Vollblutpferde aussähen und oft eine Widerristhöhe von 160 cm erreichten. Man hält sie stän-

[2] Die Rassen des Pferdes, 1908.

75 Shire-Pferde

dig im Freien und legt ihnen Decken und Kapuzen über, mit denen die Mähne abgerieben wird.

W. T. Lyell, der sein ganzes Leben in Asien verbrachte, schreibt in *The Field*, daß die Bezeichnung »Pony« im Grunde auf alle asiatischen Rassen einschließlich des Arabers zuträfe, mit einer einzigen Ausnahme: dem Turkmenenpferd mit einer durchschnittlichen Widerristhöhe von 150–160 cm – einem fast mähnenlosen Pferd, gebaut wie ein Rennpferd und imstande, über enorme Distanzen zu gehen. Diese Ausdauer hatte sich mit den Diebesgewohnheiten der Stämme entwickelt, die häufig gezwungen waren, auf der Flucht riesige wasserlose Steppen in mehreren Tagesritten und ohne jede andere Nahrung als die, welche die Reiter bei sich trugen, zu durchqueren. Die Pferde scheinen fähig gewesen zu sein, über sechs oder acht Tage 160 Kilometer ohne Unterbrechung Tag für Tag zu galoppieren; und während solcher

Ritte erhielten sie als Futter lediglich gepreßte Kugeln aus gemahlener Gerste, Roggen und Schafschwanzfett! In der übrigen Zeit wurden sie in Decken gehüllt und mit Gerste und Häcksel und im Frühjahr wie die persischen und türkischen Pferde zur »Auffrischung« mit grünem Getreide und Gras gefüttert. Wrangel sagt von ihnen, daß sie große, flache Köpfe und Hirschhälse hätten; ihre Ohren seien einzigartig klein, spitz und nach innen gebogen, ein Charakteristikum, das sie an die indischen Rassen weitergegeben zu haben scheinen. Wie wir bereits wissen, wurden die aus Sogdiana stammenden Pferde Alexanders des Großen in der ganzen damaligen Welt gerühmt; später sprach unter anderem auch Marco Polo, der ihnen auf seinen verschiedenen Reisen immer wieder begegnete, voller Bewunderung von diesen herrlichen Tieren.

Neues Blut wurde der Rasse zugeführt, als die Turkmenen von Timur-Leng (1336–1405), dessen Macht von der Mongolei bis nach Ägypten reichte, 5000 Stuten und dann auch von Nasr-Eddin noch einmal 600 Stuten erhielten. Diese Pferde stammten vermutlich aus arabischer Zucht. Dennoch, behauptet Wrangel, besitze das heutige Pferd der Tekke keine Merkmale eines Arabers; es sehe eher aus wie ein englisches Vollblut; es sei groß, dünn, mit schmalen Gelenken und schmaler Brust; sein Hals sei lang und dünn, mit gut markiertem Widerrist, schwererem Kopf und nicht besonders entwickelten Hinterbacken. Das besondere Merkmal des Arabers – der hochgetragene Schweif – fehle völlig. Das Pferd der Tekke habe häufig eine abgeschlagene Kruppe und somit einen schlecht angesetzten Schweif. Das Gesicht sei konkav oder zumindest gerade und schwer, das Auge andererseits bemerkenswert groß. Abgesehen davon, daß sie gute Galopper seien, haben sie einen Dreischlag-Gang.«

Bei den Altaiern (im Altai-Gebirge lebenden Kalmücken), ursprünglich die Telengeten und Teleüten (weißen Kalmücken), handelt es sich um typische Nachfahren der Turkvölker mit einer sehr alten Sprache. Sie sind »passionierte« Reiter und zu Fuß äußerst unbeholfen (»schleppend und wackelnd«), stellt Wrangel fest, und er fügt hinzu, daß sie sich nur wankend und mit den Füßen schlurrend fortbewegen, wenn sie zu laufen gezwungen sind! Doch in dem Augenblick, in dem ein Altaier sein Pferd besteigt, wird er ein freier Mann: Sein Auge leuchtet auf, er sitzt leicht und lokker, und es scheint, als ströme neues Blut durch seine Adern. Pferd und Reiter sind eins. Dieses Volk besaß, wenigstens noch bis vor fünfzig Jahren, erstklassige Pferde, die im allgemeinen von heller Farbe, oft sogar ganz weiß, waren. Die Herden bestanden aus 20–60 Tieren mit 8–25 Stuten, 5–10 Wallachen, 5–15 Einjährigen, 2 Zweijährigen, einigen wenigen Dreijährigen und einem Hengst.

Als der Schriftsteller Radloff vor rund hundert Jahren das Altai-Gebirge bereiste, besaßen viele Altaier noch zahlreiche Herden dieser Art, unter ihnen ein gewisser Toloj, der sogar mehr als 6000 Tiere sein eigen nannte. Die Stuten wurden abends gemolken. Um die Tiere aus-

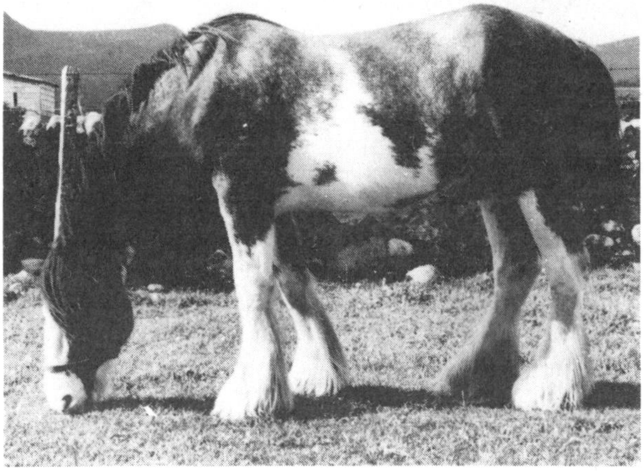

76 Ein Clydesdale-Pferd aus Schottland

einanderhalten zu können, hatten einige Familien besondere Zeichen, die man den Pferden auf den Hinterbacken einbrannte. Hengstfohlen wurden im Alter von zwei Jahren mit einem Messer, wie es jeder Altaier stets bei sich trug, kastriert. Wenn die Wallache dann vier Jahre alt geworden waren, trennte man sie von der Herde und verwendete sie als Reitpferde. Im Frühjahr und im Herbst wurden Pferde geopfert. Als Opfertiere kamen nur Pferde mit hellem Fell in Frage.

Die benachbarten Jakuten lebten von Pferdefleisch und Kumyß, einem Getränk aus gegorener Stutenmilch.

Wie Schwarz uns berichtet, gab es in Turkestan Argamake-Pferde, Karabaier, Kirgisen und durch Kreuzung gezüchtete Milchstuten. Die wenigen Argamake-Pferde und Karabaier waren als Galapferde im Besitz der kleinen Gruppe der Begüterten; alle anderen Tiere gehörten dem einfachen Volk, das sie als Zug-, Pack- oder Reitpferde benutzten.

Als Futtermittel dienten Gerste und vor allen Dingen Luzerne, von der die Pferde zwar recht dicke Bäuche bekamen, die im allgemeinen jedoch kaum zur Kräftigung der Konstitution beitrug. Luzerne war seit undenklichen Zeiten bekannt und stets das Hauptnahrungsmittel für die Pferde und Rinder gewesen, denn diese Futterpflanze gedeiht in allen Oasen und wächst ohne Neuaussaat mindestens zehn Jahre lang immer wieder nach.

Die Kirgisen selbst sind Nachkommen der Hunnen und, wie ich vermute, auch der alten Saken. Die Kirgiskasachen (Kaisaken) hielten Tausende von Milchstuten. Ihr Nationalgetränk ist die gegorene Stutenmilch, und das Fleisch von Fohlen gilt als besondere Delikatesse.

Das edelste und zäheste aller Pferde Turkestans sei der Turkmene, der dem Araber in Schönheit gleiche, ihn und jede andere Rasse der Welt jedoch in Schnelligkeit, Stehvermögen und Zähigkeit weit übertreffe, erklärt Schwarz. Er war zehn Jahre lang Besitzer eines Turkmenenpferdes und versichert, daß dem Turkmenen in Körperbau und Größe keine andere Rasse gleichkomme. Charakteristisch für dieses Pferd[3] sind die langen, dünnen Beine, ein langer Rücken und ein langer, dünner Hals, ein kleiner Kopf, die schmale Brust und ein im allgemeinen kleiner Körper. Es besteht hauptsächlich aus Haut, Knochen und Muskeln und setzt selbst bei gutem Futter niemals Fett an. Außerdem besitzt es so gut wie gar keine Mähne. Das fehlende Mähnenhaar hat allerdings nichts damit zu tun, daß die Tiere gewöhnlich in dicke Wolldecken gehüllt werden. Im übrigen ist der Turkmene außergewöhnlich intelligent und verfügt über ein vorzügliches Ortsgedächtnis und Orientierungsvermögen.

Eines Tages war Schwarz das edle Pferd gestohlen worden. Wie immer, wenn es sich um eine so kostbare Beute handelte, hatten die Diebe sich und das Tier weit entfernt von Taschkent in Sicherheit gebracht. Nach 14 Tagen war das Pferd wieder da, um den Hals den Rest einer Kette, staub- und schmutzbedeckt, blutverkrustet und dem Verhungern nahe. Über zahllose Pfade hatte es sich seinen Weg zurück gesucht, bis es endlich wieder daheim angelangt war. Es kannte übrigens auch die Häuser aller Bekannten, und wenn der Kutscher nicht sehr gut achtgab, bog es ins nächste Tor ein und warf den Wagen um.

Wie die meisten seiner Rasse war auch dieses Tier außerordentlich abhängig von seinem Besitzer. Im allgemeinen pflegten die Reiter bei Raubzügen mit ihren Pferden bis zu 1000 Kilometer in fünf Tagen quer durch wasserlose Wüsten zurückzulegen.

Vom Stamm der Tekke wurden regelmäßig Pferderennen veranstaltet. Sie fanden in der Zeit zwischen Sonnenaufgang und Sonnenuntergang statt und führten durch die weglose Wüste zwischen den beiden Städten Kysyl-Arivat und Heok-Tepe – über eine Distanz, die etwa der Entfernung zwischen München und Stuttgart, d. h. rund 220 Kilometern, entspricht! An Schnelligkeit allein könnte vermutlich kein einziges der Turkmenenpferde irgendeinen europäischen Renner übertreffen; über solche Distanzen jedoch sind sie allen anderen Pferden überlegen, denn sie erreichen ihre maximale Geschwindigkeit erst, nachdem sie schon 10–20 Kilometer galoppiert sind und sich warmgelaufen haben. Sie sind erstklassige Springpferde und gehen mit Leichtigkeit über jedes Hindernis. Der Turkmene, der Schwarz gehörte, war bereits als sechs Monate altes Fohlen über eine 1,80 m hohe Gartenmauer gesprungen. Schwarz bemerkt ergänzend, daß die Turkmenen zweifellos von den asiatischen Pferden der Perser, die Herodot in seinem Bericht vom Feldzug Alexanders des Großen erwähnt hat, abstammen.

[3] Siehe Daphne Machin Goodall, Pferde der Welt.

Die asiatische Ebene, in der die Perser ihre Tiere züchteten, lag wahrscheinlich rund um Merw in der heutigen Wüste Karakum. Sehr viel später wurden die Turkmenenpferde mit Arabern gekreuzt; Tamerlan und Nadir Schah ließen hier Tausende von arabischen Pferden zurück.
Im Laufe der Jahrhunderte hat das Leben in dem kargen, unfruchtbaren Wüstengebiet den Turkmenen zu dem gemacht, was er heute ist: ein zähes, schnelles Pferd mit enormer Ausdauer. Alle Völker, die jemals diese Region bewohnten, die Massageten, Parther und Saken und auch die heutige turkmenische Bevölkerung, haben von Raub und Plünderung gelebt. Ihre Raubzüge verlangten Mann und Pferd das Äußerste an Kraft und Ausdauer ab.
Kein Turkmene würde jemals sein Pferd verkaufen. Nur einige wenige Tiere konnten in Chiwa erbeutet werden und so ins russische Turkestan gelangen. Schwarz wiederholt noch einmal, daß die Argamaken die besten aller turkmenischen Pferde seien und von den Wohlhabenden am meisten gepriesen würden, jedoch als Luxuspferde kaum einen praktischen Wert hätten. Über kurze Distanzen seien sie außerordentlich schnell. Doch trotz ihres herrlichen Körperbaues handele es sich möglicherweise – als Produkt einer Kreuzung zwischen Turkmenen- und fremdem Blut (Araber?) – um eine degenerierte Zucht (*sic*). Die Kirgisen sehen wie sehr gewöhnliche Pferde aus, verfügen jedoch über die gleiche große Ausdauer wie die Turkmenen. Sie sind eng mit den russischen Kosakenpferden verwandt, klein, kräftig, niedriggebaut und haben rauhes Fell und rauhe, dicke Mähnen. An ihrem Körperbau ist nichts verbessert worden; sie tragen Kopf und Hals waagerecht geradeaus – im Gegensatz zu dem hochaufgerichteten Kopf des Turkmenen oder des Argamake-Pferdes. Ihre Kopfhal-

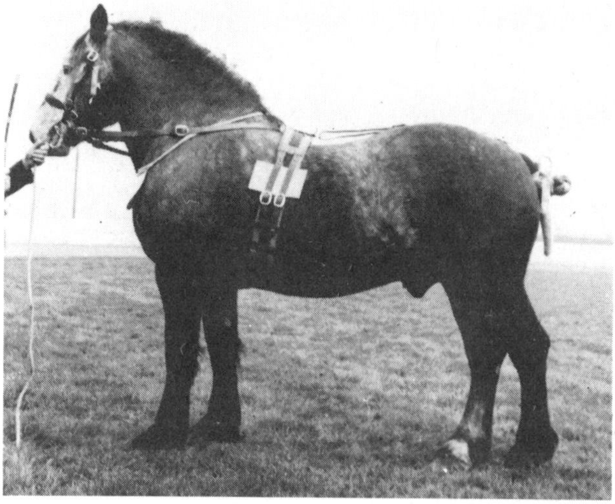

77 Percheron-Hengst, französische Zucht, 1972

tung ist eindeutig darauf zurückzuführen, daß die Tiere stets mit gesenktem Kopf auf der spärlich bewachsenen Steppe nach Futter suchen müssen. So kann eine Freßgewohnheit den Körperbau verbessern oder verderben. Doch sie sind nicht weniger robust, zäh und schnell als die anderen Rassen. Ohne ein Dach über dem Kopf ertragen sie die sengende Hitze des turkmenischen Sommers und die 40 Grad unter Null des sibirischen Winters. Sie leben von allem, was sie nur mit ihren Hufen unter dem knietiefen Schnee hervorscharren können, und Schneestürme und Eis überstehen sie oft auch fast ganz ohne Futter. Im Winter, wenn die Flüsse und Bäche zugefroren sind, »trinken« sie den Schnee, und im Sommer können sie in der größten Hitze und Trockenheit drei oder sogar vier Tage ohne Wasser auskommen. Sie sind imstande, täglich 120 Kilometer ohne Schwierigkeiten zurückzulegen, wenngleich ihre einzige Nahrung das Steppengras ist, das sie sich in der Nacht selbst suchen müssen; Hafer oder Gerste bekommen sie nie zu sehen.

Der Karabaier ist aus der Kreuzung zwischen dem Turkmenen- und dem Kirgisenpferd hervorgegangen. Er hat einen hübschen Kopf und einen muskulösen Hals, eine breite Brust, einen runden Leib, ist von mittlerer Größe und im allgemeinen recht gut gebaut. Die seßhafte Bevölkerung Turkestans, die geringere Anforderungen an ein Pferd stellen kann, als es der Nomade tun muß, schätzt den Karabaier wegen seines guten Exterieurs.

In den Bergen Turkestans befindet sich im Besitz der Karakirgisen eine bodenständige Rasse, die sich wahrscheindlich aus der Linie des Kirgisenpferdes heraus entwickelt hat. Es handelt sich um kleine Tiere mit kompaktem Körper und kräftigen, harten Hufen. Ihre Unermüdlichkeit, die sie in großen Höhen, in denen sich gewöhnliche Pferde aufgrund der dünnen Luft kaum noch rühren würden, zeigen, ist ebenso bemerkenswert wie die Trittsicherheit, mit der sie sich im Gebirge bewegen.

In den Pferden aus Kaschgar, von denen es leider nur noch ganz wenige Exemplare gibt, haben wir richtige Ponys vor uns, die sich von den europäischen Ponys kaum unterscheiden.

Auch bei den weniger bekannten Kalmückenpferden aus Turkestan handelt es sich um eine erstklassige Zucht. Man findet sie im Tal des Ili und in anderen von nomadisierenden Kalmücken bewohnten Regionen. Die Tiere, die kleiner sind als die Kirgisenpferde, gehen einen leichten, bequemen Galopp, den sie bis zu zwei Stunden ohne Unterbrechung durchhalten können. Wie Schwarz uns berichtet, wurden sie von den Kalmücken in Wildherden gehalten und eingefangen, wenn man Reittiere brauchte. Schwarz benutzte diese Kalmückenpferde während seiner Expedition im Jahre 1880 nach Kuldscha und in die Dsungarei. Nach seiner Schilderung erwiesen sie sich als äußerst schreckhaft und gerieten beim Anblick von Eseln, Kamelen oder Wagen in helle Panik, was gelegentlich sehr gefährlich werden konnte. Als er nach Kuldscha hineinritt, war die Panik unter seinen Pferden so

78 Ein modernes Turkmenenpferd, bekannt für Kraft und Ausdauer

groß, daß alles, was sich auf der Straße befand – Marktbuden, Händler und Käufer –, zu beiden Seiten aus dem Weg geschleudert wurde. Ein Pferd, das als Packtier verwendet worden war, mußte wie ein Schwein zusammengebunden werden, bevor man ihm den Sattel auflegen konnte. Kalmückenpferde haben einen kompakten, runden Körper und kurze, kräftige Beine. An Widerstandsfähigkeit gegen Hunger und Durst, Hitze und Kälte übertreffen sie vermutlich die meisten anderen Rassen. Ihre üblichen Gangarten sind Schritt und Kanter, doch viele Tiere gehen auch im Paß, der dem Reiter einen höchst bequemen Ritt über lange Distanzen gestattet. Diese Gangart wird von den Russen *chada* oder *trapata* genannt.

Bei den Kaisaken, und hier vor allem von den Karawanenführern, wurden gelegentlich auch Esel verwendet, da diese sich mit der gleichen Nahrung wie die Kamele begnügten. Die kaisakische Volkswirtschaft beruhte zur Zeit der von Schwarz durchgeführten Expedition im wesentlichen auf der Schafzucht. Ein Untersuchungsbericht der Regierung aus dem Jahre 1850 gibt folgende Tierbestände an: Pferde = 1 600 000; Kamele = 390 000; Rinder = 1 160 000 und Schafe = 11 350 000.

Das Turkmenenpferd ist von besonders umgänglicher Natur: »Es überraschte mich, oft Tausende von Pferden, die zu neuen Weideplätzen zogen, unter der Obhut von 12- bis 15jährigen Knaben zu sehen.« An dieser Stelle möchte ich bemerken, daß ich selbst in den chilenischen Anden, meilenweit entfernt von der nächsten *estancia* oder auch nur einer Hütte der Gauchos, eine Herde von zehn Pferden in der Obhut eines kleinen, etwa neun Jahre alten Jungen gesehen habe. Doch lassen wir Schwarz fortfahren: »Wenn ein Pferd aus reinem Übermut ausbrechen sollte, dann hätte es einer der auf schnellen Pferden berittenen Hirten mit Hilfe von Stange und Schlinge sehr bald wieder eingefangen.« Hinter den einzelnen Schaf-, Pferde- und Rinderherden folgten die Kamele, die auf ihren Rücken das ganze Hab und Gut ihrer Besitzer trugen.

So, eingebettet in ihre uralten Traditionen und unbehelligt von Politik und Konventionen, haben die nomadisierenden Pferdezüchter aus den zentralasiatischen Steppen seit Jahrtausenden gelebt. Ihr Pferd hat sich im Laufe der vielen hundert Jahre nur wenig verändert. Es entspricht im Typ dem auf Seite 229 (Abb. 78) gezeigten modernen Turkmenen. Sultan Baber erzählt in seinen Erinnerungen, daß Kasmin-Chan imstande gewesen sei, ein Heer von 300000 Mann aufzustellen. All diese Männer werden sicherlich beritten gewesen sein; mir schwindelt bei dem Gedanken an das Ausmaß der Pferdezucht in Gestalt Tausender und Abertausender von Tabunen und die Millionen Pferde, die den Potentaten in den weiten Steppen Turkestans zur Verfügung gestanden haben müssen.

Das turkmenische Volk, zu dessen Vorfahren unter anderem auch die Massageten, Parther und Saken zählen, lebt heute noch in dem Land, das einst von diesen drei Völkern bewohnt wurde.

Die modernen mongolischen Pferderassen sind kleiner als 120 cm. In einer chinesischen Chronik wird erwähnt, daß die kleinsten Tiere im Osten, d. h. in Korea, zu finden seien. Am Golf von Peteschili gab es ein zierliches Pony, das weniger als 100 cm Widerristhöhe maß und leicht unter den früchtebeladenen Bäumen einhergehen konnte.

Ponys sind in der Mongolei, wo sie nach wie vor in riesigen Herden gehalten werden, verhältnismäßig billig. Der Reichtum eines Mannes wird an der Zahl der Tiere gemessen, die ihm gehören. Ponyrennen werden fast wie ein Geschäft betrieben; als Preis winkt mal ein Schaf, mal eine Ziege, doch gelegentlich wird auch nur der sportliche Ehrgeiz gestillt. Die Rennen sind reine Härtetests und gehen über zehn oder fünfzehn, manchmal sogar über dreißig Kilometer. Geritten werden die Ponys von Knaben, die ihre Tiere mit Schlägen vom Start bis ins Ziel treiben.

R. C. Anderson beschreibt eine Reise: »Hoch oben im Gebirge gibt es kein Wasser, und so war es notwendig, genug Wasser für 24 Stunden in Schläuchen mitzuführen. Während dieses Zeitraums pflegten die Ponys überhaupt nicht getränkt zu werden. In der Nacht wurden sie angebunden, damit sie nicht weiden konnten, da sie wie die Mongolen sagten, durstig werden würden, wenn sie das trockene Gras fräßen. Gegen Mittag des nächsten Tages pflegten wir zu einem Strom oder einer Quelle hinabzusteigen. Dann durften sich auch die Ponys satt trinken und eine Stunde oder länger grasen. Die Mongolen trainieren ihre Ponys darauf, 24 Stunden ohne Wasser auszukommen, und lassen

79 Araberhengst aus Ägypten, Gestüt Marbach, Deutschland, 1972. Munighi-Typ, Zwischenform zwischen Turkmenenpferd und Vollblut

sie auch selten öfter trinken, selbst wenn dies möglich wäre.

Kein echtes Mongolenpony ist größer als 140 cm, und die Wüstenponys, die nur wenige Weidemöglichkeiten haben, erreichten selten eine Größe von 130 cm. Doch sie trugen ihre Reiter Berghänge hinauf und hinab, die so steil waren, daß sie von einem Menschen kaum begangen werden konnten; sie waren so trittsicher wie Ziegen und schienen auch nach einem besonders anstrengenden Tag nicht durch das Klettern in der sengenden Hitze übermüdet zu sein. Das Mongolenpony repräsentiert einen ganz bestimmten Typ, der allerdings in den verschiedenen Distrikten in Varianten, deren Entwicklung weitgehend von der Ernährung und anderen Bedingungen abhängig war, auftritt.

Nach allgemeiner Auffassung ist das Mongolenpony ein Nachkomme des Przewalski-Pferdes – die Unterschiede zwischen den beiden sind auf die Zuführung fremden Blutes zurückzuführen. Einige der Ponys weisen unbestreitbar arabische Merkmale auf, wahrscheinlich die Spuren der arabischen Pferde, die zur Zeit Dschingis Khans in die Mongolei gebracht worden sind.

Die Ponys in der Mongolei werden nie mit Getreide gefüttert. Sie sind während des ganzen Jahres, auch im Winter, draußen auf der Weide, wo sie gerade genug Vegetation finden, um sich am Leben zu halten.

In China ernähren sie sich von Getreide und passen sich in sehr kurzer Zeit dem veränderten Klima, der Höhenlage, der Ernährung und den allgemeinen Le-

80–81 Andalusische Pferde, gezüchtet von dem verstorbenen Señor Ruy d'Andrade, dessen Auskünfte über das spanische Pferd für die Autorin von ungeheurem Wert waren (oben und rechte Seite)

bensbedingungen an. Sie sind ausgezeichnete Polo- und Rennponys und werden im Winter bei Querfeldeinjagden und Hindernisrennen verwendet. Ihre Fähigkeit, einen schweren Mann über einen Geländekurs von 12 oder 15 Kilometern mit 50 oder 60 Hindernissen zu tragen, muß jedem, der sie einmal in Aktion gesehen hat, Bewunderung abnötigen.«

Die chinesischen Ponys haben sich im Laufe der letzten fünfzig Jahre nicht sehr verändert. Der Typ ist von Provinz zu Provinz ähnlich, aber natürlich ist auch der eine oder andere gewöhnlichere darunter. Im großen und ganzen machen die Tiere den Eindruck, als würde man nicht besonders sorgsam mit ihnen umgehen. Und es gibt heute keine bodenständige Rasse, die einen Vergleich mit den Pferden aus der T'ang-Dynastie aushielte.

Andersson fährt fort:

»Die fürchterlichen Blizzards des mongolischen Winters fordern jährlich etwa 20% des Ponybestandes, doch die kräftigeren Tiere überleben und tragen zur wachsenden Widerstandsfähigkeit der Rasse bei. Die Herden suchen Schutz in den Schluchten der Berge und drängen sich dort zusammen, um sich zu wärmen. Ihr Haarkleid erreicht eine Länge von 12–15 cm[4], und damit sehen die Ponys fast ein bißchen wie Bären aus. Oft werden die Herden von Wölfen angegriffen; dann treiben die Hengste die

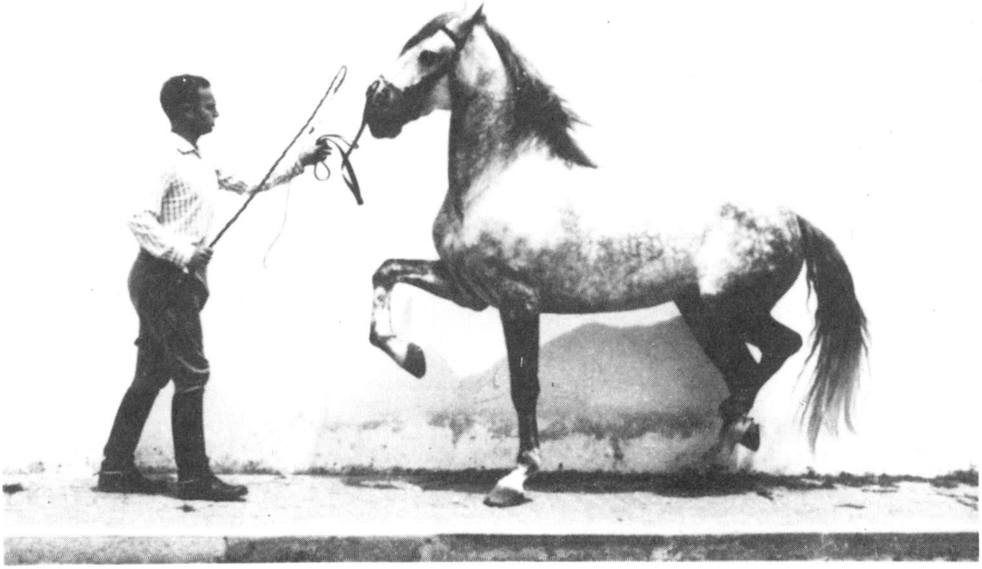

Stuten und Fohlen eng zusammen, umkreisen sie galoppierend und verteidigen sie entschlossen mit Zähnen und Hufen gegen die Angreifer.
Der Kopf ist groß, die Vorhand schwer im Verhältnis zur Hinterhand, die Brust ist tief, und Hals und Beine sind kurz. Es ist kein besonders hübsches Tier, aber ›schön ist, wer schön handelt‹. Man hat bisher kaum den Versuch unternommen, die Rassen zu verbessern. Die Hengste laufen mit der Herde und paaren sich ungehindert mit allen Stuten.«
Die heutigen Züchter der schönsten Rasse der Welt – des Vollbluts – würden sich vermutlich sehr gegen eine solche Beschreibung ihrer Pferde verwahren. Aber vor siebzig Jahren traf sie sicherlich noch auf viele Vollblutpferde zu, und schließlich gilt stets der Satz, daß »schön ist, wer schön handelt«. Sowohl der Tekkiner als auch das Vollblut haben auf Rennbahnen mehr Rekorde in Schnelligkeit und Ausdauer erzielt als irgendeine andere alte oder neue Rasse; und der Tekkiner geht auch über sehr lange Distanzen. Es gab drei Linien: den Tekkiner, den Gokland und den Yamud, der ganz besonders schnell war. Der heutige Achal-Tekkiner ist weltberühmt, ebenso wie der Yamud (Jomud); ob der Gokland heute noch gezüchtet wird, weiß ich allerdings nicht.
Die Kirgisen behandeln ihre Pferde

---

[4] Im Museum von Punta Arenas, Chile, fand ich ein Pferdefell mit 15–20 cm langen lockigen Haaren von fuchsbrauner Farbe. Das Tier – das einzige seiner Art – wurde vierzig Jahre zuvor allein in den Bergen Feuerlands entdeckt! Niemand wußte, wie es dorthin gekommen und wie lange es allein gewesen war.

ähnlich wie die Kalmücken, obgleich ihre Lebensbedingungen ganz andere sind und sie anscheinend auch Pferde von besserer Qualität besitzen. Die Karakirgisen wie auch die Kosakkirgisen, deren Horden das Steppengebiet vom Unterlauf der Wolga bis zum Altai und vom Syr-Darja bis zum Tobol und Irtysch bewohnen, sind nomadisierende Turktataren. Das Klima in dieser Region schwankt zwischen –38 Grad im Winter und 63 Grad im Sommer, doch sogar das einen Tag alte Fohlen, das am Tage von der Mutter getrennt und erst in der Nacht, nachdem sie gemolken wurde, zu ihr gelassen wird, erträgt beide Extreme. Es ist ein Klima, sagt Wrangel, in dem man sowohl das Augenlicht als auch das Gehör verlieren kann. Die Pferde sind nicht größer als ungefähr 140 cm, aber dank ihrer unglaublichen Fähigkeit, der fürchterlichen Kälte und Hitze, dem Hunger und dem Durst zu trotzen, besitzen sie eine eiserne Konstitution, verbunden mit enormer Schnelligkeit und großer Ausdauer. Ihre Farben sind besonders erwähnenswert, handelt es sich doch im allgemeinen um Palominos, Dunkelbraune, Rotschimmel, Hellfüchse und Schecken.

Nach Ansicht der Kirgisen muß ein Fohlen, das man an einen Pfosten gebunden hat, die sengende Sonne, Futtermangel und Fliegenplage überstehen können, wenn es in der Lage sein soll, den Winter in der Steppe zu überleben! Zum Zeitvertreib veranstalten sie Pferderennen über Distanzen, die irgendwo zwischen 25 und 75 Kilometer liegen!

Zu Beginn dieses Jahrhunderts erlitten die Kirgisen finanzielle Rückschläge, die ihre Pferdezucht an den Rand des Ruins brachten. Schließlich griff die russische Regierung ein, und heute, in der zweiten Hälfte des 20. Jahrhunderts, haben sich Zucht und Haltung der Pferde wieder verbessert.

Um 1900 herum gründete ein englisches Unternehmen in der Nähe von Orenburg eine Zuchtstation zur Verbesserung der Steppenpferde und zur Gewinnung von Stutenmilch und Kumyß. Ein gewisser Dr. Carrick leitete die Station. Die Stuten wurden fünfmal täglich gemolken, und der Ertrag lag bei etwa 4 1/2 Liter Milch pro Stute und Tag. Die Zucht von Milchstuten geht zurück bis in die Zeit um 1000 v. Chr. Im 8. Jahrhundert v. Chr. spricht schon Hesiod im Zusammenhang mit den Skythenstämmen der südrussischen Steppen davon. Nicht jede Pferderasse ist zur Zucht geeignet; die Stuten müssen ja auch noch Milch für ihre eigenen Fohlen haben. Frische Stutenmilch ist, ebenso wie Eselsmilch, der Muttermilch sehr ähnlich und deshalb leichter bekömmlich als Kuhmilch. Sie eignet sich vorzüglich für schwächliche Kleinkinder und gilt in Finnland als gute Milchkur gegen Keuchhusten. Kumyß wird nach einem besonderen Rezept aus Stutenmilch hergestellt und zur Behandlung von Tuberkulose und Magenkrankheiten verwendet. In der Burjätischen Mongolei gab es nicht weniger als 17 Spezialfarmen für die Herstellung von Kumyß. Bei den zur Zeit verwendeten Milchstuten handelt es sich um Kirgisen-, Neue Kirgisen-, Baschkiren- und Kasachenpferde, Traber und eine Kreuzung zwischen Orlow und Kirgisenpferd. Die Fohlen sollten zwischen vierzig und sechzig Tage alt sein, bevor man die Stuten zu melken beginnt. Auch U. Neuhaus bestätigt übrigens, daß die Stuten fünfmal am Tage gemolken werden und ihre Fohlen nur nachts trinken.

Einem noch viel fürchterlicheren Winter sind die mongolischen Pferde, d. h. die Amur-Linie, in Sibirien preisgegeben. Die Fohlen werden draußen im Freien, fern jeder menschlichen Obhut, geboren und müssen die schrecklichen Schneestürme, die im März und April über die Weiten Transbaikaliens toben und denen viele Tiere zum Opfer fallen, über sich ergehen lassen. Hungernde Wölfe setzen den Herden zu, wenngleich jeder gute Leithengst stets darum bemüht sein wird, diese Räuber von seiner Herde fernzuhalten. »Auf den Warnruf des Hengstes hin bilden die Stuten um die Fohlen einen Kreis, mit den Köpfen nach innen gerichtet, während der Hengst um sie herumgaloppiert und nach jedem Wolf, dem er nahekommen kann, ausschlägt, um ihn durch einen wohlgezielten Hieb zu töten.«

In Sibirien leiden die Pferde häufiger als anderswo unter dem bösartigen Milzbrand, der Geschwüre verursacht, an denen viele Tiere, vor allen Dingen jene, die bei einer Epidemie zuerst befallen werden, eingehen. Später vom Milzbrand befallene Tiere können hin und wieder gerettet werden. Trotzdem gab es zu der Zeit, als Wrangel seine Bücher verfaßte, eine riesige Pferdepopulation in Sibirien. 1950 betrug die angegebene Zahl noch etwa 13 Millionen. Damals erzielten gute Rennpferde und Traber ungeheuer hohe Preise, was nicht überrascht, wenn man bedenkt, daß, wie von Hutten-Czapski schreibt, die sibirischen Kosaken gewohnt waren, z. B. die 700 Kilometer lange Strecke zwischen Akazyn und Zuruchai in vier Tagen zu bewältigen. Es war leider nicht möglich, festzustellen, ob solche Entfernungen auch heute noch auf Pferden zurückgelegt werden. Wahrscheinlich jedoch nicht, da, wie es heißt, inzwischen ein gutes Flugliniennetz in Sibirien existiert.

Nicolai Gogol erzählt uns ein wenig aus der Geschichte der ebenso legendären wie oft in falschem Licht gezeichneten Kosaken. Im fünfzehnten Jahrhundert, als die herrschenden Fürsten, nachdem sie den mongolischen Horden unterlegen waren, die Bevölkerung dieses halbwilden Fleckens in Europa im Stich gelassen hatten, blieb dieser nichts als der Mut der Verzweiflung. Inmitten von Ruinen und angesichts ständig lauernder Gefahren wurde aus dem friedliebenden Slawen der gewalttätige, mehr oder weniger disziplinlose Kosak und ein gänzlich unbesonnener Reiter, bar jeder Kenntnis von Kavallerie und Taktik. Er tat sich als Reiter in keiner Weise besonders hervor, doch wo andere vielleicht an Entbehrungen litten, kannte der Kosak nicht einmal die Bedeutung dieses Wortes und erwies sich so bei bestimmten Gelegenheiten als unersetzlich – der Mißbrauch jedoch, den er mit seinen Pferden trieb, bedeutete nach Wrangels Ansicht schließlich das Ende der Pferde selbst. Auch die Kosaken scheinen von den nomadisierenden Sakenhorden (Ko sak) der früheren Jahrhunderte abzustammen und ebenso viel oder ebenso wenig über Pferde und Pferdezucht gewußt zu haben wie andere primitive Völker auch.

Da, wenn man die Herden echter Wildpferde einmal außer acht läßt, ohne das vorherige Einverständnis von Züchtern oder Besitzern kaum Pferde gepaart und Fohlen geboren wurden, konnte im gleichen Maße, wie die Züchter oder Eigner mit den Erfordernissen der Zuchtauswahl vertraut waren, eine immer stärkere Übereinstimmung der einzelnen Rassen im äußeren Erscheinungsbild und den charakteristischen Merkmalen des Körperbaues erzielt werden. Je mehr Kultur eine Nation, die das Wissen um Pferde und den Umgang mit Pferden von ihren Vorvätern ererbt hatte, besaß, desto besser war die von ihr gezüchtete Rasse. An den europäischen Höfen gab es seit dem sechzehnten Jahrhundert immer wieder erstklassige Pferdezüchter. Einige wirkten im Verborgenen auf ihren kleinen Privatbesitzungen, andere wurden Leiter der staatlichen Gestüte mit beträchtlichem Einfluß.

Vor zweihundert Jahren herrschten im europäischen Rußland die primitivsten Verhältnisse, die man sich nur denken kann, und Graf von Hutten-Czapski[5] hat die Not und die Qualen, die Millionen von Pferden dort erleiden mußten, wohl am besten beschrieben. Bei den Pferden handelte es sich um im Grunde unbeschreibliche Klepper, die allerdings eine zweifellos von ihren Vorfahren aus der Steppe ererbte hervorragende Eigenschaft besaßen, nämlich die Fähigkeit, der Kälte und dem Hunger zu widerstehen und unter ungünstigsten Bedingungen weiterzuexistieren. Daß die Rasse nicht ausstarb, sondern sich sogar weiterentwickelte, bis schließlich die Epoche der aufgeklärten Pferdehalter und -züchter erreicht war, ist einzig und allein auf diese Eigenschaft zurückzuführen.

In den russischen Dörfern hielt man die Pferde nicht in nach Alter und Geschlecht getrennten Herden; die Tiere vermehrten sich wahllos, was dazu führte, daß das Wachstum verkümmerte und Mängel aller Art von Generation zu Generation weitergegeben wurden. Es gab nicht einmal die primitivste Form der Stallbewirtschaftung. Wenn die Pferde von der Feldarbeit heimkehrten, wurden sie weder vom Schmutz noch vom Schweiß gesäubert; ihre einzige Linderung fanden die erbarmungswürdigen Tiere darin, sich auf der Erde im Staub, Schlamm und Unrat zu wälzen, wenn kein Regen fiel, der den Dreck herunterwusch. Den Zustand der Pferde kann man sich nur allzu gut vorstellen, ihre Farbe dagegen allenfalls ahnen. Ställe waren unbekannt[6], und die Tiere streunten offensichtlich auf der Suche nach ei-

[5] Geschichte des Pferdes.

[6] Als ich 1958 in Osteuropa war, erzählte man mir von einem reinrassigen Araber, den man aus einem Schweinestall geborgen hatte, in dem er seit seiner Geburt gehalten worden war. Er mußte auf den Knien durch die enge Öffnung gezerrt werden.

82 Phenomena, eine Norfolk Roadster-Stute, gefeiert wegen ihrer Zähigkeit und ihres Stehvermögens (1813, als das Pferd 25 Jahre alt war)

ner Handvoll Stroh als Nahrung im Dorf herum. Das Wasser zum Saufen lieferten die Pfützen.

Stets ist damit argumentiert worden, daß diese Art, mit Pferden umzugehen, die Tiere zu dem gemacht habe, was sie heute sind, und daß damit ihre Widerstandsfähigkeit zu erklären sei, doch die damit verbundenen Leiden, die Krankheiten und die kurze Lebensdauer der Pferde zieht man natürlich dabei nicht in Betracht. Die Behandlung, die die Kalmükkenpferde erfuhren, war möglicherweise noch schlimmer, und wenn man bedenkt, daß der Kalmücke doch selbst buchstäblich seine ganze Existenz – Essen, Trinken, Kleidung – dem Pferd verdankte, dann kommt man zu der Erkenntnis, daß es sich bei diesen Nachfahren der Saken kaum um die Erben eines pferdezüchtenden Stammes handeln kann.

Einer der ersten Versuche, eine bodenständige Rasse zu »verbessern«, ist am Flusse Mesen im Distrikt Archangelsk unternommen worden. Im Jahre 1711 wurde Fürst Galizyn, ein Günstling der Zarin Sophie Alexejewna, von Peter dem

Großen verbannt. Der unglückliche Kavalier empfand das Leben im Exil selbstverständlich als äußerst langweilig und erbat die Erlaubnis, sein Gestüt mit dänischen Pferden von Moskau nach Archangelsk umzusiedeln und die einheimischen Urponys durch Zuchtauswahl zu verbessern. Galizyn scheint allerdings als Pferdezüchter ebenso glücklos oder naiv gewesen zu sein wie als Favorit der Zarin. Seine übereifrigen »Verbesserungen« endeten damit, daß auch das letzte der echten Mesen-Ponys – Pferde, die dem Finnisch Universal ähnelten – einging, was zugleich natürlich auch das Ende von Galizyns Experiment bedeutete.

Diese traurige kleine Geschichte enthält eine Mahnung an alle Möchtegern-Züchter und -»Verbesserer«, unter denen in der Vergangenheit schon so viele Pferde- und Ponyrassen haben leiden müssen und immer noch leiden. Und diese Mahnung lautet: zunächst sehr gründlich die Abstammung der betreffenden Tiere über einen gewissen Zeitraum hin überprüfen, sich eingehend mit den dominanten Merkmalen und den Fehlern vertraut machen, Bedingungen wie Ernährung und Klima, unter denen sich der Typ bisher entwickelt hat, analysieren; dann den Versuch einer Kreuzung mit gleichartigen Erbfaktoren, aber nicht der Auskreuzung durch irgendeine exotische Paarung, unternehmen, jede einzelne Paarung sorgfältig planen und Inzucht, falls diese überhaupt ratsam ist, nur mit größter Vorsicht und ausschließlich zur Fixierung markant-dominanter Merkmale, von denen die künftigen Generationen geprägt sein sollen, betreiben; niemals eine Stute oder einen Hengst, nur weil sie oder er außerhalb des Gestüts nicht zu gebrauchen sind, verwenden – das wäre für die Paarung und Fortpflanzung der Tiere die schlechteste aller möglichen Motivationen überhaupt.

Die Nichtbeachtung dieser Regeln und andere, unter anderem finanzielle Gründe sind die Ursachen für das Verschwinden so mancher Rasse. Die *positiven* Bemühungen dagegen traten niemals deutlicher zutage als bei der Schöpfung des Vollblutrennpferdes, das wir kurz behandeln werden, bei der Entwicklung des Hannoveraners vom Kutsch- zum Turnierpferd und bei der Zucht des ostpreußischen Trakehners mit seiner unglaublichen Kraft, Ausdauer und Zähigkeit[7].

Abbas Pascha, in der Zeit von 1848–1854 Vizekönig von Ägypten, im Gespräch mit dem Württembergischen Vize-Oberstallmeister von Hügel: »Selbst wenn es Ihnen glücken sollte, in den Besitz echter Wüstenaraber zu gelangen, werden Sie nie und nimmer wirkliche Araber von diesen ziehen können, denn die typischen Eigenschaften der arabischen Rasse verliert das Pferd, sobald es aufhört, die Luft der Wüste zu atmen.«

Das Araber-Pferd, das heute im westlichen Teil der Welt gezüchtet wird, ist, ob uns das nun gefällt oder nicht, weder der ursprüngliche Wüstenaraber noch

[7] Siehe Daphne Machin Goodall, Die Pferde mit der Elchschaufel (Verlag Paul Parey).

83 Ein vor hundert Jahren ganz gewöhnlicher Anblick. Ein Roadster konnte mit Leichtigkeit 16 Meilen in der Stunde traben

hat es Verbindung zu oder gar Ähnlichkeit mit dem Original-Araber. Zu glauben, daß dies anders sei, ist Illusion. Der Araber, wie wir ihn kennen, darf im wesentlichen wohl als eine westliche Abart der ursprünglich arabischen Linie angesehen werden. In gewisser Weise mag man ihn auch als eine Verbesserung des Originals betrachten. Wie aus längst vergriffenen Werken hervorgeht, galt der echte Wüstenaraber keineswegs als ein besonders freundliches Tier – die rohe Behandlung, die ihm (oder besser: ihr, denn man benutzte fast ausschließlich Stuten) zuteil wurde, war der Entwicklung guter Charaktereigenschaften auch nicht gerade förderlich. Außerdem mag dies eine Frage des Typs gewesen sein. Zu dem maskulinen Ku-hai-lan-Typ gehörten die folgenden Familen bzw. Linien: Sak-La-Wi; U'Bai-Yan; Ham-Da-Ni; Had-Ban; Abu-U'r-Kub; Dab-Man; Jil-Fan; Ku-bai-shanu'l U'mair; Mi-ni-ki; Mil-wah Shar-ban; Mu-waj Ham-mad; Rab-dan; Ri-shan; Sa-dan; Sam-han; Shu-wai-man; Tu-wai-san und

Wad-Man Khir-san. Ich habe die Originalschreibweise beibehalten.
Die fünf Hauptlinien des Ku-hai-lan-Typs hießen Al-Kham-sa (die Fünf) und waren die Aristokraten unter den Arabischen Pferden. Von den Arabern wurden sie *asil*, fixierte Rasse, genannt, und es wird behauptet, daß ihnen im Laufe ihrer 1400 Jahre alten Geschichte in Nedjed (*sic*) niemals fremdes Blut zugeführt worden sei.
Graf Wrangels Buch enthält zwei ausgezeichnete Porträts arabischer Pferde. Diese beiden Tiere hätten nach meiner Auffassung durchaus Vertreter recht unterschiedlicher Rassen gewesen sein können. Im Gegensatz dazu hatten Wrangels Nedjed-Hengst und Negativ, der in Polen gezogene Siglavy-Hengst (Sak-La-Wi), offensichtlich etliche Merkmale gemeinsam. So etwas wie einen »reinrassigen Araber« scheint es überhaupt nicht zu geben. Als Krönung der westlichen selektiven Zucht entstand eines Tages ein wunderschönes Reitpferd von ausgeglichenem Temperament mit einem im allgemeinen guten Körperbau und gutem Gang. »Außerdem«, sagt Wrangel, »ist der Wüstenaraber aus *bester Zucht* selten oder sogar nie größer als 145–148 cm. Bei den Europäern gelten solche Pferde als Ponys.« Mit welcher Berechtigung kann irgend jemand behaupten wollen, der amerikanische 160 cm große Araber sei typisch oder reinrassig?
Graf Wrangel[8], der bestimmt sehr ausführlich über den Araber geschrieben hat, das *Original*-Orientalische Pferd nur in einem Punkt für wichtig gehalten: im Hinblick auf die Bedeutung der Rasse als Zuchtmaterial in Europa – vor siebzig Jahren – in der Zeit vor 1909! Der Araber, meinte Wrangel, stelle die Quelle der Verbesserung anderer Rassen dar. Allein diese Eigenschaft erhebe ihn in einen so hohen Rang, daß, falls er verschwinden sollte, dies einen großen Verlust für die Pferdezucht bedeuten würde und die Konsequenzen nicht abzuschätzen wären.
Der westliche Araber steht zur Zeit hoch im Kurs. Vielleicht fließt in seinen Adern tatsächlich noch das Blut des Wüstenpferdes, aber der Weg vom Blut des Nedjedi über zahllose Generationen zum Araber der modernen westlichen Welt war lang, und weder *seine* Nüstern noch die seines Vaters, seiner Mutter oder seiner Vätersväter witterten jemals die Luft der Wüste. Er gehört nicht mehr zu einem der am härtesten gezüchteten Stämme, dafür jedoch – das wage ich zu behaupten – zu einem der verwöhntesten. Der Araber ist ein Modepferd.
Es ist allerdings eine unbestreitbare Tatsache, daß die früheren europäischen Gestüte orientalisches Blut aus Syrien, d.h. auf den Pferdemärkten von Aleppo und Damaskus, auf denen man gute Pferde kaufen konnte, erwarben. Die syrischen Araber sind, wie ich finde, ihren Vorfahren, die die Streitwagen der Hethiter und Assyrer zogen, nicht unähnlich. Laut Wrangel waren zahllose sol-

[8] Die Rassen des Pferdes, Bd. 1 und 2 (Verlag Schickhardt & Ebner, 1908–9).

cher syrischen Pferde im Besitz der Beduinen vom Stamme der Aenize (Anezah) und der Schammar. Von den ersteren hatten diese edlen Pferde ihren Namen. Die im Gegensatz dazu schlechteste Kreuzung war der Al-Je-zi-ra. Die herrlichen Turkmenenpferde, die heute wie vor hundert Jahren östlich des Kaspischen Meeres gezogen werden, sind eng mit dem Ku-hai-lan verwandt – oder umgekehrt ist der Ku-hai-lan eng mit ihnen verwandt! Auch Graf Wrangel bemerkt, daß es drei Linien gegeben hat: den Tekkiner (Achal-Tekkiner), den Gokland und den Jomud (Yamud). Der Tekkiner war für seine Kraft und Ausdauer[9] und der Jomud für seine Schnelligkeit berühmt. Als das beste aller zentralasiatischen Pferde galt der ungefähr 160 cm große Argamak; aus der Kreuzung zwischen ihm und dem Araber ist der Karabakh entstanden. Noch um die Jahrhundertwende gab es einige wenige echte Karabakh-Pferde, die tatsächlich den reinen Typ des alten Orientalen verkörperten. Sie hatten eine Höhe von nur 150 cm und ein Fell mit bemerkenswerter Goldtönung. Von den Einwohnern wurden sie Sarylar genannt. Ihr Haarkleid glitzerte wie Juwelen und ihre Mähne und ihr Schwanz waren blutrot (siehe auch Urartu).

1858 hat Fitzinger auf die Abchasen, die an der Schwarzmeerküste leben, und auf deren Pferde als auf die grundlegende »Linie der Tscherkessenpferde und/oder das domestizierte freilebende, im allgemeinen weiße orientalische Pferd: *Equus caballus hirsutes*, das sich durch die Domestikation nur unwesentlich verändert hat« hingewiesen. 1909 schreibt Wrangel, daß die Pferde der Abchasen sich durch den Adel ihrer Erscheinung auszeichnen. Ihr Kopf ist leicht und trokken und das Profil oft etwas konvex – Ramsnase! Die Tiere sind selten größer als 145 cm und sind im allgemeinen Schimmel. Sie sind vorzügliche Galopper und besitzen die außergewöhnliche Gabe, in stockdunkler Nacht die verschlungensten Bergpfade zu finden und nicht von ihnen abzuweichen. Möglicherweise haben wir in ihnen die Nachkommen jener weißen Pferde vor uns, die im zweiten Jahrtausend v. Chr. so sehr geschätzt wurden.

Zweifellos sind zahlreiche moderne Pferderassen von dem Blut und den Erbfaktoren Orientalischer Pferde beeinflußt worden, doch darf man solche »Verbesserungen« niemals übertreiben, wenn nicht das unverzichtbare bodenständige Element einer Rasse völlig verdrängt werden soll. Wie leicht vermag eine Überdosis arabischen Blutes die Qualitäten der einheimischen Rasse, die sich von Generation zu Generation unter ganz bestimmten Bedingungen herausgebildet habe, auszuschalten! Außerdem sollte niemals vergessen werden, daß sich die Resistenz gegen Umwelteinflüsse und die Eigenschaften, die eine bodenständige Rasse so wertvoll gemacht haben oder noch machen, ebenso gut auch durch die Verbesserung der Lebensbedingungen weiterentwickeln lassen.

[9] Siehe Daphne Machin Goodall, Pferde der Welt (Verlag Paul Parey).

Die Kunst, gute Pferde zu züchten, basiert auf dem Glück und Geschick des Züchters, die besten und erstrebenswertesten Eigenschaften entweder zweier Rassen oder im Einzelfall der beiden Elternteile zu »treffen«. Das war zum Beispiel beim Orlow-Traber der Fall.
Wenn die Rede von genialen Züchtern ist, drängt sich sofort der Gedanke an Graf A. G. Orlow-Tschesmenskij auf, dessen Gestüt in Chrenowoije eine der berühmtesten Traberzuchten der Welt hervorbringen sollte. Orlow faßte eines Tages den Entschluß, starke Traber zu züchten, die sowohl die gewaltigen Entfernungen in Rußland bewältigen als auch bei Trabrennen eingesetzt werden konnten. In seinem Alter und bei seinem Körpergewicht waren diese Trabrennen der einzige Sport, an dem er sich noch selbst aktiv beteiligen konnte. So kaufte er den silberschimmelfarbenen Araber Smetanka, der zum Stammvater der Orlows werden sollte. Er erstand ihn im Jahre 1775 in Moreo für 60 000 Assignaten-Rubel. Der Hengst war nur 150 cm hoch und offensichtlich dadurch bemerkenswert, daß er, wie man nach seinem Tode feststellte, neunzehn Rippenpaare besaß. Er starb nach nur einem Jahr im Gestüt und hinterließ vier Söhne und eine Tochter.
Einige Autoren, darunter auch Wrangel, behaupten, daß Orlow eine Vorliebe für kunterbunte Blutmischungen gehabt habe. Ich bin dagegen der Meinung, daß in den von ihm gewählten Paarungen mehr als nur ein Hauch von Genie zum Ausdruck kommt.
Smetanka wurde mit einer großen dänischen (Frederiksborger) Schimmel-Stute gepaart und produzierte den 1778 geborenen Polkan, den Orlow nun mit einer großen holländischen Harddraver-Stute kreuzte; aus dieser Paarung entstand der berühmte Bars I. Der Hengst Smetanka, der aus orientalischer Zucht stammte, besaß viel Ausdauer und wurde mit einer Linie gekreuzt, die Erbgut für hohe Aktion plus Ausdauer plus unbekannt in sich trug. Dann wurde sein Sohn Polkan mit einer großen Stute gepaart, die Trabereigenschaften plus Stehvermögen plus unbekannt besaß. Bars I vereinigte demnach in sich die »doppelte Dosis« Trabereigenschaften, Erbfaktoren für hohe Aktion und Aktivität sowie die »dreifache Dosis« Ausdauer und war zudem, da es sich sowohl bei der Frederiksborger als auch der Harddraverstute um stattliche Tiere gehandelt hatte, ein großes Pferd – er maß etwa 170 cm Wideristhöhe.
Smetanka repräsentierte den Typ des echten Wüstenarabers mit der Ausdauer und der Zähigkeit seiner in der Wüste gezogenen Vorfahren. Die dänische und die holländische Stute besaßen einander sehr ähnliche, die Körpergröße und Aktion bestimmende Erbfaktoren, und zwischen ihren spanischen Vorfahren, den Ginetas, von denen beide eine beachtliche Portion Aktion geerbt hatten, und Smetanka bestand, was die Ausdauer betrifft, aufgrund des orientalischen Anteils im Blut des Gineta ebenfalls eine Verbindung. Bars I war der Prototyp des Orlows-Trabers und erfüllte die Hoffnungen seines Züchters schon in der dritten Generation. Von seinem

84 Der gefeierte Traber Confidence, gemalt von J. F. Herring Sen., 1842

Sohn Ljubesnor I heißt es, daß dieser den idealen und perfekten Trabertyp verkörperte.
Drei von Smetankas Söhnen blieben in Chrenowoje, und zwar Völkersalm, der Vater von 7 Söhnen und 59 Töchtern, Polkan mit 7 Söhnen und 21 Töchtern und Lubimetz, der keine Nachkommen hatte. Der vierte Sohn war der von der englischen Stute Elawnoi gelieferte dunkelbraune Hengst Bowka; er wurde nach England verkauft, stand dort in Southall und ist im Rennkalender des Jahres 1789 erwähnt. Sein Beschälerhonorar betrug zehn Guineen, eine für die damalige Zeit ungeheuer große Summe, aber offensichtlich war er aufgrund seiner Schönheit, des Körperbaus und der Aktion so beliebt bei den Züchtern, daß sie diesen Preis zahlten. Graf Orlow hatte übrigens auch Vollblüter bzw. dem Vollblut sehr eng verwandte Pferde, 22 Hengste und 53 Stuten, nach Rußland eingeführt, und das schon zu einer Zeit,

als diese junge englische Rasse eben erst im Begriff war, sich zu festigen. Bars I paarte er mit einer Anzahl friesischer Stuten und erhielt die drei ersten bedeutenden Beschäler Liouberny I, Lebed I und Dobry I. Bars I wirkte 17 Jahre im Gestüt. Die ersten Versuche, den Orlow-Traber mit fremdem Blut zu kreuzen, waren nicht sehr glücklich; heute gibt es unter anderem den Métis-Traber, der Orlow-Blut in seinen Adern hat.
Im 19. Jahrhundert wurden strenge Regeln für Traber aufgestellt, und wenn ich auch nicht die Absicht habe, hier sämtliche Regeln zu wiederholen, so halte ich es doch für angemessen, wenigstens diejenigen zu erwähnen, die für jede beliebige Rasse oder Kreuzung Geltung hatten. Hengst und Stute beeinflussen die Entwicklung ihrer Nachkommen gleich stark, d.h., das Erbgut stammt je zur Hälfte vom Beschäler und vom Muttertier. Bis zum Jahre 1903 wurde jedes Pferd, das 7/8 Orlow-Blut besaß, auch als Orlow-Traber anerkannt. Wer also Besitzer eines Tieres mit einem Anteil von 7/8 Orlow-Blut war, brauchte sich um das restliche Achtel fremden Blutes nicht zu bekümmern. Und hatte ein Pferd zu 7/8 Blut des amerikanischen Standardbred-Trotters und nur zu 1/8 Orlow-Blut, dann wurde es natürlich als amerikanischer Traber angesehen. So galt ein Pferd nur dann als Kreuzung, wenn das Verhältnis zwischen dem Blut des Orlow-Trabers und des Standardbred-Trotters mindestens 1/4 zu 3/4 lautete. Um die Jahrhundertwende gab es 1500 Trabergestüte, und 1444 davon verwendeten ausschließlich Orlow-Hengste. Die übrigen Beschäler waren amerikanische Standardbred-Trotters.
Schon damals waren die aus dem Orlow hervorgegangenen Kreuzungen bei Rennen offensichtlich schneller als die reine Rasse, doch es zeigte sich bald, daß sich nur wenige Käufer für diese Kreuzungen fanden. Der russische Adel bevorzugte den reinrassigen Orlow-Traber als Wagen- und Schlittenpferd, was daran gelegen haben mag, daß er ein ausgeglicheneres Temperament und sicherlich auch eine kräftigere Konstitution und mehr Ausdauer besaß, ganz abgesehen von seiner majestätischen Erscheinung.
Der Orlow-Rostopschiner war keineswegs eine dem Orlow-Traber vergleichbare Zucht, sondern ein Anglo-Araber – lange, bevor diese Rasse im Westen anerkannt wurde – des besten Reitpferdtyps. »Wenn Schönheit schwerer wöge als Ausdauer«, sagte Graf Wrangel, »dann wäre dieses Pferd überall geschätzt.« Es war mehr oder weniger ein Luxuspferd und hatte keinerlei praktischen Wert, und wie das häufig mit solchen Rassen zu gehen pflegt, verschwand auch sie nach vergleichsweise kurzer Zeit wieder. Capt. M. Hayes[10] schrieb: »Die Orlow-Rostopschiner-Reitpferde in Doubrovka sagten mir nicht zu; sie waren im Grunde leichte Zugtiere. Ich würde kein Pferd als Reit- geschweige denn als Jagdpferd bezeichnen, das nicht lange, flache und schräge Schultern, eine leich-

[10] Among Horses in Russia, 1900.

85 Hackneypony Little Ruby, geboren 1917, gestorben 1945

te Vorhand, gute, eisenharte Beine und kräftige Fesselgelenke hat.« Nun, ohne die beiden letztgenannten Eigenschaften dürfte es allerdings auch als Wagenpferd nicht viel taugen.

Nicht nur das aus der alten Kaste der Wagenkrieger erwachsene Rittertum, auch die Pferde der Ritter im Mittelalter hatten ihren Ursprung, wie wir heute wissen, im Orient. Und einer späteren Rasse, durch deren Adern das Blut derselben Ahnen fließt, blieb es vorbehalten, den adligen Nachkommen der Ritterschaft das Pferdematerial für ein sportliches Vergnügen zu liefern, das bald in der ganzen Welt begeisterte Aufnahme finden sollte. Es dauerte nicht lange, und die Zucht der Vollblutrennpferde war in vielen Ländern zu einem wichtigen Wirtschaftszweig geworden. Später wurden dann auch die Organisation der Rennen an sich ebenso wie die Wetten zu einem einträglichen Geschäft von internationaler Bedeutung. Anfangs waren die Rennen ähnlich wie die Ritterturniere nur Zweikämpfe: ein

Paar (Pferd und Reiter) gegen ein anderes. Doch sehr bald erinnerte man sich der Rennen in der Antike, in denen mehrere Teilnemer gegeneinander antraten und »Farben« trugen. Und damit war der Bogen geschlagen worden vom Altertum über die Turniere, in denen die Farben in leichter Abwandlung ihrer ursprünglichen Bedeutung dazu dienten, den Ritter selbst kenntlich zu machen, bis zu den Farben der Rennstallbesitzer, die von den Jockeys auf allen Rennplätzen der Welt getragen werden. In den Pferderennen findet die Rivalität ihren friedlichen Niederschlag. Sie sind ein Sport, an dem der Adel und das Volk gleichermaßen teilhaben können; ein Sport, der aus politischen Gegnern und Menschen unterschiedlicher Nationalität oder Ideologie faire Sportsleute macht und sie an nichts anderes mehr denken läßt, wenn ihre Pferde erst einmal auf der Rennbahn sind. Am Führring steht der Monarch neben dem einfachen Mann, der Politiker neben seinem Widersacher; denn die Pferde hier sind alle gleich und kennen selbst keine Rivalität oder gar Feindschaft.

Für den Augenblick müssen wir die Rassen des europäischen Festlands und Asiens kurz verlassen; wir werden aber später noch einmal auf sie zurückkommen, wenn wir die Entwicklung der wichtigeren leichten Geschirr- und Reitpferdrassen untersuchen.

Der Norfolk Roadster oder Trotter der Britischen Inseln war eine der schönsten Rassen, die jemals hevorgebracht wurden. Wenn wir diese Rasse betrachten, dürfen wir nicht vergessen, daß der große Keltenstamm der Izener in der gleichen Gegend, in der der Norfolk Roadster gezogen wurde, eine Tagesreise von Newmarket, der Heimat des Vollbluts, entfernt, ebenfalls schon (etwa 50 v. Chr.) Wagenponys von internationalem Ruf gezüchtet hatte. Viele Münzen aus der Zeit der Izener tragen das Bild eines Ponys aus guter Zucht. Der Norfolk Roadster jedoch war ebenso wie der alte Suffolk Cob oder der Cob aus Lincolnshire ein Mehrzweckpferd. Von diesen kräftigen, gutgebauten und zähen Pferden wurde erwartet, daß sie Feldarbeit leisten, im Geschirr vor einem Norfolk-Wagen oder Dogcart zum Markt traben oder genauso gut den Bauern selbst und in früheren Tagen auch noch dessen Weib als »Sozius« über jede Entfernung tragen konnten.

In der Beschreibung des Clement Paston von Paston, Norfolk, aus dem Jahre 1350 heißt es: »Er war ein guter, einfacher Bauer und ritt, sein Korn unter sich, zur Mühle und brachte das Mehl, ebenfalls wieder unter sich, heim.«

Später pflegte dieser vorzügliche Mehrzweck-Cob (er oder sie – die Stute Phenomena z. B. war ein berühmter Traber), wenn er nur über die nötige Extradosis Traberblut verfügte, auch an Trabrennen teilzunehmen.

Der frühgeschichtliche Ursprung der oben erwähnten Linien scheint in den Fenns zu liegen, von wo die domestizierten (Wagen-)Ponys fortgetrieben worden sein dürften, damit sie nach dem Rückzug der Römer aus Britannien nicht den Dänen und Sachsen in die Hände fielen. Sowohl die Dänen als auch die Sachsen waren auf einheimische Pferde angewiesen, mit deren Hilfe sie weiter ins Landesinnere einzudringen versuchten. Im Kampf ums Überleben, so wird berichtet, entwickelten die Fenn-Ponys große Köpfe und Füße, wurden jedoch nicht höher als 140 cm. 1171 verfaßte der Mönch William Fitzstephan oder Stephenson einen Bericht über die Stadt London, den er *Descriptio Civitalis Londiniae* nannte. Aus der Sicht des Pferdezüchters ist dieser Bericht insofern interessant, als er den freitäglichen Pferdemarkt in Smithfield beschreibt. Genaueres darüber findet der Leser in unserem Buch *The Foals of Epona*, in dem die Pferde- und Ponyrassen der Britischen Inseln so ausführlich behandelt worden sind, daß ich hier nur soweit es die Geschichte der Pferdezucht betrifft auf sie eingehen möchte. Fitzstephan erwähnt als erstes die Pal-

86 Sable Island-Ponys, Neuschottland. Wildlebende Ponys, seit etwa 300 Jahren auf dieser Insel im Atlantik zu finden. Ähnliche Ponys wurden zur selben Zeit nach Nordamerika gebracht

freys, die höchstwahrscheinlich (aus Spanien) importiert worden sind und die Vorfahren der Ginetas waren. Diese Tiere, wirklich nicht viel größer als Ponys, gingen im Paß oder Rack, Gangarten, durch die sie sich auf längeren Reisen als überaus bequeme Reittiere erwiesen. Dann folgen »die mehr für Kavaliere geeigneten Pferde mit einer rauheren, aber schnelleren Gangart«; das waren Traber-Cobs. Daran schließen sich Packpferde mit stämmigen, flinken Beinen und »teure Militärpferde von stattlichem Wuchs und eindrucksvoller Höhe«, »Stuten zum Pflügen oder als Zugtiere für den Schlitten oder das Zweiergespann vor dem Wagen«, aber auch trächtige Stuten oder Stuten mit Fohlen an.

In Kapitel 4 habe ich bemerkt, daß hohe Aktion gleichbedeutend mit der Zugehörigkeit zu einer alten iberischen Linie gewesen zu sein scheint und daß solche Linien in prähistorischer Zeit in bestimmten Flußtälern zu finden waren. Nun müssen wir die Feststellung machen, daß der Trab in England des Mittelalters ein besonderes Merkmal für solche Pferde gewesen zu sein scheint, die im Marschland gezogen wurden, denn diese Gangart war *damals* für Tiere charakteristisch, die aus den östlichen Regionen Englands kamen. In Chaucers *Canterbury Tales* reitet der Vogt, ein Mann aus Norfolk, eine gute Traberstute, genauer gesagt einen Apfelschimmel-Cob. Diese Traber wurden *runcini* genannt, und im Domesday Book (dem englischen Reichsgrundbuch) aus dem Jahre 1086 ist auf einigen Rittergütern Norfolks ein sehr hoher Anteil *runcini* verzeichnet. »Der Befehl Elisabeths I. zur Rekrutierung von Lanzenreitern und Leichter Kavallerie lautete, daß jeder Lanzenreiter auf einem Traberhengst oder -wallach beritten sein sollte.«[11] Zu den Traberlinien gehörten das jetzt ausgestorbene Lincolnshire Fenn-Pony, von dem der Lincolnshire Trotter abstammte, der Norfolk Roadster, der als eine über viele Generationen gefestigte Rasse viele andere Rassen verbesserte, der Suffolk Punch, ursprünglich ein Traber-Cob, und der moderne Hackney.

Da die Post stets auf dem Rücken der Pferde transportiert wurde, bestand eine rege Nachfrage nach schnellen Traberpferden, die imstande waren, einen Mann über lange Distanzen zu tragen. Die ersten Trabrennen, die in Großbritannien und Holland stattfanden, wurden zunächst noch geritten und später gefahren. Eine Geschwindigkeit – aber nicht die Distanz – von 16 Meilen in der Stunde war normal. Phenomena, die nur 147 cm Widerristhöhe maß, trat im Juni 1800 im Alter von 12 Jahren auf der Straße nach Huntingdon zu einem Rekordversuch über 17 Meilen in der Stunde an. Sie legte die Strecke mit Leichtigkeit in 50 Minuten zurück; einen Monat später bewältigte sie dieselbe Distanz in 53 Minuten. Bei diesem Lauf wurden für sie weniger als 11 Minuten über vier Meilen gestoppt.

Phenomena fohlte, soviel wir wissen, nur

---

[11] Daphne Machin Goodall und A.A. Dent, The Foals of Epona (Gallery Press, 1962).

87 Araberstuten im Gestüt Janów Podlaski, Polen

ein einziges Mal, und zwar von Walton (1799), der sowohl dem Vater als auch von der Mutter Regulus-Blut geerbt hatte. Regulus taucht in einer ganzen Reihe von Kutschpferd-Pedigrees auf. Die Tochter Phenomenas, eine rötlichbraune Stute, lieferte Jacob's Phenomenon, den Vater von Norfolk Phenomenon (Taylor's). Phenomena wurde bei ihren Rekordläufen geritten.

Die Suffolks (Punches) und Norfolk-Cobs (Roadster) der sehr frühen »alten Zucht«, die in vielen alten Dokumenten erwähnt wird, waren vornehmlich Füchse und Rotschimmel mit kastanienbrauner Schattierung. Rotschimmel und Füchse dominieren heute auch bei den Schleswigern, Jütländern und Ardennern. Für irgendeine andere britische Rasse als den Suffolk Punch ist diese Farbe nicht mehr besonders charakteristisch.

Eine andere großartige Traberstute, von deren überragenden Fähigkeiten uns Zeugnisse erhalten geblieben sind, war Nonpareil, die im Geschirr 100 Meilen in 10 Stunden, 14 Minuten und 40 Sekunden einschließlich Unterbrechungen zurücklegte. Sie hatte ein Limit von 10 1/2 Stunden und blieb, so wird berichtet, »bis zum Schluß frisch«.

Ende des 18. Jahrhunderts und zu Beginn des 19. Jahrhunderts waren diese Traberpferde durch Beschäler wie Grey Shales, Marshland Shales, Wildfire, Fireaway, Young Prickwillow, Don Carlos und North Star zu einer erstklassigen Rasse von mächtiger Ausdauer und enormer Härte geworden. Ein Prickwillow taucht in den Pedigrees einiger Hannoveraner auf, und North Star kam nach Ungarn, wo er die Furioso-North Star-Linie mitbegründete. Unzählige Roadster wurden exportiert, und schließlich erging es dieser Rasse ebenso wie den spanischen Pferden ein paar Jahrhunderte zuvor: Es blieb kein Tier mehr übrig, mit dem die Zucht fortgesetzt werden konnte. Nur in den Adern des heutigen Hackney fließt noch etwas Blut des alten Norfolk-Trotters. Aber auch dieses Pferd hat nicht mehr viel von dem echten alten großen Hackney früherer Zeiten.

Im Jahre 1829 kauften drei ausländische Pferdehändler auf der Messe in Horncastle rund 300 Stuten, und Jahr für Jahr gingen über all die Märkte und Messen immer mehr gute Stuten ins Ausland. 1844 erklärte Mr. Richard Tattersall, daß die besten Hengste und Stuten, die in den letzten hundert Jahren oder sogar noch länger für gutes Geld in England zu haben waren, von Amerika und den Ländern des europäischen Festlandes aufgekauft worden seien. Als es im Grunde bereits zu spät war, versuchte man offensichtlich, doch noch enige schwache Abbilder der alten Traberrasse zu retten und sie wieder zu neuem Leben zu erwecken.

Wie ich aus Holland erfuhr, entsandte eine britische Firma, die für Züchter aus Yorkshire und Suffolk tätig war, 1864 einen Vertreter in das friesische Dörfchen Winsum, der die Aufgabe hatte, drei Jahre lang Friesische Pferde des besten Typs zu kaufen. Es heißt, daß in jenem Jahr 100 Tiere, 1865 79 Tiere und 1866 157 Tiere nach England geschickt worden seien. Aus der gleichen Quelle – einer an der Universität Utrecht entstandenen Dissertation – geht hervor, daß die Züchter des Groninger Warmbluts zur Verbesserung ihrer Rasse, eines »Vanner«- oder sehr leichten Zugpferd-Typs, 1877 verschiedene Rappen, Norfolk- und Suffolk-Hengste[12] importierten. Im Jahre 1885 wurde auf einer großen Ausstellung in Amsterdam ein tiefschwarzer *(gitzwart)* Norfolk-Hengst als Champion und bester seiner Rasse gekürt. Dieses Pferd befand sich im Besitz des Großherzogs von Luxemburg und war ein Geschenk König Wilhelms III. der Niederlande.

Vor rund einhundert Jahren sorgten also Friesische, Yorkshire-, Norfolk- und Suffolk-Züchter für einen regelmäßigen Blutaustausch unter ihren Pferden. Damit wird die Theorie untermauert, daß früher einmal spanisches Blut, möglicherweise zum Teil auch aus Holland, in die an der englischen Ostküste gezogenen Rassen eingeflossen ist. 1974 weidete nur noch der Cleveland Bay auf seinen heimischen Wiesen; der Hackney wird inzwischen in vielen Gestüten Europas und der Vereinigten Staaten gezüchtet und gilt nicht mehr als ein für irgendein bestimmtes Land typisches Pferd.

Doch dem Versuch, den alten Trabertyp wieder ins Leben zu rufen, war kein dauerhafter Erfolg beschieden. Heute ist

[12] Schwarz war zwar eine beim Lincolnshire-Trotter durchaus übliche Farbe, aber daß sie auch bei diesen beiden Rassen auftrat, ist mir bisher nicht bekannt gewesen.

kaum noch ein Traber-Cob in East Anglia zu finden. In den dreißiger Jahren besaß meine Schwester einen Norfolk Roadster namens YNot?, mit dem sie auch an Springen teilnahm. Bei diesem Pferd handelte es sich um einen Fuchs-Wallach von außerordentlichem Charakter, Ausdauer und Leistungsvermögen mit einem leicht konvexen Kopfprofil. Ich selbst hatte eine braune Cob-Stute von nicht mehr als 140 cm Größe, mit Röhren von ca. 21 cm und ebenfalls mit einem leicht konvexen Profil – sie war schnell, aktiv, kräftig und willig, aber im Stall gelegentlich auch »untreu«, also in jeder Hinsicht den nisäischen Pferden sehr ähnlich.

Die nach Frankreich exportierten Norfolk Roadster halfen die Normänner-Zucht zu verbessern; und gemeinsam mit dem legendären Messenger aus dem Schimmel Mambrino begründete Bellfounder, ein anderer Norfolk-Trotter, das American Standardbred. Eine der ersten Hengste dieser Rasse war Hambletonian, auf den viele der heutigen Standardbred-Trotter zurückgehen.

Durch Kreuzung des Normänners mit dem American Standardbred wurde der Noram-Traber, der sich in Europa großer Beliebtheit erfreut, gegründet, und eine andere moderne Rasse, der Métis-Traber, ging aus der Kreuzung des Standardbred mit dem Orlow hervor.

Aus dem Roadster Großbritanniens entwickelte sich schließlich der in ganz Europa, den Vereinigten Staaten und Kanada bekannte Hackney mit seiner hohen Schrittaktion. Bis jetzt hat der Hackney selbst zwar noch keinerlei Einfluß auf die Entwicklung oder Schöpfung neuer Rassen genommen, doch überall dort, wo Hackney-Blut zugeführt wurde, erwiesen sich die Nachkommen in der Mehrzahl als Springpferde der Spitzenklasse. Es ist bedauerlich, daß die Zucht von Pferden mit dem Mut und der Fähigkeit zu springen in England nicht gefördert und weiterentwickelt wurde.

Eine andere, in Yorkshire heimische Rasse, die ebenfalls eine Beimischung spanischen Blutes aufweisen kann und ihr Teil zur Entstehung des heutigen Hannoveraners beitrug, ist der Cleve-

88 Das Haiti-Pony (Rotschimmel), dessen Profil Ähnlichkeit mit dem des Sorraiaponys aufweist. Diese Pferde leben wild in den hochgelegenen Kiefernwäldern Haitis. Das abgebildete Tier wurde 1939 geschossen. Haut und Skelett befinden sich jetzt im Natural History Museum, London

land Bay, der dank der ungeheuren Pflege und Sorgfalt, die ihm seine Bewunderer in Cleveland in der Grafschaft Yorkshire angedeihen ließen, bis heute überlebt hat. Er war schon fast verschwunden – doch zum Glück nicht ganz!

Soweit wir heute feststellen können, stammt der Cleveland Bay, eine örtlich zunächst sehr begrenzte Zucht, zum Teil vom Chapman-Packpferd ab, einem robusten, kurzbeinigen Tier, auf dem die »fliegenden Händler« (Chapmen) ihre Waren aus dem Norden nach London transportierten.

Den schwereren Typ des Cleveland Bay verwendete man als Zugpferd und in der Landwirtschaft bei der Feldarbeit. Aus dem leichteren Typ dagegen wurden, als die Straßen erst einmal so gut waren, daß man auf ihnen reisen konnte, erstklassige Kutschpferde. Das Yorkshire Coach Horse war eine Kreuzung zwischen dem Cleveland Bay und dem Vollblüter. Im allgemeinen gehen aus Kreuzungen des Cleveland Bays (wie auch des Irish Draught-Pferdes – der schwerere Cleveland Bay und das größere Irish Draught-Pferd sind sich nicht unähnlich) mit dem Vollblut Hunter und Springpferde hervor. Eine Weiterentwicklung durch Kreuzung ist allerdings wahrscheinlich nicht möglich, Genauer gesagt: keine Kreuzung wird sich je zu einer neuen Rasse entwickeln können, da die Züchter Typ und Linie des echten Cleveland Bay beibehalten möchten, und das kann man eigentlich nur dadurch erreichen, daß man zum Original-Cleveland Bay zurückzüchtet.

Wie wir schon wissen, wurde in Sachsen seit frühester Zeit Pferdezucht betrieben. Das erste Gestüt, das sich direkt der Aufgabe widmete, die Blutgrundlagen für die künftige Rasse der Hannoveraner zu schaffen, war Bücken im Landkreis Grafschaft Hoya. 1735 wurde Celle als Hauptquartier für ein Hengstdepot ausgewählt. Anfangs fanden allerdings zu viele Pferde zweifelhafter Herkunft Verwendung. Die vorangegangenen Kapitel haben gezeigt, wie wenig gefestigte Rassen es zu jener Zeit noch gab, und das Ergebnis waren damals zunächst, wie nicht anders zu erwarten, Pferde von sehr unregelmäßigem Typ.

Etwa hundert Jahre später importierte man eine Anzahl Vollblüter aus England. Dadurch wurde zwar einerseits die Qualität der Pferde erheblich verbessert, andererseits jedoch die Vollblut-Zufuhr stark übertrieben. Das Ergebnis war ein leichtes Rennpferd, ein mehr oder weniger nutzloser Typ in diesem Land, das eine wachsende Nachfrage nach Wagen- und Kutschpferden verzeichnete. Als Gegengewicht »verstärkte« man die Zuchtlinien der Stuten durch Norfolk Roadster, Cleveland Bays und Yorkshire-Kutschpferde.

Natürlich war es wichtig, die Grundlagen für eine bodenständige Hannoveraner Zucht – ein hochwertiges Misch-Warmblut – zu schaffen. Die Hauptzuchtstationen befanden sich in den Marschen zwischen Elbe, Oste, Aller, Weser und Leine, und die Zucht selbst lag und liegt in den Händen der Bauern und Gutsbesitzer.

Als schließlich eine ausreichende Zahl repräsentativer Hengste, alles in allem

170, vorhanden war, wurde 1893 ein Stutbuch geschaffen. Der Hannoveraner verkörperte einen Mitteltyp zwischen dem schweren Oldenburger Kutschpferd und dem eleganten ostpreußischen Reitpferd. Man brauchte Tiere mit guter Aktion und freundlichem Temperament. Das sind, nebenbei bemerkt, zwei der Eigenschaften, an denen man ein Pferd aus guter Zucht mit fixierten Blutlinien erkennt (mangelhafte Aktion und schlechten Charakter oder Unzuverlässigkeit findet man bei Pferden, die das Unglück haben, das Produkt einer mißglückten Kreuzung zu sein!).
Auch das konvexe Profil und die manchmal gerade Schulter des Wagenpferdes gehörten einmal zu den Merkmalen des Hannoveraners. Das konvexe Profil überrascht nicht, da ja einige der Gründerhengste, wie wir wissen, spanischer und neapolitanischer Herkunft waren. Beide Merkmale, bei einem gutgebauten Reitpferd unerwünscht, sind inzwischen herausgezüchtet worden. Die Fähigkeit und der Mut zum Springen dagegen blieben erhalten; der heutige Hannoveraner ist ein international anerkanntes Turnierpferd, wenngleich nicht aus einem Guß gegossen. Das zeigt sich, wenn man die vielen schönen Hengste, in »Hannovers Edles Warmblut« abgebildet, betrachtet. Immerhin ist der Hannoveraner heute eine befestigte Rasse, die immer die Luft ihrer Heimat atmet.

89 Speedy Scot, ein amerikanischer Standardbred-Trotter, gemalt von Elizabeth Bell

Im Jahr 1981 wurden 14 133 Stuten gedeckt und 13 304 eingetragen.

	Lebende eingetr. Stuten	Mitglieder
1974	11 305	8 846
1976	15 000	10 390
1978	16 577	12 086
1979	16 484	11 850
1980	16 808	12 251
1981	16 607	12 644

FN-Turnierpferde eingetragen

4033	Hannoveraner	32,2%
2313	Westfalen	18,5%
917	Holsteiner	7,3%
956	Oldenburger	7,6%
787	Hessen	6,3%
894	Trakehner	7,1%
747	Rheinländer	6,0%
578	Bayern	4,6%
771	Baden-Württ.	6,2%
531	Versch. Herk.	4,2%

(Verband hannoverscher Warmblutzüchter)

Die Landgestüte Celle und Osnabrück sind die beiden Haupthengstdepots, und in Emsland und Artland befinden sich die Hauptzuchtstationen für die Hengstfohlen. Die Hengstfohlen werden selektiert und zur Ausbildung als Reit- und Wagenpferde in die beiden genannten Landgestüte gebracht. Ihre Ausbildung endet mit einem Test, der unter anderem den Geländeritt und das Ziehen eines schwerbeladenen Schlittens umfaßt und so angeordnet ist, daß die Inspektoren in der Lage sind, die Gesamtleistung des Hengstes, seine Gesundheit, seinen Charakter und sein Temperament sowie die Eignung als künftiger Beschäler festzustellen und zu bewerten. Wenn die Vorstellung des Pferdes zur vollen Zufriedenheit der Prüfungskommission, der der Gestütsleiter, Inspektoren und Tierärzte angehören, verlaufen ist, wird ein Diplom erteilt und der Hengst mit seinem Pfleger der Deckstation eines bestimmten Landkreises zugewiesen.

Vor und nach der Decksaison stehen die Hengste im Landgestüt Celle, einst Sitz der Kurfürsten von Hannover. An der jährlich im Herbst stattfindenden Celler Hengstparade nehmen ungefähr 200 Pferde teil. Freiheitsdressur, Springen, Reiten nach Musik, Traben im Sulky und Zehner-, ja sogar Zwölfergespanne vor der alten hannoverschen Staatskarosse zeigen, zu welchen Leistungen die Hannoveraner Hengste fähig sind.

Als Beschäler verwendet man Vollblut-, Trakehner und Hannoveraner Hengste, manchmal sogar Araber. Solange die Stute eine Hannoveranerin, d.h. im Stutbuch eingetragen ist, sind auch ihre Fohlen Hannoveraner, selbst wenn es sich bei dem Hengst um einen Trakehner oder ein Vollblut handelt.

Nahezu alle europäischen Warmblutrassen sind ursprünglich entweder als Wirtschaftspferde für die Landwirtschaft oder als Remonten für Kavallerie und Artillerie geschaffen worden.

Viel zu selten legen wir uns Rechenschaft darüber ab, welch riesige Zahl von Pferden der Mensch seit Entstehen der verschiedenen Rassen bereits gebraucht hat. Ebensowenig ist man sich im allgemeinen darüber im klaren, daß viele Millionen Pferde in den beiden Weltkriegen ihr Leben verloren.

90 Lord Oxfords Dun Barb, ein Berber, 1715

Im Jahre 1732 gründete Friedrich Wilhelm I., König in Preußen, das Gestüt Trakehnen[13] in Ostpreußen. Als Zuchtmaterial dienten anfangs über 1000 Stuten und Hengste verschiedener Linien und Herkunft sowie unterschiedlichen Typs. Sieben Jahre später überließ der König Gestüt und Domäne in einer Ausdehnung von rund 6000 Hektar dem Kronprinzen und späteren König Friedrich II. Doch die Pferdezucht blieb weiter dem Zufall überlassen und wurde im höchsten Maße amateurhaft betrieben. Nach dem Tode Friedrichs des Großen im Jahre 1786 ging das Gestüt aus dem königlichen Privateigentum in den Besitz des preußischen Staates über. Nun wurde das Zuchtmaterial sorgfältig gemustert und ausgesucht. Die Stuten, die im Gestüt blieben, unterteilte man in Reit- und Wagenpferde und in fünf Herden nach Farben: Rappen; Braune; Füchse; und zwei gemischte Herden – Schimmel; Apfelschimmel und andere Farben. Bei den drei Herden mit einfarbigen Tieren handelte es sich um die Wagenpferde – die Gespanne sollten farblich einheitlich sein – und bei den beiden farblich gemischten Herden um die Reitpferde. Den leichteren Stutentyp behielt man in Trakehnen, der schwerere Typ dagegen kam nach Bajohrgallen. Wahrscheinlich war diese Entscheidung von der Qualität des Bodens und der Weide bestimmt, denn beide Faktoren haben einen erheblichen Einfluß auf die

[13] Siehe Daphne Machin Goodall, Die Pferde mit der Elchschaufel, mit der vollständigen Geschichte dieser Rasse.

Entwicklung der Pferde. Der Boden in Ostpreußen ist im allgemeinen leicht bis mittel-sandig.
Trakehnen sollte praktisch das »Newmarket« der ostpreußischen Warmblüter werden. Ab 1787 erhielten alle in Trakehnen geborenen Pferde ein Brandzeichen, das eine einzelne Elchschaufel (Siebenender) zeigte. Seit 1888 tragen die Ostpreußen auf dem linken Hinterschenkel die doppelte Elchschaufel, und mit diesem Brandzeichen werden die Pferde, die als Nachkommen der Flüchtlinge in westdeutschen Gestüten eine neue Heimat gefunden haben, auch heute noch versehen. Als Beschäler wurden Orientalische Pferde und Vollblüter verwendet. Der berühmteste Beschäler war der Vollbluthengst Perfectionist, ein Sohn von Persimmon, der König Edward VII. von England gehörte. Er war nur drei Jahre im Gestüt (nach einem Unfall in seiner Box mußte er getötet werden), hinterließ jedoch 32 Hengste und 37 Zuchtstuten.
Im Laufe seines Bestehens ist Trakehnen viermal evakuiert worden, das letzte Mal (ohne Hoffnung auf eine Rückkehr) im Winter 1944–45 angesichts der im raschen Vormarsch begriffenen sowjetischen Truppen. In Friedenszeiten hatte die Provinz Ostpreußen, mit ihren riesigen Wäldern, den herrlichen Seen und der großartigen Fauna und Flora eines der schönsten Gebiete ganz Europas, vielleicht sogar der ganzen Welt, jährlich 32 000 Pferde exportiert. Auf ihrer Flucht nach Westen erreichten nur 700 ostpreußische Stuten und wenige Hengste und Hengstfohlen ihr Ziel. Die Stuten waren trächtig und unbeschlagen und einige von ihnen in den 2 1/2 Monaten der Flucht kaum einmal ausgeschirrt worden. In weniger als drei Monaten legten sie rund 1400 Kilometer auf Sandwegen und schlammbedeckten »Sommer«-Straßen[14], in Schnee, Eis und Gewehrfeuer zurück, vor die schweren Feldwagen gespannt, die ihre Besitzer und deren geringe Habe trugen.
Viele von ihnen starben oder wurden getötet, die meisten überlebten mit dem Wenigen, was in dem verwüsteten Land überhaupt noch an Futter zu finden war. Einer der Flüchtlinge schrieb: »Die Widerstandsfähigkeit unserer ostpreußischen Pferde auf der Flucht aus unserer Heimat nach Westen ist beispiellos. Man kann nur hoffen und wünschen, daß beim Wiederaufbau unseres Landes für sie ein angemessener Platz gefunden wird.«[15] Unglücklicherweise kamen diese Tiere in ein westliches Deutschland, das bereits mit den Folgen des Krieges, der Besatzung durch drei fremde Mächte und einem nicht endenwollenden Flüchtlingsstrom (13 Millionen Deutsche wurden heimatlos und mußten fliehen), zu kämpfen hatte und zudem auch eigene heimische Pferderasse besaß.

[14] Die osteuropäischen Asphaltstraßen werden von gewöhnlichen Sandwegen gesäumt, die vor allem für die Pferdefuhrwerke bestimmt sind.

[15] Aus Briefen im Besitz der Gesellschaft der Züchter und der Freunde der Warmblutpferde Trakehner Abstammung.

27 Der Trakehner-Hengst Hudamas im polnischen Gestüt Zwno – ein vorbildliches Pferd. Foto 1964

28 Posener 2jährige Hengste, auf einer Weide in Polen spielend. Mehr als 20 Junghengste befanden sich auf dieser Weide

Der Trakehner wurde jedoch zur Verbesserung dieser westdeutschen Warmblutrassen benutzt. Er war wegen seiner Leistungsfähigkeit und Ausdauer gezüchtet worden; man kann beinahe sagen, daß die ganze *Geschichte* des Trakehners geradenwegs auf diesen Überlebenstest hingesteuert hätte. Und er überlebte tatsächlich, allen Kassandrarufen zum Trotz. Die intakte Rasse ist heute überall in der Bundesrepublik Deutschland und im Ausland zu finden. Die ostpreußischen Pferde zeigen heute wieder den Elchschaufelbrand, nicht nur bei großen internationalen Ereignissen, sondern in vielen Gestüten auf der ganzen Welt!

Das Ostpreußische Pferd diente dem Menschen schon immer auf verschiedenste Art und Weise in seiner vorhersehbaren und aus Zucht und Aufzucht erklärbaren Ausdauer und Leistungsfähigkeit. Dieses Pferd arbeitete in der Landwirtschaft, wurde außerordentlich geschätzt bei der Kavallerie und allen sonstigen berittenen und bespannten Einheiten, und einige von ihnen errangen unvergeßlichen Ruhm unter ebenso unvergeßlichen Reitern. Schließlich bestand es die härteste Leistungsprüfung: es rettete nicht nur unzähligen Menschen unter schwersten Bedingungen das Leben – ja es fand sogar, völlig losgelöst von der heimischen Scholle, eine Nische innerhalb der westdeutschen und westeuropäischen Welt.

Das Ostpreußische Pferd wurde wieder ein Marktfaktor, allerdings wird ihm seit geraumer Zeit aus lauter Unverstand entweder häufig die Rolle eines »Salonlöwen« zugemutet, oder es soll um jeden Preis mit den jeweils einheimischen

91 Blank, in dessen interessantem Pedigree Godolphin Arabian (oder Godolphin Barb), Darley Arabian, Woodstock Arabian, St. Victor's Barb und Fenwick Barb auftauchen

Warmblutzuchten Schritt halten und den zum Teil reichlich übersteuerten »Turnier-Circus« mitmachen. Dabei wird – wiederum aus Unkenntnis – völlig übersehen, daß der Trakehner, wie man die Rasse der Einfachheit halber heute nennt, genetisch gesehen weit weniger »Hochsprunganlagen« aufweist, als z.B. der Holsteiner, der Hannoveraner, das Irische Pferd, der Cleveland Bay und der Hackney. Das liegt an der Tatsache, daß der Trakehner – allein schon aus geographischen, wie aus Gründen des seit zwei Jahrhunderten verfolgten Zuchtziels – in seiner Ahnenreihe kein Blut spanischer Pferde führt. Ein Blutanteil, der bei den westdeutschen und anderen vorher genannten Rassen durchaus vorhanden ist und damit das Erbteil einer »hohen Gangart« sowie die Fähigkeit der Vorfahren im Überspringen von Felsen weitergeben konnte.

Natürlich kann man nicht behaupten, daß der Trakehner generell nicht springen kann. Fast alle Pferde und Ponys können springen, aber es gibt eben grundlegende Unterschiede in der Manier. Hinzu kommt, daß die Anforderungen im Springsport geradezu unvernünftige Dimensionen erreicht haben, der *wahre* Reiter selten geworden ist und immer öfter den Charakter eines Piloten mit Rekordambitionen erkennen läßt. Hinzu kommt noch die immer mangelhafter betriebene Vorbereitung auf diese spektakulären Sportereignisse, ein Umstand, den kluge Pferde besonders übel nehmen. Nicht nur Rennen werden im Stall gewonnen!

Diese alte Weisheit scheint weitgehend vergessen worden zu sein. Außerdem haben zu wenige Menschen zur Zeit eine positive Einstellung für »gracious living«, und es ist kaum noch üblich, das eigene Dasein durch den Genuß des Umgangs mit einem guten Pferd zu bereichern und es dabei bewenden zu lassen. Schon bei Jugendlichen spielt die »Schleifensucht« eine wichtige Rolle, und dieser reiterlichen Weltanschauung wird vieles geopfert.

In keiner Weise kann man eine Warmblutzucht mit jener der Vollblüter vergleichen. Das Vollblutpferd ist nur auf eine Leistung als Rennpferd gezüchtet worden. Der Vollbluthengst (oder Stute) wurde niemals schon mit 2 ½ Jahren selektiv innerhalb einer größeren Ausstellung auf seine charakterliche Eignung, sein Exterieur hin oder nach sonstigen Gesichtspunkten beurteilt. Man hat dies mit gutem Grund deshalb nicht getan, weil es wohl eines sehr seltenen Genies sowie fast hellseherischer Fähigkeiten bedürfte, um schlüssig sagen zu können, wie dieser 2½jährige Hengst mit fünf Jahren – als ausgewachsenes Tier – aussehen könnte, in welchem Maße er dann die Merkmale einer unverwechselbaren Persönlichkeit erworben hätte, womit außerdem noch lange nicht feststünde, ob er die an ihn gestellten züchterischen Erwartungen erfüllen könnte. Man hat natürlich beim Vollblut andere Möglichkeiten der Beurteilung: Hengste und Stuten gehen bereits zweijährig unter dem Reiter, wobei Manieren, Reitpferdeeigenschaften und Handlichkeit gar nicht von Bedeutung sind. Diese Pferde sollen einzig und allein zeigen, ob sich

92 Coneyskins zeigt einen deutlichen Einfluß von Berberblut (1712)

das Blut anerkannter Ahnen bei ihnen durchgesetzt hat, das heißt, sie sollen auf der Rennbahn in der Konkurrenz untereinander beweisen, ob sie befähigt sind, in die Zucht aufgenommen zu werden. Auch hängt diese Entscheidung keineswegs von einem Rennen ab!
Im Unterschied hierzu kommen oft junge, kräftige, zum Teil viel zu triebig gefütterte, 2½jährige Warmbluthengste ohne ausreichende einschlägige Vorbereitung zu *einer* Kürveranstaltung. Hier in der Ausstellungshalle erleben sie – wie gesagt, völlig ohne in dieser Richtung trainiert zu sein – das für sie absolute Chaos grellen Lichtes, fremder Gerüche und einer für sie schier unerträglichen Geräuschkulisse. Da reißt nun ein Junghengst los, natürlich kennt er auch seinen Vorführer nicht; er tut genau das, was man von einem selbstbewußten Herdenführer erwarten muß; er versucht sich – und damit seine Herde – aus dieser für ihn unmöglichen Situation durch die Flucht zu befreien. Er folgt also seinem Urinstinkt.
Der Pferdefachmann heutiger Prägung dürfte jedoch kaum zu dieser Erkenntnis gelangen, er wird vielmehr Charaktermangel, schlechtes Benehmen usw. vermerken und damit schon ein Fragezeichen hinter die Katalognummer dieses Junghengstes setzen. Bei manchen Prüfungskanditaten wird dann der gebundene Schritt bemängelt – ein Blick auf die heimatliche Weide in gewohnter Umgebung würde oft zu gänzlich anderem Resultat führen! Oder es heißt von einem – wohlgemerkt 2½jährigen – Bewerber, »er sei im Rücken zu kurz«, »zu stramm in der Nierenpartie«, und schon glaubt man sicher zu sein, daß dieser

Junghengst ausgemustert werden muß. Gerade die Rasse der Trakehner leidet derzeit unter diesen üblich gewordenen Selektionsmodalitäten und steht möglicherweise besonders an einem Scheidewege, weil sie – ohne eigentliche Heimatprovinz – zu sehr darauf abgestellt wird, geltenden Modetrends zu genügen. Es hieße den einmaligen und unersätzlichen Wert 200jähriger züchterischer Arbeit aufs Spiel setzen, wenn man nicht erkennt und beachtet, daß man im Trakehner eine Spezialrasse vor sich hat. Pferdekenner mit tiefreichendem Wissen und züchterischer Intuition haben in jüngster Zeit wieder bewiesen, daß sich diese Rasse sogar dazu eignet, andere Zuchten zu veredeln – also zu verbessern. Man denke hier besonders an die einschlägigen Erfolge im Hannoverschen und Württembergischen Raum. Das ist der beste Beweis dafür, daß man sich um Konsolidierung und Bewahrung vorhandener Werte mehr kümmern müßte, als immerwährende Anpassungsversuche vorzunehmen und fragwürdigen Wunschvorstellungen nachzujagen. *Pferdekenner*, die die für die Zucht vorgesehenen Jungtiere von der Geburt an in geeigneten Abständen beobachten und den Züchter fachlich und sachlich fundiert beraten, können hier von großem Nutzen sein.

Es sei nochmals betont, daß das Trakehner Pferd seine Heimat verloren hat, ihm also sowohl naturgegebene einheitliche Lebensbedingungen als auch die Unterstützung landansässiger Bevölkerung fehle. Es hieße ein mühsam gerettetes europäisches Kulturgut zerstören, wenn man den Trakehner ständig in Konkurrenz zu anderen Rassen umzumodeln oder anzupassen versuchte. Man sollte vielmehr bemüht sein, geeignete Einsatzmöglichkeiten und Absatzmöglichkeiten zu erschließen, die seinen unübersehbaren Fähigkeiten und der bewiesenen Ausdauer gerecht werden. *Hier* bedarf es der Energie und kenntnisgestützter Überlegung in weit höherem Maße als bisher. Viele Probleme, die zumeist fachlich unzureichend informierte Zeitgenossen aufzählen, würden sich auf diese Weise von selbst erledigen.

Auch in Masuren, das nach dem Krieg von den Polen übernommen wurde, weidet wieder das alte ostpreußische Pferd. Trakehnen selbst war völlig zerstört und diente unter der sowjetischen Besatzung als Zuchtstation für schwere Pferde und Rinder. Vom polnischen Landwirtschaftsministerium bin ich zweimal zu einer offiziellen Besichtigung der Gestüte in ganz Polen und Ostpreußen – oder Masuren, wie es heute heißt – eingeladen worden. Die Polen, die jetzt die westliche Hälfte der Provinz verwalten, haben die alten Gestüte und Deckstationen wieder eingerichtet. Anstelle des Ostpreußen wird nun der Masure gezogen, auf derselben alten Blutbasis und mit dem gleichen Pedigree wie seine westlichen Artgenossen.

Polen gehört zu den klassischen Ländern der Pferdezucht, und die Polen selbst sind wahre Pferdeliebhaber. Vor weniger als 400 Jahren bestand der kleinste Stall in Polen aus mindestens 100–200 Pferden. Wenn sich ein polnischer Fürst auf Reisen begab, waren wenigstens

500–600 Pferde erforderlich, um das ganze Gefolge und alle bewegliche Habe zu transportieren. Und es gab in Polen, Litauen und Preußen auch noch viele Wildgestüte, worunter vielfach wirklich die echten Wild-Tarpane zu verstehen sind; in den übrigen Wildgehegen lebten domestizierte Pferde unter den gleichen Bedingungen wie Wildherden.

Das Land war unendlich groß und weit. Man kann, wie ich es 1958 und 1964 getan habe, auch heute noch manchmal 75 km durch eine endlose Landschaft fahren, ohne eine Menschenseele zu erblikken. Der Zweite Weltkrieg hatte viele Probleme mit sich gebracht; so waren z.B. die großen Güter und Privatgestüte völlig zerstört worden. Es hatte, wie es heißt, vor dem Krieg 3,6 Millionen Pferde in Polen gegeben. Bis 1961 allerdings war die Zahl trotz der schweren Verluste schon wieder auf 3 Millionen gestiegen.

93 The Byerley Turk, eine andere Rasse als Lonsdale Arabian und Grosvenor Arabian, aber wahrscheinlich von gleicher Rasse und gleichem Herkunftsland wie Lord Oxfords Dun Barb und Bloody Shouldered Arabian

Das Zentrale Polnische Staatsgestüt ist eines der größten der Welt mit 42 Hauptgestüten im Gesamtumfang von 88 000 Hektar, 3300 Zuchtstuten, 16 Deckstationen und 2500 Zuchthengsten. Darin enthalten sind auch die bei Kriegsende 1945 evakuierten und verwahrlosten deutschen Gestüte. In diesen staatlichen Gestüten standen zur gleichen Zeit 800 ostpreußische und 900 Posener Stuten. Viele Tiere wurden als Opfer der Kämpfe, die ihre heimatlichen Höfe oder Gestüte verwüstet hatten, hilflos aufgefunden, ohne Namen, Pedigree oder gar Papiere, und nur durch ihr Brandzeichen zu identifizieren. So habe ich 1958 ein Pferd fotografiert, sein Bild verschiedenen Züchtern im Westen vorgelegt – und seine Identität konnte festgestellt werden! Auf dieser Basis haben die Polen die Zucht ihrer Masuren und der Posener Pferde, die sie Wielkopolska nennen, aufgebaut.

Früher wurden jährlich Remonten in die Schweiz exportiert, aber da die Schweizer in den letzten Jahren gezwungen waren, ihre Kavallerieeinheiten aufzulösen, hat sich dieses Exportgeschäft inzwischen zerschlagen.

Am berühmtesten ist Polen vielleicht für seine Araber-Gestüte aus dem 18. und 19. Jahrhundert geworden: Sawran, Guminska, Slawuts-Chrestowka, das im Besitz des Fürsten Sanguszko war, Antoniny aus dem Besitz der Familie Potocki, die auch Schecken züchtete, Jarezowce, Jezupol, Jabłonowo, Jarzeze, Taurow und Pelkine, das dem Fürsten Czartoryski gehörte. Viele dieser Adligen importierten wertvolle Araberpferde aus Asien, vor allem aus Syrien. Der unerschrockenste unter ihnen war der legendäre Graf Waclaw Rzewuski, der sich selbst auf den Weg nach Damaskus machte und dort Standquartier nahm, während er nach erstklassigen Pferden Ausschau hielt. Die ersten der von ihm erworbenen Tiere gelangten auf Wunsch der Königin von Württemberg nach Weil. Laut Ammon hatte dieses Gestüt »nicht seinesgleichen in ganz Europa«. Zahlreiche andere von Rzewuski gekaufte vorzügliche Pferde wurden nach Polen geschickt.

Im Laufe des 18. Jahrhunderts führten verschiedene europäische Staaten immer wieder Krieg mit den Türken. Ungarn stand 160 Jahre unter türkischer Herrschaft. Als Folge der kriegerischen Auseinandersetzungen kamen zahllose orientalische Hengste nach Europa. So gelangten, wenn man Rzewuski glauben darf, nach einem dieser Kämpfe einmal 800 Hengste nach Polen und in die Ukraine.

Die Gestüte in Rußland waren ebenfalls sehr zahlreich, und der begüterte russische Adel wandte erhebliche Kosten auf, um arabische Hengste zu importieren. Fürst Sanguszko sandte einen Gestütsleiter selbst nach Syrien, wo dieser sechs teure und kostbare Araberhengste erwarb. Seit dem 19. Jahrhundert lag jedoch im europäischen Teil der Türkei die Pferdezucht so sehr im argen, daß bald nur noch sehr mittelmäßige Pferde angeboten werden konnten, die keineswegs reinrassig waren, sondern eine Mischung aus altem thrakischen, bulgarischem, griechischem und orientali-

94 The Princess, Gewinnerin der Oaks, 1844

schem Blut darstellten. Und solche Bastarde importierte man nach Europa!
Die Notwendigkeit, selbst Pferde von gleichem Körperbau und mit gleichen Eigenschaften zu züchten, war nun nicht mehr zu leugnen. Und aus diesem Gebot der Stunde heraus entwickelten sich durch sorgfältige Zuchtauswahl die modernen europäischen Rassen.
Janów Podlaski, etwa 200 km von Warschau entfernt am Bug in der Nähe von Brest gelegen, ist heute eines der größten Araber-Gestüte Europas. Es wurde im Jahre 1817 von Zar Alexander I. mit 100 Stuten und 55 Hengsten aus Privatgestüten gegründet. 1822 trafen die ersten Araberhengste ein, die von Graf Rzewuski beschafft worden waren. Zunächst züchtete man hier Vollblüter, stellte diese Zucht jedoch später wieder ein. Aus verschiedenen Gründen hat sich das Vollblut auf polnischem Boden nie besonders gut entwickelt. Dann spezialisierte man sich auf die Zucht des reingezogenen Arabers, des Halbblut-Arabers und auch des Anglo-Arabers.

Das Irish Draught-Pferd, dessen Herkunft noch mehr oder weniger im Dunkeln liegt, da bisher keine Unterlagen darüber gefunden werden konnten, ist entfernt verwandt mit dem spanischen

Pferd, dessen Zucht wir schon an anderer Stelle behandelt haben. Bei den ersten Eintragungen im Stutbuch des Irish Draught-Pferdes handelt es sich um holländische Namen, doch ist es unmöglich, zu sagen, ob ihre Träger tatsächlich von friesischen oder spanischen Importen abstammten.

Aus dem Band I des Stutbuches geht hervor, daß infolge der seit frühester Zeit zwischen Spanien und Irland bestehenden engen Beziehungen viele Pferde, vermutlich Spanier (Andalusier), aber möglicherweise auch Villanos, importiert wurden. In Ermangelung anderer Erklärungen für den schwerrahmigen und starkknochigen Typ ist es sicherlich berechtigt, seine Ursache bei den Villanos zu suchen.

Das Connemara-Pony[16] ist von jeher in Irland heimisch gewesen. Als Gebirgs- und Moorlandpferd war es robust, widerstandsfähig und kräftig, doch, wie ich meine, nicht kräftig genug, um für den Knochenbau des Irish Draught-Pferdes allein verantwortlich zu sein. Das Irish Draught-Pferd besaß, nebenbei bemerkt, einst das typische Exterieur des Cobs[17] und war sehr viel kurzbeiniger, als wir es heute kennen. Die Heranbildung der längeren Röhren dürfte mit dem berühmten Kalkboden der »Grünen Insel« zu erklären sein, und außerdem wird sicherlich auch die Notwendigkeit, ein robustes Packpferd zu erhalten, zu einer in gewisser Weise selektiven Züchtung geführt haben. Bedauerlicherweise haben die Iren selbst die Zucht so unfachmännisch betrieben, daß das Irish Draught-Pferd zunächst ein reines Zufallsprodukt war. Doch was die Aktivität, die Aktion und das konvexe Profil betrifft, läßt sich meiner Ansicht nach der Einfluß des spanischen Pferdes nicht leugnen. Die erste Kreuzung zwischen dem Irish Draught-Pferd und dem Vollblüter – eine Rückkreuzung der Gene? – brachte den besten Hunter der Welt hervor, ein Pferd mit Mut, Stehvermögen und Springtalent. Diese Eigenschaften erwiesen sich später, als Springpferde sich immer größerer Beliebtheit erfreuten, als außerordentlich wertvoll. Nach dem ersten Kreuzungsversuch mit dem Vollblut, der ein so vorzügliches Ergebnis gebracht hatte, wurden noch zwei weitere Kreuzungen vorgenommen, die allerdings, wie es heißt, weniger zufriedenstellende Resultate lieferten. Das Irish Draught-Pferd war und ist niemals ein schweres Wagenpferd und hat keine Beziehung zu den schweren Zugpferdrassen. Es ist ein Kutschpferdtyp von ungefähr 165 cm Widerristhöhe, besitzt solide Knochen und Sprunggelenke, und die Schimmelfarbe ist die bevorzugte Fellfarbe.

Vor dem Ersten Weltkrieg und zwischen den Kriegen gelangten Pferde aus Ostpreußen per Schiff nach Irland. Es gab einen beträchtlichen Skandal, als bekannt wurde, daß Einjährige aus der Hannoveraner Zucht nicht gebrannt, mit anderen Worten: nicht der Stut-

[16] Siehe Daphne Machin Goodall und A.A. Dent, The Foals of Epona.

[17] Graf Lehndorff, Ein Leben mit Pferden.

95 Eine Cleveland Bay-Stute, deren Mutter von dem ersten Harpham Turk stammte. Gemalt von Dally of York um 1790

buchkommission zur Prüfung und Eintragung in das Deutsche Stutbuch gemeldet worden waren. Ohne Brandzeichen hatte man sie nach Irland verschifft. Man fragt sich, wie viele Irish Hunter wohl auf dem europäischen Festland gezogen werden!

Es gibt keinen Grund, warum junge Pferde, die nicht in Irland gezüchtet wurden, nicht auf irischen Weiden *aufgezogen* werden sollten, und es ist vielleicht Haarspalterei, darüber zu streiten, ob ein Pferd von nicht-irischer Herkunft, das als Einjähriges nach Irland kam und seit vier Jahren dort weidet, »irisch« genannt werden darf oder nicht. Immerhin liegt aber hier die Erklärung dafür, daß es bisher unmöglich war, ein Stutbuch für Warmblüter zu schaffen, und daß die berühmten irischen Hunter und Springpferde keine eigentliche Rasse – die sie sehr wohl sein könnten – geworden sind.

Die Frage des Stutbuchs hat sich, glaube ich, inzwischen erledigt.

Es wird immer wieder nachdrücklich behauptet, daß, als im sechzehnten Jahrhundert die spanischen Konquistadoren die Neue Welt eroberten, weder in Nord- noch in Südamerika Pferde gelebt hätten. Das mag sein. Die Erfahrung hat mich allerdings gelehrt, daß man solchen allgemeingültigen Behauptungen stets mit einer gewissen Skepsis gegenübertreten muß. Die beiden amerikanischen Subkontinente haben gewaltige Ausmaße, und neue Entdeckungen scheinen darauf hinzuweisen, daß das seltsame Pferd mit dem großen Kopf, *Onohippidium*, noch die südamerikanische Pampas durchstreifte, als die Pferde aus Europa ins Land kamen. Und die fossilen Knochen- und Huffunde deuten offensichtlich darauf hin, daß diese Spezies erst in jüngerer Zeit ausgestorben ist.

Die Herkunft des Haiti-Ponys ist also immer noch von Geheimnissen umwittert. Handelt es sich um eine alte Linie oder um den Nachkommen der vor fast 450 Jahren mit den spanischen Eroberern nach Amerika gelangten Pferde? Die Schwierigkeit, diese Frage zu klären, liegt nicht darin, herauszufinden, welche Rassen die Spanier mitgenommen haben, sondern festzustellen, wie viele Pferde auf den beiden amerikanischen Subkontinenten und auf den Inseln in der Karibik gelandet sind! Wie ich erfahren habe, lagert in den Bibliotheken von Mexico City noch eine Unmenge ungesichteten und somit auch bisher unveröffentlichten Materials.

Bernal Diaz del Castillo, der zum Redigor von Guatemala ernannt worden war, schrieb als alter Mann die Geschichte über die Eroberung von Mexiko[18]. Hier, soweit es für uns von Belang ist, seine Beschreibung:

»Cortes hatte einen schwarzbraunen Hengst, der nachher in S. Juan de Ulloa krepirt ist.

Pedro von Alvarado und Hernando Lopez von Avila besaßen gemeinschaftlich eine vortreffliche braune Stute, die für Ritter-Spiel und ernsten Kampf dressiert war. Nach unserer Ankunft in Neu-Spanien kaufte Pedro von Alvarado dem Lopez seinen Antheil daran ab, oder setzte sich mit Gewalt in den Besitz davon.

Alonso Hernandez Puertocarrero hatte eine Grauschimmel-Stute, ein sehr gutes Streitroß, das ihm Cortes für die goldenen Borten seines Galla-Kleids angeschafft hatte.

Von gleicher Farbe war die Stute von Juan Velazquez von Leon, ein gewaltiges Thier, voll Feuer und Kampflust, das wir nur den Stumpfschwanz nannten.

Christobal von Oli hatte ein dunkelbraunes, recht wackeres Roß; Francisco von Montejo und Alonso von Avila gemeinschaftlich einen Hellfuchsen; er taugte aber nicht viel für den Kriegsdienst.

Das Roß von Francisco von Morla war gleichfalls ein dunkler Brauner, ein hitziges Thier, und ein gewaltiger Läufer.

Der Hellbraune von Juan von Escalante war nicht viel werth.

Auch der Grauschimmel von Diego von Ordas, eine Stute, die nie werfen wollte, war ein schlechter Läufer. Gonzalo Dominguez hingegen hatte einen kleinen schwarzbraunen Klepper. Ein vortreffliches Thier und ein gewaltiger Renner.

Auch der Braune von Pedro Gonzalez von Truxillo lief recht gut.

Moron, der aus Vaimo gebürtig war, hatte einen muntern, wohl zugerittenen Falchen.

Vaema, aus Trinidad, einen Rappen-Falchen, der nicht viel taugte.

Dafür war des Lares Klepper, von hellbrauner Farbe, ein desto besseres Thier und ein vortrefflicher Läufer.

Der Musicus Ortiz und ein gewisser Bartolome Garcia, welcher sich auf den Betrieb von Gold-Gruben legte, hatten gemeinschaftlich einen vorzüglichen

[18] Diaz, Historia Verdadera de la Conquista de la Nueva Espana.

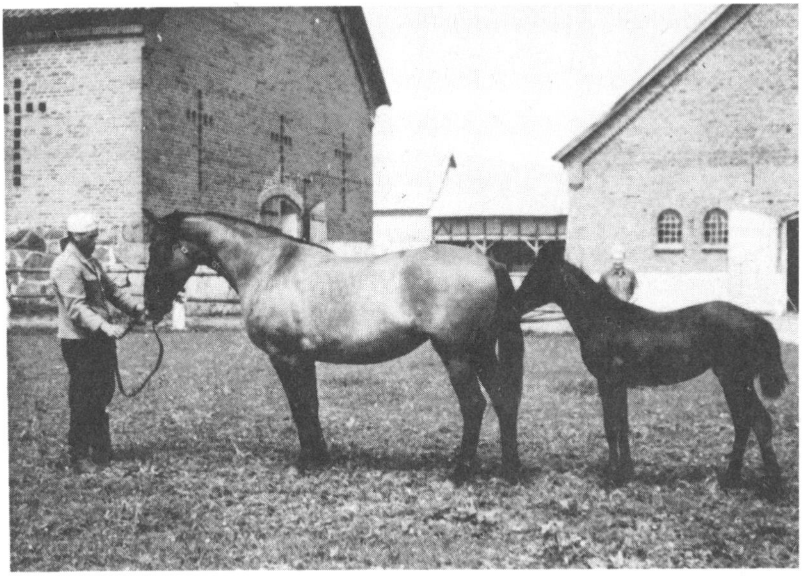

96 Die Stute ist die Tochter eines Tarpanhengstes und einer Ostpreussin, ihr Fohlen aus einem Vollblut (Aufgenommen in Masuren, Polen)

Rappen, den sie nur den Arriero (den Maulthiertreiber) nannten. Es war eins der besten Pferde in unserem ganzen Corps.

Juan Sedeño, aus der Havanna, nahm eine Braun-Stute mit, die an Bord geworfen hat. Dieser Sedeño galt für den reichsten Mann auf der ganzen Flotte; denn er hatte ein eigenes Schiff, ein Pferd, und einen Neger bei sich, und seine eigene Ladung von Cassaven-Brot und eingesalzenem Fleische.«

Von den Indianern wird berichtet, daß sie zu den spanischen Eroberern gesagt hätten: »Ihr bringt jene Tiere mit, die unsere Väter kannten.« Das kann sich entweder auf die noch junge Erinnerung an die in Amerika lebenden Pferde oder aber auf eine viele Jahrtausende alte Überlieferung beziehen – die Indianer sind asiatischer Herkunft mit europäischen und mongolischen Ahnen. Ihr Lebensstil hatte, zumindest bis die spanischen Neuankömmlinge daran gingen, ihn zu zerstören, vielerlei mit dem jener Steppennomaden, von denen in den ersten Kapiteln dieses Buches die Rede ist, gemeinsam. Das bedeutet die Kontinuität einer Lebensform über einen Zeitraum von zwei – oder gar noch mehr – Jahrtausenden hin. Die Indianer bewiesen übrigens in sehr kurzer Zeit, daß sie *geborene* Reiter waren.

Die Farbe von *Onohippidium* kennen wir nicht; doch die Farben des Haiti-Ponys – Rotschimmel/Rotfuchs (in der Liste des Bernal Diaz de Castillo tauchen zwei Füchse auf) – sind charakteristisch für einen Primitivtyp. So gibt es auch beim primitiven Sorraia Rotschimmel und Rotfalben. Kopf und Profil des Haiti-Ponys sind dem Kopf und Profil mancher der halbwilden Sorraias sehr ähnlich. Meiner Meinung nach besteht eine eindeutige Ähnlichkeit zwischen diesen beiden Pferden, womit ich allerdings die Eigenständigkeit des Haiti-Ponys weder bestätigen noch verneinen will. Dieses Pony kann sowohl eine alte, prähistorische Spezies als auch – wie die Ponys auf Sable Island im Atlantik – die lebende Linie einer vor 450 Jahren nach Amerika eingewanderten Rasse (eine Linie, in die seit vielen Jahrhunderten kein fremdes Blut eingekreuzt worden ist) verkörpern.

Der südamerikanische Criollo ist ganz sicher ein Nachkomme von Sorraia, Garranos und Spanischem Pferd. Bei seinem Anblick wird man unwillkürlich an die alten Cowboylieder von »Zebra Dun« und »Strawberry Roan« erinnert[19].

Im Register de la Sociedad Rural Argentina gibt es nicht weniger als 95 eingetragene Criollo-Farben. Die argentinischen Criollos unterscheiden sich im Körperbau nur sehr geringfügig von ihren Namensvettern aus Brasilien und Chile. Die meisten aller Criollos haben ein entweder gerades oder leicht konvexes Profil. Doch im Gegensatz zum mehr oder weniger einheitlichen Körperbau scheint es Unterschiede im Gewicht zu geben, wobei der schwerere Typ auf Villanos-Blut in den Adern einiger der damals aus Europa in die Neue Welt gebrachten Pferde schließen läßt. Der schwerere Criollo ist dem Cob, der einst in Europa gebräuchlich, aber wohl nicht in großer Zahl vorhanden war – er wird von früheren Autoren nur hier und da erwähnt –, durchaus nicht unähnlich. Wie beim Cob und den spanischen Vorfahren des Criollo handelt es sich auch beim Criollo selbst um ein Allroundpferd, ideal zum Reiten über lange Distanzen, als Cowpony und im Geschirr.

In den USA finden wir heute eine ganze Anzahl Rassen und Farb-Linien, die ihre Herkunft den schon im sechzehnten Jahrhundert nach Amerika gelangten Vorfahren verdanken. Die Nachkommen dieser von den Spaniern mitgeführten und später eingeführten Pferde wurden mit später importierten europäischen Rassen, z. B. dem Andalusier und dem Norfolk Roadster, dem Vollblut und natürlich auch dem Araber, gekreuzt. Durch selektive Zucht sind innerhalb der letzten 200 Jahre neue Linien wie der Morgan, das Quarter Horse (das ein *Viertel*meilen-Sprinter war), der Narragansett-Pacer, das Tennessee-Walking-Horse und das American-Saddle-Horse entstanden.

Zur gleichen Zeit, wie diese erstklassigen Reitpferde entstanden, nämlich gegen Ende des 18. Jahrhunderts, kamen auch die ersten Vollblutrennpferde von Großbritannien nach Amerika. Die älteste Rennbahn der Vereinigten Staaten wurde 1827 errichtet. Der erste Versuch eines Stutbuches ist dann 1867 mit der Veröffentlichung von Wallace's American Stud Book Volume I unternommen worden.

Viele Rennbahnen sind Sandbahnen, eine Tatsache, die die Zucht von Sprintern begünstigt, was wiederum der Forderung nach früh reif werdenden Pferden

[19] J. Frank Dobie, Mody C. Bodright und Harry H. Ranson, Mustangs und Cowhorses.

97 Eine Zuchtstute unserer Tage: Tuppenny II, von Toddhurst (Mossborough) aus einer irischen Stute namens Penny, hier mit ihrem sechs Wochen alten Fohlen aus Grand Roi (Charlottesville); fotografiert 1972

entspricht. Die Rennen werden stets gut besucht; es gibt ein großes rennbegeistertes Publikum in den USA.

Zwar hat man viele unschlagbare Pferde züchten können, doch bleibt – wie auch bei den Reitpferdrassen – abzuwarten, welchen Einfluß die großen in Amerika gezogenen Vollblüter, die mehr wegen ihrer Schnelligkeit als wegen ihres Stehvermögens geschätzt werden, auf die kommenden Rennpferdgenerationen bzw. auf die Entwicklung künftiger Linien nehmen werden.

Der American Standardbred-Trotter hat sich aus fünf Blutgrundlagen entwickelt: dem Vollblut, dem Norfolk-Trotter, dem Araber/Berber, dem Morgan (der wahrscheinlich etwas original spanisches Blut besaß) und den Pacers, die selbst zu verschiedenen Rassen gehörten. Obgleich immer nur vom »Traber« gesprochen wird, gibt es auch Paßgängerlinien des American Standardbred und dementsprechend auch Rennen für Traber und für Pacer.

1893 schrieb Sanders: »Es ist nicht wahr, daß wir eine besondere Rasse von Wagenpferden haben. Diese Pferde, die wir als leichte Zugpferde, zum schnellen Traben usw. benutzen, sind meist eine Mischung vieler Rassen und Typen.«

Ein Punkt, der inzwischen allgemein akzeptiert zu sein scheint, ist die Begründung des American Standardbred, dessen besondere Eigenschaft entweder der Paßgang oder der Trab ist – und weder die eine noch die andere Gangart gilt als natürliches Merkmal der Equiden –, durch den importierten Vollbluthengst Messenger von dem großen schimmelgrauen Pferd Mambrino, Sohn des Engineer von Sampson von Blaze, einem Urenkel des Darley Arabian. Nicht, daß die Tatsache, ein Urenkel des berühmten Darley Arabian zu sein, von besonderer Bedeutung für die Zucht wäre; es gibt keine wie auch immer gearteten Beweise dafür, daß Erbfaktoren des Urgroßvaters auf die Urenkel übergehen. Einige mögen vielleicht *tatsächlich* übertragen werden, andere dagegen nicht. Aber es handelt sich immerhin um eine interessante Frage, die, soviel ich weiß, von der Wissenschaft bisher leider noch nicht zufriedenstellend erforscht und beantwortet worden ist.

Von Flying Childers, dem Vater von Blaze, wurde »allgemein angenommen, daß er das schnellste Pferd, das in diesem oder irgendeinem anderen Lande ausgebildet worden ist, war.« Sampson führte unter anderem Blut von Brownlow Turk, Rutland Black Barb, Curwen Bay Barb und Lister Turk. So war es vielleicht vor allem Berberblut, das für die großartigen Traber der Zukunft verantwortlich werden sollte (s. S. 189 über den Berber).

Auch Bellfounder, der wundervolle Norfolk Roadster, wurde 1823 in die USA importiert. Er wurde gezogen (wie ein zeitgenössischer Bericht festhält) »von diesem berühmten, schnellen und hochgebauten Old Bellfounder aus Velocity von Haphazard, von Sir Peter aus Miss Hervey von Eclipse; die Großmutter war von gutem nordischen Landblut, aber kein Vollblut. Velocity trabte auf der Straße nach Norwich 1806 16 Meilen in einer Stunde. Sie fiel fünfzehnmal in Galopp, und so oft sie auch gewendet werden mußte, sie gewann das Match. 1808 trabte sie 28 Meilen in einer Stunde und 47 Minuten. Bellfounder trabte im Alter von fünf Jahren zwei Meilen in sechs Minuten, und in dem darauffolgenden Jahr wurden 200 Guineen darauf gesetzt, daß er 9 Meilen in 30 Minuten traben würde, was er mit Leichtigkeit um 32 Sekunden unterbot.«

Das Blut all dieser Pferde vereinigte sich schließlich in dem 1849 geborenen Hambletonian 10 oder Rysdyk's Hambletonian, einem großen Pferd mit Senkrücken, dessen kraftvolle Hinterbacken nicht zu derselben Hinter- und Vorhand zu gehören schienen. Seine Mutter, von Bellfounder, hatte sich offensichtlich so schwer verletzt, daß ihr das Ende im Schlachthaus drohte. Ein Mann, der entdeckt hatte, daß sie von einer Stute namens One Eye, die sein Vater bewundert hatte, gefohlt worden war, kaufte dieses verkrüppelte Tier und paarte es mit einem damals 28 Jahre alten häßlichen Hengst namens Abdallah, der einen besonders bösen Charakter besaß und dessen Großvater kein Geringerer als der große Messenger war. Niemand weiß, wer für den schlechten Charakter des armen Abdallah verantwortlich gewesen ist; auf jeden Fall war aber eben dieser schlechte Charakter letztlich verantwortlich für Abdallahs erbärmliches Ende. Im folgenden Frühjahr, 1849, fohlte die verkrüppelte Stute ein Hengstfohlen mit struppigem Fell. Rysdyk, der für ihren Besitzer arbeitete, kaufte sie ihm für 125 Dollar auf Kredit ab – und so fanden Stute und Fohlen ein Heim bei jemandem, der offensichtlich einen Blick für Pferde besaß. Und zu welch großartigem Pferd ist Hambletonian geworden!

Der arme Abdallah zertrümmerte den Wagen seines Besitzers, eines Fisch-

händlers, der daraufhin befand, daß das Pferd sein Futter nicht mehr wert sei, und es an der Küste von Brooklyn aussetzte, wo es elend verhungerte.
Der Standardbred-Trotter hat viel Mut und Stehvermögen und ein im allgemeinen freundliches Temperament. Die Tiere wurden anfangs als leichte Arbeits- und Wagenpferde benutzt, und die ersten Traber traten in ihren Rennen unter dem Sattel auf, wie es auch in Holland und Großbritannien üblich war, wobei allerdings einschränkend gesagt werden muß, daß der Norfolk Roadster in England sowohl unter dem Sattel als auch vor sehr hohen, leichten Wagen, den Vorläufern der heutigen Sulkys, lief. Gegen Ende des vergangenen Jahrhunderts wurden die Sulkyrennen dann auch jenseits des Atlantischen Ozeans populär. Der Standardbred-Trotter wird überall in den USA und Kanada gezogen, doch anerkannter Mittelpunkt der Zucht ist Kentucky mit seinen hervorragenden Weiden.
In Deutschland faßte der Trabsport, und mit ihm die Traberzucht, erst relativ spät Fuß, genauer gesagt vor rund einhundert Jahren, als 1874 der Hamburg-Altonaer Renn- und Trabclub gegründet wurde. Zunächst verwendete man Orlowhengste und -stuten; nach 1942 sind allerdings keine weiteren Orlowstuten mehr im Stutbuch eingetragen. Es gibt eine deutliche Unterteilung in reinrassige und Halbblut-Traber. Man importierte sowohl amerikanische als auch französische Traber, und die heutigen Haupttraberlinien basieren auf den amerikanischen Rassen.
Wie schon vor 200 Jahren bei den Trabern üblich, wird auch heute noch der Wert eines Pferdes an seinen Rekorden gemessen. Es gibt in der Bundesrepublik Deutschland verschiedene große Gestüte und darüber hinaus auch unter den Landwirten Besitzer von ein oder zwei guten Stuten. Und ebenso wie bei der Zucht vieler Warmblüter in Deutschland ist es im Grunde gerade diesen Landwirten und ihren Stuten zu verdanken, daß das Traberpferd ein derartiges Potential an Stehvermögen, Widerstandsfähigkeit, Langlebigkeit und gutem Charakter besitzt. Die Traberstute Miss Benton legte die 750 km lange Strecke von Berlin nach Totis in Ungarn in 110 Stunden und 22 Minuten zurück[20].
Wie ich schon angedeutet habe, stellen Traber das beste Material für die Zucht von Turnierspringpferden. Eines der international bedeutendsten Turnierpferde war die Stute Halla von dem Traberhengst Oberst, die später Zuchtstute wurde.
Die Schöpfung einer neuen Rennpferdrasse aus importierten Orientalischen und nordafrikanischen Hengsten sowie bodenständigen und königlichen Stuten vor, unter und nach Regentschaft Karls II. von England war eine züchterische Meisterleistung. Der Entwicklungsprozeß, an dessen Ende ein vollendeter Pferdetyp stand, der später den Namen Vollblut erhielt, sollte sich über Jahrhunderte erstrecken.

---

20 Handbuch der Tierzüchtung, Band 3 (Ensminger & Uppenborn).

Sowohl die britischen Könige als auch das einfache britische Volk hatten von jeher Freude am Pferderennsport. Sie verfolgten die in der frühen britischen Geschichte veranstalteten Wagenrennen mit der gleichen Begeisterung wie die späteren Wettkämpfe, bei denen Rennpferde gegeneinander antraten. Im sechzehnten Jahrhundert gelangte die Zucht dieser Rennpferde zu neuer Bedeutung. J.P. Hore schreibt[21]: »Im Frühling des Jahres 1514 wurde Giovanni Ratto vom Herzog von Mantua mit Vollblutpferden, die er Heinrich VIII. zum Geschenk machte, an den englischen Hof gesandt. Von diesem und weiterem Zuchtmaterial stammten aller Wahrscheinlichkeit nach viele englische Rennpferde des sechzehnten Jahrhunderts ab.«

Die Pferde wurden dem König am 20. März überreicht, »an einem Ort namens Hampton, vier Meilen von London entfernt«. Und der König war entzückt, er ging von Edelmann zu Edelmann und fragte: »Was haltet Ihr von diesen Stuten?« Er staunte, als er die Stuten in Aktion sah, und erklärte, daß er niemals bessere Pferde erblickt hätte. Der französische Herzog von Longueville versicherte, daß sein Herr, der König von Frankreich, keine so wertvollen Stuten besäße. Ich halte es für wichtig, hier noch einmal besonders darauf hinzuweisen, welchen *Wert* diese mantuanischen Stuten als Blutgrundlage, auf der sich die neue Rasse entwickeln sollte, besaßen.

Ratto berichtete Heinrich VIII., daß der Herzog auch ein Gestüt mit Berberstuten und Ginetas sowie großen Stuten, die er dem König anbot, besaß. »Während des Gesprächs war die Königin anwesend, was Ratto veranlaßte, die Künste des ›Hellen Braunen‹ in spanischer Manier vorzuführen«, eine Darbietung, die alle Anwesenden mit Bewunderung erfüllte. Nach Rawdon Brown ist dieses Tier auch im *Fioretto delle Chroniche di Mantova* erwähnt worden. Es war ein mantuanisches »Berber«- oder Rennpferd, und man hatte dem Herzog bereits das Gewicht dieses herrlichen Hengstes in Silber geboten. Der Herzog jedoch zog es vor, das Pferd dem englischen König zum Geschenk zu machen. Der König ließ den Herzog seine Freude über diese Geschenke wissen, »da die Pferde nicht nur schön, sondern von nicht zu überbietender Vortrefflichkeit« waren, und er fügte hinzu, daß er nie zuvor ein Pferd geritten habe, das ihm mehr als Governatore gefallen hätte. Später wurden noch mehrmals Zuchtexemplare mantuanischer Pferde als Ergänzung des königlichen Gestüts nach England gesandt, und im Austausch gingen meist englische Jagdhunde und gewöhnliche Pferde nach Mantua. Auch der Herzog von Urbino schenkte einen Hengst, der von Kardinal Wolsey, einem großen Pferdeliebhaber, geritten wurde. Wolsey war übrigens sehr energisch um die Verbesserung der Pferderassen im England jener Tage bemüht.

1515 sandte Ferdinand von Aragón, Kö-

[21] History of Newmarket and Annals of the Turf, 1885.

29 In Westercelle werden 2½jährige Hannoveraner Hengste trainiert. Hier sieht man einen jungen Hengst bei der Geländeprüfung

30 Der Trakehner-Hengst Abglanz, der viel Einfluß auf die Zucht der Hannoveraner gehabt hat

31 Englische Vollblutpferde bei einem Rennen in Newmarket, England. Gemälde von Sir Alfred Johan Munnings »Under Starter's Orders«

nig von Spanien, zwei exzellente Pferde mit kostbaren Schabracken *regio ornatu*.
Im Jahre 1519 sandte Heinrich VIII. Sir Gregory de Cassalis nach Bologna, um dort die besten Pferde, die in Spanien und Italien zu finden waren, zu kaufen. Sir Gregory suchte den Herzog von Ferrara auf, der ihm sein Gestüt zeigen ließ. Wie es scheint, entsprachen die Pferde nicht dem geforderten Niveau, doch wurden zwei von ihnen ausgewählt: »aus der Zucht der Herzogin Isabella von Mailand.« Nun schrieb der Herzog an den englischen König und entschuldigte sich für die geringe Auswahl, »aber die Pferdezucht in diesem Land hat sehr nachgelassen«, in nur fünf Jahren!
In Eltham, dem Hauptgestüt des Königs, standen – im Jahre 1510 – Corseri, junge Pferde, Hengste, Wallache, zwei Pirschpferde, Rennpferde, Berber: insgesamt 86 Tiere. Die Chronik berichtet weiter, daß »Paris eintraf mit Pferden (wahrscheinlich aus Fontainebleau): einem Geschenk, bestehend aus sechs cortalles (spanische Pferde), zwei Türken, einem Berber, zwei Ginetas, einem Corseri und zwei kleinen Maultieren ...«
1526 machte Heinrich VIII. dem französischen König Franz I. achtzehn Pferde zum Geschenk, was erkennen läßt, daß die Zucht in Hampton erfolgreich war. Im Juni 1530 wurden aus der Privatschatulle des Königs 57 £ 17 s 4 d bezahlt, um drei Pferde, zwei Männer und einen Knaben von Mantua nach England zu bringen, und Hore ergänzt, daß Zuchtexemplare dieser Linie auch nach Spanien gesandt worden sind. Um 1539 erhielt Heinrich VIII. 25 wunderschöne spanische Pferde von dem spanischen König Karl V.
Königin Elisabeth I. von England wurde zur großen Schutzpatronin des Turf. Ihre eigene Rennanlage befand sich in Greenwich, wo auch die Berberpferde standen. Etwa 40 Tiere wurden hier mit zwei Jockeys gehaust. Elisabeth sorgte für die Verbesserung der königlichen Gestüte; wahrscheinlich kamen auch ihre eigenen Pferde nach Greenwich und nahmen dort an Rennen teil, und sicherlich wohnte die Königin selbst allen Rennveranstaltungen bei. Es gab außerdem Rennbahnen in Salisbury, Doncaster, Huntingdon, Croydon, Richmond (Yorkshire), Carlisle und Chester. »Unter der Regentschaft von Königin Elisabeth fanden Rennen in einem solchen Umfang statt, daß sie so manchem zum Verhängnis wurden.« Die Rennpreise waren Silberglocken, von denen eine heute noch in Carlisle zu sehen ist. In Schottland wurden Pferderennen etwa ab 1522 populär.
Beim Durchblättern der Annalen kann man sich des Eindrucks nicht erwehren, daß Pferdezucht und Pferderennen den Hauptzeitvertreib der Stadt- und Landbevölkerung Englands bildeten, und die oft wiederholte Behauptung, die im 18. Jahrhundert importierten Orientalischen Pferde hätten die Linie des Vollbluts *begründet*, klingt unter solchen Umständen recht töricht!
Jervis oder Jervase Markham, der als Autor in Reiterfragen die Nachfolge von Thomas Blundeville antrat, empfahl im Jahre 1599 den Courser of Arabia als den idealen Hengst zur Zucht für den Turf,

einen Araber schlechthin, von dem er schreibt: »dessen Kleid Ihr, könntet Ihr ihn im Sommer sehen, entweder für changierende Seide oder für Gold halten würdet.« Dieses Pferd war von Angelica[22] aus über Konstantinopel auf dem Landwege durch Deutschland und per Schiff nach England gelangt. Ein wirklich ausgezeichnetes Pferd, das Kraft und Ausdauer an seine Nachkommen weitergegeben haben dürfte.
Markham erörtert die Ausbildung und Fütterung der für Rennen gezüchteten Pferde, »die wir gewöhnlich Rennpferde nennen«, und stellt Steepler und Renner einander gegenüber. Und das Brot, mit dem Pferde damals gefüttert wurden, kostete nur einen Penny für einen »guten, großen, weißen Laib«!
Jakob I. von England erwarb von Zeit zu Zeit einige Vollblüter von orientalischem Blut. Das bemerkenswerteste und zugleich eines der ersten der unter dieser Regentschaft erwähnten Pferde war Markham, den der König für £ 154 erstanden hatte (ob es sich hierbei allerdings um den Araber handelte, der Jervis gehörte, wissen wir nicht).
Der Herzog von Newcastle sagte von diesem Tier: »Er war ein *Brauner,* doch ein *kleines* Pferd und nichts *Besonderes* von *Gestalt;* denn ich habe *viele englische* Pferde gesehen, die weit *schöner* waren ... und als *Renner* ausgebildet, konnte ihn im *Lauf* jedes andere Pferd *schlagen.*«
Auch König Jakob I. erhielt aus Neapel »ein Dutzend prächtiger Stuten, alle mit Fohlen, vier Pferde und 11 Hengste, sämtlich Neapolitanische Corseri«. Diese Tiere kamen nach Greenwich, während ein Dutzend Berber, das 1617 in England eintraf, auf die königlichen Koppeln in Newmarket geschickt wurde. Königin Anna bekam von ihrem Schwiegervater, dem König von Dänemark, zwölf Stuten, die nach Byfield Park gingen.

So gelangten innerhalb weniger Jahre sowohl Neapolitaner als auch dem Typ, der die Grundlage für das spätere Frederiksborger Gestüt bilden sollte, ähnliche Pferde in die königlichen Ställe, in denen Rennpferde gezüchtet wurden.
Im Jahre 1623 wurden an den Prince of Wales, Heinrich den älteren Bruder des späteren Königs Karl I., aus Spanien 30–35 Pferde als Geschenk geschickt. Heinrich starb früh, doch während seines kurzen Lebens zeichnete er sich als begeisterter Reiter und als Züchter von Rennpferden aus.
In Ickles in Yorkshire besaß die Familie Reresby ein beachtliches Gestüt.
Während der Regierungszeit Karls I. wurden die englischen Pferde in Frankreich außerordentlich geschätzt. Der französische Marschall Bassompierre berichtet aus dem Jahre 1626, daß der Hof in Fontainebleau gewöhnlich um große Summen spielte und man die Jetons *Quinterots* nannte, weil sie mit der gleichen Geschwindigkeit von Hand zu Hand gingen, mit der, *wie bekannt war, die englischen Pferde liefen;* und nach dem Mann, der sie ein Jahr zuvor nach Frank-

[22] Angelica soll in Arabien liegen, konnte aber nicht lokalisiert werden.

reich gebracht hatte, hießen diese englischen Pferde *Quinterots.*

Nach der Hinrichtung König Karls I. fiel das königliche Gestüt in Tutbury in die Hände von Cromwells Leuten, und man erstellte eine Liste der vorhandenen Pferde[23]. Danach gab es dort 23 Stuten mit Fohlen, 15 Stuten von vier und mehr Jahren, 16 dreijährige Hengste und Stuten, 17 Zweijährige und 22 Einjährige sowie weitere 23 Pferde, die vier Jahre und älter waren – alles in allem 139 Pferde. Fünf der aufgeführten Pferde haben den Namen Morocco, und Hore meint, daß viele der Tiere von den Digby- und Villiers-Arabern und einige wohl auch von den berühmten Arabern Sir John Fenwicks abstammten. Eines der Pferde trägt den Namen Sorrell Fenwick. Man möchte annehmen, daß sowohl die fünf Moroccos als auch Sorrell Fenwick Berberpferde waren. Ich habe zwar schon eine ganze Reihe Araber mit untypischen Merkmalen gesehen, erinnere mich jedoch nicht, jemals auf stichelhaarige Rotschimmel gestoßen zu sein – vorausgesetzt, hier ist nicht die Fuchsfarbe des Arabers gemeint, während die angegebene Rotschimmel-Färbung für den Berber durchaus nicht ungewöhnlich wäre.

Das häufige Auftauchen des Wortes Barb für ein schnelles, d. h. ein Renn-Pferd, in den Chroniken des sechzehnten und siebzehnten Jahrhunderts scheint nicht immer und überall zu bedeuten, daß das Pferd, auf das hingewiesen wird, tatsächlich ein Berber war. Mir drängt sich dabei eher der Gedanke auf, daß der Begriff Barb ganz generell auf jedes schnelle Pferd angewandt wurde, weil die Berber allgemein für ihre Schnelligkeit und Ausdauer berühmt waren (Barb = Pfeil).

Unter solchen Umständen ist es beinahe unmöglich, zwischen den Linien der Berber- und Araberpferde zu unterscheiden. Wahrscheinlich bediente man sich der Nomenklatur in beiden Fällen mehr oder weniger wahllos, wobei auch keine geographische Unterscheidung zwischen Nordafrika (wo die Beduinen jedenfalls sowohl reinrassige als auch Bastard-Araber zogen) und Asien erfolgte.

Das Wort *Araber* wurde weniger oft verwendet, und es hat tatsächlich den Anschein, als seien die reinrassigen Araberpferde, die in den Chroniken auftauchten, zwar von großer Schönheit, Kraft und Ausdauer, jedoch sicherlich nicht besonders schnell gewesen. Die meisten orientalischen Pferde, die eine nennenswerte Schnelligkeit besaßen, scheinen unterschiedslos Berber genannt worden zu sein – so, wie ein oder zwei Jahrhunderte später die meisten Orientalischen und nordafrikanischen Pferde, *gleich welcher Linie oder Rasse, und davon gab es Dutzende,* unterschiedslos als Araber bezeichnet werden sollten. 1651 verfügten die Anhänger des Parlaments über das königliche Tutbury-Gestüt, und Sir Arthur Haselrigg erwarb einige der Pferde für sein Woodstock-Gestüt. Das Gestüt oder Gut, auf dem Rennpferde gehalten wurden, erhielt die Namensergänzung »Race«: Tutbury Race, Cole Park Race, Malmsbury Race.

[23] J.P. Horse, History of Newmarket, Band II.

Wie wir wissen, lebte der Herzog von Newcastle einige Jahre in Antwerpen im Exil und widmete sich dort der Reitkunst. Er bestand darauf, das es »Gutes und Schlechtes aus aller Herren Länder« gab; »aber daß die *Berber die Gentlemen der* Spezies Pferd und die *spanischen* Pferde die Fürsten sind«. Er kaufte, wie er sagte, »vier Berber, vier spanische Pferde und viele holländische Pferde, wie sie alle nicht schöner sein konnten; und darunter ein Schimmel, das schönste Pferd für Schulsprünge, das ich jemals sah; und das außerordentlich hoch und korrekt ohne Hilfe zu springen vermochte«.
Der Herzog stellte die spanischen Pferde über alle anderen Rassen. Seiner Meinung nach eigneten sie sich gleichermaßen vortrefflich für die Dressur, den Krieg, Spazierritte, die Jagd und Rennen. Und er führte die Namen berühmter Rennpferde an, sämtlich Spanier: Conqueror, Shotten, Herring, Butler und Peacock, eine Stute. Er setzte noch hinzu, daß sie »alle Pferde ihrer Zeit hoch geschlagen haben und kein Pferd jemals mit ihnen Schritt hielt«.

Von dem spanischen Hengst Il Bravo, den Erzherzog Leopold erhielt, hieß es, er sei soviel wert wie ein Gut, das tausend Kronen im Jahr abwerfe. Newcastle half Montagu in Paris beim Kauf von Barbpferden und hat diese in ziemlich geringschätziger Weise beschrieben, obwohl doch ein Tier darunter war, das »viele Rennen gewonnen hatte«. Er meinte, sie wären »keine echten Barbs, weder im Körperbau noch im Preis, sondern auf irgendwelchen Inseln irgendwo gezüchtet«. Das einzige Lob, das er für sie übrig hatte, galt ihnen als Rennpferden!
Der Herzog von Newcastle hatte sehr wenig Erfahrung mit Arabern; er kannte, wie er sagte, nur einen einzigen, und zwar das Pferd, das Jakob I. von Markham gekauft hatte. Dieses Tier, das nach der Ausbildung im Turf erfolglos geblieben war, hielt er für ein besonders schlechtes Exemplar. Hierzu bemerkt J.P. Hore: »Es ist unmöglich, die charakteristischen Merkmale der sogenannten Berber- und Araberpferde, die zu jener Zeit en vogue waren, auseinanderzuhalten. Es gibt keine genauen Richtlinien in dieser Frage. Zweifellos sind sie alle als spanische Pferde und von orientalischem Blut eingestuft worden.«
Newcastle erklärte weiter, daß die ungarischen, polnischen, schwedischen und türkischen Pferde »die schönsten in der Welt« seien, für ihn jedoch »ist das englische Pferd das beste Pferd der Welt, zu welchem Zweck auch immer, vom Wagen bis zur Dressur; und einige sind so schöne Pferde, wie man sie nur irgend finden kann, denn sie sind aus den Pferden aller Völker gezüchtet worden«.
Unter den Rundköpfen (den puritanischen Anhängern der parlamentarischen Partei während der von Oliver Cromwell geführten Revolution) geriet nicht nur die Pferdezucht selbst an den Rand des Ruins, sondern auch die Pferderennen wurden untersagt, da man argwöhnte, daß sich hinter diesen Veranstaltungen verbotene Royalistentreffen verbargen. Dabei hatte Cromwell selbst einen Blick für gute Rennpferde – er züchtete sie sogar und importierte Ara-

101 Old Billy, ein Rennpferd, von dem es heißt, daß es das höchste Lebensalter erreicht hat, das jemals für ein Pferd verzeichnet wurde. Er starb im Alter von 83 Jahren. Gemälde von Charles Towne

ber[24], und Place's White Turk gehörte zu den Beschälern in seinem Gestüt (Place war Stallbursche im Gestüt). Cromwell besaß übrigens auch eine berühmte Zuchtstute, die Coffin-Mare (Sarg-Stute) genannt wurde, da sie in der Zeit der Restauration während der suche nach seinem Vermögen in einer Gruft versteckt worden war.

Wie ich schon mehrfach erwähnt habe, wurden die ersten Rennen als Zweikämpfe ausgetragen. Die Einsätze für die beiden gegeneinander laufenden Pferde waren hoch, und es ist vielleicht nicht uninterressant, zu erfahren, daß das Gewicht ungefähr zwischen 50 und 65 kg und die Distanz etwa zwischen 4 und 7 Meilen lagen. Zum Beispiel: Bull gegen Woodcock am 13. Oktober 1681, Gewicht 57 kg, Distanz 6 Meilen; und am 15 bzw. um den 15. herum im zweiten Lauf Bull gegen Woodcock, Gewicht 57 kg, Distanz 7 Meilen.

1687 liefen die Pferde in drei Einzelrennen mit einem Gewicht von 76 kg.

Am 17. Dezember 1684 ging Evelyn zum St. James's Park, um sich drei Araberpferde anzusehen, die soeben aus Hamburg eingetroffen waren. Die Pferde hatten eine dreiwöchige Reise hinter sich. Evelyn schreibt:

»Ich habe niemals ein so herrliches Geschöpf gesehen wie das eine von ihnen, von hellem Braun, mit zwei weißen Füßen und einer Blesse; ein solcher Kopf, Augen, Ohren, Hals, Brust, Leib, Lenden, Fesselgelenke und Füße, in jeder Hinsicht schön und bewundernswert proportioniert; feurig, stolz, flink... Sie trabten wie Rehe, als würden sie den

---

[24] Einige wurden aus Aleppo importiert!

Boden gar nicht berühren. 500 Guineen wurden für das erste, 300 für das zweite und 200 für das dritte verlangt.«

Dieses Ereignis war der Auftakt zu allen weiteren Einfuhren, zu denen unter anderem auch 1689 Byerley Turk, 1705 Darley Arabian und 1728 Godolphin Berber oder Godolphin Arabian gehörten.

Wir haben nun festgestellt, daß die Bezeichnung *Araber* offensichtlich ein Sammelbegriff geworden war, unter dem viele Orientalische Pferde ohne Rücksicht auf ihre Blutlinie oder ihr Zuchtland zusammengefaßt wurden. Auch das Osmanische Reich hatte Häfen, von denen aus Orientalische Pferde verschifft werden konnten – und wie Arabien niemals ein Teil Persiens gewesen ist, so war Syrien auch niemals ein Teil Arabiens! Dadurch, daß spätere Autoren immer wieder vom arabischen Pferd sprachen und doch eigentlich Tiere aus Persien, aus der Türkei oder aus Syrien meinten, ist stets neue Verwirrung entstanden. Die reinen persischen und syrischen Rassen sind in den früheren Kapiteln ausführlich behandelt worden.

Wie die Porträts, die John Wootton (1677–1765) von den beiden im Besitz Lord Oxfords befindliche Pferden Dun Barb und Bloody Shouldered Arabian anfertigte, deutlich machen, sind diese Namen ganz typische Fehlbezeichnungen. *Beide* Pferde gehören derselben Linie an! W. Shaw Sparrow hat nachgewiesen, daß Bloody Shouldered Arabian 1719 von dem türkischen Händler Nathaniel Harley aus Aleppo (Syrien) exportiert worden ist. Nathaniel Harley schrieb an seinen Neffen Lord Harley, später Lord Oxford, an den das Pferd geschickt worden war:

»Durch Capt. Oliver schicke ich ein schimmelgraues Pferd, das ich mehr als vier Jahre bei mir hatte, ich habe zwei- oder dreimal versucht, es wegzugeben, bin aber enttäuscht worden, und ich glaube, ich habe Euch schon einmal geschrieben. Er ist aus der Gordeen-Breed, von der es nur noch wenige gibt, und das ist der Hauptgrund, warum ich ihn schicke. Er besitzt viel Feuer, aber keine große Schnelligkeit, würde in der Dressur bald etwas lernen ... Ich habe ihn von einem Bei der Gordeen gekauft, als er erst zweieinhalb Jahre alt war, und Ihr werdet einen rötlichen Fleck auf einer seiner Schultern feststellen, der inzwischen schwächer geworden ist, aber blutrot war, als ich ihn kaufte.«

Harley erzählte dann, daß es sich bei dem Besitzer der Stute, von der Bloody Shouldered Arabian gefohlt worden war, um einen verwundeten Räuber gehandelt hatte, dessen Blut, als er sich über den Hals seiner Stute lehnte, an ihrer Schulter herabgelaufen war, und so sei ihr Fohlen mit diesem Erkennungszeichen geboren worden – zweifellos eine sehr romantische Geschichte! Aber Schimmel mit roten Placken sind auch bei den amerikanischen Züchtern des spanischen Mustangs bekannt; dort werden sie *navajo* (mit dem Rasiermesser geschnitten) genannt.

Doch am interessantesten ist folgendes: Gordene oder Gordyene war um 500 v. Chr. ein Teil des alten Parthien und ist als Corduène schon unter Trajan (98–117 n.

Chr.) – vor fast zweitausend Jahren! – geographisch erwähnt worden. Das Gebiet liegt im Südwesten des Van-Sees, am Tigris, und befand sich zu Harleys Zeiten unter türkischer Herrschaft. Und einen Hengst, der aus diesem Gebiet stammte – den Vater der berühmten Pferde Sweepstakes und Brisk –, hat man als Araber klassifiziert.

Sweepstakes war der Vater von O'Kellys Old Tartar Mare, »deren Nachkomme, als sie zwanzig Jahre alt war, ihrem Besitzer 30 000 Guineen brachten«.

Dun Barbs Name ist gleichfalls irreführend, denn auch er wurde 1715 von Aleppo aus verschifft (während der Berber doch eigentlich aus Nordafrika kommen soll!).

Der ebenfalls von Wootton porträtierte Darley Arabian scheint, wenn man dem Gemälde trauen darf, im Körperbau Bloody Shouldered Arabian und Dun Barb geglichen zu haben. Zwar mögen Wootons Rennpferde keine besonders wahrheitsgetreuen Darstellungen gewesen sein, doch eine so große Ähnlichkeit kann nicht einfach übersehen werden. Darley Arabian galt als reinrassiger Keheilan des Munighi-Typs und wäre in diesem Fall ein Renner gewesen; er könnte allerdings, wie aus einer anderen Quelle hervorgeht, auch aus der Wüste bei Palmyra südlich von Aleppo nach England gebracht worden sein.

Der Godolphin Arabian andererseits war vermutlich ein Berber aus Marokko. Wie anhand zahlreicher Gemälde aus seinem Körperbau geschlossen werden kann, repräsentierte er eine völlig andere Rasse als der Grosvenor Arabian. Es gibt eine ganze Reihe Geschichten darüber, wie und wo er entdeckt wurde; die Wahrheit scheint zu sein, daß er um das Jahr 1730 in der bescheidenen Rolle eines Brofierhengstes in das Gestüt von Lord Godolphin gelangte. Dort sollte die Stute Roxona mit Hobgoblin gepaart werden, den sie jedoch ablehnte – und so wurde der Brofierhengst herausgebracht. Das Ergebnis war Cade, der die Matchem-Linie gegründete. Von Cade hieß es, daß er das einzige Pferd gewesen sei, das gegen das »fliegende Wunder« Flying Childers, einen Sohn von Darley Arabian, galoppieren konnte.

Byerley Turk ist möglicherweise eines der wenigen korrekt bezeichneten Pferde. Eine englische Quelle, die leider nur allzu sehr für *arabische* Pedigrees eingenommen ist, bezeichnet ihn als das arabische Militärpferd, das 1690 von Capt. Robert Byerley in der Schlacht am Boyne geritten wurde. Von anderer Seite wird dagegen behauptet, daß der Hengst 1689 während der Belagerung Wiens von einem holländischen Offizier erbeutet worden sei, der ihn für 100 Gulden an Capt. Byerley verkaufte.

In der 2. Auflage von *The Horsebreeder's Handbook* sind unter all den Hengsten, die von Osborne zu den »orientalischen« gezählt werden, auch 90 Araber, 46 Berber, 32 türkische und vier persische Pferde. Osborne, der mit seiner Meinung nicht allein steht, sagt:

»Es kann kaum ein Zweifel daran bestehen, daß trotz allem, was über das Thema ›arabisches‹ Blut in unseren englischen Vollblütern bisher geschrieben wurde und noch geschrieben wird, bestenfalls nur sehr vage Vorstellungen von den Unterschiedlichkeiten in den Rassen orientalischen Ursprungs bestehen ... Mit den differenzierenden Namen Araber, Berber und Türke sind so ausreichende Bezeichnungen gefunden worden, daß damit jeder Anspruch auf eine spezielle oder einzelne Benennung nichtig ist.«

Seit dem 18. Jahrhundert tauchen in der Geschichte des Vollbluts große Rennpferde – gefeierte Hengste und Stuten – und deren Züchter auf:
Eclipse, »der Beste, der Rest ist Schweigen«, Herod The Tetrach und Persimmon, dessen Sohn Perfectionist aus Perfect Dream die berühmte Hengstlinie der Ostpreußischen (Trakehner-) Warmblutpferde begründete. Persimmon war im Besitz König Edwards VII., und Kopf und Hufe dieses Pferdes befinden sich heute in der Sammlung der Queen's Gallery im Buckingham Palace.
Da war die große, in Ungarn gezogene Stute Kincsem, die alle 54 Konkurrenzen, an denen sie teilgenommen hatte, darunter den Goodwood Cup und viele klassische europäische Rennen, gewann. Von Kincsem, die eine ausgesprochene Persönlichkeit war, gibt es einige bezaubernde Geschichten. Ihr Blut fließt in den Adern der »W«-Familie aus dem Gestüt Röttgen.
Die Stute Sceptre, 1899 vom Herzog von Westminster gezüchtet, eine Tochter von Persimmon, gewann die Two Thousand Guineas, die One Thousand Guineas, die Oaks, das St. Leger, die Jockey Club Stakes und die Champion Stakes und wurde nur von Ard Patrick in den Eclipse Stakes geschlagen.
Signoretta, die 1905 in Italien gezogen wurde.
Hurry On, gezogen 1913, und Man o'War, gezogen 1917, die wichtigsten Pferde ihrer Generation in ihrem jeweiligen Land, Großbritannien und den Vereinigten Staaten. Man o'War gewann die Hopeful Stakes, das Belmont Futurity, das Preakness, die Belmont Stakes, das Lawrence Realization und den Kenilworth Park Gold Cup. Sein Züchter war August Belmont.
Der Hengst Appelle wurde 1923 von Frederico Tesio gezüchtet; sein Züchter muß wohl nicht besonders vorgestellt werden. Er lief dreiundzwanzigmal und gewann dreizehn Rennen, darunter die wichtigsten italienischen und den Coronation Cup.
Ortello, 1926 von Nob. G. de Montel gezüchtet, gewann unter anderem das Arc de Triomphe. Hyperion aus Gainsborough errang neun Siege, unter anderem im Derby Epsom und im St. Leger. Dieser Hengst des Lord Derby war der erfolgreichste englische Vererber der letzten Jahrzehnte. Brantôme, in Frankreich gezogen von der Baroneß E. de Rothschild, siegte in 12 von 14 Rennen. Neréide, gezüchtet im Gestüt Erlenhof, war ungeschlagene deutsche Derbysiegerin mit insgesamt zehn Erfolgen.
Donatello, Italien, der ebenfalls Tesios Farben trug, genauso wie Niccolo del Arca und Botticelli, der Gewinner von insgesamt vierzehn Rennen, darunter auch das St. Leger und der Ascot Gold Cup. Big Game, selbst Sieger in klassi-

schen Rennen und Vater verschiedener Gewinner.
1952 wurde der große Ribot gefohlt; er konnte sechzehn Siege aus sechzehn Starts verzeichnen, und sein Einfluß auf die Zucht manifestiert sich durch seine Söhne Ribero, Riboco, Ribocane und Ribofilio sowie den in Italien gezogenen Molvedo. In Irland gezogen wurden Tulyar, Ballymoss von Mossborough und Charlottesville; Citation und Nashua wurden in den Staaten gezogen. Tantième und sein Sohn Match sind von François Dupré, einem der besten Züchter Frankreichs, gezogen worden; und ebenfalls in Frankreich wurden Tanerko und sein Sohn Relko gezüchtet.
Für das Jahr 1968 wäre zunächst Sir Ivor zu nennen, dessen Name eng mit dem seines Jockeys Lester Piggott verbunden ist. Sir Ivors amerikanischer Besitzer, Mr. Raymond Guest, versicherte, daß das Pferd in jenem Jahr sowohl in Amerika als auch in Europa laufen würde. Royal Palace gewann das Derby 1967 und den Coronation Cup in Epsom unter A. Barclay, der auf Hopeful Venture, einem Pferd Ihrer Majestät, auch die Hardwicke Stakes gewann.
Zu den großen Steeplern gehören Golden Miller, Arkle, Red Rum und die vielen Sieger – Stuten, Wallache und auch ein paar Hengste – im Grand National in Liverpool, zu viele, um einzeln genannt zu werden!
Und schließlich kommen wir zu Vaguely Noble, der in Newmarket für 136000 Guineen gekauft wurde und dessen Wert seit seinem Sieg im Prix de l'Arc de Triomphe auf 2 Millionen Dollar geschätzt wird. Vaguely Noble ist von dem verstorbenen Major Lionel Holiday gezüchtet und von Etienne Pollet in Frankreich trainiert worden und gehört heute Dr. Franklyn und Mr. Bunker Hunt aus den Vereinigten Staaten. Einige Hengste der ersten Vollblutgeneration haben eine Anzahl anderer Pferde in vielen Ländern beeinflußt, und das im allgemeinen zum großen Vorteil der betroffenen Rassen. Es taucht jedoch die Frage auf, ob man das gleiche auch heute noch sagen darf – kann der Sprinter so sehr auf die Blutlinien der equiden Spezies einwirken, daß innerhalb von Jahrzehnten eine neue, als konsolidiert anzusehende Rasse mit den gewünschten eigenen Qualitäten entstünde?
Ursprünglich wurden diese Pferde wegen ihrer Ausdauer gezogen, heute züchtet man sie wegen ihrer Schnelligkeit. Und so dürfen wir fragen: ist das Vollblut unserer Tage noch mit dem des neunzehnten Jahrhunderts identisch? Und welchen Platz wird das Vollblut als vornehmste Rasse in hundert, fünfzig oder gar nur fünfundzwanzig Jahren einnehmen? Wird die Zucht auf Schnelligkeit – die Automation des Pferdes – die Gesundheit und damit auch Konstitution und Ausdauer und Leistung zerstören?
In der Sprache der Hippologen beziehen wir uns ständig auf »Blut« – die Zuführung arabischen Blutes; Vollblut; Irish draught-Blut. Damit wollen wir eigentlich sagen, daß wir, die Züchter, einer Rasse die *Gene* dieser oder jener anderen Rasse zuführen. Wenn ein Züchter Meister seines Faches ist, wird er die Erbfak-

toren so erfolgreich »koppeln«, daß das Kreuzungsprodukt vielleicht schon in der ersten Generation, sicherlich aber in den nachfolgenden Generationen, das gewünschte Ergebnis bringt.
Ich habe im Laufe vieler Forschungsjahre niemals einen Pferdezüchter getroffen, der mit einem überstürzten, systemlosen Zuchtversuch Erfolg gehabt hätte. Das »Versuchen-und-zuschauen-was-passiert«- Prinzip wird höchstens einmal in tausend Jahren zu dem gewünschten Resultat führen. Aber nur allzu leicht kann so ein Vorgehen nicht wiedergutzumachenden Schaden anrichten, wie es in der Vergangenheit auch oft genug geschehen ist. Da sind ganze Rassen, nicht allein Pferde-, sondern auch Rinderrassen, vernichtet worden. Es wird nie etwas Vernünftiges dabei herauskommen, wenn Computer Paarungen vornehmen oder wenn »Wissenschaftler und Forscher« ohne züchterische Erfahrung (wie bei der Schweinezucht) Arbeiten zur Optimierung von Zuchtergebnissen zur Verfügung stellen. Wer kein Züchter-Auge besitzt, sollte sein Pferd lieber fertig kaufen.
Zwar haben wir dank der Wissenschaft Kenntnis von den Blutgruppen der Pferde, und wir sind nun dabei, die Blutgruppen innerhalb einer Pferde- (oder auch Rinder-) Rasse zu bestimmen. Wir wissen ja aus Erfahrung, daß bei einer Rasse gewisse dominante oder rezessive Gene vorhanden sind, die eine andere Rasse nicht besitzt. Zum Beispiel Faktoren, die das konvexe Profil, die Trabaktion oder das Springtalent hervorbringen.
Es mag eine vorschnelle, ja verwegene Behauptung sein: aber die Gene, auf die das konvexe Profil zurückzuführen ist, *scheinen* auch für die abgeschlagene Kruppe verantwortlich zu sein. Ist beides dazu noch mit kräftigen Sprunggelenken verbunden, so kann sich daraus wiederum hohe Aktion entwickeln. Und ein Pferd mit hoher Aktion ist unweigerlich ein guter Springer – ein guter Springer, ob Steepler oder Turnierpferd, muß über die physische Qualität kräftiger Fesseln und Gelenke verfügen, was immer sonst ihm auch fehlen mag. Wir wissen zudem, daß die Erbfaktoren, die kräftige, aber flache Röhren produzieren, auch für *Robustheit* verantwortlich sind. Dabei ist es unwesentlich, ob es sich um einen mittelschweren Hunter oder eines der Ponys von den westlichen Inseln handelt.
Es ist einer der großen Irrtümer unserer Zeit, wenn Züchter große Hengste mit kleinen Stuten in der Erwartung paaren, daß sie Fohlen erhalten, die größer als ihre Mütter sind. Ein großer Hengst muß nicht unbedingt (wie eine große Stute) Träger der Gene für Körpergröße sein, und eine kleine Stute ist nicht nur Trägerin der Gene für kleinen Wuchs, sondern sie hat auch weder Platz noch Milch für ein großrahmiges Fohlen. Das hat sich bereits viele Male erwiesen. Erstaunlich ist bei all den törichten Paarungen, die die Züchter sich schon haben einfallen lassen, daß niemals eine Kreuzung zwischen Araber und Shire auf kommerzieller Basis vorgenommen wurde. Also stellen wir doch, zumindest unbewußt, Erbfaktoren in Rechnung. Allerdings wurden stets und werden noch immer

andere, nicht weniger ungeeignete Kreuzungsversuche unternommen. Schon vor rund neunzig Jahren schrieb der achte Herzog von Beaufort, daß eine Stute aus guter Zucht und ein gewöhnlicher Hengst schnellere Nachkommen hervorbringen würden, als bei einem Vollbluthengst und einer gewöhnlichen Stute zu erwarten sei.

In Polen lernte ich ein äußerst interessantes Experiment kennen, das den Züchtern ungeheuere Befriedigung verschafft haben muß: einige ostpreußische Stuten aus guter Zucht mit einer Höhe von rund 160 cm (deren Vorfahren ursprünglich Tarpanblut hatten) waren offensichtlich während des Krieges erbeutet worden und wurden nach dem Kriege in beklagenswertem Zustand auf den Steppen am Don gefunden. Sie hatten dort mehrere Nachkriegswinter im Freien bei Temperaturen unter Null und manchmal sogar ohne nennenswerte Weidemöglichkeiten zugebracht. Sie kamen zurück in polnische Gestüte in ihrer ostpreußischen Heimat, doch konnten sie weder von einem Ostpreußen- (Trakehner-) noch von

102 Der berühmte in Irland gezogene Vollblut-Steepler Arkle, der im Besitz der Herzogin Ann von Westminster war

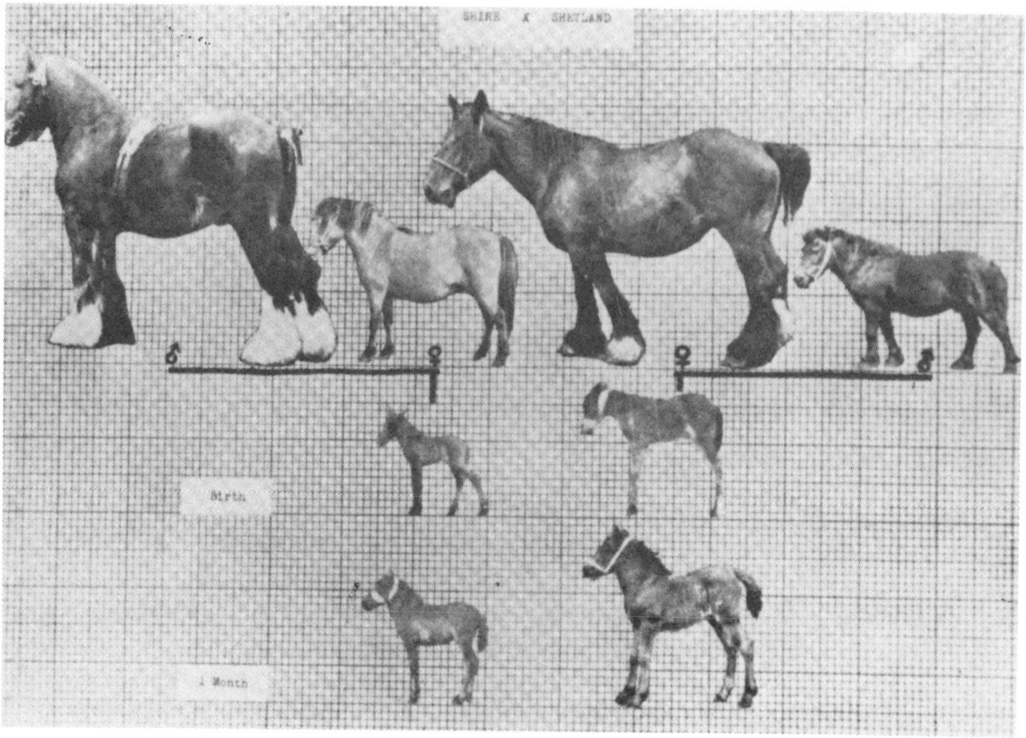

98 Links die Nachkommen eines Shire-Hengstes und einer Shetlandpony-Stute bei der Geburt und im Alter von einem Monat. Rechts die Nachkommen eines Shetland-Hengstes und einer Shire-Stute bei der Geburt und im Alter von einem Monat

99 Unterschiede in der Größe der Pferde.

100 (oben) Die Kreuzung zwischen einem Eselhengst und einer Pferdestute bringt ein Maultier, das nach der Stute kommt;
(unten) Die Kreuzung zwischen einem Pferdehengst und einer Eselin bringt einen Maulesel, der nach der Eselin kommt

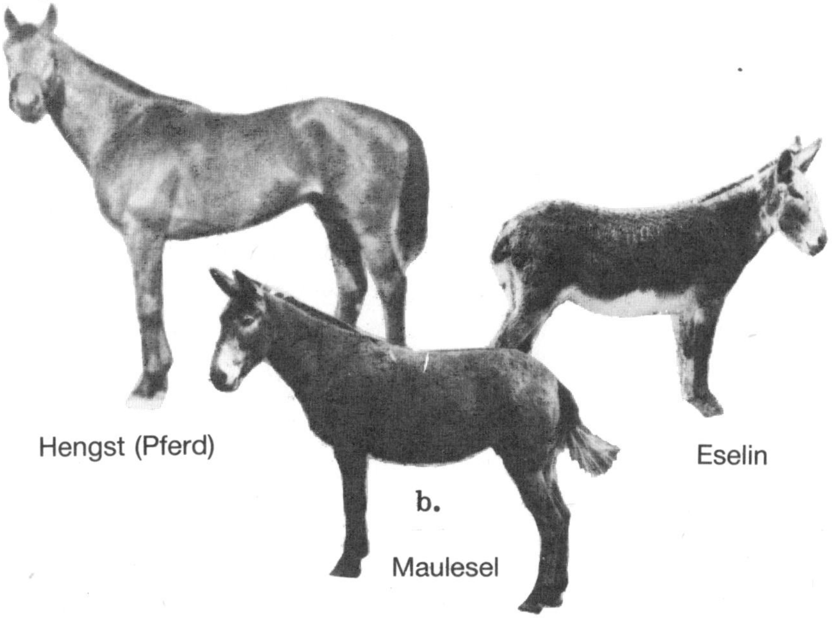

einem Vollbluthengst erfolgreich gedeckt werden. Als letzte Lösung stand noch ein Tarpanhengst mit einer Größe von etwa 135 cm zur Verfügung, der endlich Erfolg hatte. Die Nachkommen waren stattliche Pferde zwischen 145–160 cm mit im allgemeinen hell- oder blaufalber Fellfärbung (Tarpan-Farben). Eine Tochter, eine große, mausfalbe Stute mit ausgeprägtem Tarpankopf und Aalstrich sogar auch Schulterstück, wurde mit einem Vollblut gepaart. Ich habe ihr Fohlen gesehen, als es zwei Monate alt war, ein großes und kräftiges Hengstfohlen (Abbildung 96). Die bei dem Tarpanhengst vorhandenen dominanten Gene des Urtyps hatten sich also – man höre und staune – mit den schlummernden Tarpangenen in den original ostpreußischen Stuten, die selbst ja durch Persimmon[25] auch Träger von Vollblutgenen waren, verbunden, und als nun noch eine weitere kräftige Vollbluteinkreuzung erfolgte, hatte man ein hundertprozentig zufriedenstellendes Ergebnis erzielt. Was in der Pferdezucht unbedingt angestrebt werden muß, ist erstens Gesundheit, zweitens Gesundheit und drittens Gesundheit. *Keine Ausrede ist so gut*, daß sie die Arbeit mit krankem Zuchtmaterial rechtfertigte.

Die Abbildungen auf den Seiten 284 und 285 wurden mit freundlicher Genehmigung von Dr. W. E. Jones und Professor R. Bogart aus *Genetics of the Horse* übernommen. Sowohl J. Hammond als auch J. E. Flade haben ähnliche Untersuchungen durchgeführt und kamen beide zu dem gleichen Resultat: Shetland-Hengst × Shire-Stute, Shire-Hengst × Shetland-Stute. Das Fohlen der Shetland-Stute entwickelte eine größere Ähnlichkeit mit dem Shetland und wog mit 38 Monaten 724 Pfund; das Fohlen der Shire-Stute entwickelte eine größere Ähnlichkeit mit dem Shire und wog mit 38 Monaten 1008 Pfund.

Die zitierten Beispiele sollten eigentlich als Hinweis darauf, daß der Züchter den mütterlichen Einfluß unbedingt in jede seiner Überlegungen einbeziehen muß, ausreichen. Doch zur Bekräftigung sei auch noch auf die bekannte Tatsache hingewiesen, daß der Maulesel seiner Mutter, der Eselin, und das Maultier dem Pferd, also ebenfalls seiner Mutter, ähnlicher sind.

Die Natur selbst nimmt eine erbarmungslose Auslese vor; wenn sich herausstellt, daß eine neue Zucht sich nicht fortpflanzen kann, sollte man darauf verzichten, diese Zucht weiter zu betreiben. Der Züchter hat lediglich die Aufgabe, helfend und aktivierend in die natürlichen Vorgänge einzugreifen. Er soll die Natur nicht beherrschen. Leider wird von keinem Züchter eine Qualifikation verlangt, doch von den Pferden erwartet man, daß sie sich stets anpassen und alle verfügbaren Kräfte für den Menschen einsetzen, ganz gleich, welches Erbgut sie im Hinblick auf Gesundheit, Körperbau und Fähigkeiten in sich tragen.

---

[25] Siehe Daphne Machin Goodall, Die Pferde mit der Elchschaufel.

Zusammenfassung

Zusammenfassend könnten wir fragen: »Was ist eigentlich eine Rasse?« Wir kennen die Spezies: *Equus*; die Unterarten: Pferd, Esel, Onager, Zebra; die Linien oder Rassen innerhalb der Unterarten mit ihren unterschiedlichen und besonderen Merkmalen. M. Wilckens schreibt: »Je mehr ein Tier seinen Organismus an verschiedenartige äußere Lebensbedingungen anzupassen vermag, desto veränderlicher ist seine Körperform, und je länger die Einwirkung äußerer Lebensbedingungen dauert, desto mehr fixiert sich die jenen Bedingungen entsprechende Körperform und desto beständiger vererbt sie sich.« In der Definition von Hermann Settegast[1] wird dann im Zusammenhang mit der veränderten Umwelt besondere Betonung auf die Anpassungsfähigkeit der Pferde an bestimmte gegebene Bedingungen gelegt.

Demgegenüber sagt Wilckens: »Die den Rassentieren zukommende wesentliche Eigenschaft der beständigen Vererbung (der Konstanz) ist allein abhängig von der Gleichartigkeit der Lebensbedingungen. Andere Lebensbedingungen verändern die Körperform und sie stellen die Konstanz in Frage.«

Wilckens' Definition gilt in Wissenschaftlerkreisen als die bedeutungsvollste, da sie mit dem Mendelschen Standpunkt übereinstimmt[2]. »Reinrassig« bezieht sich und meint ausschließlich Exemplare derselben Rasse; »Kreuzung« bedeutet die Paarung mit einem Mitglied einer anderen Pferderasse; »Halbblut« bezeichnet das Kreuzungsprodukt des Vollbluts mit einer anderen Rasse; und »Inzucht« ist die Paarung von Mitgliedern derselben Familie. Dieses System mag Nachteile haben, dafür hat es aber auch den Vorteil der Betonung der Gene zur Festigung eines erwünschten Merkmals.

Adametz ergänzt, daß die große Rolle, die gutes Heu und Gras in der Pferde-

[1] Die deutsche Viehzucht, ihr Werden, Wachsen und gegenwärtiger Standpunkt, Verlag Paul Parey, 1890.

[2] Von allergrößter Bedeutung ist dabei der Gesichtspunkt, daß sie auch auf uns Menschen zutrifft.

zucht spielen, nicht immer voll gewürdigt würde.
Auch die Tatsache, daß es bestimmte Gräser gibt, die die Pferde mögen und die ihnen bekommen, und andere, die sie überhaupt nicht vertragen, wird nicht immer und überall berücksichtigt. Die Weiden, auf denen Rinder gedeihen, sind nicht unbedingt auch für Pferde geeignet. Die alte Vorstellung, daß die Pferde den Rindern folgen sollten, da sie dichter weiden können, ist gut, falls daran gedacht wurde, die richtige Mischung auszusäen. Und für die Pferde wird eine leicht abgewandelte Mischung empfohlen, in der sowohl *Poa pratensis* als auch Klee enthalten sein sollten. Pferde müssen mit gutem Heu gefüttert werden, das ein kräftiges »Aroma« hat. Frisches Heu sollte nicht innerhalb der ersten drei Monate nach der Heuernte und »junger« Hafer keinesfalls vor Weihnachten verfüttert werden. Wenn zuviel Hafer verfüttert wird, entsteht ein Überschuß an Proteinen, der eine Beeinträchtigung des Knochenbaues zur Folge haben kann. Es ist wirklich ein Irrtum, zu glauben, kräftiges Füttern mit Hafer sei substanz- oder energiefördernd. Davon kann keine Rede sein. Denn kein Pferd vermag mehr als sein notwendiges Quantum Proteine, dem die richtige Menge Minerale und Vitamine zugesetzt sein muß, wenn das gewünschte Ergebnis erzielt werden soll, zu absorbieren und zu verdauen. Züchter, die zu Injektionen für Glanz oder Gewichtssteigerung greifen, um Einjährige für den Verkaufsring hochzuzüchten oder für den Turnierplatz fit zu machen, sind schlecht beraten, denn wir wissen noch viel zu wenig darüber, ob und wie sich solche Spritzen später einmal im Training, auf das Leistungsvermögen oder gar auf die Fortpflanzungsfähigkeit auswirken können.
Mit der Natur zu spielen, ist gefährlich – ihr bei der Verbesserung ihrer Produkte zu assistieren, ist dagegen vernünftig, solange wir wissen, was wir tun und was wir eigentlich erreichen wollen.
Wie uns diese Geschichte der Pferdezucht gelehrt hat, ist die Natur in der Evolution von *Equus* sehr verschwenderisch mit ihren Mitteln umgegangen, und wir können das Geschenk, das sie uns damit gemacht hat, gar nicht hoch genug bewerten. Durch seine Anpassungsfähigkeit, Ausdauer, Schnelligkeit und Kraft, seine tatkräftige Unterstützung, seinen Edelmut und seine Zuneigung hat sich das Pferd während der langen gemeinsamen Reise durch die Geschichte als des Menschen engster Verbündeter erwiesen. Der Mensch selbst entstand aus der unbewußten Natur; wenn er die Natur zerstört oder die von ihr gesetzten Grenzen überschreitet, muß er nach den Regeln des Universums verschwinden.
Es war weder meine Absicht noch überhaupt möglich, hier auf Einzelheiten aus der Praxis der Pferdezucht einzugehen oder gar alle der zahllosen Pferde- und Ponyrassen namentlich zu erwähnen. Fast *alle* Rassen der Welt sind zusammen mit den entsprechenden Fotografien in »*Pferde der Welt*« zu finden. Ziel und Zweck dieses Buches sollte es sein, die Evolution solcher Linien zu beschrei-

ben, auf die jene Rassen zurückgehen, welche für die Erbanlagen des modernen *Equus* von entscheidender Bedeutung gewesen sind. Einige Rassen waren nur kurzlebig und kaum von Bedeutung; andere dagegen prägten über die Jahrhunderte hinweg unendlich viele Linien, und ihr Ruhm wird nicht geschmälert dadurch, daß man ihre Geschichte all der Legenden und Märchen, die sie umgeben, entkleidet. Im Gegenteil mögen damit vielleicht erst andere, bislang verborgene genetische Werte ans Licht gekommen sein.

Deshalb sind einige der modernen Rassen hier nicht berücksichtigt worden. Ihre Geschichte ist vielleicht noch sehr jung, und sie werden später einmal verbessernd auf die Art einwirken können – das wird in erster Linie von den Züchtern abhängen –; aber so zweckmäßig diese einzelnen Rassen auch immer sein mögen, im Augenblick haben sie sich noch keinen Platz in der Geschichte der Pferdezucht erobert.

In der Vergangenheit ist viel über die Entwicklung der Pferde geschrieben und übernommen worden, was sich später als falsch erwiesen hat. Das ist bei den älteren Autoren, die nicht über unser heutiges Wissen verfügt haben, verzeihlich; doch für moderne Autoren gibt es keine Entschuldigung, wenn sie Meinungen mit Tatsachen verwechseln und es versäumen, vorliegende Erkenntnisse so wahrheitsgetreu wie möglich zu vermitteln: *ignoratio neminem excusat.*

Manche der Behauptungen, die ich wiedergegeben habe, mögen gegensätzlich erscheinen; das liegt daran, daß in diesen Punkten noch keine absolute Gewißheit erlangt werden konnte. So habe ich *beide* Seiten zu Wort kommen lassen, und künftige Forschungen werden zeigen, wessen Position richtig gewesen ist.

Natürlich ist es mir in nur mehr als drei Jahren, in denen ich eine Fülle von Material, das sich über einen geschichtlichen Zeitraum von vielen Jahrtausenden erstreckte, durchgesehen habe, nicht möglich gewesen, alle Informationen, die über die Geschichte der Pferdezucht in den einzelnen Regionen irgendwo und in verschiedenen Sprachen existieren müssen, zusammenzutragen. Ich habe mir jedoch jede erdenkliche Mühe gegeben, Meinungen und Tatsachen so gründlich wie möglich zu überprüfen und auseinanderzuhalten. Gewagte Behauptungen und falsche Tatsachen sind schlechte Stallgefährten.

Wenn das Buch nicht mehr erreichen sollte, als das Interesse des Laien an der Pferdezucht zu wecken, dann ist damit immerhin etwas gewonnen; wenn es aber darüber hinaus auch dem Züchter ein wenig Wissen von der Entwicklungsgeschichte »seiner« Rasse vermitteln konnte, dann ist die Arbeit wirklich der Mühe wert gewesen.

Anhang 1.

Chronologische Übersicht über die Anfänge der Pferdezucht

3000 v. Chr.	Dnjestr-Dnjepr-Gebiet: Tripolje A, B1, B2, C1 und C2 bis zur Besetzung dieses Gebiets durch die Skythen
500	Wildpferde in Nordeuropa
2500	Dümmersee bis
2000	Bronzezeit
500	Britische Inseln: spätneolithische Wildpferde und frühe Bronzezeit bis Eisenzeit
2000+	Jordansmühl, Donauraum
1500+	Hallstattkultur
2000+	Wildpferde im Kaukasus: Kuban, Majkop – erste Zucht bis zur Zeit der Skythen
500	Unterlauf der Wolga
2000+	Ural: Ob und Altai-Sajan-Jenisej bis
1500+	zur Zeit der Skythen und Sarmaten
2000+	China: Yang-shao-Wildpferde
1500+	Lung-shan. Shang-Dynastie 1523–1300 bis
1500	Chou-Dynastie 1027–246 v. Chr.
5000	Becken von Euphrat und Tigris: Onagerzucht in Qalat Jarmo und
3000+	Turan. Hauptsächlich Onagerzucht, aber Pferdezuchtzentren in
2500+	Kisch, Chafadschi
2000 bis	Babylonien, Kültepe, Tschagar Bazar
1500	Charsamna

Anhang 2.

Vergleichende Klassifikation der chinesischen und sonstigen asiatischen Bezeichnungen

Pferde:	
Ta-yüan	= Ferghana, die besten Pferde gefunden in Ir-shi (Nish: Nisäa)
Nisäer	= gezüchtet in der Nisäischen Ebene, dem Gewicht entsprechend edle Pferde
Völker:	
Wu-Sun	= Ferghana. Lebten in der Nähe des Sees Issyk-Kul (Tien-schan) Züchteten das Ili-Pferd. Sie kamen im 5. und 4. Jahrhundert v. Chr. aus Kua-chóu östlich von Lob Nor
K'ang-Ku	= Sogdiana
Hu*; Hung-nu*; Hunnen*	= Tataren
Ta-Yüé-chi	= (Indo-) Skythen, Hephthaliten oder Weiße Hunnen
Ta-hia	= Baktrien
K'iang	= Tanguten
An-si**	= Parthien

Dieses Wissen haben wir erst während der letzten einhundert Jahre erworben, und dann im allgemeinen auch nur dank der Arbeit russischer und deutscher Wissenschaftler. So konnte es, mangels besserer Informationen, zu so irrigen Behauptungen wie »Arabien ist das älteste Pferdezuchtland der Welt« (John Lawrence, *Treatise on Horses*, 1810) kommen.

Die Auffassung, es habe in Arabien in frühgeschichtlicher Zeit Pferde – wild oder domestiziert – gegeben, entbehrt jeder Grundlage.

Es gibt noch weitere eindeutige Hinweise auf die Ursprungsgebiete der Pferdezucht. So kennen wir fünf Wörter für »Pferd« und ihre Definitionen:

Akwa, ak, indogermanische Sprachgrup-

* Sämtlich zu den Turkvölkern gehörend, verschiedene Phasen derselben Stämme

** Anše = Pferd? Babylonien
Ansi = eine Station an der Seidenstraße

Quellen: Journal of the American Oriental Soc., Band 137, 1917. Prof. Fred Hirth, The Story of Chang K'ien

pe: »eilen«, was sich zu *ekwos*, Pferd entwickelte und die Länder von Indien bis Irland und vom Iran über das Mittelmeer bis zum hohen Norden verbindet.
Morin, Pferd, mongolisch, erstreckt sich von Japan und China über die Kalmükkensteppe bis nach Rußland.
Diese drei Bezeichnungen gehören zur japhetitischen Sprachgruppe wie Sumerisch, Churritisch und die Sprache anderer Bergvölker aus dem alten Orient.
Rob-moni ist ebenso wie *koni*, Altrussisch: *komoni*, ein slawischer Ausdruck (Altpreußisch: *camnet*: und *kumelys* für Fohlen (*kumyß*: Milch), doch es gibt eine Grundform *kobmuji*, *kobmonji*, und im alten Angelsächsisch *kobyla*: Stute. J. Schmidt vermutet, daß *kobmoni* eine alte, prä-indogermanische Bezeichnung war. *Koni* kann unter Umständen mit dem chinesischen *kuendi*: Gebirgspferd identisch sein. In Ost- und Südeuropa ist das Stammwort *Kob, cabo*. Ich persönlich glaube, daß daraus das Wort *Cob* entstanden ist – der Name für ein kurzbeiniges, stämmiges Gebirgspferd).
Mandus gehört zu den Etruskern und Mittelmeervölkern.
Kaval gehört in die armenische, zentralasiatische sowie slawische und finnische Sprachgruppe.
»Wenn wir der Sprachwissenschaft glauben dürfen, weist das Avesta auf die Heimat des Pferdes hin: ›dort, wo der längste Sommertag den zwei kürzesten Wintertagen gleicht‹ – was genau am 50° N im eurasischen Wald- und Steppengürtel der Fall ist« (Hančar).
Eine alte Legende der Skythen, der einstigen Bewohner des zentralasiatischen Hochlands, sagt, »in der Schöpfung dieses Teils der Erdoberfläche, als das Hochland von den flutenden Wassern zerteilt wurde, geschah es hier, daß zum erstenmal menschliches Leben auftauchte. So sind alle späteren Völkerwanderungen von diesem Teil der Welt ausgegangen. Aus diesen Gründen muß man dieses Land als Mittelpunkt der Schöpfung ansehen, es ist wahrscheinlich, daß die Pferde ebenso wie andere unserer Haustiere in diesem Gebiet ihren ursprünglichen Lebensraum hatten und sich von hier aus langsam über alle anderen Teile der Welt ausbreiteten.« (Ammon)
Diese alte Legende hat viel für sich. Zimmermann, einer der berühmtesten Naturwissenschaftler seiner Zeit, stimmte ihr zu, und es kann kein Zufall sein, daß gerade hier in Zentralasien, im gebirgigen Teil der Wüste Gobi, und nirgendwo sonst auf der Welt vielleicht noch das Mongolische Urwildpferd zu finden ist. Hier liegt der Ursprung aller Pferderassen, und genau in diesem Gebiet können wir auch noch die meisten unserer Haustiere finden.

Bibliographie

Frühzeit

F. Flor, *Haustiere u. Hirtenkulturen*, 1930, Wiener Bciträge zur Kult. u. Linguistik.

Max Hilzheimer, *Unser Wissen von der Entwicklung der Haustierwelt Mitteleuropas*, 1927.

Ernst Weidner, *Weiße Pferde im alten Orient*, 1952.

Joseph Wiesner, *Der alte Orient*, 1939, J. Hinrichs Verlag, Leipzig.

P. Yetts, *The Horse: A Factor in Early Chinese History*, Eurasia Sept. Ant. Helsinki, 1934.

Helen. E. Fernald, *Chinese Art and the Wu-Sun Horse.*

W. Koppers, *Pferdeopfer u. Pferdekult der Indo-Germanen*, 1936, Pustetverlag, Salzburg.

R. Lydekker, *Guide to the Specimens of the Horse Family*, 1907.

– *A Geographical History of Mammals*, 1896, B.M. Nat. His., 190.

– *Natural History of Quadrupeds.*

Bengt Lundholm, *Abstammung u. Domestikation des Hauspferdes*, Zoo. Ant. Fran Uppsala 27.

E. Schwarz, *Über diluviale Pferde der Equus-Caballus-Gruppe*, Jahrbuch der preuss. geo. Landesanstalt 48, 1937.

R. C. Andrews, *Natural History of Central Asia.*

J. G. Andersson, *Essays on the Cenozoi of N. China*, 1923, Mem. Geo. Survey of China. S.A. No. 3.

C. P. Berkley & F. K. Norris, *Geology of Mongolia*, 1927, Nat. His. of Cent. Asia Amer. Mus. of. Nat. History.

E. W. Pfizenmeyer, *Mammutleichen u. Urwaldmenschen*, 1926, Leipzig.

V. Christian, *Archiv. für orient. Forschung* 10, 1934.

M. Gryaznov, *The Ancient Civilization of South Siberia*, Barrie & Rockcliff, London.

F. W. König, *Älteste Geschichte der Meder und Perser*, 1934, AO 33. H. 34.

Herodotus, *Historien.*

F. Schachermeyr, *Poseidon u. die Entstehung des griechischen Götterglaubens*, 1950, München
E. Erkes, *Das Pferd im alten China*, 1940.
W. Watson, *China*, 1961, Thames & Hudson.
C. F. Hawkes, *The Prehistoric Foundations of Europe.*
V. G. Childe, *Prehistory of Scotland.*
V. G. Childe, *Horses, Chariots and Battleaxes*, Ant. 15, 1941.
Franz Hančar, *Das Pferd in prähistorischer und früher historischer Zeit*, Verlag Herold, Wien München, Bd 1, 1955.
L. Adametz, *Lehrbuch der allgemeinen Tierzucht*, Wien, 1926.
A. Alföldi, *Antike Darstellung zur Kenntnis der Kultur der eurasischen Reiterhirten*, Fol. Arch. III & IV.
J. W. Amschler, *The oldest pedigree chart, Journ. of Heredity xxvi*, Washington, 1935.
O. Antonius, *Die Rassengliederung des quartären Wildpferdes Europas*, Verh. d. K.K. Zool. Bot. Ges. Wien. lxii. 1912.
– *Zur Abstammung des Hauspferdes*, 1936, Ztschr. f. Zucht u. Züchtungsbio. etc. xxxiv. Berlin.
– *Wagenkämpfer und Wagenkrieger bei Indogermanen und Germanen*, Odal, Goslar.
A. Nehring, *Studien zur Indogermanischen Kultur und Urheimat*, WBKL lv, 1936.
H. G. Creel, *The Birth of China*, London, 1936.
Boule, Breuil, Licent & Teilhard de Chardin, *Le Paléolithique de la Chine*, 1928.
A. Kammenhuber, *Hippologia Hethitica*, 1961.
A. Salonen, *Hippologica Accadica*, Helsinki, 1956.
Breuil, Berger, Kirchner, Holm, Lhote & Lommel, *Steinzeit*, Holle.
Eggers, Will & Joffroy, Holmquist, *Kelten und Germanen*, Holle.
K. Jettmar, *Die Frühen Steppenvölker*, Holle.
C. J. du Ry, *Völker des alten Orient*, Holle.
W. Torbrügge, *Europäische Vorzeit*, Holle.
E. Porada, *Alt-Iran*, Holle.
W. Keller, *Und die Bibel hat doch Recht*, 1966, Rowohlt.
O. R. Gurney, *The Hittites*, Pelican.
J. Wiesner, *Die Thraker*, 1963, Kohlhammer, Stuttgart.
– *L'Art Préhistorique.*
Nobis, *Vom Wildpferd zum Hauspferd*, Böhlau Verlag, Köln-Wien 1971.
F. P. Stegmann von Pritzwald, *Die Rassengeschichte der Wirtschaftstiere*, Gustav Fischer Verlag, Jena 1924.
T. Vetulani, *Über den Farbenwechsel winterweißer Pferde. Beobachtungen bei der Rückzüchtung des europäischen Waldtarpans im Urwald von Bialowies.* Z.f. Tierzüchtung u. Züchtungsbiol. *45*, 1940, 98–115.
M. Wilckens, *Grundzüge der Naturgeschichte der Haustiere*, Richard Carl Schmidt & Co., Leipzig 1905.

Altertum und Mittelalter

A. Hink, *Über schwere Pferde im alt- und mittel-persischen Reich*, 1909, Zeitsch. f. Gestütskunde und Pferdezucht.

K. W. Ammon, *Pferdezucht der Araber u.d. arabischen Pferdes, Documenta Hippologica*, 1834, New ed. Olms Presse.

M. Jankovich, *Pferde, Reiter, Völkerstürme*, BLV.

Xenophon, *The Art of Horsemanship*, J. A. Allen.

Claudius Aelianus, *On the Nature of Animals.*

E. Hirth, *The Story of Chang K'ien*, 1917, vol. 37, Journal of the Amer. Orient. Soc.

A. Weigall, *Wanderings in Roman Britain.*

F. Runger, *Herkunft der Ritterpferde des deutschen Ordens*, 1925.

F. Harper, *Extinct and Vanishing Mammals.*

T. Blundeville, *The Fower Chiefest Offyces of Horsemanshippe.*

Marcus Fugger, *Von der Gestüterey*, 1527.

Newcastle, Duke of, *Méthode et Invention de Dresser les Chevaux.* (A New Method and Extraordinary Invention to Dress Horses and Work Them according to Nature) 1667.

B. D. de Castillo, *Historia Verdadera de la Conquista de la Nueva España.* Deutsche Übersetzung 1838 bei Adolph Marcus, Bonn.

J. Marek and H. Knizkova, *Tschingis Chan und sein Reich*, 1963, Artia Praha.

P. Albert Huber, *1000 Jahre Pferdezucht Kloster Einsiedeln*, EDE Verlag, 1963.

E. Foord, *The Last Age of Roman Britain*, Harrap.

J. Burckhardt, *The Age of Constantine the Great*, Routledge & Kegan Paul.

Alföldi, *Zur his. Bestimmung der Avarenfunde*, Eur. Septent Antigua 9–10, 1934.

William Cavendish, Duke of Newcastle, *Des Weltberühmten Hertzog Wilhelms von Newcastle Neueröffnete Reitbahn*, Nachdruck der Ausgabe Nürnberg 1700 im Olms Verlag, Hildesheim 1973.

Adrian von Müller, *Gesicherte Spuren. Aus der frühen Vergangenheit der Mark Brandenburg*, Bruno Hessling Verlag, Berlin 1972.

Neuzeit

M. A. Denham, *North of England Folklore*, 1858.

Ilsan Abidin, *Die Pferdezucht u. Pferderassen im osmanischen Reiche*, 1918.

Dr. Fuller, *History of the Worthies of England*, 1662.

Graf B. von Hutten-Czapski, *Geschichte des Pferdes*, Berlin, 1876.

Capt. M. Hayes, *Among Horses in Russia*, 1900.

Dr. G. G. Simpson, *Horses.*

I. T. Sanderson, *The Dynasty of Abu.*

H. Trunz, *Pferde im Lande des Bernsteins*, Paul Parey, 1967.

R. d'Andrade, *Alrededor del Caballo Español*, 1954.
– *Garranos.*
– *O Cavalo do Sorraia.*
– *O Cavalo Andaluz de Perfil Convexo*, 1941.
Roczniki Nauk Rolniczych, Polish Ag. An. 85 & 108, 1963.
W. Pruski, S. Schuch and I. Grabowski, *Hodowla Koni*, Bd 2.
W. Pruski, *Hodowla Koni*, Bd. 1.
Count Wrangel, *Die Rassen des Pferdes*, Bd. 1 & 2, Schickhardt & Ebner, 1908–9.
D. Carruthers, *Unknown Mongolia*, 1914.
E. H. Parker, *A Thousand Years of Tartar Rule*, 1969, Dawsons.
Jaques de Solleysel, *Le Parfait Maréchal*, 1664.
Watson and More, *The Science and Practice of British Farming*, 1942.
Jos. Osborne, *The Horsebreeder's Handbook*, 1889–90.
Lord Ribbesdale, *The Queen's Hounds.*
S. Wright, *Evolution in Mendelian Populations*, 1931.
W. E. Jones and R. Bogart, *Genetics of the Horse*, Caballus, 1971.
Le Cheval de Selle Français de Normandie (Assoc. des Eleveurs du Cheval Normand).
F. Kaudewitz, *Grundlagen der Vererbungslehre*, 1957.
A. Wrangel, *The Arabians in Arabia*, J. A. Allen.
E. Schiele, *Araber in Europa*, BLV.
H. Aubanel, *Die weißen Pferde der Camargue*, AMV, 1963.
Sir R. Glyn, *The World's Finest Horses and Ponies*, Harrap.
E. Canti, *Nel Mondo del Trotto*, SISAR.
– *I Grandi Campioni del Gallopo*, SISAR.
Dr. E. Mohr, *The Asiatic Wild Horse*, J. A. Allen.
The Genius of China, Catalogue to Chinese Ex., British Museum, 1973.
J. Patton, *The Light Horse Breeds.*
L. Shinkarew, *The Land Beyond the Mountains.*
J. P. Hore, *History of Newmarket and Annals of the Turf*, 1885, Vols 1 & 2.
Wm. C. Miller, *Practical Essentials in the Care and Management of Horses on Thoroughbred Studs*, 1965.
F. C. de Beaulieu, *Der Klassische Sport*, 1942.
– *Vollblut*, 1967, BLV.
F. Tesio, *Breeding the Racehorse*, 1958.
Mally, *Pferdezucht.*
W. Zorn, *Pferdezucht*, 1952, Eugen Ulmer, Stuttgart.
H. Neuschutz, *Pferdezucht*, 1956.
F. Haines, *Appaloosa*, Amon Carter Mus. 1963.
T. Ryder, *The High Stepper*, 1961.
– *King of Sports*, U.S.A.

Col. H. Cousté, *Mechanics Applied to the Racehorse*, 1916.
Pers Crowell, *Cavalcade of American Horses.*
Vivien Kendrick, *Horses in Japan*, J. A. Allen, 1964.
Daphne Child, *Saga of the South African Horse*, Howard Timmins, 1967.
M. J. Baroness van Heemstra, *Het Friese Paard.*
H. Epstein, *Domestic Animals of China*, 1969, C.A.B.
F. Traut, *Gestüte Europas*, 1971, Deutsches Pferdemuseum. Hipp. Ins.
S. Lehndorff Graf, *Ein Leben mit Pferden*, 1956, Landbuch Ver. Hannover.
R. Black, *Horseracing in England*, Richard Bentley & Son, 1893.
J. Flade, *Das Araberpferd.*
Moses Griffith, *The Welsh Cob*, S.B. Vol 38, 1956.
T. Halford, *Montgomeryshire Horses: The retrospect*, 1900.
Sir R. D. Green Price, *Horses for the Country: How to breed them*, 1903.
Dobie, Bodright and Ranson, *Mustangs and Cowhorses.*
Robert M. Denhardt, *The Horse of the Americans*, University of Oklahoma Press.
Ensminger & Uppenborn, *Handbuch der Tierzüchtung*, Paul Parey, Bd. 3.
A. Herrmann, *A Historical Atlas of China with text*, 1966, Djambatan NV.
Großer historischer Weltatlas, BLV. Bd. 1.
J. C. Morton, *A Cyclopaedia of Agriculture*, Vol. 2, 1855.
Larousse, *Encyclopaedia of Prehistoric and Ancient Art.*
Sheppard, *Historical Atlas.*
Reader's Digest, *Great World Atlas.*
Time/Life, *Nature Library Series.*
The British Racehorse.
Sankt Georg.

Bildnachweis

Farbe
Museum für Vor- und Frühgeschichte Berlin: 2
Musée National Suisse: 3
Britisches Museum: 6, 8, 9, 10, 13
Archiv Preußischer Kulturbesitz, Berlin: 7
The A. Munnings Art Museum, Essex: 14, 15, 31
Alle anderen: Daphne Machin Goodall

Schwarz-Weiß
Edition Plassard: 1
Verlag A. Egger: 2, 40
Daphne Machin Goodall: 4, 5, 7, 9, 11, 15, 16, 17, 22, 52, 66, 69, 70, 71, 72, 73, 74, 75, 76, 77, 80, 81, 83, 87, 96, 97
Britisches Museum: 6, 8, 13, 19, 21, 24, 25, 27, 28, 29, 31, 33, 34, 35, 36, 37, 43, 48, 55, 65
Professor Rick: 10
Caisse National des Monuments Historiques, Paris: 3
Mrs. Louise Firouez: 12
Señor Ruy d'Andrade †: 14
Oriental Institute, Chicago University: 18
National Museum, Dänemark: 26
Egyptian State Tourist Administration: 30
Oscar Savio: 32
Bildarchiv Foto Marburg: 38, 46, 53
Staatliche Museen Berlin: 39, 49, 62
Etruskisches Museum, Rom: 40
Jean Roubier: 42
Niels Elswing: 41
Scottish National Museum of Antiquities: 44
Leicester Museums: 45
Lometsch-Verlag: 47
Réunion des Musées Nationaux: 50
Die Rassen des Pferdes von C.G. Graf Wrangel: 51
Kunstindustriemuseet, Oslo: 54
Ministry of Works, Edinburgh: 56
Rijksmuseum, Amsterdam: 57, 58, 61
Novosti Press Agency: 60
Biblioteca Marciana, Venedig: 64
Landesdenkmalamt Westfalen-Lippe: 67
Woldemar Klein: 68
Commercial Studios, Ipswich: 82, 91
Sovfoto, Moskau: 78
Elisabeth von Kleist: 79
Ackermann: 84
Nova Scotia Communications and Information Centre: 86
Ivan Sanderson: 88
Mrs. Elizabeth Bell: 89
Rutland Gallery: 90
Forres Sporting Picture Gallery, London: 93
A.C. Cooper: 94, 95, 101
Dr. William Jones: 98, 99, 100
Sport and General: 102

Register